中等职业教育"一体化"教材

土力学与土工检测

陈川贵　主　编

U0310358

中国铁道出版社

2018年·北京

内 容 简 介

本书共分为五个部分,内容包括:土地基,土的物理性质及其检测,土的物理状态及其检测,土的渗透性,地基承载力及变形。

本书为中等职业教育"一体化"教材,可作为中等职业学校土建工程检测专业、工程材料专业的专业技能课教材,同时也可作为有关工程技术人员的参考用书。

图书在版编目(CIP)数据

土力学与土工检测/陈川贵主编 . —北京:中国铁道
出版社,2018.8
中等职业教育"一体化"教材
ISBN 978-7-113-24778-2

Ⅰ.①土… Ⅱ.①陈… Ⅲ.①土力学-中等专业学校-教材
②土工试验-中等专业学校-教材 Ⅳ.①TU43②TU41

中国版本图书馆 CIP 数据核字(2018)第 167703 号

书　　名:土力学与土工检测

作　　者:陈川贵　主编

策划编辑:李丽娟

责任编辑:陈美玲　　　　编辑部电话:010-51873240　　　　电子信箱:992462528@qq.com

封面设计:王镜夷

责任校对:王　杰

责任印制:郭向伟

出版发行:中国铁道出版社(100054,北京市西城区右安门西街 8 号)

网　　址:http://www.tdpress.com

印　　刷:北京虎彩文化传播有限公司

版　　次:2018 年 8 月第 1 版　2018 年 8 月第 1 次印刷

开　　本:787 mm×1 092 mm　1/16　印张:6　字数:154 千

书　　号:ISBN 978-7-113-24778-2

定　　价:20.00 元

前　　言

现代学徒制教学是通过学校、企业的深度合作,对学生以技能培养为主的现代人才培养模式。本教材即是根据《国务院关于加快发展现代职业教育的决定》《教育部关于开展现代学徒制试点工作的意见》(教职成[2014]9号)等文件的有关精神及全国职业教育工作会议精神,结合学校课程建设要求编制而成的。

本教材在编写内容上,与《铁路工程土工试验规程》(TB 10102—2010)的要求相结合,以土力学的理论知识为主线,让学生在学校学理论知识和试验操作,而后到企业由专业师傅指导实习,实现以操作性和实用性为主的教学目标。

本教材以项目与任务相结合的形式,以教、学、做一体化的教学模式编写,每一项学习任务既培养学生的自主学习能力,又锻炼学生的工作能力,使学生能达到培养目标要求。

本教材由贵阳铁路工程学校陈川贵担任主编,具体编写分工如下:贵阳铁路工程学校李惠晶负责编写项目1,贵阳铁路工程学校葛燕负责编写项目2,陈川贵负责编写项目3~项目5。

在教材编写过程中,得到了贵阳铁路工程学校黄建萍和天津铁道职业技术学院李文英的大力支持,在此表示感谢。

编者

2018年2月

目　　录

项目 1　地　　基

　　任何建筑物都是由各种材料通过某种方式组合在一起所形成的一个空间受力体系,这个空间受力体系承受了建筑结构本身的重量和施加在其上的其他荷载,因此要求其受力体系具有一定的强度和稳定性,保证结构的安全使用。建筑物坐落在地基上,建筑物的全部重量加上其他各种物体、车辆、风力、水力、地震力等都要由地基来承担,地基主要由土体或岩体组成,地基在各种荷载作用下能否保持稳定是保证建筑结构安全和保证施工安全的重要因素。

　　本项目主要通过学习土地基的相关基础知识,掌握土的形成机理,能根据土的筛分试验检测不同种类土的颗粒级配,并进行初步的工程性质判断。

任务 1.1　地基基本概念

学习任务要求:

　　掌握土的成因类型和土的基本概念,掌握土颗粒级配的相关概念。

工程案例——苏州市虎丘塔地基不均匀沉降

　　虎丘塔于公元 961 年落成,距今已有 1000 多年历史。全塔七层,高约 47.5 m,塔重 63 000 kN,单位面积压力 435 kPa。塔身向东北方向倾斜,塔顶离中心线 2.31 m,塔身有多处裂缝,东北方向为垂直裂缝,西南方向为水平裂缝,其地形与地质情况如下:虎丘塔位于虎丘山山顶,虎丘山地基为坚硬的流纹岩,山顶岩面倾斜,西南高而东北低,虎丘塔地基为人工地基,由大块石组成,在大块石与流纹岩间在原来地层上填筑了 1~2 m 厚黏性土并进行了找平,填土时根据地形为西南薄东北厚,最终形成的土层西南方为 2.8 m 厚,东北方为 5.8 m 厚,另外,南方多雨,雨水渗入填土层,冲走了岩石间的土颗粒,形成较多空洞。

　　1. 案例背景

　　虎丘塔建成后初期并未发生倾斜,后期造成其倾斜的主要因素有两个:(1)南方多雨,雨水渗透入土层后,慢慢将土层中的细颗粒带走,形成空洞,在上部建筑荷载作用下,土层向空洞挤压而造成地基倾斜;(2)原有的地形为西南高而东北低,东北方向填土较厚,与西南方向高差达到 3 m,相当于建筑物建筑在倾斜(不均匀)的土层上。

　　2. 荷载作用下地基的变化

　　地基一般由土或岩石组成。相对于土地基而言,根据土的三相组成原理,土地基的承载力大小主要由固体颗粒和水来承担。

　　当土的孔隙中含有水时,土在外荷载作用下,土中的水先被挤出,地基开始沉降,土中含水率越多,沉降量越大。水在排出的过程中,会带走一部分较细的土颗粒,形成空洞,加剧地基的不均匀沉降。

本案例中,两个因素相互作用,倾斜的填土层易在荷载作用下向下方移动(东北方向),当土受到雨水渗透承载力下降时,这种趋势将加快,这也是东北方向墙面产生纵向裂缝,而西南方向产生横向裂缝,最终塔向东北方向倾斜的原因。

3. 报告总结

从上述案例分析得知,在工程施工中,地基的稳定问题是影响建筑物稳定性的主要因素,这些问题在施工中逐渐体现出来,造成如隧道、边坡塌方。在工程施工中,建筑荷载是外部因素,地基的结构是内部因素,两个因素相互影响,从而决定了在施工中应采用不同的材料和施工方法。

1.1.1 地　基

1. 地基的定义

地基是基础底部以下承受全部建筑荷载的那部分土层或岩层。

土地基就是承受建筑物荷载的土体,若土地基不能承受建筑物的压力作用,那么地基将产生破坏,从而造成建筑物的破坏。

2. 土的基本概念

土是由岩石风化形成的颗粒集合体。根据岩石风化类型的不同,形成了黏性土和非黏性土两大类。

①物理风化:处于地表的岩石,由于温度、湿度等因素影响在原地产生机械破碎而不改变其化学成分,不形成新矿物的作用称为物理风化。物理风化使大块的岩石变成松散的堆积体,其主要风化类型有温差风化和冰冻风化。只经过物理风化作用形成的土为无黏性土,即物理风化形成的土颗粒之间无黏结作用,呈松散状态,颗粒之间孔隙大,透水性强,土体的承载力主要依靠颗粒之间的内摩擦力,这类土称为无黏性土。无黏性土根据颗粒直径大小不同分为砂类土和碎石类土。

温度变化是引起物理风化的最主要因素。由于温度变化引起岩石内外部不同位置的膨胀率与收缩速率不同,岩石膨胀和收缩交替进行,造成岩石产生纵横交错裂缝,久而久之,岩石剥离崩解,破碎成碎块,如图1.1所示。

冰冻风化是指充填在岩石裂隙中的水分结冰体积膨胀而形成的岩石破坏的作用。实验研究表明:水结冰时,体积可增加9%左右,可产生的压力为96～200 MPa,使岩石中的裂隙不断扩大,如图1.2所示。

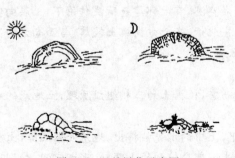

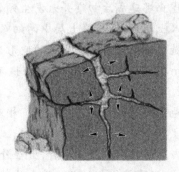

图1.1　温差风化示意图　　　　　　　图1.2　冰冻风化示意图

物理风化的实质是：大块的岩石变成小块，小块的岩石变成细颗粒，在这个变化过程中，组成岩石的原有矿物成分不发生变化，所以称之为"不改变其化学成分，不形成新矿物"。

②化学风化：是指处于地表的岩石，与大气和水发生化学反应逐渐使岩石破坏，不仅改变岩石的物理状态，同时也改变其化学成分形成新矿物的作用。化学风化作用形成的土为黏性土，即化学风化作用产生颗粒很细的土，这类土的颗粒之间有黏结力，颗粒之间孔隙较小，渗透性弱，土体的承载力依靠颗粒之间的内摩擦力和黏聚力，称之为黏性土。

1.1.2　土的三相结构

土是由三相组成的，分别是固体颗粒、水和气体三部分，称为土的三相体系，如图 1.3 所示。

土体中的固体颗粒称为土骨架，土骨架间有相互贯通的孔隙，孔隙完全被水充满时的土称为饱和土；土孔隙中既有水又有空气的土称为非饱和土；土孔隙中只有气体时的土称为干土。

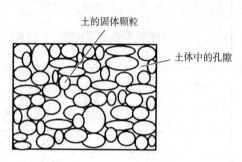

图 1.3　土体三相示意图

1. 固体颗粒的基本概念

固体颗粒称为土骨架，它对土的工程性质起到决定性作用。另外固体颗粒的矿物成分和颗粒形状对土体的性质也有较大影响。

2. 固体颗粒的矿物成分

固体颗粒由各种矿物组成，根据土的形成机理，其矿物成分分为两大类。

（1）原生矿物

指由物理风化所形成的土中所含的矿物成分。由于物理风化只改变岩石的大小和形状，而不改变矿物成分，所以物理风化形成的砂类土或碎石类与原有岩石矿物成份相同。

（2）次生矿物

指由化学风化形成的土中所含的矿物成分。由于化学风化既改变了岩石的大小和形状，也改变了其矿物成分从而形成新的矿物，所以化学风化形成的黏性土的矿物成份与原来岩石的矿物成分不同，常见的有高岭土、伊里土和蒙脱土等矿物成分。在黏性土中矿物成份的不同对土的性质影响较大。

如蒙脱石矿物的特点是遇水膨胀、亲水性强，压缩性和收缩性大；如高岭石矿物的特点也具有吸水性、可塑性和压缩性。相对而言：高岭土最好，伊里土其次，蒙脱土最差。

3. 固体颗粒的粒径

（1）土颗粒粒径的基本概念

①土颗粒粒径是指土中固体颗粒的大小。

②颗粒粒径对土性质的影响。

颗粒越细，单位体积内颗粒的表面积越大，与水接触的面积越多，颗粒间的相互作用能力就越强，与水的作用能力也越强；另外，颗粒越细，颗粒间的孔隙越小。

（2）颗粒粒径的大小

粒度：是指颗粒粒径的大小。

粒组：将粒度相近的颗粒合为一组，称为粒组；同一粒组的土的性质大致相同，而不同颗粒粒组土的性质有较大差别，可参照表 1.1 进行对比。

表 1.1　土的颗粒分组

颗粒名称		粒径 d(mm)
漂石(浑圆、圆棱)或块石(尖棱)	大	$d>800$
	中	$400<d\leqslant800$
	小	$200<d\leqslant400$
卵石(浑圆、圆棱)或碎石(尖棱)	大	$100<d\leqslant200$
	小	$60<d\leqslant100$
粗圆砾(浑圆、圆棱)或粗角砾(尖棱)	大	$40<d\leqslant60$
	小	$20<d\leqslant40$
细圆砾(浑圆、圆棱)或细角砾(尖棱)	大	$10<d\leqslant20$
	中	$5<d\leqslant10$
	小	$2<d\leqslant5$
砂粒	粗	$0.5<d\leqslant2$
	中	$0.25<d\leqslant0.5$
	细	$0.075<d\leqslant0.25$
粉粒		$0.005\leqslant d\leqslant0.075$
黏粒		$d<0.005$

（3）颗粒级配

天然土体是由不同粒径的颗粒组成的混合体，包含了若干不同颗粒粒组的土颗粒。各颗粒粒组的质量占干土试样总质量的百分数叫颗粒级配。颗粒级配是影响土(特别对无黏性土)的工程性质的主要因素，也是确定土的分类和名称的标准。

颗粒级配的含义：土体是由大小不同的颗粒组成，如果土体中各种粒径的颗粒都有，大颗粒的空隙由中颗粒填充，中颗粒的空隙由小颗粒填充，这样的土体结构为土体颗粒不均匀，但级配良好，土的孔隙度小，在颗粒级配曲线图上曲线平缓；如果缺少某一组或几组粒径的颗粒，则颗粒均匀，但级配不好，土的孔隙度大，在颗粒级配曲线图中曲线陡峻。

土的颗粒级配试验检测方法有筛析法、密度计法和移液管法。其中筛析法选用粒径在 $0.075\sim200$ mm 的土，即无黏性土或粉土；密度计法和移液管法适用于粒径小于 0.075mm 的土，即黏性土；土中含有粒径大于和小于 0.075 mm 的颗粒，各超过总质量的 10% 时，应联合使用筛析法和密度计法或移液管法。

4. 土中水和气体

水和气体存在于土颗粒之间的孔隙中，从工程的角度看，气体对土体的影响可不计，一般不考虑。除固体颗粒外，颗粒间的水对土体的性质影响也较大，如黏性土中含水率多，则土体软、强度低、压缩变形量大，细砂和粉砂土中若含水率多易发生流砂现象等。

5. 无黏性土的分类

按《铁路桥涵地基和基础设计规范》(TB 10093—2017)，在铁路土工试验中，通过土的筛析试验得出无黏性土体样品的各粒组干土占土总质量的质量百分数，以表中从上到下顺序进行比较，最先符合条件者，则为这种土的名称。碎石类土的分类和定名如表 1.2 所示，砂类土的分类和定名如表 1.3 所示。

表 1.2　碎石类土的划分

土的名称	颗粒形状	土的颗粒级配
漂石土	浑圆或圆棱状为主	粒径大于 200 mm 的颗粒的质量超过总质量的 50％
块石土	尖棱状为主	
卵石土	浑圆或圆棱状为主	粒径大于 60 mm 的颗粒的质量超过总质量的 50％
碎石土	尖棱状为主	
粗圆砾土	浑圆或圆棱状为主	粒径大于 20 mm 的颗粒的质量超过总质量的 50％
粗角砾土	尖棱状为主	
细圆砾土	浑圆或圆棱状为主	粒径大于 2 mm 的颗粒的质量超过总质量的 50％
细角砾土	尖棱状为主	

表 1.3　砂类土的划分

土的名称	土的颗粒级配
砾砂	粒径大于 2 mm 的颗粒的质量为总质量的 25％～50％
粗砂	粒径大于 0.5 mm 的颗粒的质量超过总质量的 50％
中砂	粒径大于 0.25 mm 的颗粒的质量超过总质量的 50％
细砂	粒径大于 0.075 mm 的颗粒的质量超过总质量的 85％
粉砂	粒径大于 0.075 mm 的颗粒的质量超过总质量的 50％

说明：砂类土是指干燥时呈松散状态，颗粒粒径大于 2 mm 的颗粒含量不超过全部质量 50％且粒径大于 0.075 mm 的颗粒含量超过总质量的 50％的非黏性土。其命名判定与碎石类土方法一样。

6. 粉土与黏性土划分

粉土：是指塑性指数 I_P 小于等于 10，且颗粒粒径大于 0.075 mm 的颗粒含量不超过全部质量 50％的土，粉土的性质介于砂类土与黏性土之间。

黏性土：土颗粒间相互黏结，干时成硬块，湿时有黏性的土体。黏性土主要是根据其塑性指数 I_P 进行分类，可分为粉质黏土和黏土两大类。

①黏土，塑性指数 $I_P > 17$；

②粉质黏土，塑性指数 $10 < I_P \leqslant 17$。

任务 1.2　土的颗粒分析试验

学习任务要求：

掌握土的颗粒分析试验方法及数据处理要求。

1.2.1　无黏性土的颗粒分析试验

1. 试验目的与适用范围

目的：测定无黏性土颗粒粒径大小和级配情况，为土的分类、定名和工程应用提供依据。

适用范围：适用于粒径为 0.075～200 mm 的土。

试验规范：《铁路工程土工试验规程》(TB 10102—2010)。（以下试验都采用此规程，不再说明）

2. 一般规定

①土的颗粒分析试验,主要测定土中各粒组干土质量占总质量的质量分数,由此判断土体的粒径和级配情况。

②筛析法适用于粒径在0.075～200 mm的土,密度计法和移液管法适用粒径小于0.075 mm的土。采用筛析法时,当2 mm筛上试样质量小于试样总质量的10%时,不作粗筛分析;当2 mm筛下试样质量小于试样总质量的10%时,不作细筛分析。

③土中含有粒径大于和小于0.075 mm的颗粒,各超过总质量的10%时,应联合使用筛析法和密度计法(或移液管法)。

3. 主要试验设备

①标准土筛:粗筛孔径为200 mm、150 mm、100 mm、75 mm、60 mm、40 mm、20 mm、10 mm、5 mm、2 mm;细筛孔径为2 mm、1.0 mm、0.5 mm、0.25 mm、0.075 mm。

②台秤:称量100 kg或50 kg,分度值50 g。案秤:称量10 kg,分度值5 g;称量5 kg,分度值1 g。天平秤:称量1 000 g,分度值0.1 g;称量200 g,分度值0.01 g。

③烘箱:控温不低于105℃。

④振筛机、钢丝刷、瓷盘、研钵(带橡皮头的杵)等。

4. 取样方法和数量要求

①根据土样颗粒大小,用四分对角法线按表1.4规定数量,取代表性风干试样,如图1.4所示。当称量小于500 g时,准确至0.1 g;称量大于500 g时,准确至1 g;称量大于5 kg时,准确至5 g;称量大于10 kg时,准确至50 g。

②将取好的试样先过2 mm筛,分别称筛上和筛下的试样质量。

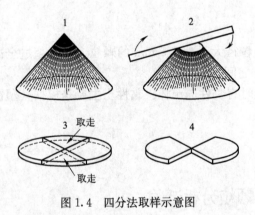

图1.4　四分法取样示意图

表1.4　土筛分试样用量表

土粒粒径(mm)	取样数量(g)
<2	100～300
<10	300～1 000
<20	1 000～2 000
<40	2 000～4 000
<60	≥5 000
<75	≥6 000
<100	≥8 000
<150	≥10 000
<200	≥10 000

5. 试验步骤

(1)无黏性土试验

①取土:根据土样颗粒大小,从风干碾散的土样中,用四分对角取样法按表1.4取代表性的试样。

②选筛:将试样过2 mm筛,称筛上或筛下的试样质量。

③过粗筛:将粒径大于2 mm试样放入依次叠好(从大到小)的粗筛的最上层筛中进行筛析,将留在各筛上的土分别称量。

④过细筛:将粒径小于2 mm试样放入依次叠好的细筛(包括2 mm筛)的最上层筛中进

行筛析，或用摇筛机振摇，振摇时间一般为 10～15 min。

⑤称量：由上而下顺序将各筛取下，置于白瓷盘上用手拍叩摇晃，检查各筛，直至筛净为止，筛下的试样应收入下一级筛内，最后称各级筛上及底盘内试样质量，应准确至 0.1g。

⑥误差分析：筛后各级留筛和底盘试样质量总和与筛前试样总质量的差值不得超过试验总试样质量的 1%，否则应重做。

表 1.5 是某土样颗粒大小分析试验的筛析成果记录。

表 1.5　土的颗粒筛析试验(筛析法)

试验日期			试验规范	TB 10102—2010	试验人		审核人		
工程名称					工程部位				
筛前风干试样总质量：1 000 g			细筛分析时所取试样质量：100.0 g				土名称		砾砂
2 mm 筛上试样质量：403 g			大于 2 mm 的试样占总试样质量的百分数：40.3%						
2 mm 筛下试样质量：597 g			小于 2 mm 的试样占总试样质量的百分数：59.7%						
小于 0.075 mm 的试样占总试样质量的百分数＝1.8%									

粗　筛						细　筛					
孔径 (mm)	留筛试样质量 (g)	累积留筛质量 (g)	小于该孔试样质量 (g)	小于该孔试样质量百分数 (%)	小于该孔试样占总质量百分数 (%)	孔径 (mm)	留筛试样质量 (g)	累积留筛质量 (g)	小于该孔试样质量 (g)	小于该孔试样质量百分数 (%)	小于该孔试样占总质量百分数 (%)
60						2					
40						1	28.3	28.3	71.7	71.7	42.8
20	0.0	0.0	1 000.0	100.0	100.0	0.5	32.4	60.7	39.3	39.3	23.5
10	100.0	100.0	900.0	90.0	90.0	0.25	31.6	92.3	7.7	7.7	4.6
5	180.0	280.0	720.0	72.0	72.0	0.075	4.7	97.0	3.0	3.0	1.8
2	123.0	403.0	597.0	59.7	59.7	筛底	3.0				

数据分析与结论：

(1)大于 2 mm 的试样占总试样质量的百分数：403/1 000＝40.3%＞10%，需作粗筛分析；

小于 2 mm 的试样占总试样质量的百分数：597/1 000＝59.7%＞10%，需作细筛分析；

小于 0.075 mm 的试样占总试样质量的百分数：$\frac{3}{100} \times 59.7\% = 1.8\% < 50\%$，不用密度计法或移液管法分析。

(2)筛前与筛后质量校核。

作粗筛分析时：$m_{筛前} - m_{筛后} = 1\ 000.0 - (100.0 + 180.0 + 123.0 + 597.0) = 0 < 1\ 000 \times 1\% = 10\ g$，符合规定要求。

作细筛分析时：$m_{筛前} - m_{筛后} = 100.0 - (28.3 + 32.4 + 31.6 + 4.7 + 3.0) = 0 < 100 \times 1\% = 10\ g$，符合规定要求。

(3)土的粒组划分及定名。

①确定 d_x。根据表中筛析数据，本次试验土试样中，小于 2 mm 试样，需计算 d_x：

$$d_x = \frac{597}{100} = 59.7\%$$

②按公式 $X = \frac{m_A}{m_B} \times d_x$ 计算细筛的小于某粒径质量百分数(略)。

③根据表 1.2 和表 1.3，结合表中的数据可确定土的名称：砾砂。

(4)计算不均匀系数和曲率系数。

$$C_U = \frac{d_{60}}{d_{10}} = \frac{2.0}{0.33} = 6.10 \qquad\qquad C_C = \frac{d_{30}^2}{d_{10} \times d_{60}} = \frac{0.62^2}{2.0 \times 0.33} = 0.58$$

续上表

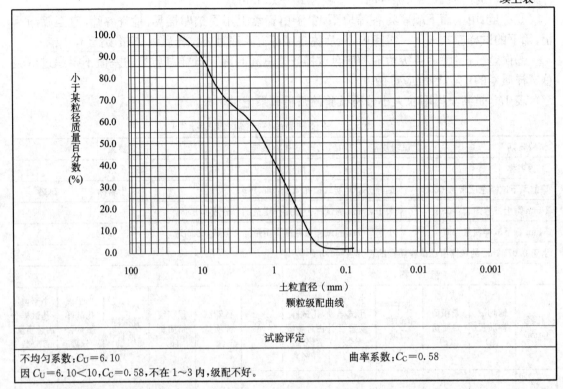

颗粒级配曲线

试验评定	
不均匀系数：$C_U=6.10$	曲率系数：$C_C=0.58$
因 $C_U=6.10<10$，$C_C=0.58$，不在 1～3 内，级配不好。	

(2)含黏性土粒的砂类土试验

当无黏性土中含有少部分黏土粒时，在试验前需将试样中的黏土颗粒去掉。

①将土样放在橡皮板上，用木碾子将黏结在一起的土团充分碾散后，拌匀、烘干，按规定取样称量。

②将称好的试样置于盛有清水的容器中，浸泡并充分搅拌，使土样中粗细颗粒完全分离。

③将容器中的试样悬液通过 2 mm 筛，边翻动、边冲洗、边过筛，直至筛上仅留大于 2 mm 的土粒为止，取筛上的试样风干后称量(精度值 0.1 g)，按第(1)种方法进行粗筛分析。

④取过 2 mm 筛下的悬液，用带像皮头的研杵研磨后过 0.075 mm 筛，筛上土粒反复加清水研磨过筛，直至容器内悬液澄清为止，将筛上试样烘干称量(精度值 0.1 g)，按第(1)种方法进行细筛分析。

⑤若粒径小于 0.075 mm 的试样质量超过试样总重量的 10%，将这一部分试样用密度计法或移液管法测定小于 0.075 mm 的颗粒组成。

(3)试验记录及结果整理，如表 1.5 中案例所示。

(4)数据处理方法及土的级配情况判定

①土的筛分试验结果可以用两种表达方法：表格法和颗粒级配曲线法，如表 1.5 所示。

②颗粒级配曲线绘制及土的级配情况判定如下：

a. 颗粒级配曲线是以横坐标表示粒径，用对数坐标；纵坐标表示小于某粒径的土质量百分数，用单对数坐标绘制的曲线图。

b. 若曲线平缓：表示土中各种粒径的颗粒都有，颗粒不均匀，级配良好；若曲线较陡：表示土中颗粒均匀，级配不好。

c. 按下式计算小于某粒径质量百分数：

$$X = \frac{m_A}{m_B} \times d_x \tag{1.1}$$

式中 X——小于某粒径颗粒的质量百分数（%）；

m_A——小于某粒径的颗粒质量（g）；

m_B——细筛（或密度计法）分析时所取试样总质量；粗筛分析时为所取试样总质量（g）；

d_x——粒径小于 2 mm 或粒径小于 0.075 mm 试样质量占试样总质量的百分数（%），若土中无小于 2 mm（或无大于 0.075 mm）的颗粒时，$d_x = 100\%$。

④级配指标：

不均匀系数
$$C_U = \frac{d_{60}}{d_{10}} \tag{1.2}$$

曲率系数
$$C_C = \frac{d_{30}^2}{d_{10} \times d_{60}} \tag{1.3}$$

式中 C_U——不均匀系数，计算至 0.01；

C_C——曲率系数，计算至 0.01；

d_{60}——限制粒径，即在分布曲线上小于该粒径的试样含量占总试样质量的 60% 的粒径；

d_{30}——限制粒径，即在分布曲线上小于该粒径的试样含量占总试样质量的 30% 的粒径；

d_{10}——有效粒径，即在分布曲线上小于该粒径的试样含量占总试样质量的 10% 的粒径；d_{60}、d_{30}、d_{10} 可在级配曲线上直接读出。

不均匀系数越大，表示级配曲线越平缓，级配良好。曲率系数 C_C 表示颗粒大小分布范围。按《铁路路基设计规范》(TB 10001—2016)规定：当 $C_U \geqslant 10$ 且 $C_C = 1 \sim 3$ 时可认为级配是良好的；当 $C_U < 10$ 且 $C_C \neq 1 \sim 3$ 时可认为级配是不良的。

1.2.2 黏性土的颗粒分析试验（密度计法）

1. 试验目的与适用范围

目的：测定小于某粒径的颗粒占细粒土质量的百分数，以便了解土粒组成情况，并作为粉土和黏性土的分类和建筑选料之用。

适用范围：适用于粒径小于 0.075 mm 的土样。

2. 主要试验设备

①量筒：高约 420 mm，内径约 60 mm，容积 1 000 mL，刻度 0～1000 mL，分度值 10 mL。

②分析筛：孔径 2 mm、0.5 mm、0.25 mm、0.075 mm。洗筛：孔径 0.075 mm。洗筛漏斗：上口直径略大于洗筛直径，下口略小于量筒直径。

③搅拌器：底板直径 50 mm，孔径 3 mm，杆长约 450 mm，带旋转叶。

④煮沸设备：附冷凝设备；锥形烧瓶（500 mL）。

⑤其他：温度计（量程 0～50℃，分度值 0.5℃）、研钵、秒表、烧杯、瓷皿、天平（称量 1 000 g，分度值 0.1 g；称量 200 g，分度值 0.01g）等。

3. 试剂配制应符合下列要求：

①4%六偏磷酸钠溶液：溶解 4 g 六偏磷酸钠于 100 mL 水中。

②5%酸性硝酸银溶液：溶解 5 g 硝酸银于 100 mL 10%硝酸溶液中。

③5%酸性氯化钡溶液：溶解 5 g 氯化钡于 100 mL 10%盐酸溶液中。

4. 主要原理

密度计法是依据斯托克斯定律进行测定的。当土粒在液体中靠自重下沉时，较大的颗粒下沉较快，而较小的颗粒下沉则较慢。密度计法是静水沉降分析法的一种，只适用于粒径小于 0.075 mm 的土样。

密度计法试验时是将一定量的土样（粒径小于 0.075 mm）放在量筒中，然后加纯水，经过搅拌，使土的大、小颗粒在水中均匀分布，制成一定量的均匀浓度的土悬液（1 000 mL）。然后静止悬液，让悬液中的土粒沉降，在土粒下沉过程中，用密度计测出在悬液中对应于不同时间的不同悬液密度，根据密度计读数和土粒的下沉时间，就可计算出粒径小于某一粒径 d（mm）的颗粒占土样的百分数。

5. 试验步骤

1）密度计的校正

密度计在制造过程中，其浮泡体积及刻度往往不准确，并且，密度计的刻度是以 20℃的纯水为标准的。由于受实验室多种因素的影响，密度计在使用前应对刻度、弯液面、土粒沉降距离、温度、分散剂等的影响进行校正。

（1）土粒沉降距离校正

①测定密度计浮泡体积：在 250 mL 量筒内倒入约 130 mL 纯水，并保持水温为 20℃，以弯液面下缘为准，测记水面在量筒上的读数并划一标记，然后将密度计缓慢放入量筒中，使水面达密度计的最低刻度处（以弯液面下缘为准）时，同时测记水面在量筒上的读数（以弯液面下缘为准）并再划一标记，水面在量筒上的两个读数之差即为密度计的浮泡体积 V_b，读数准确至 1 mL。

②测定密度计浮泡体积中心：在测定密度计浮泡体积 V_b 之后，将密度计垂直向上缓慢提起，并使水面恰好落在两标记的中间，此时，水面与浮泡的相切处（弯液面上缘为准），即为密度计浮泡体积的中心，将密度计固定在三角架上，用直尺准确量出水面至密度计最低刻度的垂直距离 L_0。

③测定 1 000 mL 量筒的内径（准确至 1 mm），并计算出量筒的截面积。

④量出自密度计最低刻度至玻璃杆上各刻度的距离，每 5 格或 10 格测量 1 次，估读至 0.1 mm。

⑤按下式计算土粒有效沉降距离：

$$L=L'-\frac{V_b}{2A}=L_1+\left(L_0-\frac{V_b}{2A}\right) \tag{1.4}$$

式中　L——土粒有效沉降距离（cm）；

　　　L'——水面至密度计浮泡中心距离（cm）；

　　　L_1——最低刻度至玻璃杆上各刻度的距离（cm）；

　　　L_0——密度计浮泡中心至最低刻度的距离（cm）；

　　　V_b——密度计浮泡体积（cm³）；

　　　A——1 000 mL 量筒的截面积（cm²）。

如图 1.5 所示为土粒沉降距离校正示意图。

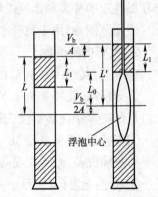

图 1.5　土粒沉降距离校正示意图

⑥用所量出的最低刻度至玻璃杆上各刻度的不同距离 L_1 值代入公式(1.4),可计算出各相应的土粒有效沉降距离 L 值,并绘制密度计读数与土粒有效沉降距离的关系曲线,从而根据密度计的读数就可得出土粒有效沉降距离。

⑦土粒沉降距离校正计算表应符合表 1.6、表 1.7 的要求。

表 1.6 土粒沉降距离校正计算表

密度计编号:甲 1	1L 量筒编号:1 号
密度计浮泡体积(V_b):86.0 cm³	1L 量筒内径(D):6.79 cm
密度计浮泡中心至最低分度距离(L_0):8.6 cm	1L 量筒截面积(A):36.19 cm²
$L=L_1+\left(L_0-\dfrac{V_b}{2A}\right)=L_1+7.41$	弯液面校正值(n):-1.2

刻度计刻度 R	由最低分度至各分度距离 L_1 (cm)	土粒有效沉降距离 L (cm)	密度计读数	
0	10.58	17.99	-1.2	
10	8.41	15.82	8.8	
20	6.35	13.76	18.8	
30	4.22	11.63	28.8	
40	2.02	9.43	38.8	
50	0	7.41	48.8	

密度计读数 R_H—土粒沉降距离 L 关系图

表 1.7 土粒沉降距离校正计算表

密度计编号:乙 1	1L 量筒编号:9 号
密度计浮泡体积(V_b):60.0 cm³	1L 量筒内径(D):6.63 cm
密度计浮泡中心至最低分度距离(L_0):8.8 cm	1L 量筒截面积(A):34.52 cm²
$L=L_1+\left(L_0-\dfrac{V_b}{2A}\right)=L_1+7.931$	弯液面校正值(n):-1.2

刻度计刻度 R'	由最低分度至各分度距离 L_1' (cm)	土粒有效沉降距离 L' (cm)	密度计读数 $R'+n'$	
0.955	14.180	22.411	0.994 6	
1.000	11.651	19.582	0.999 6	
1.005	8.759	16.690	1.004 6	
1.010	5.863	13.794	1.009 6	
1.015	2.910	10.841	1.014 6	
1.020	0	7.931	1.019 6	

密度计读数 R'_H

（2）刻度及弯液面校正

密度计刻度的准确度能满足校正甲种为 0.5，乙种为 0.000 2 时，可不做刻度校正，仅做弯液面校正。若密度计刻度的准确度不能满足时，可按《铁路工程土工试验规程》（TB 10102—2010）附录 C 校正。

（3）温度校正

密度计读数的温度校正值可从表 1.8 查得。

表 1.8　温度校正值

悬液温度 （℃）	甲种密度计 温度校正值	乙种密度计 温度校正值	悬液温度 （℃）	甲种密度计 温度校正值	乙种密度计 温度校正值	悬液温度 （℃）	甲种密度计 温度校正值	乙种密度计 温度校正值
10.0	−2.0	−0.001 2	17.0	−0.8	−0.000 5	24.0	1.3	+0.000 8
10.5	−1.9	−0.001 2	17.5	−0.7	−0.000 4	24.5	1.5	+0.000 9
11.0	−1.9	−0.001 2	18.0	−0.5	−0.000 3	25.0	1.7	+0.001 0
11.5	−1.8	−0.000 3	18.5	−0.4	0−0.00 3	25.5	1.9	+0.001 1
12.0	−1.8	−0.001 1	19.0	−0.3	−0.000 2	26.0	2.1	+0.001 3
12.5	−1.7	−0.001 0	19.5	−0.1	−0.000 1	26.5	2.2	+0.001 4
13.0	−1.6	−0.001 0	20.0	0	0.000 0	27.0	2.5	+0.001 5
13.5	−1.5	+0.000 1	20.5	0.1	+0.000 1	27.5	2.6	+0.001 6
14.0	−1.4	−0.000 9	21.0	0.3	+0.000 2	28.0	2.9	+0.001 8
14.5	−1.3	−0.000 8	21.5	0.5	+0.000 3	28.5	3.3	+0.001 9
15.0	−1.2	−0.000 8	22.0	0.6	+0.000 4	29.0	3.3	+0.002 1
15.5	−1.1	−0.000 7	22.5	0.8	+0.000 5	29.5	3.5	+0.002 2
16.0	−1.0	−0.000 6	23.0	0.9	+0.000 6	30.0	3.7	+0.002 3
16.5	−0.9	−0.000 6	23.5	1.1	+0.000 7			

（4）土颗粒密度校正

密度计是假定悬液内土粒的密度为 2.65 时制作的，当试验时土粒的密度不是 2.65，则必须加以校正，甲、乙两种密度计的密度校正值可由表 1.9 查得。

表 1.9　土颗粒密度校正值

颗粒密度 ρ_s（g/cm³）		2.50	2.52	2.54	2.56	2.58	2.60	2.62	2.64	2.66	2.68
校正值	甲种密度计	1.038	1.032	1.027	1.022	1.017	1.012	1.007	1.002	0.998	0.993
	乙种密度计	1.667	1.658	1.649	1.641	1.632	1.625	1.617	1.609	1.603	1.595
颗粒密度 ρ_s（g/cm³）		2.70	2.72	2.74	2.76	2.78	2.80	2.82	2.84	2.86	2.88
校正值	甲种密度计	0.989	0.985	0.981	0.977	0.973	0.969	0.965	0.961	0.958	0.954
	乙种密度计	1.588	1.581	1.575	1.568	1.562	1.556	1.549	1.543	1.538	1.532

2)试验过程

(1)当试样中含有易溶盐大于 0.5％时应洗盐,洗盐过程按《铁路工程土工试验规程》(TB 10102—2010)要求进行。本试验设定不需洗盐。

(2)准备好风干试样总量 1000 g,过细筛进行筛分,求出 2 mm 筛上试样质量占试样总质量的百分比、小于 2 mm 的筛下试样占试样总质量的百分比和小地 0.075 mm 试样占试样总质量的百分比,并取小于 2 mm 的筛下试样按相关规范测定风干含水率(本试验中略,直接给出数据)。

(3)再称量粒径小于 0.075 mm 的干试样 30 g 倒入 500 mL 锥形瓶中,浸泡过液,然后置于煮沸设备上进行煮沸,煮沸时间宜为 40 min。

(4)将冷却后的悬液全部移入烧杯中,静置 1 min,将上部悬液通过洗漏斗上 0.075 mm 洗筛注入 1 000 mL 的大量筒内,遗留杯底沉淀物用橡皮头研杵研散,再加适量纯水搅拌,静置 1 min,再使悬液通过洗筛漏斗上 0.075 mm 洗筛注入 1 000 mL 的大量筒内,如此反复(每次洗后最后所得的总悬液不超过 1 000 mL),直至杯内的砂粒洗净为止。将杯中和筛上的砂粒合并洗入蒸发皿内,倒掉清水,将砂粒烘干称量,进行细筛分析,并计算各粒组颗粒占试样总质量的百分含量。

(5)在大量筒中加入 4％浓度的六偏磷酸钠 10 mL,再注入纯水至 1 000 mL。对加入六偏磷酸钠后仍不能完全分散的试样应选用其他分散剂。

3)按时测定悬液的密度及温度

(1)将搅拌器放入量筒中,沿悬液深度上下搅拌 1 min,使土粒完全均布到整个悬液中。注意搅拌时勿使悬液溅出量筒外。

(2)取出搅拌器,同时立即开动秒表,将密度计放入悬液中,测记 0.5 min、1 min、5 min、30 min、120 min 和 1 440 min 时的密度计读数,并测定其相应的悬液温度,准确至 0.5℃。根据试验情况或实际需要,可增加密度计读数次数,或缩短最后一次读数时间。

(3)每次读数时均应在预定时间前 10～20 s 将密度计徐徐放入悬液中并接近读数的深度,不得贴近筒壁,并使密度计竖直,还应在近似于悬液密度的刻度处放手,以免搅动悬液。

(4)密度计读数以弯液面上缘为准。甲种密度计应准确至 0.5,乙种密度计应准确至 0.000 2。每次读数完毕,立即取出密度计,放入盛有清水的量筒中。

6. 成果整理

(1)试样颗粒粒径计算:

$$d=\sqrt{\frac{1\ 800\times\eta}{\left(\dfrac{\rho_s-\rho_{wT}}{\rho_w}\right)\gamma_w}\cdot\frac{L}{t}}=k\sqrt{\frac{L}{t}} \tag{1.5}$$

式中　d——土颗粒粒径(mm),精确至 0.001;

　　η——水的动力黏度系数(10^{-6}kPa・s),查表 1.10;

　　ρ_s——土颗粒密度(g/cm³);

　　ρ_{wT}——T℃时水的密度(g/cm³),查表 1.10;

　　ρ_w——4℃时水的密度(g/cm³);

　　γ_w——4℃时水的重度(值为 9.81 kN/m³);

　　L——某一时间内土粒下沉距离(cm);

t——土粒下沉时间(s);

k——粒径计算系数,查表1.11。

表1.10 T℃时水的动力黏度和密度

温度 T (℃)	动力黏度 η (10^{-6} kPa·s)	水的密度 ρ_w (g/cm³)	温度 T (℃)	动力黏度 η (10^{-6} kPa·s)	水的密度 ρ_w (g/cm³)	温度 T (℃)	动力黏度 η (10^{-6} kPa·s)	水的密度 ρ_w (g/cm³)
5.0	1.516	0.999 992	15.0	1.144	0.999 126	25.0	0.899	0.997 074
5.5	1.493	0.999 982	15.5	1.130	0.999 050	25.5	0.889	0.996 944
6.0	1.470	0.999 968	16.0	1.115	0.998 970	26.0	0.879	0.996 813
6.5	1.449	0.999 951	16.5	1.101	0.998 888	26.5	0.869	0.996 679
7.0	1.427	0.999 930	17.0	1.088	0.998 802	27.0	0.860	0.996 542
7.5	1.407	0.999 905	17.5	1.074	0.998 714	27.5	0.850	0.996 403
8.0	1.387	0.999 876	18.0	1.601	0.998 623	28.0	0.841	0.996 262
8.5	1.367	0.999 844	18.5	1.048	0.998 530	28.5	0.832	0.996 119
9.0	1.347	0.999 809	19.0	1.035	0.998 433	29.0	0.823	0.995 974
9.5	1.328	0.999 770	19.5	1.022	0.998 334	29.5	0.814	0.995 826
10.0	1.310	0.999 728	20.0	1.010	0.998 232	30.0	0.806	0.995 676
10.5	1.292	0.999 682	20.5	0.998	0.998 128	30.5	0.797	0.995 524
11.0	1.274	0.999 633	21.0	0.986	0.998 021	31.0	0.789	0.995 369
11.5	1.256	0.999 580	21.5	0.974	0.997 991	31.5	0.781	0.995 213
12.0	1.239	0.999 525	22.0	0.963	0.997 799	32.0	0.773	0.995 054
12.5	1.223	0.999 466	22.5	0.952	0.997 685	32.5	0.765	0.994 894
13.0	1.206	0.999 404	23.0	0.941	0.997 567	33.0	0.757	0.994 731
13.5	1.190	0.999 339	23.5	0.930	0.997 448	33.5	0.749	0.994 566
14.0	1.175	0.999 271	24.0	0.919	0.997 327	34.0	0.742	0.994 399
14.5	1.160	0.999 200	24.5	0.909	0.997 201	34.5	0.734	0.994 230

表1.11 粒径计算系数 K 值

温度 (℃)	土颗粒密度(g/cm³)										
	2.50	2.55	2.60	2.65	2.70	2.75	2.80	2.85	2.90	2.95	3.0
5.0	0.136 2	0.134 0	0.131 9	0.129 8	0.127 9	0.126 1	0.124 3	0.122 6	0.121 0	0.119 4	0.118 0
5.5	0.135 1	0.132 9	0.130 9	0.128 8	0.126 9	0.125 1	0.123 3	0.121 7	0.121 0	0.118 5	0.117 0
6.0	0.134 2	0.132 0	0.129 9	0.127 9	0.126 0	0.124 2	0.122 5	0.120 8	0.119 2	0.117 7	0.116 2
6.5	0.133 1	0.131 0	0.128 9	0.126 9	0.125 1	0.123 3	0.121 5	0.119 9	0.118 3	0.116 7	0.115 3
7.0	0.132 2	0.130 0	0.128 0	0.126 0	0.124 2	0.122 4	0.120 7	0.118 9	0.117 4	0.115 9	0.114 5
7.5	0.131 2	0.129 0	0.127 0	0.125 1	0.123 2	0.121 4	0.119 7	0.118 1	0.116 5	0.115 0	0.113 6
8.0	0.130 3	0.128 1	0.126 1	0.124 2	0.122 4	0.120 6	0.118 9	0.117 3	0.115 8	0.114 2	0.112 8
8.5	0.129 3	0.127 2	0.125 2	0.123 3	0.121 4	0.119 7	0.118 0	0.116 4	0.114 9	0.113 4	0.112 0
9.0	0.128 4	0.126 3	0.124 3	0.122 4	0.120 6	0.118 8	0.117 2	0.116 4	0.114 1	0.112 6	0.111 1
9.5	0.127 4	0.125 4	0.123 4	0.121 5	0.119 7	0.118 0	0.116 3	0.115 6	0.113 2	0.111 8	0.110 4
10.0	0.126 6	0.124 5	0.122 6	0.120 7	0.118 9	0.117 2	0.115 6	0.114 0	0.112 5	0.111 0	0.109 6
10.5	0.125 7	0.123 7	0.121 7	0.119 8	0.118 2	0.116 5	0.114 7	0.113 2	0.111 7	0.110 2	0.108 8

续上表

温度 (℃)	土颗粒密度(g/cm³)										
	2.50	2.55	2.60	2.65	2.70	2.75	2.80	2.85	2.90	2.95	3.0
11.0	0.124 8	0.122 8	0.120 9	0.119 0	0.117 3	0.115 6	0.114 0	0.112 4	0.110 9	0.109 5	0.108 1
11.5	0.123 9	0.121 9	0.120 0	0.118 2	0.116 4	0.114 7	0.113 1	0.111 6	0.110 1	0.108 7	0.107 3
12.0	0.123 1	0.121 1	0.119 2	0.117 4	0.115 6	0.114 0	0.112 4	0.110 8	0.109 4	0.108 0	0.106 6
12.5	0.122 3	0.120 6	0.118 4	0.116 6	0.115 0	0.113 3	0.111 6	0.110 1	0.108 7	0.107 3	0.105 9
13.0	0.121 5	0.119 5	0.117 6	0.115 8	0.114 1	0.112 5	0.110 9	0.109 4	0.108 0	0.106 5	0.105 2
13.5	0.120 7	0.118 7	0.116 8	0.115 1	0.113 4	0.111 8	0.110 2	0.108 7	0.107 2	0.105 8	0.104 5
14.0	0.119 9	0.117 9	0.116 1	0.114 3	0.112 6	0.111 0	0.109 4	0.107 9	0.106 5	0.105 1	0.103 8
14.5	0.119 1	0.117 2	0.115 3	0.113 5	0.111 8	0.110 2	0.108 7	0.107 2	0.105 8	0.104 5	0.103 1
15.0	0.118 3	0.116 4	0.114 6	0.112 8	0.111 2	0.109 6	0.108 0	0.106 5	0.105 2	0.103 8	0.102 5
15.5	0.117 5	0.115 6	0.113 8	0.112 1	0.110 3	0.108 7	0.107 3	0.105 8	0.104 4	0.103 1	0.101 8
16.0	0.116 8	0.114 9	0.113 1	0.111 4	0.109 7	0.108 2	0.106 6	0.105 2	0.103 8	0.102 4	0.101 2
16.5	0.113 2	0.114 2	0.112 4	0.110 7	0.109 1	0.107 5	0.106 0	0.104 5	0.103 1	0.101 8	0.100 5
17.0	0.115 3	0.113 4	0.111 7	0.110 0	0.108 4	0.106 8	0.105 3	0.103 8	0.102 5	0.101 2	0.099 9
17.5	0.114 6	0.112 7	0.110 9	0.109 2	0.107 7	0.106 2	0.104 6	0.103 2	0.101 8	0.100 5	0.099 2
18.0	0.113 9	0.112 0	0.110 3	0.108 6	0.107 0	0.105 4	0.104 0	0.102 5	0.101 2	0.099 9	0.098 6
18.5	0.113 2	0.111 3	0.109 6	0.107 9	0.106 4	0.104 9	0.103 3	0.101 9	0.100 6	0.099 3	0.098 0
19.0	0.112 5	0.110 6	0.108 9	0.107 2	0.105 7	0.104 1	0.102 7	0.101 3	0.100 0	0.098 6	0.097 4
19.5	0.111 8	0.110 0	0.108 3	0.106 6	0.105 0	0.103 5	0.102 1	0.100 7	0.099 3	0.098 1	0.096 8
20.0	0.111 1	0.109 3	0.107 6	0.105 9	0.104 4	0.102 9	0.101 4	0.100 0	0.098 7	0.097 4	0.096 2
20.5	0.110 4	0.108 6	0.106 9	0.105 3	0.103 9	0.102 4	0.100 8	0.099 4	0.098 1	0.096 9	0.095 6
21.0	0.109 8	0.108 0	0.106 3	0.104 7	0.103 1	0.101 6	0.100 2	0.098 8	0.097 6	0.096 3	0.095 1
21.5	0.109 1	0.107 4	0.105 7	0.104 1	0.102 6	0.101 1	0.099 6	0.098 3	0.097 0	0.095 7	0.094 5
22.0	0.108 5	0.106 7	0.105 0	0.103 4	0.101 9	0.100 4	0.099 0	0.097 7	0.096 4	0.095 1	0.094 0
22.5	0.107 8	0.106 1	0.104 4	0.102 8	0.101 3	0.099 9	0.098 4	0.097 1	0.095 8	0.094 6	0.093 4
23.0	0.107 2	0.105 5	0.103 8	0.102 2	0.100 7	0.099 3	0.097 9	0.096 5	0.095 3	0.094 0	0.092 9
23.5	0.106 6	0.104 8	0.103 2	0.101 6	0.100 2	0.098 8	0.097 3	0.096 0	0.094 7	0.093 5	0.092 3
24.0	0.106 0	0.104 3	0.102 6	0.101 1	0.099 6	0.098 2	0.096 8	0.095 4	0.094 2	0.093 0	0.091 8
24.5	0.105 4	0.103 6	0.102 0	0.100 5	0.099 0	0.097 6	0.096 2	0.094 9	0.093 6	0.092 4	0.091 3
25.0	0.104 8	0.103 1	0.101 5	0.099 9	0.098 4	0.097 0	0.095 7	0.094 3	0.093 1	0.091 9	0.090 8
25.5	0.104 2	0.102 5	0.100 9	0.099 3	0.097 9	0.096 5	0.095 1	0.093 8	0.092 6	0.091 4	0.090 2
26.0	0.103 6	0.101 9	0.100 3	0.098 8	0.097 3	0.095 9	0.094 6	0.093 3	0.092 1	0.090 9	0.089 7
26.5	0.103 0	0.101 3	0.099 7	0.098 2	0.096 8	0.095 4	0.094 0	0.092 7	0.091 5	0.090 3	0.089 2
27.0	0.102 5	0.100 8	0.099 2	0.097 7	0.096 3	0.094 9	0.093 6	0.092 3	0.091 1	0.089 9	0.088 8

温度 (℃)	土颗粒密度(g/cm³)										
	2.50	2.55	2.60	2.65	2.70	2.75	2.80	2.85	2.90	2.95	3.0
27.5	0.101 8	0.100 2	0.098 6	0.097 1	0.095 7	0.094 3	0.093 0	0.091 7	0.090 5	0.089 3	0.088 2
28.0	0.101 3	0.099 7	0.098 1	0.096	0.095 2	0.093 8	0.092 5	0.091 2	0.090 0	0.088 9	0.087 8
28.5	0.100 8	0.099 1	0.097 6	0.096 1	0.094 8	0.093 5	0.092 0	0.090 7	0.089 5	0.088 4	0.087 3
29.0	0.100 2	0.098 6	0.097 0	0.095 6	0.094 2	0.092 8	0.091 5	0.090 3	0.089 1	0.087 9	0.086 8
29.5	0.099 7	0.098 0	0.096 5	0.095 0	0.093 9	0.092 6	0.091 0	0.089 7	0.088 6	0.087 4	0.086 3
30.0	0.099 2	0.097 5	0.096 0	0.094 6	0.093 2	0.091 8	0.090 6	0.089 3	0.088 1	0.087 0	0.085 9
30.5	0.098 6	0.097 0	0.095 5	0.094 0	0.092 7	0.091 3	0.090 0	0.088 8	0.087 6	0.086 5	0.085 4

(2)小于某粒径的试样质量占总试样的百分数可按式(1.6)或式(1.7)计算。

①甲种密度计:

$$X = \frac{100}{m_d} \times C_s \times (R + m_T + n - C_D) \tag{1.6}$$

式中 X——小于某粒径的试样质量的百分数(%),计算精确至 0.1%;

m_d——试样干质量(g);

C_s——土颗粒密度校正值,见表 1.9;

R——甲种密度计读数;

m_T——悬液温度校正值,见表 1.8;

n——弯液面校正值;

C_D——分散剂校正值。

②乙种密度计:

$$X = \frac{100V_x}{m_d} \times C'_s \times [(R'-1) + m'_T + n' - C'_D] \times \rho_{w20} \tag{1.7}$$

式中 C'_s——土颗粒密度校正值,见表 1.9;

R'——乙种密度计读数;

m'_T——悬液温度校正值,见表 1.8;

n'——弯液面校正值;

C'_D——分散剂校正值;

V_x——悬液体积(=1 000 mL);

ρ_{w20}——20℃时纯水的密度,取 0.998 232 g/cm³。

(3)以小于某粒径试样的质量百分数为纵坐标,土粒直径的对数值为横坐标,在半对数坐标上绘制颗粒大小分布曲线,求不均匀系数 C_U 和曲率系数 C_C。必须指出的是,当试样中既有小于 0.075 mm 的颗粒,又有大于 0.075 mm 的颗粒,需进行密度计法和筛析法联合分析时,应考虑到小于 0.075 mm 的试样质量占试样总质量的百分比,即应将按式(1.5)或式(1.6)所得的计算结果,再乘以小于 0.075 mm 的试样质量占试样总质量的百分数,然后再分别绘制密度计法和筛析法所得的颗粒大小分布曲线,并将两段曲线连成一条平滑的曲线。

(4)填写试验报告如表 1.12 所示。

表 1.12　颗粒分析试验(密度计法)

试验日期		试验规范		试验人		审核人	
工程名称			工程部位及样品状态描述				
筛前风干试样总质量：1 000g		小于 2 mm 的试样质量占试样总质量百分数：69.2%			干试样质量：30g		
小于 2 mm 的试样质量：692g		小于 0.075 mm 试样占试样总质量百分数 d_x=27.7%			风干含水率：25%		
密度计号：	颗粒密度校正值	0.973	土粒密度(g/cm³)	2.79	密度计类型	甲种	

下沉时间 t(min)	悬液温度 T(℃)	密度计读数(R_H)						土粒落距 L(cm)	粒径 d(mm)	小于某粒径的土质量百分数(%)	小于某粒径的土占总质量百分数(%)
		密度计读数(R)	温度校正值 m_T(mL)	分散剂校正值 C_D	刻度及弯液面校正 n	$R_M=$ $R+m_T+$ $n-C_D$	$R_H=$ $R_M \cdot C_s$				
0.5	20.0	23.0	0.0	1.40	1.10	22.7	22.1	16.0	0.074	73.6	20.4
1	20.5	21.6	0.1	1.40	1.11	21.4	20.8	16.3	0.053	69.4	19.2
5	20.5	20.1	0.1	1.40	1.14	19.9	19.4	16.8	0.024	64.7	17.9
15	19.0	17.5	−0.3	1.40	−1.19	14.6	14.2	17.6	0.014	47.4	13.1
30	18.5	14.3	−0.4	1.40	−1.24	11.3	11.0	18.5	0.009	36.5	10.1
60	19.0	9.8	−0.3	1.40	−1.33	6.8	6.6	19.8	0.008	22.0	6.1
120	19.0	7.2	−0.3	1.40	−1.37	4.1	4.0	20.4	0.006	13.4	3.2
240	17.5	4.3	−0.7	1.40	−1.42	0.8	0.8	21.4	0.004	2.5	0.7
1 440	18.0	4.0	−0.5	1.40	−1.43	0.7	0.7	21.5	0.002	2.2	0.6

（纵坐标：小于某粒径试样质量百分数　0～100；横坐标：土粒直径（mm）　10　1　0.1　0.01　0.001）

(5)注意事项如下：

①每次测得悬液密度后，均应将密度计轻轻放在盛水的量筒中。

②读数要迅速准确，不宜将密度计在悬液中放置时间过久。在正式试验前，必须多次练习密度计的准确读数方法。

③试验前，应将量筒放在固定平稳的地方，试验中不得移动，并保持悬液温度稳定。

【课后练习】

1. 什么是土地基?

2. 什么是土? 阐述土的分类和不同土的形成过程?

3. 什么是土的三相? 为什么要研究土的三相?

4. 土进行颗粒分析试验的目的是什么? 不同种类的土进行颗粒分析试验的方法是什么?

5. 说明"四分法"取样的步骤。

6. 在土的筛析试验中,如何确定进行细筛分析和粗筛分析的条件?

7. 什么是颗粒级配曲线? 说明颗粒级配曲线的工程意义?

8. 如何用不均匀系数与曲率系数判断土的颗粒级配情况?

9. 密度计法的主要原理是什么?

10. 简要说明,在密度计法中为什么要进行土粒沉降距离校正。

11. 如何利用 Excel 画半对数坐标?

项目 2　土的物理性质及其检测

土的工程性质除了与土的颗粒级配有关外,还与土本身的物理性质有关。本项目主要通过学习土的各项基本物理性质,掌握不同物理指标的工程运用,能对物理指标进行工程检测,理解土的三相组成关系、掌握土的物理状态指标的运用及检测方法、了解土的结构与构造对土体性质的影响、掌握土的物理指标试验检测方法。

任务 2.1　土的物理性质指标

学习任务要求:

掌握土的三相关系,理解并掌握相关土的物理性质指标的概念。

工程案例——广肇高速公路三水至马安段沿线工程地质条件

工程概况:

广肇高速公路三水—马安段位于肇庆西江河下游两翼,地貌大部分为河流冲积平原,沿线大部分地基为软土地基,土层主要为第四纪河流冲积沉积的粉质黏土、淤泥、细砂、淤泥质土、粉质黏土夹细砂、中砂,主要土层分布和工程特征如下。

(1)粉质黏土:总体为饱和、可塑或软塑的中等或高压缩性土,全线在大部分路段存在一层 1.50~3.00 m硬壳层,硬壳层上覆 0.50~0.70 m厚的耕植土地,松软;硬壳层下部的粉质黏土呈软塑状态,天然含水率 $w=31.5\%\sim40.3\%$,孔隙比 $e=0.821\sim1.152$,具有压缩性高、抗剪强度低特性,其地基基本容许承载力低($\sigma=100\sim120$ kPa)。

(2)淤泥:总体处于饱和、流塑状态。其天然含水率高($w=57.8\%\sim97.2\%$),孔隙比大($e=1.471\sim2.265$),具有压缩性高($\alpha_{1-2}>0.5$ MPa^{-1})、抗剪强度低($\tau_t<25$ kPa)特性,其地基基本容许承载力低($\sigma=35\sim45$ kPa)。

(3)细砂:总体处于饱和、松散状态,分布在淤泥层的下部,厚度变化大,1.5~5.2 m,其地基基本容许承载力低($\sigma=80\sim100$ kPa),经标准贯入试验判定为液化土层。

(4)淤泥质土:总体处于饱和、流塑与软塑状态,厚度变化较大,3.60~9.20 m,其天然含水率高($w=44.3\%\sim59.1\%$),孔隙比大($e=1.154\sim1.472$),具有压缩性高($\alpha_{1-2}>0.5$ MPa^{-1})、抗剪强度低($\tau_t<30$ kPa)特性,其地基基本容许承载力低($\sigma=50\sim60$ kPa)。

(5)粉质夹细砂:总体处于饱和、软塑与硬塑状态,为中等至高压缩性土,细砂混杂于粉质黏土中,其天然含水率高($w=32.1\%\sim48.9\%$),孔隙比大($e=0.851\sim1.233$),具有压缩性高($\alpha_{1-2}>0.5$ MPa^{-1})、抗剪强度低($\tau_t<35$ kPa)特性,其地基基本容许承载力低($\sigma=90\sim110$ kPa)。

(6)中砂:总体处于饱和,密实度处于稍密—中密状态,厚度变化大,3.10~8.50 m,其地基基本容许承载力为($\sigma=140\sim250$ kPa),是非液化土层。

2.1.1　土的三相关系

(1)同一种土,密实的土体强度高,松散的土体强度低;含水率多时土体软,含水率少时土体硬;虽说土的固体颗粒对土体的性质起到决定性作用,但土体中三相之间的比例关系对土体的性质也起到重要作用。

(2)土的三相示意图及其基本物理指标,如图 2.1 所示,图中符号含义如下。

V:试样土体的总体积;

V_V:土样孔隙部分体积;

V_S:土样中固体颗粒体积;

V_W:土样中水的体积;

V_a:土样中气体的体积;

m:土样的总质量;

m_s:土样中固体颗粒质量;

m_w:土样中水的质量;

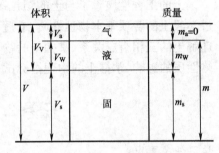

图 2.1　土的三相组成示意图

特别注意:1 cm³ 水在 4℃时的质量等于 1g。

(3)土三相关系的基本试验指标

三相物理性质指标中的基本指标是土的密度、含水率、土粒相对密度,可以由试验直接测定其数值,其他物理指标可由这几个基本指标进行推算而得。

2.1.2　土的基本物理性质指标

1. 土的密度和重度

(1)土的密度(也称为天然密度或湿密度)

定义:是指在天然状态下单位体积土所含物质的多少。

$$\rho=\frac{m}{V}=\frac{m_s+m_w}{V_s+V_v} \tag{2.1}$$

式中　ρ——土的密度(g/cm³);

　　　V——土的总体积(cm³);

　　　m——土的总质量(g);

　　　V_v——土体中总孔隙体积(cm³),它由两部分组成(一是空气所占体积 V_a,二是液体所占体积 V_w),其中土体中的孔隙全部由气体充满时的土称为干土,当孔隙一部分是空气一部分是液体时的土称为非饱和土,若土体中的孔隙全部由液体充满的土称为饱和土;

　　　m_w——土体中液体的质量(g);

　　　m_s——土体中固体颗粒的质量(g)。

天然状态下的土不是一个均质体,既含有固体颗粒,又含有水和气体;即使是同一层土的不同部位,其三相关系也是不同的,所以上述公式并不能真正反映土的密度大小。

从物理概念理解:一个密度越大的物体,可以认为是在一定体积内所含的固体颗粒越多,空隙越小,当物体受到荷载作用时,由于物体内部本身的空隙小,颗粒之间的移动量也就小,即从工程概念而言,这种物体的承载力相对越大。

（2）土的天然重度 γ（简称重度）

土的天然重度是指在天然状态下，单位体积土所受重力大小，用 γ 表示

$$\gamma = \frac{(m_s + m_w)g}{V} \quad (\text{kN/m}^3) \tag{2.2}$$

引入重度的作用是：无论土地基中的三相关系如何，其中的固体颗粒与水都将承受建筑荷载的压力作用（气体不考虑），因此，土的天然重度越大，土越密实，其工程性质越好。土的密度与重度之间的关系如下式：

$$\gamma = \rho \times g \tag{2.3}$$

式中 g——重力加速度（$g = 9.8 \text{ m/s}^2$，工程上有时为计算方便，取 $g = 10 \text{ m/s}^2$）。

土的重度与土的含水率和密实度有关，一般土的重度取 $16 \sim 22 \text{ kN/m}^3$。天然土地基的土层由于形成的地质环境不同，呈现出不同重度的土层，不同重度的土层的地基承载力是不同的，这也是基础的埋置深度不同的条件之一。

由于土处于不同环境下其含水率是不同的，所以土的重度也有不同的区分，分为：干重度、浮重度和饱和重度三种。

在天然状态下，当土体长期浸泡在水中时，土体呈饱和状态，此时土体的重度根据不同种类的土采用浮重度（无黏性土）和饱和重度（黏性土）表示，其原因在于透水性土和不透水性土所含水的性质完全不同。

a. 透水性土（无黏性土）：水可在土体空隙中自由流动，即土体中的水以自由水为主。

b. 不透水性土（黏性土）：水不能在土体空隙中自由流动，即土体中的水主要以结合水为主。

对于处于饱和状态下的土体而言，都将受到水的浮力作用，土颗粒的相对重量减轻，在荷载作用下，透水性土体中的水能较快排走，而不透水性土中的水排出较难，因此在工程上为了更清楚表达不同种类的土处于饱和状态或干燥状态时土的性质，引入了土的饱和密度与饱和重度和浮重度，以及干密度与干重度。

①饱和密度 ρ_{sat} 与饱和重度 γ_{sat}

饱和密度是指土体中的孔隙完全被水充满时土的密度：

$$\rho_{sat} = \frac{m_s + V_v \rho_w}{V} = \frac{m_s + V_v}{V} \tag{2.4}$$

饱和重度是指当土体孔隙中完全充满水时土的重度，用 γ_{sat} 表示，其定义式如下：

$$\gamma_{sat} = \frac{m_s g + V_v \gamma_w}{V} = \frac{(m_s + V_v)g}{V} \quad (\text{kN/m}^3) \tag{2.5}$$

式中 ρ_w——水的密度，即 4℃时单位体积水的质量，$\rho_w = 1 \text{ g/cm}^3$；

    V——土样的总体积（cm^3）；

    V_v——土样孔隙部分体积（cm^3）；

    m_s——土样固体颗粒质量（g）；

    γ_w——水的重度，即 4℃时单位体积水的重力，$\gamma_w = 10 \text{ kN/m}^3$；

    V——土样的总体积（cm^3）。

②干密度 ρ_d 与干重度 γ_d

干密度是指当土中不存在水时，单位体积土体中的土粒质量，用 ρ_d 表示，其定义式如下：

$$\rho_{\mathrm{d}} = \frac{m_{\mathrm{s}}}{V} = \frac{m - m_{\mathrm{w}}}{V} = \rho - \rho_{\mathrm{d}} w \tag{2.6}$$

$$\rho_{\mathrm{d}} = \frac{\rho}{1 + w} \tag{2.7}$$

式中　ρ——土的密度($\mathrm{g/cm^3}$);

　　　w——土的含水率(%)。

干重度是指当土中不存在水时,单位体积土体中的土粒重力,用 γ_{d} 表示,其定义式如下:

$$\gamma_{\mathrm{d}} = \frac{m_{\mathrm{s}} g}{V} = \rho_{\mathrm{d}} g \tag{2.8}$$

说明:干重度越大,表示土越密实。在路基工程中,常用干重度作为土的密实程度的指标。

③浮重度 γ'

在水下的土体,因受到水的浮力作用,其重力会减轻。浮力的大小等于土粒排开水的水重。因此,土的浮重度等于单位体积土体中的土颗粒重力减去与土颗粒体积相同的水的重力。

$$\gamma' = \gamma_{\mathrm{sat}} - \gamma_{\mathrm{w}} = \frac{\gamma_{\mathrm{s}} - \gamma_{\mathrm{w}}}{1 + e} \tag{2.9}$$

式中　γ_{s}——土粒重度($\mathrm{kN/m^3}$);

　　　e——土的孔隙比。

(3)土粒相对密度(土粒比重)

土粒相对密度是指土粒的质量与同体积纯蒸馏水在 4℃ 时的质量之比用 G_{s} 表示,其定义式如下:

$$G_{\mathrm{s}} = \frac{m_{\mathrm{s}}}{V_{\mathrm{s}} \times \rho_{\mathrm{w}}} = \frac{\rho_{\mathrm{s}}}{\rho_{\mathrm{w}}} \tag{2.10}$$

式中　ρ_{s}——土颗粒密度($\mathrm{g/cm^3}$),$\rho_{\mathrm{s}} = \dfrac{m_{\mathrm{s}}}{V_{\mathrm{s}}}$($\mathrm{g/cm^3}$);

　　　ρ_{w}——4℃时水的密度,大小 $\rho_{\mathrm{w}} = 1\ \mathrm{g/cm^3}$。土颗粒相对密度在数值上即等于土颗粒密度,$G_{\mathrm{s}}$无单位。天然土颗粒由不同矿物组成,其相对密度各不相同,黏性土一般为 2.70~2.75,砂类土约 2.65。

(4)土的含水率 w 与饱和度

①土的含水率

土的含水率是指土中水的质量与土颗粒质量之比。

$$w = \frac{m_{\mathrm{w}}}{m_{\mathrm{s}}} \times 100\% = \left(\frac{m}{m_{\mathrm{s}}} - 1\right) \times 100\% \tag{2.11}$$

天然状态下土体的含水率变化较大,一般情况下,同一类土其含水率越大,强度越低,压缩变形稳定时间越长,越易产生不均匀沉降。

②饱和度 S_{r}

工程上除了土的含水率之外,还需要知道孔隙中充满水的程度,这就是土的饱和度:

$$S_{\mathrm{r}} = \frac{V_{\mathrm{w}}}{V_{\mathrm{v}}} \times 100\% \tag{2.12}$$

(5)土体空隙大小指标

工程上常用孔隙比 e 或孔隙度 n 表示土体中孔隙的大小。

①孔隙比

孔隙比 e 是指土体中孔隙体积与固体颗粒体积之比:

$$e=\frac{V_\text{v}}{V_\text{s}} \tag{2.13}$$

孔隙比用小数表示,对同一类土,孔隙比越小,土越密实,反之越松散;孔隙比可以大于 1。

②孔隙度

孔隙度 n 是指土体中孔隙体积与土体总体积之比(用百分数表示):

$$n=\frac{V_\text{v}}{V}\times 100\% \tag{2.14}$$

孔隙度用百分比表示,其含义与孔隙比相同,孔隙度小于 1。两者换算关系:$n=\dfrac{e}{1+e}\times 100\%$ 或 $e=\dfrac{n}{1-n}$。

任务 2.2　土的物理性质指标的检测与计算

学习任务要求:

掌握天然土体密度、含水率的试验方法及数据处理要求。

2.2.1　土的含水率试验(烘干法)

土的含水率是指土在 105～110℃温度下烘干至恒量时所失去水的质量与干土质量的比值,以百分数表示。

1. 试验目的与适用范围

目的:测定天然土的含水率。为计算干密度、孔隙比、饱和度、液性指数提供基本指标,评价土的工程性质。

适用范围:适用于各类土。

烘干法是测定土的含水率的标准方法。其他方法还有酒精燃烧法、碳化钙减量法、核子射线法等。本教材重点介绍烘干法和酒精燃烧法,其他试验方法可查相应规范。

2. 主要试验设备

①天平(称量 200 g,分度值 0.01 g;称量 1 000 g,分度值 0.2 g);

②烘箱(控温范围 105～110℃);

③真空干燥箱(控温范围 65～70℃);

④称量盒(直径 50 mm、高 30 mm,长 200 mm、宽 100 mm、高 40 mm);可采用等质量称量盒。

⑤干燥箱(内用硅胶干燥剂)等。

3. 试验步骤

(1)根据不同类型土按表 2.1 中要求,选取有代表性试样,放于称量盒内,盖好盒盖,将盒外的土擦净后称量湿土质量 m_0。

(2)打开盒盖,将装有试样的称量盒放入烘箱内,在 105～110℃温度下烘干。各类土烘干时间见表 2.2 所示。

表 2.1　烘干法测含水率所需试样质量

按《铁路路基设计规范》填料分类	按《铁路工程岩土分类标准》填料分类	取样质量(g)
细粒土	粉土、黏性土	15～30
	有机土	30～50
粗粒土	砂类土	30～50
	砾石类	500～1 000
巨粒土	碎石类	1 500～3 000

表 2.2　各类土烘干时间

土类	烘干时间(h)
砂类土	≥6
粉土、黏性土	≥8
砾石类或碎石类土	≥4

注:对有机质含量大于5%的土,土烘干温度在65～70℃。烘干步骤为在真空干燥箱中烘7 h或在电热干燥箱中烘18 h。

(3)按规定时间烘干后,取出称量盒,盖好盒盖,放入干燥器内冷却至室温时称干土质量 m_d

说明:当试验称量试样质量小于 200 g 时,准确至 0.01 g。当试验称量试样质量大于 200 g 时,准确至 0.2 g。

(4)含水率试验应进行两次平行试验,平行测定的差值应符合表 2.3 中规定,取两次平行试验的算术平均值为最终结果,并满足表 2.3 中规定。

表 2.3　含水率平行测定允许差值

土　类	含水率平行差值(%)		
	$w \leqslant 10$	$10 < w \leqslant 40$	$w > 40$
砂类土、有机类土、黏性土、粉土	0.5	1.0	2.0
碎石类、砾石类土	1.0	2.0	—

(5)计算含水率:

$$w = \left(\frac{m_0}{m_d} - 1 \right) \times 100 \tag{2.15}$$

式中　w——含水率(%),计算至 0.1%;

　　　m_0——湿土质量(g);

　　　m_d——干土质量(g)。

(6)各项检测数据和计算示例见表 2.4 所示。

表 2.4　土的含水率试验(烘干法)

试验日期		试验规范		试验人		审核人	
工程名称			工程部位				
取土地点		取土深度		土样说明		土样为黏性土黄褐色	
试验次数		1	2		允许平行差值		
盒　　号		15	11	含水率(%)		允许差值(%)	

续上表

盒质量(g)	(1)	20.00	20.00	10<试样含水率≤40		≤1
盒+湿土质量(g)	(2)	38.87	40.54			
盒+干土质量(g)	(3)	35.45	36.76			
湿土质量(g)	(4)=(2)−(1)	18.87	20.54	检验仪器	1. 天平(称量 200 g,分度值 0.01 g); 2. 烘箱:干烘器、称量盒	
干土质量(g)	(5)=(3)−(1)	15.45	16.76			
含水率(%)	(6)=[(4)/(5)−1]×100	22.1	22.6			
平均含水率(%)	(7)	22.4				

数据结论分析:

1. 两次试验含水率平行差值=|22.6%−22.1%|=0.5%<1.0%,符合规范要求。

2. 土样平均含水率 $\overline{w} = \dfrac{22.1+22.6}{2} = 22.4\%$。

2.2.2　土的含水率试验(酒精燃烧法)

1. 试验目的与适用范围

目的:确定天然土的含水率。为计算干密度、孔隙比、饱和度、液性指数提供基本指标,评价土的工程性质。

适用范围:适用于不含有机质的砂类土、粉土和黏性土。

2. 试验设备

①天平(称量 200 g,分度值 0.01 g);

②酒精(浓度 95%);

③称量盒(直径 50 mm、高 30 mm,长 200 mm、宽 100 mm、高 40 mm);

④干燥箱(内用硅胶干燥剂)、滴管等。

3. 试验过程

①选取有代表性试样(黏性土 5～10 g,砂类土 20～30 g),放于称量盒内,盖好盒盖,将盒外的土擦净后称量湿土质量 m_0。

②打开盒盖,用滴管将酒精(浓度 95%)滴入盒内,直至试样表面出现自由液面。将盒底在桌面上轻轻敲击,使酒精浸透全部试样,然后点燃盒中酒精,烧至火熄灭。

③冷却 1 min 后,再按②重复操作。黏性土应烧 4 次,砂类土应烧 3 次。

④待最后一次燃烧火焰熄灭后,盖上盒盖,在干燥器中冷却至室温,立即称干土质量 m_d。

⑤本试验称量应准确至 0.01 g。

⑥本试验结果计算按式(2.15)计算,本试验允许差应符合表 2.3 规定,表格记录与表 2.4 相同。

2.2.3　土的密度试验(环刀法)

测定土的密度常用方法有:环刀法、蜡封法、灌砂法、核子射线法等。本教材重点介绍采用环刀法和灌砂法,其他试验方法可根据规范要求进行。

1. 试验目的

目的:确定天然土的密度,用于计算土的干密度、孔隙比、孔隙率、饱和度、压实系数等指标,评价土的工程性质。

适用范围:适用于测定粉土或黏性土的密度。

2. 主要试验设备:

①环刀(内径 61.8±0.15 或内径 79.8±0.15 两种,高度 20±0.01);

②天平(称量 500 g,分度值 0.1 g;称量 200 g,分度值 0.01 g);

③其他:切土刀、钢丝锯、直尺、凡士林等。

3. 试验过程

①按工程需要取原状土样或扰动土制备击实试样。细粒土扰动土样的制备如下:将团、块状扰动土样风干后,在橡皮板上用木碾碾散(不得破坏土粒的天然结构)。根据试验所需土样数量,将碾散的土样过 0.5 mm 土筛,筛下土样充分拌匀后,用四分对角取样法取出试验用土样,这就是试验所用的扰动土试样(关于粗粒土试样的制备可参考规范进行)。

下面以原状土样进行试验说明环刀法密度试验步骤与方法。

②用取土器取原状土试样,并称量环刀质量 $m_环$(准确至 0.1 g)。

③在环刀内壁上涂一薄层凡士林,刀口向下放在土样上,垂直下压环刀,直到环刀从土样另一端伸出为止。用切土刀去掉环刀周围的土,使环刀与土柱分离,然后削去环刀两端的多余土(多余的土用作含水率试验),并将环刀两端修平。

④将环刀与环刀内的土同时称量 $m_{环+土}$(准确至 0.1 g),得出试样质量 $m_0 = m_{环+土} - m_环$。

4. 结果整理

①计算土的湿密度:

$$\rho = \frac{m_0}{V} \qquad (2.16)$$

式中　ρ——试样的湿密度(g/cm³),精确至 0.01 g/cm³;

　　　m_0——湿土样质量(g);

　　　V——环刀容积(cm³)。

②计算土的干密度:

$$\rho_d = \frac{\rho}{1 + 0.01w} \qquad (2.17)$$

式中　ρ_d——试样的干密度(g/cm³),精确至 0.01 g/cm³;

　　　w——试样含水率(%)。

③本试验需进行两次平行试验,两次平行测定的差值不大于 0.03 g/cm³,取其算术平均值,平行测定的差值超过允许差值时,重作试验。

④各项检测数据和计算填入表 2.5 中。

表 2.5　土的密度试验(环刀法)

试验日期		试验规范			试验人	
工程名称				工程部位	审核人	
土样编号			3		4	
环刀号			10		14	
土+环刀质量(g)	(1)	593.9	591.5	606.6	603.4	
环刀质量(g)	(2)	197.4	197.4	205.6	205.6	

续上表

试样质量(g)	(3)＝(1)－(2)	396.5	394.1	401.0	397.8
环刀容积(cm³)	(4)	201.3	201.3	198.5	198.5
湿密度(g/cm³)	(5)＝(3)/(4)	1.97	1.96	2.02	2.00
平均湿密度(g/cm³)		1.96		2.01	
盒号		17	38	23	27
盒质量(g)	(6)	16.2	15.7	15.8	16.6
盒＋湿土质量(g)	(7)	177.5	139.6	156.8	136.2
盒＋干土质量(g)	(8)	153.9	122.1	136.0	118.6
水质量(g)	(9)＝(7)－(8)	23.6	17.5	20.8	17.6
干土质量(g)	(10)＝(8)－(6)	137.7	106.4	120.2	102.0
含水率(%)	(11)＝(9)/(10)	17.1	16.5	17.3	17.3
土样干密度(g/cm³)	(12)＝(5)/[1＋0.01×(11)]	1.68	1.68	1.72	1.71
平均干密度(g/cm³)		1.68		1.72	

数据计算与结论分析：

①试样编号 3 的土样，采用环刀 10 号试验时，两次湿密度之差 |1.97－1.96|＝0.01<0.03 g/cm³，两次干密度之差 |1.68－1.68|＝0<0.03 g/cm³，符合规范要求。

②试样编号 4 的土样，采用环刀 14 号试验时，两次湿密度之差 |2.02－2.00|＝0.02<0.03 g/cm³，两次干密度之差 |1.72－1.71|＝0.01<0.03 g/cm³，符合规范要求。

2.2.4 土的密度试验(灌砂法)

1. 试验目的

目的：确定天然土的密度，用于换算土的干密度、孔隙比、孔隙率、饱和度、压实系数等指标，评价土的工程性质。

适用范围：本试验方法适用于现场测定最大粒径小于 75 mm 的土的密度。

2. 试验原理

利用在确定的灌入状态下，砂的密度(可在相同灌入条件下事先测得)不会发生变化的原理，测定试坑中砂子质量，计算试坑的体积，从而达到测定土体密度的目的。

3. 试验设备

①天平(称量 10 kg，分度值 5 g；称量 500 g，分度值 0.1 g)；

②灌砂法密度测定器，由容砂瓶、灌砂漏斗和底盘组成，如图 2.2 所示；

③分析筛：孔径 0.25 mm、0.5 mm；

④小铁铲、盛土容器、温度计等。

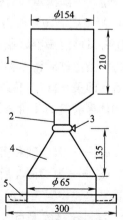

图 2.2 灌砂密度测定器(单位：mm)
1—容砂瓶；2—螺纹接头；
3—阀门；4—灌砂漏斗；5—底盘

4. 试验步骤

①选取粒径为 0.25～0.50 mm，密度为 1.47～1.61 g/cm³ 的洁净干燥砂作为量砂。

②将容砂瓶与灌砂漏斗经螺纹接头接紧，并作标记，以后每次拆卸再衔接时都要接在同一位置。称量组装好的密度测定仪质量(m_{r1})，准确至 5 g。

③将干燥密度测定仪竖立(漏斗口向上)在工作台上，打开阀门，向密度测定器内注水，直至水面高出阀门，关闭阀门，倒掉漏斗中多余的水，称注满水的密度测定仪总质量(m_{r2})，准确至 5 g，同时测定水温，准确至 0.5 ℃。再重复测定两次，三次测值之间的最大差值不大于 5 g，取三次测定值的平均值。

④将干燥密度测定仪竖立(漏斗口向上)在工作台上，关闭阀门，向漏斗中注满量砂。打开阀门，让量砂漏入容砂瓶内，边漏边注入量砂，当量砂停止流动时迅速关闭阀门，然后将漏斗中多余的量砂倒掉，称灌满量砂的密度测定仪总质量(m_{r3})，准确至 5 g，测定过程避免振动。

⑤计算容砂瓶的容积：

$$V_r = (m_{r2} - m_{r1})/\rho_{wT} \tag{2.18}$$

式中　V_r——容砂瓶体积(cm³)；

　　　m_{r2}——注满水的密度测定仪总质量(g)；

　　　m_{r1}——密度测定仪的质量(g)；

　　　ρ_{wT}——T℃温度下水的密度(g/cm³)。

不同温度下，水的密度不同，在计算密度测定仪容砂器容积时，要根据测定时的温度使用不同的水的密度，其值见表 1.10 所示。

⑥计算量砂的密度：

$$\rho_{sr} = \frac{m_{r3} - m_{r1}}{V_r} \tag{2.19}$$

式中　ρ_{sr}——量砂密度(g/cm³)，精确至 0.01 g/cm³；

　　　m_{r3}——灌满量砂时密度测定器的总质量(g)。

5. 测定灌满漏斗所需量砂的质量

①将量砂灌满容砂瓶，称灌满量砂时密度测定器的总质量(m_{r3})。

将灌满量砂时密度测定器倒置于洁净的平面上(灌砂漏斗口向下)，打开阀门，直至砂停止流动后立即关闭阀门，称剩余量砂和密度测定器的总质量(m_{r4})。

②计算灌满漏斗所需量砂的质量(流失量砂的质量即为灌满漏斗所需要砂的质量)：

$$m_{r5} = m_{r3} - m_{r4} \tag{2.20}$$

式中　m_{r4}——剩余砂和密度测定器质量(g)；

　　　m_{r5}——灌满漏斗所需量砂质量(g)。

重复上述步骤三次取其平均值。

6. 灌砂法试验要点

①在选定的试坑位置处将地面整平，其面积略大于试坑面积，将测定仪倒置(漏斗口向下)于整平的地面上，沿灌砂漏斗外缘画一轮廓线，在所画轮廓线内挖坑，试坑大小应根据土的最大粒径确定，试坑深度不大于该层填筑深度，如表 2.6 所示。

表 2.6　灌砂法试坑尺寸

试样的最大粒径(mm)	试坑尺寸(mm)	
	直径	深度
5~20	150	200
40	200	250
60	250	300
75	300	400

②将挖出的土全部装入盛土容器内，称出湿土总质量 m_p，准确至 10 g，同时取代表性试样测定含水率。

③将容砂瓶内充满量砂，关阀门，称密度测定器和砂质量(m_{r3})，准确至 5 g。将测定器倒置于挖好的坑口上(若坑口土质较松软时，要采用底板)，当使用底板时，应将底板空洞视为灌砂漏斗的一部分，打开阀门，使量砂流入试坑内，当砂停止流动时关闭阀门，称测定器和剩余砂质量(m_{r6})，准确至 5 g。

④计算充满试坑所需砂的质量：

$$m_{sr}=m_{r3}-m_{r5}-m_{r6} \tag{2.21}$$

式中　m_{r6}——灌满试坑后测定仪和剩余砂质量(g)；

　　　m_{sr}——灌满试坑所需量砂质量(g)。

⑤取出试坑内量砂，以备下次试验所用。若量砂的湿度发生变化或混有杂质，应风干、过筛后再使用。试验完毕，应将试坑回填夯实。

⑥计算土的密度和干密度：

$$\rho=\frac{m_p}{m_{sr}}\times\rho_{sr} \tag{2.22}$$

$$\rho_d=\frac{m_p}{m_{sr}(1+0.01w)}\times\rho_{sr} \tag{2.23}$$

式中　m_p——取自试坑内土的质量(g)。

⑦各项检测数据和计算填入表 2.7 中。

表 2.7　土的密度试验(灌砂法)

试验日期		试验规范			试验人	
工程名称		工程部位 (试坑编号)			审核人	
灌砂前测定器+砂重m_{r3}(g)	8 000	8 001	8 002	8 003	8 004	
剩余砂和测定器质量m_{r4}(g)	7 075	7 075	7 075	7 075	7 075	
灌砂测定器下部锥体内砂质量m_{r5}(g)	925	926	927	928	929	
灌砂后测定器+砂重m_{r6}(g)	4 800	4 801	4 802	4 803	4 804	
灌满试坑所需砂质量m_{sr}(g)	2 275	2 274	2 273	2 272	2 271	
量砂密度ρ_{sr}(g/cm³)	1.44	1.44	1.44	1.44	1.44	
试坑容积(cm³)	1 580	1 579	1 578	1 577	1 576	
试坑中挖出湿土质量m_p(g)	3 262	3 262	3 264	3 265	3 266	
土的湿密度(g/cm³)	2.06	2.07	2.07	2.07	2.07	

续上表

盒号	3	5	1	2	4	7	10	8	6	9
盒＋湿土质量(g)	95.79	95.79	95.79	95.79	95.79	95.79	95.79	95.79	95.79	95.79
盒＋干土质量(g)	89.68	89.68	89.68	89.68	89.68	89.68	89.68	89.68	89.68	89.68
盒质量(g)	39.21	39.21	39.21	39.21	39.21	39.21	39.21	39.21	39.21	39.21
干土质量(g)	50.5	50.5	50.5	50.5	50.5	50.5	50.5	50.5	50.5	50.5
水质量(g)	6.11	6.11	6.11	6.11	6.11	6.11	6.11	6.11	6.11	6.11
含水率(%)	12.1	12.1	12.1	12.1	12.1	12.1	12.1	12.1	12.1	12.1
平均含水率(%)	12.1		12.1		12.1		12.1		12.1	
土的干密度(g/cm³)	1.84		1.84		1.84		1.84		1.84	

2.2.5 土的颗粒密度试验

土的颗粒密度是指土体内固体颗粒的质量与颗粒体积之比值,测定土的颗粒密度常用方法有:量瓶法、浮称法、虹吸管法。土的颗粒密度是计算无黏性土的孔隙比、孔隙率、饱和度等指标的重要数据。由于无黏性土颗粒粒径大小相差较大,因此,无黏性土颗粒密度通常用下列三种方法表示。

①视密度(表观密度):土颗粒干质量与土颗粒实体积(包括固体颗粒和封闭空隙体积)的比值。其中,空隙是指能被水充填的部分。

②毛体积密度:土粒干质量与土粒总体积(包括固体颗粒、封闭空隙体积和开敞空隙全部体积)的比值。毛体积密度用于击实试验中对超粒径(≥5 mm 或≥20 mm 或≥40 mm,颗粒在 5%～30%)土的最大干密度校正及计算粗颗粒填料压实后的孔隙率。

③饱和干密度(表干密度):当土粒呈饱和面干状态时的土粒总质量与土粒总体积的比值。

土的颗粒密度试验根据土粒不同粒径,分别采用下列方法。

①最大粒径小于 5 mm 的土采用量瓶法测定。

②粒径等于大于 5 mm 的土,其中大于 20 mm 的颗粒含量少于 10% 时采用浮称法,大于 10% 时采用虹吸筒法。

③土中含有小于 5 mm 和大于 5 mm 的颗粒,应按上述两条规定,分别用量瓶法、浮称法和虹吸筒法测定不同粒径颗粒密度,平均颗粒密度按下式计算:

$$\rho_{sm} = \frac{1}{\dfrac{P_1}{\rho_{s1}} + \dfrac{P_2}{\rho_{s2}}} \tag{2.24}$$

式中　ρ_{sm}——平均颗粒密度(g/cm³),计算至 0.01 g/cm³;

ρ_{s1}、ρ_{s2}——大于和小于 5 mm 粒径的颗粒密度(g/cm³);

P_1、P_2——大于和小于 5 mm 粒径的土粒质量占总质量的质量分数。

本教材重点介绍量瓶法和浮称法试验,虹吸筒法可查相关规范进行。

1. 土的颗粒密度试验(量瓶法)

1)试验设备

①量瓶[容积 100 mL(或 50 mL)];

②天平(称量 200 g,分度值 0.001 g);

③恒温水槽(准确度±1.0 ℃);

④砂浴(应能调节温度);

⑤温度计(测量范围 0~50 ℃,分度值 0.5 ℃);

⑥真空抽气设备:包括真空泵、抽气缸、真空压力表等;

⑦其他:烘箱、纯水、孔径 20 mm 及 5 mm 的土筛、中性液体(如煤油)、漏斗、滴管等。

规定:一般土的颗粒密度应用纯水测定;土中含有可溶性盐、亲水性胶体或有机质时,应采用中性液体(如煤油)测定。

2)试验步骤

(1)量瓶校正

量瓶校正有两种方法:量瓶称量校正法和量瓶计算校正法。本教材采用量瓶称量校正法进行校正,若采用量瓶计算校正法按规范要求进行。以下是量瓶称量校正法的步骤:

①量瓶洗净,烘干,称量两次,准确至 0.001 g。取其算数平均值,两次差值不得大于 0.002 g;

②将蒸馏水注入量瓶(对长颈量瓶注入到刻度处,对短颈量瓶注入到毛细管口),塞紧瓶塞,多余的水自瓶塞毛细管中溢出;

③将量瓶放入恒温水槽直到瓶内水温度稳定,取出量瓶,擦净外壁,称瓶、水的总质量,准确至 0.001 g。重复上述步骤进行二次测定,取平均值,其平行差值不得大于 0.002 g;

④测出恒温水槽内水温,准确至 0.5 ℃;

⑤按每 5 ℃间隔调节恒温水槽内水的温度,测出不同温度下的瓶与水的总质量,每个温度下测值时需进行两次测定,平行差值不大于 0.002 g,取两次测值的平均值。在直角坐标纸上,以温度为横坐标,量瓶和水的总质量为纵坐标,绘出温度与瓶与水的总质量关系曲线图,如图 2.3 所示。量瓶称量校正记录应符合表 2.8 的要求。

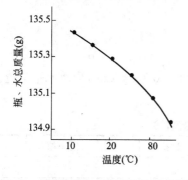

图 2.3　温度与瓶、水总质量关系曲线图

表 2.8　量瓶称量校正法记录

瓶号:_____　　量瓶质量:_____(g)

温度(℃)	量瓶与纯水(或煤油)总质量(g)	平均值(g)

(2)颗粒密度试验过程

①在烘干的量瓶内装入烘干试样(100 mL 装 15 g,50 mL 装 10 g),称出量瓶和试样总质量,准确至 0.001 g。

②向已装有试样的量瓶内注入半瓶蒸馏水,摇动量瓶,然后将量瓶放在砂浴上煮沸(煮沸时间自悬液沸腾时算起:砂类土与粉土不少于 30 min,黏性土不少于 60 min),煮沸后为防止瓶内液体流出,要随时调节温度。

③煮沸完毕后,取下量瓶冷却至室温,将事先煮沸并冷却的蒸馏水注入装有试样悬液的量瓶近满(液面高度与量瓶校正时相同),放置于恒温水槽内,至瓶内悬液温度稳定且瓶内悬液上部澄清后,塞好瓶塞,使多余水分自瓶塞毛细管溢出,取出量瓶,擦净外壁,称量瓶、水和试样的总质量,准确至 0.001 g,同时测量瓶内的水温,准确至 0.5 ℃。

④根据测得的温度,从已经绘制的"温度与量瓶和水的总质量关系曲线"中查得量瓶和水的总质量。

⑤用中性液体(如煤油)进行测定含有可溶盐、亲水性胶体或有机土的颗粒密度时,用真空抽气法代替煮沸法排出土中空气(对砂土,为防止煮沸时颗粒跳出,也可采用真空抽气法)。抽气时真空压力表读数应达到约一个大气负压值,抽气时间 1~2 h,直至悬液内无气泡逸出时为止。其余步骤与上述①~④相同。

3. 数据处理

(1)用纯水测定时:

$$\rho_s = \frac{m_d}{m_{pw} + m_d - m_{pws}} \times \rho_{wT} \tag{2.25}$$

式中　ρ_s——土的颗粒密度(g/cm³),精确至 0.01 g/cm³;

　　　m_d——试样干质量(g);

　　　m_{pw}——量瓶和水总质量(g);

　　　m_{pws}——量瓶、水和土总质量(g);

　　　ρ_{wT}——在 $T℃$时水的密度(g/cm³)。

(2)用中性液体测定时:

$$\rho_s = \frac{m_d}{m_{pu} + m_d - m_{pus}} \times \rho_{uT} \tag{2.26}$$

式中　ρ_s——土的颗粒密度(g/cm³),精确至 0.01 g/cm³;

　　　m_d——试样干质量(g);

　　　m_{pu}——量瓶和中性液体总质量(g);

　　　m_{pus}——量瓶、中性液体和土总质量(g);

　　　ρ_{uT}——中性液体在 $T℃$时的密度(g/cm³)。

(3)本试验应进行两次平行试验,平行测定的差值不大于 0.02 g/cm³,取算术平均值。

(4)各项检测数据和计算填入表 2.9 中。

表 2.9　土的颗粒密度试验(量瓶法)

试验日期		试验规范			试验人		审核人	
工程名称				工程部位				
仪器环境条件	仪器设备名称		型号	示值范围	精度值		温度℃	相对湿度(%)
样品状态描述								
粒径小于 5 mm 的土(量瓶法)								

续上表

试样编号	量瓶编号	量瓶质量（g）	干试样质量 m_d(g)	量瓶＋液体＋干试样总质量 m_{pws}(g)	液体温度（℃）	T℃时液体密度 ρ_{wT}（g/cm³）	T℃时量瓶＋液体总质量 m_{pw}（g）	与干试样同体积的液体质量（g）	颗粒密度 ρ_s（g/cm³） (8)＝[(2)×(5)]/(7)	
		(1)	(2)	(3)	(4)	(5)	(6)	(7)＝(2)＋(6)－(3)	单值	均值
5	1	72.230	15	177.654	20.0	0.998	168.190	5.536	2.70	2.70
	2	72.327	15	176.005	20.0	0.998	166.560	5.555	2.69	

数据计算与结论分析：

　　两次平行试验差值＝｜2.70－2.69｜＝0.01 g/cm³＜0.02 g/cm³，试验结果符合规范要求。

2. 土的颗粒密度试验（浮称法）

1）试验设备

①孔径小于 5 mm 的铁丝框，直径约 100～150 mm，高约 100～200 mm；

②适合铁丝框沉入用的盛水容器；

③天平（称量不小于 2 kg，分度值不小于 0.2 g）；

④其他：温度计、孔径 5 mm 及 20 mm 土筛、浮称天平、烘箱、毛巾、瓷盘等。

2）试验过程

①选取粒径大于 5 mm 的试样不少于 1 000 g，清洗干净，浸入 15～25℃的水中，浸泡 24 h 后取出，将试样放在湿毛巾上滚擦或擦干表面（以颗粒表面无发亮水膜为准），即得饱和面干试样，称饱和面干试样质量 m_b。

②将铁丝框浸入水中，称量铁丝框在水中的质量 m_1。

③将称量好的饱和面干试样全部放入铁丝框中，缓缓浸没于水中，并在水中摇晃至无泡逸出为止，称量铁丝框和试样在水中的总质量 m_2，同时测出盛水容器内水温，准确至 0.5℃。

④取出铁丝框中的全部试样放于磁盘中，吸去盘中余水，置于 105～110℃烘箱中烘干（4～6 h），取出冷却至室温，称量烘干试样质量 m_d。

⑤本试验称量应准确至 0.2 g。

3）密度计算

（1）计算颗粒密度：

$$\rho_s = \frac{m_d}{m_d - (m_2 - m_1)} \times \rho_{wT} \tag{2.27}$$

（2）计算毛体积密度：

$$\rho_a = \frac{m_d}{m_b - (m_2 - m_1)} \times \rho_{wT} \tag{2.28}$$

（3）计算饱和面干密度：

$$\rho_b = \frac{m_b}{m_b - (m_2 - m_1)} \times \rho_{wT} \tag{2.29}$$

（4）计算吸着含水率：

$$W_x = \left(\frac{m_b}{m_d} - 1\right) \times 100\% \tag{2.30}$$

（5）计算孔隙率：

$$n=\left(1-\frac{\rho_d}{\rho_s}\right)\times100\%\tag{2.31}$$

式中 m_1——铁丝框在水中质量(g)；

m_2——铁丝框和试样在水中总质量(g)；

m_d——烘干试样质量(g)；

m_b——饱和面干试样质量(g)；

ρ_a——毛体积密度(g/cm³)；

ρ_b——饱和面干密度(g/cm³)；

w_x——吸着含水率，计算至0.1%；

n——孔隙率(%)；

ρ_d——干密度(g/cm³)；

ρ_s——颗粒密度(g/cm³)。

（6）本试验应进行两次平行试验，平行测定的差值不大于0.02 g/cm³，取算术平均值，平行测定的差值大于允许差值时，应重新进行试验。

（7）各项检测数据和计算填入表2.10中。

表2.10 土的颗粒密度试验(浮称法)

试验日期		试验规范			试验人		审核人	
工程名称			工程部位					
仪器环境条件	仪器设备名称		型号	示值范围	精度值	温度℃	相对湿度(%)	
样品状态描述								

试样编号	烘干试样质量 m_d(g)	饱和面干试样质量 m_b(g)	铁丝框在水中的质量 m_1(g)	铁丝框和试样在水中的总质量 m_2(g)	试样在水中质量 m_w(g)	水的温度(℃)	T℃时水的密度 ρ_{wT}(g/cm³)	颗粒密度 ρ_s(g/cm³) (8)=[(1)×(7)]/[(1)-(5)]	
	(1)	(2)	(3)	(4)	(5)=(4)-(3)	(6)	(7)	单值	均值
2	1 072.4		275.4	923.8	648.4	20.0	0.998	2.52	2.52
	1 071.0		275.6	923.6	648.0	20.0	0.998	2.53	

数据计算与结论分析：
两次平行试验差值=|2.52-2.53|=0.01 g/cm³<0.02 g/cm³，试验结果符合规范要求。
注：毛体积密度、吸着含水率、孔隙率可根据相应公式计算。

【课后练习】

1. 什么是土的密度和重度？简要说明密度与重度的关系。

2. 简要分析土的含水率对土地基工程性质的影响。

3. 简要说明土的孔隙对土地基工程性质影响。

4. 在测定土的密度试验中，环刀法与灌砂法各适用在哪些方面？

5. 土的密度与土的颗粒密度有什么不同？

项目3 土的物理状态及其检测

土的工程性质,除了与土本身的物理性质有关外,还与土的物理状态有关,通过本项目学习无黏性土与黏性土的物理状态概念及其指标的检测方法。

任务3.1 土的物理状态指标

学习任务要求:

掌握无黏性土与黏性土的物理状态概念和不同点,理解不同物理状态指标的意义。

3.1.1 土的物理状态指标

土的物理状态,对无黏性土是指其密实程度(简称密实度),对黏性土是指其软硬程度(也称稠度)。

土的密实度是指物体的固体物质部分的体积占总体积的比例,说明材料体积内被固体物质所充填的程度。即单位体积的土体中固体颗粒的含量,从这个意义上讲,在土的三相比例指标中,干密度和孔隙比(或孔隙率)都是表示土的密实度的指标。但这种直接用土粒的含量或孔隙含量表示密实度的方法具有明显的缺点,最主要的就是它们没有考虑到土粒粒径级配这一重要因素的影响,不同级配的砂土,即使孔隙比相同,所处的松密状态不一定相同。

1. 无黏性土的物理状态指标的工程意义

(1)密实的无黏性土体具有结构稳定、压缩性小、强度大特点,是良好的天然地基。

(2)松散的无黏性土的孔隙大小可能超过土颗粒粒径,特别是饱和的细砂或粉砂类土,结构稳定性差、强度小、压缩性大,易发生流砂现象,属软弱地基。

2. 无黏性土的物理状态指标

(1)砂类土的密实度

①土的密实度通常指单位体积中固体颗粒含量的多少。颗粒含量越多,土越密实,反之土越松软。因此孔隙比 e 或孔隙度 n 就是表示无黏性土的密实度指标。

②从土的级配概念上看,孔隙比 e 或孔隙度 n 并不能完整说明无黏土的密实度(e 和 n 仅适用于级配相近的砂类土)。

③工程上为了更好表明砂类土的密实状态,采用相对密实度 D_r 和标准贯入锤击数来划分粗粒土的密实程度,如表3.1所示。

表3.1 砂类土密实程度划分标准

密实程度	标准贯入锤击数 N	相对密度 D_r	密实程度	标准贯入锤击数 N	相对密度 D_r
密 实	$N \geqslant 30$	$D_r > 0.67$	稍密	$10 < N \leqslant 13$	$0.33 < D_r \leqslant 0.4$
中 密	$13 < N \leqslant 30$	$0.4 < D_r \leqslant 0.67$	松 散	$N \leqslant 10$	$D_r \leqslant 0.33$

说明：①当 $D_r = 0$ 时，表明土处于最松散状态；当 $D_r = 1$ 时，表明土处于最密实状态。

②通常情况下，天然砂类土的密实度是在施工现场进行原位标准贯入试验，根据锤击数来判定。

③标准贯入试验不仅可以确定砂类土的密实度，还可作为判断砂类土是否会振动液化的计算指标。

(2)粉土的密实度

粉土的性质介于砂类土与黏性土之间：密实的粉土为良好地基，饱和稍密的粉土在振动荷载作用下易产生液化，是不良地基。粉土的物理状态指标为密实度，用天然孔隙比 e 大小划分，如表 3.2 所示。

表 3.2　粉土密实程度划分

密实程度	孔隙比 e
密 实	$e < 0.75$
中 密	$0.75 \leqslant e < 0.90$
稍 密	$e > 0.90$

(3)碎石类土的密实度

碎石类土的密实程度划分还没有一个较科学方法，目前凭经验在野外通过表 3.3 所示的方法进行。

表 3.3　碎石类土密实度野外鉴别法

密实度	骨架间颗粒含量和排列	可 挖 性	可 钻 性
密实	骨架间颗粒含量大于总重的 70%，呈交错排列，连续接触	锹镐挖掘困难，用撬棍方能松动，井壁一般较稳定	钻进极困难
中密	骨架间颗粒含量等于总重的 60%～70%，呈交错排列，大部分接触	锹镐可以挖掘，井壁有掉块现象，从井壁上取出大块颗粒处，能保持颗粒凹面形状	钻进较困难，孔壁有坍塌现象
稍密	骨架间颗粒含量小于总重的 55%～60%，排列混乱，大部分不接触	锹镐可以挖掘，井壁易坍塌，从井壁上取出大块颗粒处，不能保持颗粒凹面形状	钻进较容易，孔壁有坍塌现象
松散	骨架间颗粒含量小于总重的 55%，排列十分混乱，绝大部分不接触	锹镐可以挖掘，井壁易坍塌	钻进很容易，孔壁易坍塌

3.1.2　黏性土的物理状态指标

1. 物理状态

(1)稠度：指黏性土的软硬程度，即黏性土在外力作用下抵抗外力不被破坏或变形的能力大小。

(2)黏性土物理状态与含水率的关系分析如图 3.1 所示。

说明：

①黏性土中只含强结合水时，土处于干硬状态；

②随着黏性土中含水率的增加时，土体中即含有强结合水又有部分弱结合水时，土体呈半

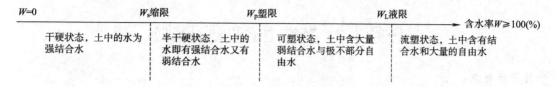

图 3.1 黏性土物理状态与含水率关系

干硬状态,此时土体中没有塑性;当含水率进一步增加到某一极限时(塑限),土体呈塑性状态。

③土处于塑性状态时,所含水主要是弱结合水,自由水较少;当土体中的含水率继续增加达到某一极限(液限)时,土颗粒将随水流动而处于流塑状态。

④土处于可塑状态含水率的上、下限差值称为塑性指数 I_P,处于这个范围内的黏性土中无论含水率是多少都处于可塑状态,含水率多则较软,含水率少则较硬。

$$I_P = w_L - w_P \tag{3.1}$$

说明:塑性指数 I_P 通常用不带"%"的数字表示,如表 3.4 所示。塑性指数大小表示黏性土处于可塑状态下含水率的变化范围:塑性指数越大,则黏性土中含有弱结合水越多,也说明土体中的矿物成分具有良好的吸水能力。因此,塑性指数能比较全面反映土的组成情况(包括颗粒级配、矿物成分等),塑性指数越大,说明土的塑性越大;塑性指数也是判断黏性土分类的依据,如表 3.4 所示。

表 3.4 粉土及黏性土的划分

土的名称	塑性指数 I_P
粉 土	$I_P \leqslant 10$
粉质黏土	$10 < I_P \leqslant 17$
黏 土	$I_P > 17$

2. 液性指数

黏性土颗粒的粒径大小和矿物成分不同,其吸附结合水的能力也不同。同样的含水率,对于塑性高的土,水的形态可能全是弱结合水,而对塑性低的土,则有可能部分已是自由水,即塑性指数不能说明土处于何种状态(硬或软),为此引入液性指数来判明黏性土的软硬程度,如表3.5 所示。

液性指数反映了土的天然含水率与界限含水率之间的相对关系,通常用不带"%"的数字表示(式中 w 表示土的天然含水率)。

$$I_L = \frac{w - w_p}{w_L - w_P} \tag{3.2}$$

表 3.5 黏性土的塑性状态划分

塑性状态	液性指数 I_L
坚 硬	$I_L \leqslant 0$
硬 塑	$0 < I_L \leqslant 0.5$
软 塑	$0.5 < I_L \leqslant 1$
流 塑	$I_L > 1$

任务 3.2　黏性土的液塑限试验

学习任务要求:

掌握黏性土的物理状态指标的检测方法和数据处理。

3.2.1　目的与适用范围

目的:测定黏性土的液限、塑限和缩限,计算塑性指数和液性指数,确定土的分类、名称,并确定黏性土承载力。

适用范围:适用于最大粒径小于 0.5 mm 颗粒组成的土。

液塑限试验测定常用方法:碟式仪法、锥式仪法、搓条法和液塑限联合仪测定法。本教材重点介绍液塑限联合仪测定法。其他几种方法可根据规范的要求进行。

(1)液塑限联合仪测定法:测定土的 10 mm 和 17 mm 的液限与塑限。

(2)碟式仪法:测定土的液限。

(3)搓条法:测定土的塑限。

(4)收缩皿法:测定土的缩限。

3.2.2　主要试验设备

(1)液塑限联合测定仪

①圆锥仪:质量为 76 g、锥角 30°;

②读数显示:宜采用光电式、游标式和百分表式;

③试样杯:直径 45～50 mm,高 30～40 mm。

(2)天平:称量 200 g,感量 0.01 g。

(3)其他:烘箱、干燥器、称量盒、调土刀、凡士林、标准土筛(0.5 mm 筛和筛底及筛盖)。

3.2.3　试验原理

当 $I_L=1.0$ 时,即 $w=w_L$,土呈液限状态;当 $I_L=0$ 时,即 $w=w_P$,土处于塑限状态。

3.2.4　试验步骤

(1)本试验宜采用保持天然含水率的土样制备试样,无法保持土的天然含水率时,采用风干土制备试样。

(2)采用天然含水率试样时,应剔除大于 0.5 mm 的颗粒,取代表性土样 250 g,当试样中含有粒径大于 0.5 mm 的土粒和杂物时,应过 0.5 mm 筛,然后分别按下沉深度 3～5 mm、9～11 mm、16～18 mm(或分别按接近液限、塑限和两者的中间状态)制备不同稠度的土膏,静置润湿。静置时间可根据含水率的大小而定。

(3)采用风干试样时,取 0.5 mm 筛下的代表性土样 200 g,分成 3 份,分别放入 3 个调土皿,加入不同数量的纯水,使其达到(2)中的 3 种稠度状态,调成均匀膏状,然后用玻璃皿和湿毛巾盖住或放在密封的保湿器中,静置 24 h。

(4)将制备好的试样用调土刀充分调拌均匀,密实填入试样杯中,填入土样时不应留有空隙,尽量使土中空气逸出,填满后刮平表面。

(5)在圆锥上抹一薄层凡士林,接通电源,使电磁铁吸稳圆锥仪(对于游标式或百分表式,提起锥杆,用旋钮固定)。

(6)调节零点,将屏幕上的标尺调在零位,调整升降座、使圆锥尖接触试样表面,指示灯亮时圆锥在自重作用下沉入试样中(游标式或百分表式用手扭动按钮,放开锥杆),经 5 s 后读出圆锥下沉深度(显示在屏幕上),取出试样杯,取锥体附近的试样不少于 10 g,放入 2 个称量盒内,测定其含水率。

(7)重复步骤(4)～(6)分别测其余两个试样的圆锥下沉深度和含水率。

(8)在双对数坐标纸上以下沉深度(h)为纵坐标,以含水率(w)为横坐标,绘制 $h-w$ 曲线图如图 3.2 所示。三点应成一条直线,若三点不成一条直线,则通过含水率高的这一点与其余两点分别连成两条直线,在 $h=2$ mm 处可查得两个相应的含水率,如果这两个含水率的差值小于 2%,则用这两个含水率求出的平均值的点与高含水率的点连成一条直线,在这条直线上查得下沉深度 $h=17$ mm 所对应的含水率为液限 W_L,下沉深度 $h=10$ mm 所对应的含水率为 10 mm 液限,下沉深度 $h=2$ mm 所对应的含水率为塑限 W_P。取值均以百分数表示,准确至 0.1%。

若在 $h=2$ mm 处查得两个含水率的差值大于 2%,重做试验。

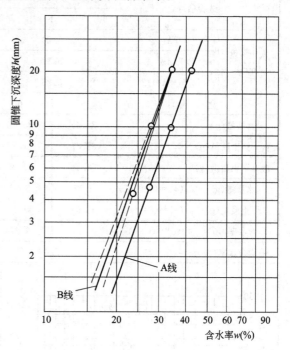

图 3.2　$h-w$ 图

3.2.5　数据处理

1. 塑性指数

$$I_P = w_L - w_P$$

式中　I_P——塑性指数,(精确至 0.1);

　　　w_L——液限(%);

　　　w_P——塑限(%)。

2. 液性指数

$$I_L = \frac{w - w_P}{w_L - w_P}$$

式中　I_L——液性指数,(精确至 0.01);

　　　w——天然含水率(%)。

3. 含水比

$$\alpha_w = \frac{w}{w_L}$$

式中　α_w——含水比。

各项检测数据和计算结果填入表 3.6 中。

表 3.6　土的液塑限试验

试验日期			试验规范			试验人	
工程名称				工程部位			
样品状态描述							
土样类型							

试验项目		试验次数					
		1		2		3	
入土深度 (mm)	h_1	5.20		9.00		19.90	
	h_2	5.30		9.50		20.10	
	$(h_1+h_2)/2$	5.25		9.25		20.00	
盒　号		5	6	3	2	8	4
盒质量(g)	(1)	34.66	35.42	56.40	55.99	33.21	79.76
盒+湿土质量(g)	(2)	82.37	81.28	123.91	133.31	106.90	148.93
盒+干土质量(g)	(3)	78.24	77.35	114.82	122.38	94.72	137.49
水质量(g)	(4)=(3)−(2)	4.13	3.93	9.09	10.93	12.18	11.44
干土质量(g)	(5)=(3)−(1)	43.58	41.93	58.42	66.39	61.51	57.73
含水率(%)	(6)=(4)/(5)	9.48	9.37	15.56	16.46	19.80	19.82
平均含水率(%)	(7)	9.4		16.0		19.8	

数据计算与结论分析：

(1)绘出 $h-w$ 图。本案例中，三点不在一条直线上，分别按要求作两条直线，在 $h=2\,\text{mm}$ 处查得的两个含水率差值大于 2% 重作试验。

(2)如果三点在一条直线上或两条直线在 $h=2\,\text{mm}$ 处的两个含水率的差值小于 2%，按规范要求可查得液限 w_L、塑限 w_P，求出塑性指数与液性指数。

液限 w_L(%)：＿＿＿＿＿＿；　塑限 w_P(%)＿＿＿＿＿＿；

塑性指数 I_P：＿＿＿＿＿＿；　液性指数 I_L：＿＿＿＿＿＿

任务 3.3　砂类土的相对密度试验

学习任务要求：

掌握砂类土的物理状态指标的检测方法和数据处理。

3.3.1　目的与适用范围

目的：测定砂类土和砾石类土的最大和最小干密度，用以计算其相对密度。

适用范围：天然砂类土和砾石类土（本教材重点介绍砂的相对密度试验，砾石类土的相对密度试验见相关规范内容）。

测定砂的最小干密度采用漏斗法或量筒法，测定最大干密度采用振动锤击法。测定砾石类土的最小和最大干密度分别采用固定体积法和振动台振动加重物法。

砂的相对密度试验适用于最大粒径小于 5 mm，且 2～5 mm 的颗粒含量不大于 15%、小于 0.075 mm 的颗粒含量不大于 12% 的土。砾石类的相对密度试验适用于最大粒径为 60 mm，且小于 0.075 mm 的颗粒含量不大于 12% 的土。

3.3.2 试验原理

相对密度是砂类土密实度指标。砂类土的密实程度不能仅从其孔隙比大小衡量，对于颗粒级配、形状及不均匀系数不同的两种砂类土，即使孔隙比完全相同，其密实程度也不同，对松紧程度相同的两种砂类土，孔隙比也可能是不同的，其主要原因是不同的砂土，在各自最紧和最松状态下的最大和最小孔隙比不同。

相对密度是砂土处于最松状态的孔隙比与天然状态孔隙比之差和最松状态的孔隙比与最紧密状态的孔隙比之差的比值。相对密度对于建筑物和地基的稳定性，特别是在抗震稳定性方面具有重要的意义。

砂的相对密度涉及到砂土的最大孔隙比、最小孔隙比及天然孔隙比，砂的相对密度试验就是进行砂的最大孔隙比（或对应于最小干密度）试验和最小孔隙比（或对应于最大干密度）试验。

工程上为更好反映砂类土的密实状态，将现场的实际孔隙比与该土能达到的最密实的孔隙比和最松散的孔隙比进行相对比较方法，来表示现场土的密实度，这个指标就是相对密度（在试验室不能测出最大孔隙比和最小孔隙比）。

3.3.3 主要试验设备

①量筒：容积 500 mL 和 1 000 mL，后者内径应大于 60 mm；

②天平：5 000 g（分度值 1g）；

③长颈漏斗：颈管内径约 12 mm，颈口磨平；

④锥形塞：直径约 15 cm 的圆锥体镶于铁杆上；

⑤金属容器：容积 250 mL，内径 50 mm，高 127 mm。容积 1 000 mL，内径 100 mm，高 127 mm；

⑦振动叉；

⑧击锤：锤质量 1.25 kg，落高 150 mm，锤底直径 50 mm；

⑨其他：标准土筛、钢尺等。

3.3.4 试验步骤及计算

1. 最大孔隙比（最小干密度）试验

(1)取代表性烘干或充分风干试样，用手搓匀或用圆木棍在橡皮板上碾散，然后过 5 mm 筛，剔除大于 5 mm 的颗粒，将试样拌合均匀后取 1 500 g 进行试验。

(2)将锥形塞杆自长颈漏斗下方穿入，并向上提起，使锥底堵住漏斗管口，一并放入容积

1 000 mL 量筒中,使其下端与量筒底接触。

(3)称取试样 700 g,准确至 1 g,均匀缓慢倒入漏斗中,将漏斗和锥形塞杆同时提高,移动塞杆,使锥体略离开管口(管口应经常保持高出砂面 10~20 mm),使试样缓慢均匀地落入量筒中。

(4)待试样全部落入量筒后,取出漏斗和锥形塞,用钢尺将砂面拂平,勿使量筒振动,测出试样体积,估读至 5 mL。

(5)用手掌或橡皮板堵住量筒口,将量筒倒转并缓慢转回到原来的位置,如此重复数次,测试样在量筒内所占体积的最大值,估读至 5 mL。

(6)取上述两种方法测得的较大体积值,计算最小干密度。

(7)当试样中不含有大于 2 mm 的颗粒时,可取试样 400 g,采用 500 mL 的量筒,按上述步骤进行试验。

(8)最小干密度与最大孔隙比计算:

$$\rho_{dmin} = \frac{m_d}{v_{max}} \tag{3.6}$$

$$e_{max} = \frac{\rho_s}{\rho_{dmin}} - 1 \tag{3.7}$$

式中　ρ_{dmin}——最小干密度(g/cm^3),计算至 0.01 g/cm^3;

　　　m_d——试样干质量(g);

　　　v_{max}——最松散状态试样体积(cm^3);

　　　e_{max}——最大孔隙比;

　　　ρ_s——土的颗粒密度(g/cm^3)。

2. 最小孔隙比(最大干密度)试验

(1)称取烘干试样 4 000 g,按最大孔隙比试验中的(1)条处理。

(2)然后分三次将试样倒入金属圆筒内进行振击,第一次取试样 600~800 g(其数量应控制在振击后试样体积略大于容器容积的 1/3)倒入 1 000 mL 的容器内,用振动叉以每分钟 150~200 次的速度敲击容器两侧,并在同一时间内用击锤锤击试样表面,每分钟 30~60 次,直至试样体积不变时为止(一般约 5~10 min)。敲击时要用足够的力量使试样处于振动状态,锤击时,粗砂可用较少击数,细砂可用较多击数。

(3)按上述步骤(2)重复进行再次的装样、振动和锤击,第三次装样时应先在容器口上安装套环。

(4)最后一次振毕,取下套环,用修土刀齐容器顶面刮平试样,称容器和试样总质量,准确至 1 g,算出试样质量,计算最大干密度。

(5)当试样中不含有大于 2 mm 的颗粒时,可取试样 500 g,采用 250 mL 的金属容器,分 3 层按上述步骤进行试验。

(6)最大干密度与最小孔隙比计算:

$$\rho_{dmax} = \frac{m_d}{v_{min}} \tag{3.8}$$

$$e_{min} = \frac{\rho_s}{\rho_{dmax}} - 1 \tag{3.9}$$

式中　ρ_{dmax}——最大干密度(g/cm^3),计算至 0.01 g/cm^3;

m_d——试样干质量(g);

v_{min}——最密实状态的试样体积(cm^3);

e_{min}——最小孔隙比;

ρ_s——土的颗粒密度(g/cm^3)。

(7)最小干密度与最大干密度均应进行平行测定,平行差值不得大于 0.03 g/cm^3,取其算术平均值。平行测定的差值大于 0.03 g/cm^3 时,应重新进行试验。

3. 相对密实度计算

$$D_r = \frac{e_{max}-e_0}{e_{max}-e_{min}} = \frac{\rho_{dmax}(\rho_d-\rho_{dmin})}{\rho_d(\rho_{dmax}-\rho_{dmin})} \tag{3.10}$$

式中 D_r——相对密度,计算至 0.01;

e——天然孔隙比或填土的孔隙比;

ρ_d——天然干密度或填土的干密度(g/cm^3)。

4. 各项检测数据和计算结果填入表 3.7 中。

表 3.7 砂相对密实度试验

试验日期		试验规范		试验人		审核人	
工程名称			工程部位				
样品状态描述							
试验仪器规格							
试验说明	粒径 2～5 mm 颗粒质量＝152.7 g,占试样总质量百分比＝10.2%						
	小于 0.075 mm 颗粒质量＝89.9 g,占土样总质量百分比＝6.0%						
	颗粒密度 ρ_s＝2.52 g/cm^3			试样干密度 ρ_d＝1.69 g/cm^3			
试验方法	漏斗			锤击法			
试验项目	最小干密度 ρ_{dmin}			最大干密度 ρ_{dmax}			
干试样＋容器质量(g)	1 815		1 821	5 298		5 300	
容器质量(g)	380		380	2 972		2 972	
干试样质量(g)	1 435		1 441	2 328		2 330	
干试样松散、紧密体积(cm^3)	1 000		1 000	1 000		1 000	
最小、最大干密度(g/cm^3)	1.435		1.441	2.328		2.330	
平均值(g/cm^3)	1.438			2.329			
最大、最小孔隙比	0.75			0.08			
相对密实度 D_r	0.38						

数据计算与结论分析:

(1)最小干密度平行差＝|1.435－1.441|＝0.006 g/cm^3<0.03 g/cm^3,符合规范要求。

(2)最大干密度平行差＝|2.328－2.330|＝0.002 g/cm^3<0.03 g/cm^3,符合规范要求。

(3)试样的相对密度＝0.38,查表 3.1 知,此土处于稍密状态。

说明:上述试验中的颗粒密度与干密度应按前面的相关试验进行并测出数据,本试验中的颗粒密度与干密度试验省略,直接给出了数据。

任务 3.4　土的击实指标试验

学习任务要求:

认识土的压实度的影响因素,掌握土的击实试验过程及数据处理方法,认识影响土的最大干密度的因素。

土作为填筑材料,如填筑路基、建筑物地基及基础回填等,常遇到填土压实问题,经过搬运未经压实的填土,原状结构已被破坏,孔隙与空洞多,土质不均匀,压缩量大,强度低,抗水能力差。为改善填土的工程性质,提高土的强度,降低土的压缩性和渗透性,必须按一定的标准,采用重锤夯实、机械碾压或振动等方法将土压实到一定标准,以满足工程需要。

在工程中,用于填筑路堤等的填料均处于松散的三相状态,在以机械方法施加击实功能的条件下,可以压实增加密度,使其具有足够的强度、较小的压缩性和很小的透水性。土的这种通过碾压施以一定压实功能,密度增加的特性称为土的压实性。在用黏性土作为填筑材料时,常用干密度 ρ_d 作为填土压实效果的检测指标。

3.4.1　目的和适用范围

利用标准化的击实仪和规定的击实方法,测出土的最大干密度和最优含水率,达到控制施工的目的。

3.4.2　击实的原理

为了获得最理想的压实效果,需要充分了解土的压实特性,其中,影响压实特性的主要因素是含水率和施加的压实功能。为此,在工程实践中常常在模拟现场施工条件(包括施工机械和施工方法)的情况下,找出压实密度与填土含水率之间的关系,从而获得压实填土的最佳密度(既最大干密度)和相应的最优含水率。

击实试验是利用标准化的击实仪具,通过试验得到土的最大干密度与最优含水率,据此在现场控制施工质量,保证在一定的施工条件下压实填土达到设计的密实度标准。所以击实试验是填土工程如路堤、土坝、机场跑道及房屋填土地基设计施工中不可缺少的重要试验项目。

其中,击实功=锤重量×落高×击实数,单位体积击实功=总击实功/击实筒体积。

工程经验表明,欲将填土压实,必须使其含水率降低在饱和状态以下,即要求土体处于非饱和状态。土在瞬时冲击荷载重复作用下,颗粒重新排列,其固相密度增加,气相体积减少;当锤击力作用于土样时,首先产生压缩变形,当锤击力消失后,土又出现了回弹现象。因此,土的击实过程,既不是固结过程,也不同于一般压缩过程而是一个土颗粒和粒组在不排水条件下的重新组构过程。

3.4.3　击实试验方法

击实试验的方法有:轻型击实试验、重型击实试验,具体要求可参考表 3.8 选用。

3.4.4　试验设备

①击实筒:钢制圆柱形筒,尺寸符合表 3.8 规定。该筒配有钢护筒、底板和垫块。

②击锤：可采用人工操作或机械操作。

③推土器：螺旋式推土器或其他适用设备。

④天平：称量 200 g,分度值 0.01 g。

⑤台秤：称量 15 kg,分度值 5 g。

⑥标准筛：5 mm、20 mm、40 mm。

⑦其他：碾土设备、切土刀、称量盒、烘箱、喷水设备等。

3.4.5　试验步骤

1. 试样制备(分干法和湿法两种)

(1)干法

①将代表性试样风干或在低于 50℃ 温度下烘干。风干或烘干后以不破坏试样的基本颗粒为准。将土碾碎,过 5 mm、20 mm 或 40 mm 筛,拌和均匀备用。试样用量:小击实筒不少于20 kg,大击实筒不少于 50 kg。

②按烘干法测出试样的风干含水率,按试样的塑限估计最优含水率,在最优含水率附近选择依次相差约 2% 的含水率分别制备至少 5 个不同含水率的试样,其中两个含水率大于塑限,2 个小于塑限,1 个接近塑限。加水量计算如下:

$$m'_w = \frac{m_0}{1+w_0}(w'-w_0) \tag{3.11}$$

式中　m'_w——所需加水量(g);

　　　m_0——风干试样质量(g);

　　　w_0——风干试样含水率(%);

　　　w'——要求达到的含水率(%)。

按预定的含水率制备试样,根据击实筒容积大小,每个试样取 2.5 kg 或 6.5 kg,平铺于不吸水的平板上,洒水拌和均匀,然后分别放入有盖的容器内静置备用。高塑性黏性土静置时间不少于 24 h,低塑性黏性土不少于 12 h。

(2)湿法:取天然含水率的试样碾碎后,过 5 mm、20 mm 或 40 mm 筛,将筛下土样拌和均匀,并测出天然含水率,根据土样的塑限预估最优含水率,取 5 份试样,其中一份保持天然含水率,其余 4 份分别风干或加水达到所要求的含水率。制备好的试样要完全拌匀,保证水份均匀分布。

2. 试验步骤

(1)称取并记录击实筒质量

(2)将击实仪放在坚实的地面上,安装好击筒及护筒(大击实筒内还要放入垫块),在击实筒内壁和护筒内壁涂一层润滑油。分层装样,并按选用的击实类型要求分层击实。每层试样高度宜近似,下层击实后将两层交界处层面刨毛,然后再加入上一层土,再击实,最后一次击实后超出击实筒的余土高度不得大于 6 mm。

在具体的操作过程中,要根据工程要求和试样最大粒径不同,层数和每层击实数应按表3.8 选用。

(3)击实完成后拆去护筒,用切土刀修平击实筒顶部的试样,拆除底板,当试样底面超出筒外时,也应修平,擦净筒外壁后称量击实筒和试样总质量,准确至 5 g。

(4)用推土器将试样从击实筒中推出,在试样中心选取 2 个代表性试样用烘干法测定其含水率。

(5)重复进行其他含水率试样的击实试验,试样不得重复使用。击实试验的标准技术参数如表 3.8 所示。

表 3.8　击实试验标准技术参数

试验类型	编号	标准技术参数										
		击实仪规格							试验条件			
		击锤			击实筒			护筒	击实功 (kJ/m³)	层数	每层击数	最大粒径 (mm)
		质量 (kg)	锤底直径 (mm)	落距 (mm)	内径 (mm)	筒高 (mm)	容积 (cm³)	高度 (mm)				
轻型	Q1	2.5	51	305	102	116	947.4	50	592	3	25	5
	Q2	2.5	51	305	152	116	2 103.9	50	597	3	56	20
重型	Z1	4.5	51	457	102	116	947.4	50	2 659	5	25	5
	Z2	4.5	51	457	152	116	2 103.9	50	2 682	5	56	20
	Z3	4.5	51	457	152	116	2 103.9	50	2 701	3	94	40

3.4.6　计算

(1)计算击实后的试样的湿密度与干密度:

$$\rho = \frac{m_2 - m_1}{V} \tag{3.12}$$

$$\rho_d = \frac{\rho}{1 + 0.01w} \tag{3.13}$$

式中　ρ——击实后试样的湿密度(g/cm³),精确至 0.01 g/cm³;

　　　m_2——击实后击实筒和湿试样质量(g);

　　　m_1——击实筒质量(g);

　　　ρ_d——击实后试样的干密度(g/cm³),精确至 0.01 g/cm³;

　　　ρ——击实后试样的湿密度(g/cm³);

　　　w——击实后试样的含水率(%);

　　　V——击实筒容积(g/cm³)。

(2)当试样中粒径大于各击实方法相应最大粒径 5 mm、20 mm 和 40 mm 的颗粒质量占总质量的 5%～30% 时,其最大干密度和最优含水率按下式进行校正:

$$\rho'_{dmax} = \frac{1}{\dfrac{1 - P_s}{\rho_{dmax}} + \dfrac{P_s}{\rho_\alpha}} \tag{3.14}$$

$$w'_{opt} = w_{opt}(1 - P_s) + P_s w_x \tag{3.15}$$

式中　ρ'_{dmax}——校正后试样的最大干密度(g/cm³),精确至 0.01 g/cm³;

　　　ρ_{dmax}——试验所测得粒径小于 5 mm、20 mm 和 40 mm 试样的最大干密度(g/cm³);

　　　P_s——试样中粒径大于 5 mm、20 mm 和 40 mm 颗粒含量的质量百分数;

ρ_α——粒径大于 5 mm、20 mm 和 40 mm 的颗粒毛体积密度(g/cm³);

w'_{opt}——校正后试样的最优含水率(%),精确至 0.01%;

w_{opt}——试验测得粒径小于 5 mm、20 mm 和 40 mm 的颗粒的试样的最优含水率(%);

w_x——试验测得粒径大于 5 mm、20 mm 和 40 mm 的颗粒吸着含水率(%)。

(3)在直角坐标纸上以干密度为纵坐标,含水率为横坐标,绘制干密度与含水率关系曲线,如图 3.3 所示,曲线上峰值点的纵横坐标分别表示该试样的最大干密度和最优含水率。

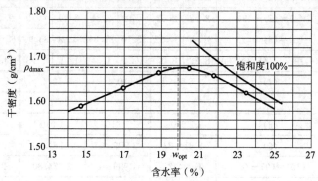

图 3.3 击实曲线

(4)饱和含水率:

$$w_{sat} = \left(\frac{\rho_w}{\rho_d} - \frac{\rho_w}{\rho_s} \right) \times 100 \tag{3.16}$$

式中 w_{sat}——饱和含水率(%),精确至 0.1%;

ρ_s——试样颗粒密度,对于粗粒土,则为试样中粗细颗粒混合密度;

ρ_w——4 ℃时水的密度(g/cm³);

ρ_d——试样的干密度(g/cm³)。

根据上式,计算数个干密度下试样的饱和含水率,以干密度为纵坐标,含水率为横坐标,绘制出饱和曲线。

(5)压实系数:

$$K = \frac{\rho_d}{\rho_{dmax}} \tag{3.17}$$

式中 K——压实系数,精确至 0.001;

ρ_d——试样的干密度(g/cm³);

ρ_{dmax}——试样最大干密度(g/cm³)。

各项检测数据和计算结果填入表 3.9 中。

表 3.9 击实试验记录表

试验日期		试验规范		试验人		审核人	
工程名称			工程部位				

试验方法: 重型击实 ;土的分类: ;试样制备方法: 湿法 ;击实层数: 5 ;每层击实数: 25 ;筒质量
(g): 1 910 ;筒容积(cm³): 947.4 ;饱和度(%) ;大于 5 mm、20 mm 和 40 mm 的颗粒质量(%) ;
校正后试样的最大干密度(g/cm³) ;校正后最优含水率(%) ;

	试验次数		1		2		3		4		5	
	盒号		4	5	9	6	16	3	20	12	7	8
含水率	盒质量(g)	(1)	18.39	19.81	19.60	19.43	20.09	17.11	20.26	20.43	19.43	19.74
	盒+湿土质量(g)	(2)	52.36	57.55	56.14	49.61	55.26	60.87	94.48	92.26	59.18	67.92
	盒+干土质量(g)	(3)	49.78	54.73	52.70	46.77	51.35	56.08	85.31	83.22	53.64	61.10
	水质量(g)	(4)=(2)-(3)	2.58	2.82	3.44	2.84	3.90	4.79	9.17	9.04	5.54	6.82
	干土质量(g)	(5)=(3)-(1)	31.39	34.92	33.10	27.34	31.26	38.97	65.05	62.79	34.21	41.36
	含水率(%)	(6)=[(4)/(5)]×100	8.22	8.07	10.4	10.4	12.5	12.3	14.1	14.4	16.2	16.5
	平均含水率(%)	(7)	8.14		10.4		12.4		14.2		16.4	
干密度	筒号		1		2		1		2		1	
	筒质量(g)	(8)	1 910		1 910		1 910		1 910		1 910	
	筒+湿土质量(g)	(9)	3 814.27		3 909.01		3 984.80		3 937.44		3 927.96	
	湿土质量(g)	(10)=(9)-(8)	1 904.27		1 999.01		2 074.80		2 027.44		2 017.96	
	筒容积(cm³)	(11)	947.4		947.4		947.4		947.4		947.4	
	湿密度(g/cm³)	(12)=(10)/(11)	2.01		2.11		2.19		2.14		2.13	
	干密度(g/cm³)	(13)=(12)/[1+0.01×(7)]	1.86		1.91		1.94		1.87		1.83	

击实曲线	干密度与含水率关系曲线图	最大干密度(g/cm³)：　1.94 最优含水率(%)：　12.4 粒径大于 5 mm、20 mm 和 40 mm 颗粒含量(%)：＿＿＿＿＿ 校正后最大干密度(g/cm³)：＿＿＿＿＿ 校正后最优含水率(%)：＿＿＿＿＿

3.4.7　影响最大干密度的因素

1. 含水率的影响

击实曲线表明,对于某一填筑土料,在同一击实功能作用下,填土的干密度随含水率的变化而变化。具体表现为,当含水率较小时,土的干密度随着含水率的增加而增大,而当含水率增加达到某一值后,含水率继续增加反而使干密度减少。所以击实曲线的形态呈具有峰值的上凸形,其峰值点对应的干密度即为土的最大干密度,常用 ρ_{dmax} 表示,与其相对应的含水率即为土的最优含水率,常用 w_{opt} 表示,如图 3.3 所示。

2. 击实功能的影响

土的最优含水率和最大干密度与击实功能的大小密切相关。图 3.4 是某一粉质黏土在击实次数分别为 10、20、30、40、60 的击实功能作用下,得到的不同击实曲线。击实曲线表明,用较大的击实功能在较小的含水率状态下,可获得较大的最大干密度;而用较小的击实功能,需要在较大的最优含水率情况下,获得较小的最大干密度。这是因为含水率较小时,水膜较薄,抵抗土粒移动的力较大,只有用较大的击实功能才能克服这种抵抗力。反之,用较小的击实功能不易克服较大的抵抗力,只有在较大含水率情况下,才能把土压实,而获得相对较小的最大干密度。

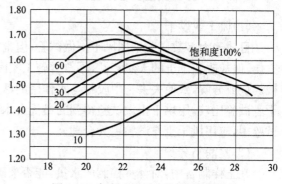

图3.4　击实功能对击实曲线的影响

因此,当填料的含水率较小时,要获得较大的干密度,必须加大击实功能;或者适当增加填土料的含水率,在较小的击实功能作用下获得相对较高的干密度。

3. 土的种类和级配的影响

对黏性土,其最优含水率一般在塑限附近[即$w_p \pm (2 \sim 3)\%$],约为液限的0.55~0.65倍。这是因为土中黏粒越多,在同一含水率下,黏粒周围的结合水膜越薄,连接越牢,土粒不易移动,故难以击实。所以,最佳含水率的数值,随土中黏粒含量的增加而增大,而最大干重度随土中黏粒含量增加而减小。我国一般黏性土的最大干重度和最佳含水率经验值如表3.10所示。对于无黏性土,级配越良好,越易压密,干密度越大。

表3.10　最大干重度和最佳含水率

塑性指数 I_P	最大干重度 γ_{dmax} (kN/m³)	最佳含水率 w_{opt} (%)	塑性指数 I_P	最大干重度 γ_{dmax} (kN/m³)	最佳含水率 w_{opt} (%)
<10	>18.2	<13	17~20	16.2~16.7	17~19
10~14	17.2~18.2	13~15	20~22	15.7~16.2	19~21
14~17	16.7~17.2	15~17			

3.4.8　压实度(压实系数)标准

工程实践中用压实度来控制黏性土的压实标准,压实度的定义是现场填土的干密度与室内标准击实功能下击实试验所测得的最大干密度之比,用小数或百分数表示。

$$K = \frac{\gamma_d}{\gamma_{dmax}} \times 100\% \tag{3.18}$$

在不同工程中对压实系数K的值要求不同,具体要求见相关规范。

3.4.9　压实的工程运用

在工程施工中,土的压实常采用表层压实法和重锤夯实法。

(1)表层压实法是利用机械碾压或机械振动对填土、湿陷性黄土、松散粉细砂表层进行压实。其压实功能影响深度较小,在填土工程中通常分层碾压,压实前的厚度控制在30~40 cm,该方法也用于处理表层厚度较小的软弱地基。

(2)重锤夯实法是利用重锤自由下落时的冲击能来夯实填土或浅层地基。夯实效果与夯锤重量、锤底直径、落距以及土质等因素有关。

3.4.10　击实试验应注意的几个问题

（1）风干或烘干

目前绝大多数试验采用风干土做试验，但也有采用烘干土的。采用烘干土制备试样，固然方便，但却改变了土的天然特性，不符合施工实际情况。由于烘干使土中的某些胶质或有机质被灼烧或分解，致使失去土中胶粒与水作用的活性，显然是会影响试验结果。实践证明，与风干土试验比较，用烘干土做试验得到的最优含水率一般偏小，而最大干密度偏大。所以在击实试验中，应用风干土作试验更为合理。

（2）浸润与养护

在土样制备中，对计算控制的水量，能否准确均匀地施加于土样上，这是保证击实试验准确性的一个重要关键，目前加水方法有两种：体积控制法；称重控制法。其中以称重法的效果为最好。这两种方法都是借助特制的喷洒器将规定喷洒的水量，在边洒边拌和的情况下，使水能均匀地分布于土样内。然后称其水土合重，直到所加水量等于所规定的水土总量为止。再将湿土从盘中取出，置于密闭器或薄膜袋中，放置阴凉处保湿，其静置时间可视土质具体情况而定，一般都不应少于 12 h，甚至一昼夜，粉质土可适当缩短浸润时间，保证有充分时间浸透，使之干湿均匀。

（3）试验成果检验

首先应检查击实曲线的右方是否与饱和曲线接近平行，且所有试验点均应在其左边。其次，在同一击实标准下，级配不均匀的土所得曲线较陡，土的密度大；级配均匀的土所得曲线较平缓，土的密度小。此外还须注意，土的塑性指数越高，最大干密度越小。实践资料表明，黏性土的最优含水率一般接近塑限值，或近似地取 0.55～0.65 倍液限含水率。

【课后练习】

1. 对无黏性土和黏性土，其物理状态是用什么指标表示？
2. 什么是土的密实度？
3. 土的稠度如何理解？
4. 无黏性土的物理状态指标有何工程意义？
5. 说明砂类土的密实度与哪些因素有关？
6. 黏性土的物理状态指标有何工程意义？
7. 简述随含水率的变化，黏性土的物理状态如何变化？
8. 简述最大干密度与最优含水率的关系。
9. 土的种类和级配对土的击实有何影响？

项目 4　土中的水与土的渗透性

由于土由三相构成，因此，土颗粒间的孔隙在天然状态下都存在水，土中的水可能是流动的，也可能是静止的，流动的水对土有破坏作用，静止的水使土中的含水率增大，造成土体的强度降低，因此，了解土中水的相关性质以及水对土的渗透作用，为保证工程正常施工进行的必备知识储备。

本项目主要通过学习土中水的相关工程性质，掌握水对土的工程性质的影响，掌握渗透破坏及不同种类土的渗透特性。

贵州省六盘水水城县金盆乡营盘村鱼岭滑坡

如图 4.1 所示，2004 年 5 月 29 日 18 时至 30 日凌晨 4 时（集中降雨时间为零时至 4 时），贵州省六盘水水城县金盆乡营盘村鱼岭组一带出现 150 mm 强降雨，30 日 3 时 20 分左右，鱼岭组上方陡斜坡处的表层松散坡积物在长达 3 h 强降雨影响下发生滑坡，造成 3 户村民（共 20 人，其中 1 人逃生）房屋被掩埋，11 人伤亡、重伤 4 人、1 人轻伤事故。

原因分析：根据事后现场调查，滑坡长 90 m，宽 24 m，平均厚度 3 m，体积约 6 500 m³，由表层残坡积松散堆积物组成，堆积物下层

图 4.1　滑坡现场

基岩为泥质粉砂岩、泥岩等软弱岩石组成的斜坡地带，植被较好。据调查：该地长期以来未出现过地表变形、开裂等现象，房屋也没发生过变形开裂，但根据地质调查，该处斜坡坡度较陡，大部分在 40°以上，且冲沟发育、表层为松散堆积物、基岩软弱而风化强烈、破碎，事发时的强降雨，使斜坡上的土处于饱和状态，土体自重加大、力学强度降低，造成快速下滑引发事故。

美国弟顿坝溃决事故

1976 年，位于美国西北部的爱达荷州的"弟顿水库"，刚刚才建成一年，部分工人和施工机械还没有撤走，6 月 5 日早上 7:30，工人发现在高 93 m 大坝下游局部有水渗漏，但现场技术人员认为不会有危险，9:30 左右，在坝右肩墙附近的坝体下游渗透出坝体土填料，坝体渗透成为不争事实，随后施工人员才开始采取补救措施，但已于事无补，10:30 相关人员开始组织下游可能被淹没地区的居民疏散，11:00 坝右边三分之一坝体被冲溃，造成 2.5 万人、60 万亩土地受灾，32 km 铁路被毁，如图 4.2 所示。

图 4.2　溃坝现场

该水库于 1975 年 11 月开始蓄水,拟定水库水位上升限制速率为每天 0.3 m。1976 年 5 月,由于降雨导致的水位上升速率达到每天 1.2 m,至 6 月 5 日溃坝时,库水位已达 1 616.0 m,仅低于溢流堰顶 0.9 m,低于坝顶 9.0 m。在大坝溃决前 2 天,即 6 月 3 日,在坝下游 400~460 m 右岸高程 1 532.5~1 534.7 m 处发现有清水自岩石垂直裂隙流出。6 月 4 日,距坝 60 m,高程 1 585.0 m 处冒清水,至该日晚 21:00,监测表明渗水并未增大。6 月 5 日晨,该渗水点出现窄长湿沟。

随后在上午 7:00,右侧坝趾高程 1 537.7 m 处发现流混水,流量达 0.56~0.85 m³/s,在高程 1 585.0 m 也有混水出露,两股水流有明显加大趋势。上午 10:30,水流自坝面流出,同时听到炸裂声。随即在坝下 4.5 m,在刚发现出水同一高处出现小的渗水。新的渗水迅速增大,并从与坝轴线大致垂直直径约 1.8 m 的"隧洞"(坝轴线桩号 15+25)中流出。上午 11:00 在桩号 14+00 附近水库中出现漩涡。11:30,靠近坝顶的下游坝出现下陷孔洞。11:55 坝顶开始破坏,形成水库泄水沟槽。从发现流混水到坝开始破坏约经 5 h。

该坝是设计容量 4 亿多立方米的大型水库,主要用于灌溉、发电和供水,大坝实际上是土坝的厚心墙,最高 93 m,有 3 个泄洪孔的位置在水库大坝的坝右肩墙处,电厂和抽水站都位于坝左边,土坝与基岩间采用齿槽连接防渗,基岩间用灌浆帷幕防渗。事故后进行调查分析有如下问题。

(1)灌浆帷幕:只设计了单层帷幕进行防渗,不能达到有效防渗目的;在坝体与基岩表面结

合处,岩石的裂隙没有进行灌浆处理,另外灌浆帷幕的盖板处施工质量不过关,有裂缝形成渗流通道;

(2)大坝土方施工:防渗心墙的填土料属于粉类土,有一定的分散性,抗冲蚀性差;有的局部土体填料没压实,施工时是一层干土压在一层湿土上,形成齿状接缝,其结果会造成坝体的不均匀沉降和开裂;

(3)截水齿槽:齿槽处基岩破碎,有明显裂缝但没灌浆处理,齿槽内填土质量不好,填土与基岩接触面的接缝处成为渗透的薄弱环节。

任务 4.1 土 中 的 水

学习任务要求:

掌握土中水存在的基本形式,理解土中水的基本概念。

在自然状态下的土中,都存在水,即使我们通常所讲的沙漠的砂子中,也存在有水。无论是地表水还是地下水,对土的性质都有较大影响。

以上两个工程案例,一是地表水对土层的冲刷作用,二是地表水浸入到坝体后造成的地下水渗透破坏。对于地表水的防治相对较容易,但是对地下水的防治是一个难题。地下水的来源是地表水通过土中的孔隙渗透到地下,地下水又可通过土中的孔隙渗透出地表。

土中的水有两种基本存在形式:结合水和自由水。

4.1.1 结合水

结合水是指吸附在土颗粒表面不能移动的水。结合水有两种:强结合水和弱结合水。

1. 强结合水

强结合水是指被紧紧吸附在土粒表面的一层很薄的水。其工程性质为:(1)水的性质接近于固体,不冻结、不流动;(2)不传递静水压力、不导电;(3)有极大黏滞性、弹性和抗剪强度;(4)只有在105℃以上才能蒸发;(5)对土的性质影响较小。

因此,在工程上一般不考虑强结合水对土体工程性质的影响。

2. 弱结合水

弱结合水是指在强结合水的外层,由于电分子引力而黏附在岩土颗粒上的水(紧靠于强结合水的外围形成一层结合水膜)。其工程性质为:(1)不传递静水压力,但水膜较厚的弱结合水可缓慢移动;(2)弱结合水的性质随与黏粒的距离的远近而变化,对黏性土的工程性质影响较大;(3)黏性土的黏性、塑性都与此有关。

4.1.2 自由水

自由水是指能流动的水,根据水存在的位置可分为地表水和地下水。其中,地表水是指在地面流动的水,包括江、河、雨水、雪水等。地下水是指存在于地表以下的水。

按自由水移动时所受作用力的不同,自由水可以分为以下几种。

1. 毛细水

当地下水在土体中满足一定条件时,地下水可以通过土颗粒间的生物孔隙上升到一定的高度,这种现象称为毛细现象,产生毛细现象的地下水称为毛细水。

毛细水产生的条件与上升的高度决定于颗粒粒径及空隙大小:在粒径 2 mm 以上的土颗粒中没有毛细现象,但在黏性土或者粒径 2 mm 以下的土中有毛细现象,毛细水最大上升高度可达到 5~6 m。

毛细水的工程性质:毛细水可以引起路基翻浆、冻胀与融沉,从而降低土路基、土边坡强度而引起路基和边坡失稳,如图 4.3 所示。

(a) 路基示意图　　　　　　　　　　　　　　(b) 边坡示意图

图 4.3　土质路基与边坡示意图

(1)路基翻浆:路基翻浆多发生在我国北方地区和南方气温较低的地区,路基在冰冻后的春融期,因地下水位高或毛细水上升到路基中,或路基排水不畅,土质不良,含水过多,造成路基湿软,强度下降,在行车荷载的反复作用下,路基出现弹软、裂缝、冒泥浆等翻浆现象。

治理方法:排水、换土垫层、排出路表积水、设置砂桩等。

(2)冻胀与融沉

①冻胀是指由于工程所涉及的土体中水的冻结作用,使土体中水分结冰而造成其体积膨胀的现象。

②融沉是指当气温升高后,土体中的冰融化,土体中的含水率增大,从而造成土体强度降低,在路面荷载作用下,路基被压产生沉降变形。

2. 重力水

重力水是指水可以在本身重力作用下,能够在土体空隙中自由移动的水。

(1)当重力水在土中受到某种约束时,此时的重力水不能流动但有流动趋势,就对土颗粒产生静水压力,当土颗粒间的孔隙中充满水时就对土颗粒产生浮力。

(2)重力水在土颗粒间流动时对土颗粒产生渗透作用,渗透作用将造成各种渗透破坏。

重力水可分为地表水和地下水,重力水能自由移动,产生静水压力及冲刷、侵蚀作用。在工程施工中,由于重力水存在,要采取排水、防水措施;其原因在于水的流动过程中一是冲刷地基表面,二是通过土体中的空隙渗透到地基内部而造成地基强度降低及冻融等现象。

任务 4.2　土的渗透性

学习任务要求：

了解土的渗透和渗透性概念，理解不同种类土的渗透性对土的工程性质的影响，掌握达西定律与渗透破坏。

4.2.1　土的渗透

土的渗透是指水在土体中流动的现象。土的渗透性是指具有使水透过的性质。

1. 土的渗透特点

（1）无黏性土的渗透性

无黏性土的空隙大，渗透性好，在建筑物荷载作用下，土体中的水能较快排出，土体的压缩变形时间短，一般情况下，建筑物施工完成，土体的压缩变形就完成了，而后沉降很小。

（2）黏性土的渗透性

黏性土的空隙小，渗透性差，在建筑物荷载作用下，土体中的水不能较快排出，压缩变形时间长，当建筑物完成后，土体中的水可能需要几年、几十年甚至更长的时间才能排出，易造成地基的过大沉降或不均匀沉降，影响建筑物安全。

2. 土的渗透性对工程施工的影响

（1）在基坑施工中，当地下水位较高时，对于细砂、粉砂类土易在基坑开挖过程中形成流砂、涌砂等事故；

（2）在坝体工程中，渗透性好的地基易发生流土和管涌现象。

流土是指在渗流作用下，会出现局部土体隆起，某一范围内的颗粒或颗粒群同时发生移动而流失的现象。

流土即可以发生在无黏性土中，也可以发生在黏性土中。在非黏性土中的流土变形形式如泉眼群、沙沸、土体翻滚等现象，导致土体最终被渗透水流托起。在黏性土中的流土变形，则表现为土块隆起、膨胀、浮动、断裂等现象。

管涌：在渗透水流作用下，土中细颗粒在粗颗粒所形成的孔隙通道中移动、流失，土的孔隙不断扩大，渗流量也随之加大，最终导致土体内形成贯通的渗流通道，土体发生破坏的现象。

4.2.2　渗流中的水头与坡降

1. 土中水的运动规律

紊流：如图 4.4 所示，当流速较大时，水的质点运动轨迹不规则，流线互相交错，产生局部漩涡的水流称为紊流。

层流：如图 4.5 所示，流速较小，流线互相平行（成层状）的水流称为层流。由于土的孔隙很小，大多数情况下水在黏性土、粉砂及细砂的孔隙中流动，其流速缓慢，属于层流。

实际工程中并不要了解具体的渗流情况，只要考虑水流的"主要流向"，即认为土中水的运动轨迹为层状的（层流），以便简化分析。

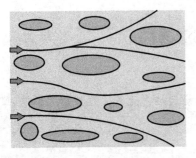

图 4.4　紊流示意图

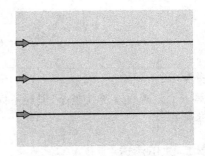

图 4.5　层流示意图

2. 水头与坡降

(1)水的流动总是从高处向低处。水的流动过程也叫水的运动,而只要物体运动就一定有能量的得与失。水在土体的孔隙中流动时,其流动的速度大小、流量大小随土体颗粒大小、颗粒之间的孔隙大小以及孔隙连通程度的不同而不同,水在土体中流动时将受到土颗粒阻力作用,产生能量损失。

(2)水头及水头损失

水头:在水力学中是指"水柱的高度",即水头指单位重量的液体所具有的机械能,也就是水在高处所具有的能量。

水头损失:指水流在运动过程中单位质量液体的机械能损失。产生水头损失的原因有内因和外因两种,如土的颗粒对水流的阻力是产生的水头损失的主要外因,液体的黏滞性是产生水头损失的主要内因,也是根本原因。

4.2.3　达西定律

(1)达西定律:在层流状态的渗流中,渗透速度与水力坡降成正比。

如图 4.6 所示,在土体中,沿水流的渗流方向截取一个柱体 ab,其横截面积为 A,长度(渗流路径长度)为 L,z_1、z_1 分别为 a、b 两点的位置水头,h_1、h_2 分别为 a、b 两点的压力水头。a、b 两点的总水头分别为:$H_1=h_1+z_1$,$H_2=h_2+z_2$,这两点的总水头差(水头损失)$\Delta H=H_1-H_2$,总水头差与渗流路径长度 L 之比称为水力坡度(水力梯度),用符号 i 表示,即:

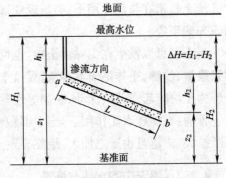

图 4.6　渗流示意图

$$i=\frac{\Delta H}{L}=\frac{H_1-H_2}{L} \tag{4.1}$$

$$v\infty I \tag{4.2}$$

$$V=ki \tag{4.3}$$

$$Q=kiA \tag{4.4}$$

式中　V——渗透速度(cm/s);

　　　Q——流透流量(cm²/s);

　　　i——水力坡度；

　　　A——垂直于渗透方向土的截面积（cm^2）；

　　　k——土的渗透系数（m/s）。

　　（2）达西定律说明：①达西定律适用大部分砂土、粉土、松散的黏土或砂性较重的黏土；不适用于纯砾以上的粗粒土。②通过达西定律可知：土是具有孔隙的，当土作为建筑地基和土工材料时，土体中的水就会在水位差的作用下，从水位较高的一侧流向水位较低的一侧，水在流动过程中将产生"渗透破坏"。

　　如在基坑、隧道开挖时，地下水的渗出将浸泡基坑或造成隧道围岩强度降低，施工中需要解决排水防水问题；而在以蓄水为目的的坝中由于渗透会造成水量损失而需解决挡水问题；工业产生的废水若不处理好，会造成污水渗入地下污染环境和地下水；地下水的大量开采会造成大面积地面沉陷或使江河湖水干枯。

　　（3）渗透系数是综合反映土体渗透性强弱的一个指标，渗透系数 k 值越大，渗透性越强，越容易透水；反之渗透性弱不容易透水，土的渗透系数如表4.1所示。

表 4.1　土的渗透系数 k

土的类别	渗透系数 k	
	cm/s	m/d
黏土	$<6\times10^{-6}$	<0.005
粉质黏土	$6\times10^{-6}\sim1\times10^{-4}$	$0.005\sim0.1$
粉土	$1\times10^{-4}\sim6\times10^{-4}$	$0.1\sim0.5$
黄土	$3\times10^{-4}\sim6\times10^{-4}$	$0.25\sim0.5$
粉砂	$6\times10^{-4}\sim1\times10^{-3}$	$0.5\sim1.0$
细砂	$1\times10^{-2}\sim6\times10^{-3}$	$1.0\sim5.0$
中砂	$6\times10^{-3}\sim6\times10^{-2}$	$5.0\sim20.0$
粗砂	$2\times10^{-2}\sim6\times10^{-2}$	$20.0\sim50.0$
圆砾	$6\times10^{-2}\sim1\times10^{-1}$	$50.0\sim100.0$
砾石	$1\times10^{-1}\sim6\times10^{-1}$	$100.0\sim500.0$

　　注：土的渗透系数不仅用于渗透计算，还用来评定土层透水性的强弱，作为选择坝体、路堤等土工填料的依据。其中：$k>10^{-2}$ cm/s时的土体称为强透水层；$k=10^{-5}\sim10^{-3}$ cm/s时的土体称为中等透水层；$k<10^{-6}$ cm/s时的土体称为相对不透水层。

4.2.4　土的渗透力与渗透破坏

　　当水在土体中流动时，水对土颗粒施加力的作用，这个力叫渗透力。

$$j=ir_w \tag{4.5}$$

渗透力是一种体积力，其单位 kN/m^3，渗透力的方向与水渗透方向一致。

　　当渗透力方向向上与土颗粒重力方向相反时，渗透力起到减小重力的作用，对土体稳定性不利；若渗透力大于土颗粒的浮重度时，土颗粒被水流挟带向上涌出，造成土体的渗透变形破坏，这就是土体渗透变形的根本原因。

　　土的渗透变形类型主要有管涌、流土、接触流土和接触冲刷四种。但就单一土层来说，渗透变形破坏的主要形式是流土和管涌。

（1）流土

如图 4.7 所示,坝的下游和基坑内部在向上的水流渗透作用下,当渗透力大于土的浮重度时,表层局部的土体或土颗粒群体同时发生悬浮、移动的现象叫流土。

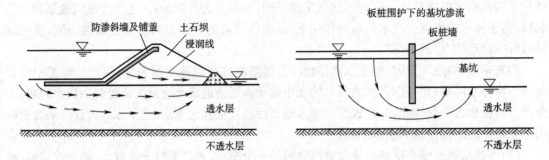

图 4.7　流土示意图

还应注意:

①流土只发生在渗流溢出处的土体表面而不是发生在土体内部;

②在开挖基坑中,当地基土质为饱和的细砂、粉砂和淤泥质土时易发生流土现象;而颗粒较粗的中砂、粗砂以及黏性较大的土不易发生流土现象;

③流土的危害:即出现流土时,地基土将完全失去承载力,基坑边挖边冒砂,引起坑壁塌方,临近建筑物因地基掏空出现开裂、下沉、倾斜甚至倒塌,如图 4.8、图 4.9 所示。

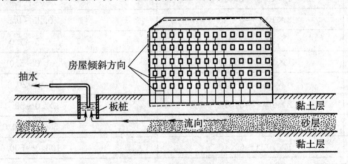

图 4.8　流砂造成建筑倾斜

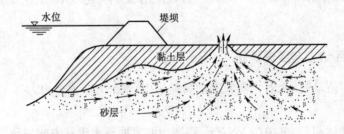

图 4.9　流砂造成溃坝

（2）管涌

在渗透水流作用下,土中细颗粒在粗颗粒所形成的孔隙通道中移动,流失,土的孔隙不断扩大,渗流量也随之加大,最终导致土体内形成贯通的渗流通道,这种土体发生破坏的现象称为管涌。

如图 4.10 所示,在渗透水流作用下,土中的细颗粒在粗颗粒形成的孔隙中移动,以至流失,土体内部的孔隙不断扩大,较粗的颗粒也相继被带走,导致土体内部形成贯通的渗流通道。

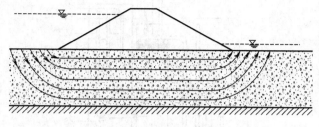

图 4.10　管涌示意图

(a)管涌主要发生在砂砾土等无黏性土中,发生的部位即可在渗流逸出处的土体表面,也可发生在土体内部。

(b)管涌的危害:管涌发生时,水面出现翻花,若上游水位不断升高,将使管涌现象加剧,使堤坝等拦水结构物的地基土破坏,孔道扩大,地基土被掏空,使建筑物塌陷。

任务 4.3　土的渗透试验(常水头试验)

学习任务要求:

掌握常水头试验测定土的渗透系数的方法及数据处理过程。

4.3.1　常水头试验目的与适用条件

目的:测定土的渗透系数。

适用条件:适用于测定砂类土及含少量砾石的无黏聚性土。

4.3.2　试验设备

①常水头渗透仪:如图 4.11 所示,封底金属圆筒内径为 10 cm,高 40 cm。使用其他内径圆筒时,圆筒内径应大于试样最大粒径的 10 倍,玻璃管内径宜为 0.6 cm,分度值为 0.1 cm;

②电子天平:称量 5 kg,分度值 0.1 g;

③量筒:容积 500 mL;

④温度计:分度值 0.5 ℃;

⑤其他:木锤、秒表、橡皮管、支架、直尺等。

4.3.3　试验步骤

①装好仪器并检查各管路接头处是否漏水。将调节管与供水管连通,由仪器底部充水至水位略高于金属孔板,关止水夹。

②取有代表性的风干试样 3～4 kg,称量准确至 0.1 g,并测定含水率。

③用直尺量测圆筒中金属孔板至筒顶的高度,然后将试样分层装入圆筒,每层厚 2～3 cm,用木锤轻轻击实到一定厚度,以控制到所要求的孔隙比。试样含黏粒较多时,应在金属

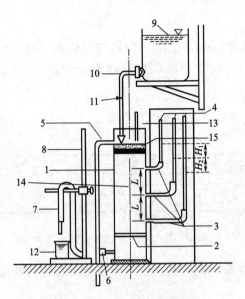

图 4.11　常水头渗透仪装置

1—封底金属圆筒；2—金属孔板；3—测压孔；4—玻璃测压管；5—溢水孔；6—渗水孔；7—调节管；8—滑动支架；
9—容量 5 000 mL 的供水瓶；10—供水管；11—止水夹；12—容量 500 mL 的量筒；13—温度计；14—试样；15—砾石层

孔板上加铺约 2 cm 厚的粗砂过滤层，防止试验时细粒流失。

④每层试样装好后连接供水管和调节管，并由调节管进水，微开"止水夹"使试样逐渐饱和。当水面与试样顶面齐平，关止水夹。饱和时水流不应过急，以免振动试样。

⑤依上述步骤逐层装试样并进行饱和，直至最后一层试样高出上测压孔 3～4 cm 止。在试样上端同样铺约 2 cm 厚的砾砂作缓冲层，待最后一层试样饱和后，继续使水位缓缓上升至溢水孔，当有水溢出时，关止水夹。

⑥试样装好后，量测试样顶至圆筒上口的高度，计算试样净高。称剩余试样质量，准确至 0.1 g，计算装入试样总质量。

⑦静置数分钟后，检查各测压管水位是否与溢水孔齐平。如不齐平，说明试样中或测压管接头处有集气阻隔，用吸水球进行吸水排气处理，直到水位齐平为止。

⑧提高调节管，使其高于溢水孔。然后将调节管与供水管分开，并将供水管置于金属圆筒内。开止水夹，使水由上部注入金属圆筒内。

⑨降低调节管口至试样上部 1/3 处，造成水位差。使水渗过试样经调节管流出。在渗透过程中应调节供水管止水夹，使供水管流量略多于溢出水量。溢水孔应始终有余水溢出，以保持圆筒内常水位，使试样处于常水头下渗透。

⑩测压管水位稳定后，记录测压管水位。计算各测压管间的水位差。

⑪开动秒表，同时用量筒自调节管口接取经一定量的渗透水，并重复 1 次。接取渗透水时，调节管口不可没入水中。记录进水与出水处的水温，取平均值。

⑫降低调节管管口至试样中部及下部 1/3 处，以改变水力坡降。之后按⑨～⑪步骤重复进行测定。

⑬试验注意事项：相同水力梯度下，接取渗透水两次（接取时间相同），两次接水量间的差值不可以过大。

4.3.4　试验计算

(1)计算试样干密度和孔隙比:

$$\rho_d = \frac{m_d}{A \cdot h} \tag{4.6}$$

$$e = \frac{\rho_s}{\rho_d} - 1 \tag{4.7}$$

式中　ρ_d——试样干密度(g/cm³);

m_d——试样干质量(g);

A——试样面积(cm²);

h——试样高度(cm);

e——试样孔隙比;

ρ_s——土颗粒密度(g/cm³)。

(2)计算渗透系数:

$$k_T = \frac{Q \cdot L}{A \cdot H \cdot t} \tag{4.8}$$

$$k_{20} = k_T \frac{\eta_T}{\eta_{20}} \tag{4.9}$$

式中　k_T——水温 $T℃$ 时试样的渗透系数(cm/s),取两位有效数乘以 10^{-n}(n 为正整数);

Q——时间 t 秒内渗透水量(cm³);

t——时间(s);

L——两测压孔中心间的试样高度(10 cm);

H——平均水位差,可按 $H=(H_1+H_2)/2$ 计算,H_1 为上、中测压管水位差,H_2 为中、下测压管水位差;

A——试样面积(cm²);

k_{20}——标准温度(20℃)时试样的渗透系数(cm/s);

η_T——$T℃$时水的动力黏度(10^{-6} kPa·s);

η_{20}——20℃时水的动力黏度(10^{-6} kPa·s)。

(3)动力黏度比 η_T/η_{20} 与温度的关系可按表4.2确定,不同温度时水的动力黏度见表1.8。

表 4.2　不同温度水的动力黏度比 $\dfrac{\eta_T}{\eta_{20}}$

温度 (℃)	$\dfrac{\eta_T}{\eta_{20}}$	温度 (℃)	$\dfrac{\eta_T}{\eta_{20}}$	温度 (℃)	$\dfrac{\eta_T}{\eta_{20}}$	温度 (℃)	$\dfrac{\eta_T}{\eta_{20}}$	温度 (℃)	$\dfrac{\eta_T}{\eta_{20}}$
5.0	1.501	10.0	1.297	15.0	1.133	20.0	1.000	27.0	0.850
5.5	1.478	10.5	1.279	15.5	1.119	20.5	0.988	28.0	0.833
6.0	1.455	11.0	1.261	16.0	1.104	21.0	0.976	29.0	0.815
6.5	1.435	11.5	1.243	16.5	1.090	21.5	0.964	30.0	0.798
7.0	1.414	12.0	1.227	17.0	1.007	22.0	0.953	31.0	0.781
7.5	1.393	12.5	1.211	17.5	1.006	22.5	0.943	32.0	0.765

温度(℃)	$\frac{\eta_T}{\eta_{20}}$	温度(℃)	$\frac{\eta_T}{\eta_{20}}$	温度(℃)	$\frac{\eta_T}{\eta_{20}}$	温度(℃)	$\frac{\eta_T}{\eta_{20}}$	温度(℃)	$\frac{\eta_T}{\eta_{20}}$
8.0	1.373	13.0	1.194	18.0	1.050	23.0	0.932	33.0	0.750
8.5	1.353	13.5	1.176	18.5	1.038	24.0	0.910	34.0	0.735
9.0	1.334	14.0	1.163	19.0	1.025	25.0	0.890	35.0	0.720
9.5	1.315	14.5	1.148	19.5	1.012	26.0	0.870		

(4)进行不同孔隙比下的渗透系数试验时,可在半对数坐标纸上绘制以孔隙比 e 为纵坐标,渗透系数 k_{20} 为横坐标的 $e—\lg k_{20}$ 关系曲线,如图 4.12 所示。

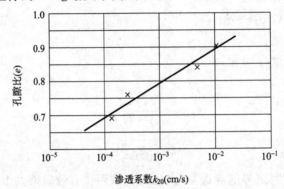

图 4.12　孔隙比与渗透系数关系曲线

(5)在测得的渗透系数结果中应取 3~4 个允许差值小于 2.0×10^{-n} cm/s 的数值,取其平均值,作为试样在该孔隙比 e 的渗透系数。

(6)各项检测数据和计算填入表 4.3 中所示。

表 4.3　常水头试验

试验日期		试验规范		试验人		审核人	
工程名称				工程部位			
风干试样质量(g)	4 000	试样高度(cm)	29.5		试样面积(cm²)		78.5
孔隙比		试样密度(g/cm³)	1.72		土颗粒密度(g/cm³)		

试验次数	经过时间(s)	测压管水位(cm) I管	测压管水位(cm) II管	测压管水位(cm) III管	水位差(cm) H_1	水位差(cm) H_2	水位差(cm) 平均 H	水力坡降 j	渗透水量 Q (mL)	渗透系数 k_T (cm/s)	平均水温℃	校正系数 $\frac{\eta_T}{\eta_{20}}$	水温20℃渗透系数 k_{20} (cm/s)	平均渗透系数 k_{20} (cm/s)
(1)	(2)	(3)	(4)	(5)	(6)	(7)	(8)	(9)	(10)	(11)	(12)	(13)	(14)	
				(2)−(3)	(3)−(4)	$\frac{(5)+(6)}{2}$	$0.1\times(7)$		$\frac{9}{A\times(8)\times(1)}$			$(10)\times(12)$	$\frac{\sum(13)}{n}$	
1	60	269	239	210	30	29	29.5	2.95	58.5	4.21×10^{-3}	20	1.000	4.21×10^{-3}	
2	60	269	241	213	28	28	28.0	2.80	57.5	4.36×10^{-3}	20	1.000	4.36×10^{-3}	4.09×10^{-3}
3	60	261	199	138	62	60	61.0	6.10	119.0	4.14×10^{-3}	20	1.000	4.14×10^{-3}	

续上表

试验次数	经过时间(s)	测压管水位(cm)			水位差(cm)			水力坡降 j	渗透水量 Q (mL)	渗透系数 k_T (cm/s)	平均水温℃	校正系数 $\dfrac{\eta_T}{\eta_{20}}$	水温20℃渗透系数 k_{20} (cm/s)	平均渗透系数 k_{20} (cm/s)
		Ⅰ管	Ⅱ管	Ⅲ管	H_1	H_2	平均 H							
4	60	266	203	137	63	66	64.5	6.45	117.5	3.87×10^{-3}	20	1.000	3.87×10^{-3}	
5	60	258	159	61	99	98	98.5	9.85	186.2	3.97×10^{-3}	20	1.000	3.97×10^{-3}	
6	60	254	155	56	99	99	99.0	9.90	188.0	4.03×10^{-3}	20	1.000	4.03×10^{-3}	

任务 4.4　土的渗透试验(变水头试验)

学习任务要求：

掌握变水头试验测定土的渗透系数的方法及数据处理过程。

4.4.1　变水头试验目的及适用条件

目的：测定土的渗透系数。

适用条件：适用于黏性土和粉土。

4.4.2　试验设备

①变水头渗透仪：有渗透容器、变水头管、供水瓶、进水管等组成，如图 4.13 所示。变水头管内径均匀，且不大于 1.0 cm，长度 1.5 m 左右，固定在刻度板上，刻度最小分度值为 1.0 mm。

②渗透容器：由环刀、透水石、套环及上、下盖组成。环刀内径 61.8 mm，高 40 mm，透水石的渗透系数应大于 10^{-3} cm/s。

③其他：100 mL 量筒、切土刀、温度计、秒表、凡士林、橡皮管等。

4.4.3　试验步骤

①根据工程需要，用环刀垂直或平行土样层面(根据需要测定土层垂直或水平渗透系数确定)切取原状土样，或按规定密度制备击实试样。切取前，在环刀内壁涂一层薄的凡士林。在压入土样中时，要平稳缓慢均匀加压(不得压入过快或者施力不均匀)。在削去环刀两端土样过程中，不得用削土刀反复涂抹试样表面(避免土样表面的孔隙被封闭或土样被压缩)。

②在渗透仪的容器套筒内涂一层薄的凡士林，将装有试样的环刀推入套筒内，并压入止水垫圈，刮去被挤出的凡士林，装好带有透水石和垫圈的上下盖，用螺丝拧紧，避免漏气、漏水。对不易透水的试样，进行抽气饱和；对饱和试样和易透水试样直接用变水头装置的水头进行试样饱和。

③将装好试样的容器的进水口与供水(水头)装置连接，关上止水夹 5(2)、5(3)，开启管夹 5(4)，使供水瓶注满水，直至供水瓶的排气孔有水溢出为止。然后关闭管夹 5(4)，开启管夹 5(2)、5(3)，使水头管内充满水。

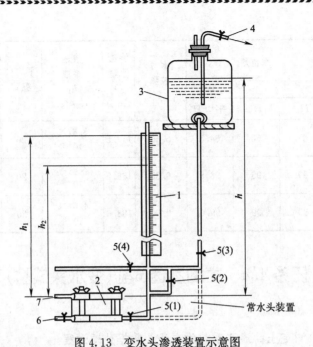

图 4.13　变水头渗透装置示意图

1—变水头管；2—渗透容器；3—供水瓶；4—接水源管；5—进水管夹；6—排气管；7—出水管

④将容器侧立，排气管 6 向上，并打开排气管管夹，然后打开进水口管夹 5(1)，充分排除渗透容器底部的空气，直至溢出水中无夹带气泡溢出时为止，关闭排气管管夹，放平渗透容器。

⑤在一定水头（根据试样结构松散程度而定，不宜大于 2 m）作用下，静置一段时间，待上出水口管口有水溢出时开始测定。

⑥向变水头管注水，使水升至需要高度，待水位稳定后，关上止水夹 5(2)，打开进水夹，使水通过试样，当容器上盖出水管有水溢出时开始记录，同时记起始水头 H_1，开动秒表，经过时间 t 后，记终止水头 H_2，（每次测定的水头差应大于 10 cm），如此连续测 2～3 次后，再使水头管的水位回升至另一需要的高度，重复以上步骤试验 5～6 次，试验结束。同时记录试验开始时至结束时出水口的水温，准确至 0.5 ℃。

4.4.4　数据处理

①按下列公式计算在水温 T ℃时的渗透系数：

$$k_T = 2.3 \frac{aL}{A(t_2 - t_1)} \lg\left(\frac{H_1}{H_2}\right) = \frac{aL}{A(t_2 - t_1)} \ln\left(\frac{H_1}{H_2}\right)$$ 　　　　　(4.10)

式中　a——变水头管断面积（cm^2）；

　　2.3——lg 与 ln 变换因数；

　　L——渗径，即试样高度（cm）；

　　t_1、t_2——测读水头的起、止时间（s）；

H_1、H_2——起、止水头（cm）。

②按下式计算水温在 20 ℃时的渗透系数。试验允许偏差与常水头中要求相同。

$$k_{20} = k_T \frac{\eta_T}{\eta_{20}}$$ 　　　　　(4.20)

③各项检测数据和计算结果填入表 4.4 中所示。

表 4.4　变水头试验记录表

试验日期		试验规范		试验人	
工程名称		工程部位(试样编号)		审核人	

变水头管断面积(a)：0.339 cm²；　试样高度(L)：4 cm；　试样面积(A)：30 cm²；　孔隙比

试验次数	开始时间 t_1(s) (1)	终止时间 t_2(s) (2)	经过时间 t(s) (3) (2)−(1)	开始水头 H_1(cm) (4)	终止水头 H_2(cm) (5)	$2.3\dfrac{aL}{At}$ (6) $2.3\dfrac{aL}{A\times(3)}$	$\lg\left(\dfrac{H_1}{H_2}\right)$ (7) $\lg\left(\dfrac{(4)}{(5)}\right)$	$T\,^\circ\!C$时渗透系数 k_T (8) (6)×(7)	水温(℃) (9)	$\dfrac{\eta_T}{\eta_{20}}$ (10)	20℃时渗透系数 k_{20}(cm/s) (11) (8)×(10)	平均渗透系数 k_{20}(cm/s) (12) $\dfrac{\sum(11)}{n}$
1	0	90	90	130	119	0.001 16	0.038 4	0.000 044 5	22.0	0.953	0.000 042 4	
	90	188	98	117	106	0.001 06	0.042 8	0.000 045 4	22.0	0.953	0.000 043 2	4.53×10⁻⁵
	188	283	95	104	93	0.001 09	0.048 6	0.000 053 0	22.0	0.953	0.000 050 4	
2	0	95	95	135	124	0.001 09	0.036 9	0.000 040 2	22.0	0.953	0.000 038 3	
	95	187	92	120	109	0.001 13	0.041 7	0.000 047 1	22.0	0.953	0.000 041 4	4.52×10⁻⁵
	187	278	91	107	95	0.001 14	0.051 6	0.000 058 8	22.0	0.953	0.000 056 0	
3	0	96	96	120	109	0.001 08	0.041 8	0.000 045 1	22.0	0.953	0.000 043 0	
	96	197	101	107	97	0.001 03	0.042 6	0.000 043 8	22.0	0.953	0.000 041 8	4.44×10⁻⁵
	197	297	97	96	86	0.001 07	0.047 7	0.000 050 1	22.0	0.953	0.000 048 6	
4	0	90	90	138	127	0.001 16	0.036 0	0.000 041 8	22.0	0.953	0.000 039 8	
	90	186	96	126	115	0.001 08	0.039 6	0.000 042 8	22.0	0.953	0.000 040 8	4.26×10⁻⁵
	186	279	93	113	102	0.001 12	0.044 4	0.000 049 7	22.0	0.953	0.000 047 4	
5	0	88	88	140	139	0.001 18	0.031 1	0.000 036 6	22.0	0.953	0.000 035 0	
	88	187	99	137	125	0.001 05	0.039 8	0.000 041 8	22.0	0.953	0.000 039 8	3.90×10⁻⁵
	187	281	94	124	113	0.001 10	0.040 3	0.000 044 3	22.0	0.953	0.000 042 2	

数据计算与结论分析：

最后检测出的渗透系数要与规范表中的渗透系数进行对比，判断渗透性大小。此处略。

【课后练习】

1. 结合水有哪两种？说明强结合水与弱结合水的特点？
2. 毛细水对土地基有何影响？
3. 重力水对土地基有何影响？
4. 无黏性土的渗透有何特点？
5. 黏性土的渗透有何特点？
6. 黏性土的物理状态指标有何工程意义？
7. 什么是水头与坡降？
8. 什么是水头损失？
9. 什么是渗透力？渗透力方向对地基会产生何种影响？
10. 什么是渗透破坏？
11. 什么是流土？什么是管涌？

项目 5 地基承载力与变形

任何建筑物对地基都产生压力作用,地基在压力作用下将产生形变,建筑物的全部重量加上其他各种物体、车辆、风力、水力、地震力等,都要由地基来承担。地基主要由土体或岩体构成,地基在各种荷载作用下能否保持稳定是保证建筑结构安全和保证施工安全的重要因素。

本项目主要通过学习建筑施工中与地基相关的荷载、应力、形变等内容,进一步为学习工程应用打下基础。

工程案例——上海莲花河畔景苑 13 层楼房整体倒塌事故

2009 年 6 月 27 日凌晨 5:30 左右,当大部分上海市民都还在睡梦中的时候,家住上海闵行区莲花南路、罗阳路附近的居民却被"轰"的一声巨响吵醒,伴随的还有强烈的震动,原来是他们居住附近的小区"莲花河畔景苑"中一栋 13 层的在建住宅楼倒塌了,导致一名工人被压身亡。事发原因如下:事发前楼房附近有两次堆土施工,第一次堆土发生在半年前,堆土距离楼房北侧 20m,高 3~4m;第二次堆土发生在六月下旬,挖出的土方紧贴建筑物北侧堆放,6 天内堆土高达 10m,同时施工方在事发楼房南侧进行地下车库基坑开挖,开挖深度 4.6m,掏空 13层楼房基础下面的土体,加速房屋南面的沉降,使房屋向南倾斜。

事故原因分析:

一是第二次堆土在短时间内堆土高度达 10 m,楼房北侧所堆土方产生的压力超过地基承载力,使地基产生侧向滑动;二是在南侧开挖基坑,掏空南侧基础下土体,造成南侧地基沉降,楼房的 PHC 管桩(预应力高强度混凝土桩)不能抵抗楼房北侧产生的侧压力而破坏,引起楼房整体倒塌。

任务 5.1 力及其作用效果

学习任务要求:

掌握力的基本概念,理解力的作用效果。

5.1.1 力的定义

(1)力是指物体间的相互作用。力的产生至少有两个物体,其中一个是施力物体,另一个是受力物体,单独一个物体不能产生力。自然界中的任何物体都受到力的作用,没有不受力作用的物体,如:重力、弹力、摩擦力、电场力、万有引力等。在地基工程中,地基是受力物体,建筑物是施力物体。

（2）力的单位：牛顿（符号：N）或千牛顿（符号：kN）1 kN＝10³ N。

（3）力的三要素：指力的大小、方向、作用点。

5.1.2　力的作用效果

力的作用效果是指当一个物体受到力的作用时，物体将发生形状或运动状态的改变。力的作用效果的大小与力的三要素有关，一般情况下，物体受到的力越大，产生的作用效果越明显。力的作用效果主要表现在两个方面：形变和运动状态改变。工程上是不允许建筑物或地基产生运动状态改变的，所以本教材只讨论有关形变的问题。

当物体受到力的作用时，物体将产生形状、大小、体积的变化称为形变，如图 5.1 所示。

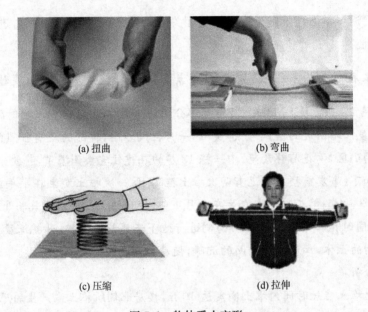

(a) 扭曲　　　　　　　　　(b) 弯曲

(c) 压缩　　　　　　　　　(d) 拉伸

图 5.1　物体受力变形

1. 产生形变的条件

两个相互接触物体接触处都将产生形变，形变的效果有的明显，有的不明显。

2. 形变的种类

（1）弹性形变：指物体受到外力作用时发生形变，当外力撤销后物体能恢复原状的形变。

（2）塑性形变：指物体受到外力作用时发生形变，当外力撤销后物体不能恢复原状的形变。

如图 5.2 所示，为物体受力产生形变的 F-X 图像（F 表示物体受到的力，X 表示物体在力 F 作用下产生的形变量）。在 OA 段，物体所受外力 F 与物体形变量 X 成正比，处于弹性形变阶段，该阶段满足胡克定律：$F＝kX$。在 AB 段，从 A 点开始，物体形变进入塑性形变阶段，物体开始产生裂缝等破坏，此时即使外力消失，物体的形状也不能恢复原状。若外力持续增加到达 B 点时物体将完全破坏而断裂，即达到 C 点。

3. 力作用效果的度量

（1）压强

物体单位面积上所受压力的大小称为压强。其物理含义是表示压力作用效果的物理量，即分布在受力作用面上的外力与面积的比值。

（2）计算公式

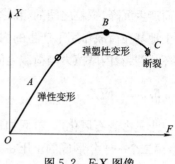

图5.2　F-X 图像

$$P=F/S \qquad\qquad (5.1)$$

式中　　P——压强(Pa,简称帕),1 Pa=1 N/m²。工程上也常

用 kPa 或 MPa(1 MPa=10³ kPa=10⁶ Pa);

F——垂直于作用面上的外力(N);

S——受力面积(m²)。

（3）物理意义

在受力面积不变的情况下，压强越大，物体所受外力(荷载)越大，即力的作用效果越强。反之，在压力不变的情况下，物体的受力面积越大，压强越小，力的作用效果越弱。

任务5.2　土体中的应力与地基承载力

学习任务要求：

掌握土的应力概念，理解地基承载力的工程意义。

5.2.1　荷载与内力

1. 荷载

荷载指的是使物体产生内力和变形的外力，或习惯上指施加在物体上产生某种效果的各种直接、间接作用。常见的有：结构自重、楼面活荷载、屋面活荷载、屋面积灰荷载、车辆荷载、吊车荷载、设备动力荷载以及风、雪、裹冰、波浪等自然荷载。

2. 内力

内力是指当物体受到外力作用产生某种形变时，在物体内部同时产生一个不允许物体发生形变的抵抗力，这个力就是内力。内力是同一物体各部分之间的相互作用力。

3. 荷载与内力关系

（1）内力随荷载的产生而产生。

（2）内力有最大值，当荷载超过最大内力时，内力就不能抵抗荷载的作用效果，物体产生裂缝、滑动、断裂等破坏；当荷载没有超过内力的最大值时，物体还是会产生变形，这种变形称为弹性变形，在工程上是允许的(称为允许变形)；当荷载刚好等于内力的最大值时，物体处于临界破坏状态。

4. 地基内力与荷载

土地基是由三相构成，由于颗粒间有孔隙，因此，受到压力作用时土颗粒间将发生相对移动而产生沉降,颗粒之间的相对运动产生摩擦力,由这个土颗粒之间相对运动产生的摩擦力称为土地基在荷载作用下产生的内力(内摩擦力)。可见,地基在荷载作用下,能否保持稳定而不破坏,就要看内摩擦力与荷载之间的大小关系。

5.2.2　应力

土是由岩石风化形成,假如每一千年形成1 cm厚的土,则第一个一千年形成的土是松散的,第二个一千年形成的土压在第一层上,使该土层压密实了些,而第二层土是松散的,第三个一千年形成的土压在第二层土上,第二层土又变密实了些,而第一层土将变得更密实,依次类推,离地表越深的土的密实程度越大,孔隙越小,强度越高,而离地表越近的土越松散,孔隙越大,强度越低。可见,为保证建筑物的安全,建筑物的基础一般都座落在地表以下具有一定强度的某层能支承建筑物的地基土上。

建筑物压在地基上,建筑荷载对地基产生的作用效果可用"压强"表示,但是,地基在建筑荷载作用下,能否保证不被破坏,关键在于内力的作用效果能否抵消外力的作用效果,为表达出内力的作用效果,工程上引入一个新的概念——应力。

1. 应力

(1)应力指单位面积上内力的集度(即单位面积上物体内部在某一点承受的作用力大小)。

(2)应力计算

$$\sigma = \frac{P}{A} \tag{5.2}$$

式中　σ——应力(Pa/kPa/MPa);

　　　P——荷载大小(N);

　　　A——地基受力面积,单位(m^2)。

对土地基而言,它们不可能是由同一种土组成,另外由于土体形成的年代、形成的因素等不同,即使是同一时期形成的土体由于含水率、压力、矿物成分等不同,其内部的组成结构也是不同的。根据内力概念,物体在荷载作用下是否会破坏,关键在于内力与荷载的大小关系。由于地基由不同的土体组成,即使是在受到相同荷载作用的情况下,地基内部不同深度、不同部位产生的内力其大小、方向都是不一样的。在同一基础下的土体,有些位置的土体内力大,而有些位置的土体内力小,则内力小的位置易产生破坏。

应力是物体内部某一截面或某一位置处的内力作用效果,应力的大小表示抵抗荷载作用的能力大小。应力越大,表示抵抗荷载作用的能力越强,即物体强度越大,变形能力越小;反之,表示抵抗荷载作用的能力弱,即物体的强度越小,变形能力大。要注意,由于内力有最大值,因此,应力也有最大值,这个最大值称为"强度"。根据力的相互作用性,当物体在荷载作用下没有发生破坏时,荷载不超过内力,在实际计算中用荷载大小代替内力大小,当物体在荷载作用下发生破坏时,内力消失,不存在应力的计算。

2. 土体中的应力

(1)自重应力

在土体内部由于土层自身重量引起的应力叫自重应力。

如图 5.3 所示,第 1 层为表层土,除第 1 层外,其他各层的土都受到上一层土体自重压力作用,下层土层将在上层土层压力下产生应力,这种由土层自身重量引起的应力叫自重应力。

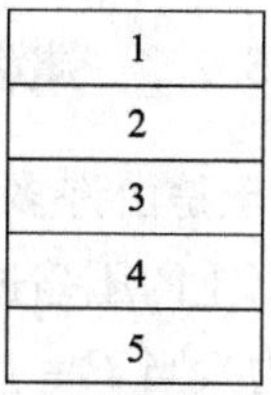

其特点:自重应力不会引起土地基产生形变。其原因在于由于每一层土都需经过较长的地质年代才能形成,因此,除表层土外,其他土层都处于相对稳定的状态,从而不会引起土地基产生形变。

| 1 |
| 2 |
| 3 |
| 4 |
| 5 |

图 5.3　土体自重应力形成示意图

如图 5.4 所示,图(a)表示自然状态下的地形地貌,图(b)表示一部分土体被开挖后的情况。

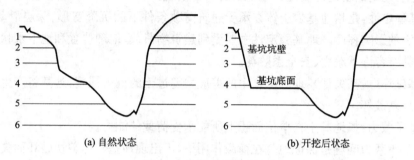

(a) 自然状态　　　　　　(b) 开挖后状态

图 5.4　土体自重应力变化

在开挖前,各个地层在自重应力下是稳定的,当开挖后,开挖部分岩土体消失后对下层土层的压力消失,即开挖露出的土层不再受到压力作用,此时自重应力将重新进行应力分布(称为应力释放),会使边坡土体产生裂缝。特别是在隧道开挖中,应力的重分布现象将影响隧道周边岩石的稳定性可能造成施工事故。

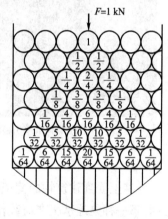

图 5.5　土体附加应力示意图

(2)附加应力

附加应力是指建筑物上的所有荷载在地基中产生的应力,如图 5.5 所示。其特点是:

①荷载的作用效果以一定角度扩散到地基深处,并随深度增加而减少。

②附加应力是使地基产生变形、导致建筑物沉降或滑动的原因。

③附加应力在大于原来土层的自重应力时才能使土层重新开始被压密,在这压密过程中,土中孔隙体积减小,造成地基下沉。

④力的作用效果以一定角度扩散到地基深处,在同一垂线上的应力随深度增加而减少,距地面愈深,应力的分布范围越广。

⑤在地面下同一水平面上各点的附加应力不相等,在力作用线上应力最大,向两侧逐渐减小。

(3)地基的变形除与附加应力有关外,还与土的压缩性直接有关,即土的压缩性是引起地基变形的内因。

5.2.3 建筑荷载对地基的影响

土是由许多颗粒组成,颗粒之间有孔隙,在受到荷载 P 作用时,土颗粒间发生移动将孔隙填充(土的压缩过程,工程上称为地基移动或下沉),土颗粒在移动时,颗粒间产生内摩擦力 f(内力),当 $P=f$ 时,土颗粒不能移动或移动量较小(变形量小),这时土体是处于稳定状态的(弹性变形),不会产生地基破坏;反之,地基将产生剪切破坏(塑性变形),带动地基上部的建筑结构破坏。

在工程上,地基的稳定性决定了建筑物的安全使用。

(1)地基稳定性:是指地基岩土体在承受建筑荷载条件下的沉降变形、深层滑动等对工程建设安全稳定的影响程度。地基稳定性主要受到建筑物荷载、地理位置和地下水状况的影响,主要表征参数有容许承载力、安全系数等。

(2)地基破坏(地基失稳):地基土体中的剪应力超过土的抗剪强度,地基将产生滑动、沉降等现象称为地基破坏。

(3)地基承载力:指地基土在单位面积上所能承受荷载的能力。

了解地基承载力问题是保证地基在荷载作用下,不出现地基整体剪切破坏而失去稳定性。地基承载力问题属地基强度和稳定问题,如图 5.6 所示。

(a)地基不均匀沉降引起墙体开裂　　　　　　　　(b)地基承载力不够引起建筑倒塌

图 5.6 地基破坏

地基土受到建筑物的荷载(附加应力)作用后,其内部的应力将发生变化,主要表现在两个方面:第一种是地基土在荷载作用下产生压缩变形,引起地基沉降,进而引起建筑结构基础过大的沉降量或沉降差,使建筑结构上部倾斜,造成建筑物沉降、开裂;第二种是当建筑物荷载过大、超过地基土下持力层土的承载力时而造成地基滑动破坏。

(4)地基承载力:

①极限承载力——地基承受荷载的极限能力,即地基所能承受的最大荷载。

②容许承载力(承载力设计值)——保留足够的安全储备,且满足一定变形要求的承载力。即能保证建筑物正常使用要求的地基承载力。

建筑荷载通过基础作用于地基上,因此地基必须达到两个要求,才能保证建筑结构的安全与稳定性:一是地基的变形要求;二是地基强度与稳定性要求。

变形要求:建筑物基础在荷载作用下产生最大沉降量或沉降差,应在充许范围内。

强度要求;对土地基而言,其最常见的破坏方式是剪切破坏,土的强度问题就是土的抗剪强度问题,即土体破裂问题。因此,工程上要求施加在地基上的荷载不应超过地基容许承载力。

任务 5.3　动力触探试验

学习任务要求:

掌握利用触探试验确定地基容许承载力的方法及数据处理过程。

建筑荷载通过基础作用于地基,建筑物的基底压力应在地基允许的承载能力之内,即地基在建筑荷载压力作用下其基底压力不能超过地基的容许承载力,否则会发生地基破坏。

确定地基承载力的方法一般有三种:①根据载荷试验的 $P\text{-}S$ 曲线确定地基承载力;②根据相关规范确定地基承载力;③根据地基承载力理论公式确定地基承载力。现场原位测试地基容许承载力的方法主要有静力触探法、动力触探法和载荷试验法,本任务主要介绍以轻型动力触探设备进行容许承载力的试验方法,其他方法可按相关规范要求进行。

动力触探是利用一定的落锤能量,将一定尺寸、一定形状的探头打入土中,根据打入的难易程度(可用贯入度、锤击数或单位面积动贯入阻力来表示)即土的阻抗大小判定土层性质的一种原位测试方法。通常以打入土中一定距离所需的锤击数来表示土的阻抗。

动力触探可分为轻型、重型和特重型。轻型动力触探可确定一般黏性土地基承载力;重型和特重型动力触探可确定中砂以上的砂类土和碎石类土地基承载力,测定圆砾土、卵石土的变形模量。动力触探还可以用于查明地层在垂直和水平方向的均匀程度和确定桩基承载力。

5.3.1　适用范围(轻型动力触探)

一般用于贯入深度小于 4 m 的一般黏性土和黏性素填土层。

5.3.2　试验要点

(1)动力触探作业前必须对设备进行检查,确定正常后,方可启动。

①探头允许磨损量:直径磨损不得大于 2 mm,锥尖高度磨损不得大于 5 mm。

②每节探杆非直线偏差不得大于 0.6%。

③所有部件连接处丝扣应完好,连接紧固。

(2)动力触探机具安装必须稳固,在作业过程中支架不得偏移。在动力触探时,应始终保持重锤沿导杆垂直下落,锤击频率控制在 15~30 击/min,动力触探的锤座距孔口高度不宜超过 1.5 cm,探杆保持竖直。

(3)轻型动力触探作业时,应先用轻便钻具钻至所需测试土层的顶面,然后对该土层连续贯入。当贯入 30 cm 的击数超过 90 击或贯入 15 cm 超过 45 击时,可停止作业。如需对下卧层进行测试,可用钻探方法穿透该层后继续触探。

(4)在轻型触探试验表内记录打入土层中 30 cm 所需锤击数(N_{10}),在地层较硬、锤击数较多时,采用分段记录,以每层实测击数的算术平均值作为该层的触探击数平均值 $\overline{N}_{10}$,重型和特重型动力触探每贯入 10 cm 记录一次相应的锤击数,整理资料时按 30 cm 所需的击数作为指标计算。

5.3.3　数据处理

(1)每完成一次轻型触探后,在现场及时核对所记录的锤击数及深度是否有错漏,并结合其他勘探资料,综合研究分析,去掉不合理的特异值。

(2)轻型触探不考虑杆长修正,根据每贯入 30 cm 所需的锤击数绘制 N_{10}-h 曲线图。

(3)地基基本承载力的确定:根据轻型动力触探实测击数平均值 $\overline{N}_{10}$,当贯入深度小于 4 m 时,可按表 5.1 所示确定一般黏性土地基的基本承载力 σ_0。

表 5.1　黏性土 σ_0 值(kPa)

$\overline{N}_{10}$(击/30 cm)	15	20	25	30
σ_0	100	140	180	220

注:表内数值可以线性内插。

(4)根据黏性土的平均击锤数 $\overline{N}_{10}$,当贯入深度小于 4 m 时,可按表 5.2 所示确定其极限承载力 P_u。

表 5.2　黏性土 P_u 值(kPa)

$\overline{N}_{10}$(击/30 cm)	15	20	25	30
P_u	180	260	330	400

注:表内数值可以线性内插。

(5)试验记录、检测数据和计算示例如表 5.3 所示。

表 5.3　土的动力触探试验记录表

试验日期		试验规范		试验人		审核人	
工程名称		工程部位		孔口高程		孔深	
触孔编号:		触探地点:					
检测点位置	入土深度 h (m)	贯入度 (cm)	锤击数 N_{10} (击/30cm)	平均锤击数 $\overline{N}_{10}$ (击/30cm)	基本承载力 σ_0(kPa)	极限承载力 P_u(kPa)	
1 号	0.3	30	27				
	0.6	30	28	28.3	206.4	376.2	
	0.9	30	30				
3 号	0.3	30	28				
	0.6	30	29	28	204.0	372.0	
	0.9	30	27				
4 号	0.3	30	26				
	0.6	30	28	27.3	198.4	362.2	
	0.9	30	28				

任务 5.4　K_{30} 平板载荷试验

学习任务要求:

掌握 K_{30} 平板载荷试验方法及数据处理过程。

地基系数 K_{30} 值作为路基填料压实质量的检测控制指标,能直观反映出压实层的强度和变形等力学特征,是一种抗力指标。K_{30} 平板载荷试验是使用直径为 30 cm 的荷载板测定下沉量为 1.25 mm 时地基系数的试验方法,以标准值 K_{30} 表示。地基系数是指以某一下沉量去除与其相对应的荷载强度所得出的值,即:$K_{30}=\sigma_s/1.25$,单位为 MPa/m。下沉量是指荷载板在路基、基床层面上受荷载引起的中心垂直变形尺寸,其中包括弹性变形和塑性变形两部分。

5.4.1　试验条件

K_{30} 平板载荷试验适用于填料最大粒径不大于荷载板直径的 1/4 的各类土、土石混合料及级配碎石填料。试验时,场地及环境条件等应符合以下要求:

(1)对于水分易挥发的砂类土,表面结硬壳、软化或因其他原因表层扰动的土,平板载荷仪应置于扰动带以下进行(下挖深度限定在荷载板直径 D 的范围内)。

(2)含水率影响 K_{30} 测试结果。控制在最佳含水率附近施工,K_{30} 测试结果较高。

(3)对粗、细粒均质土,测试宜在压实后 2~4 h 内开始进行。

(4)测试面必须平整无坑洞。对于粗粒土或混合料造成的表面凹凸不平时,应铺设一层 2~3 mm 的干燥中砂或石膏腻子,此外,测试面必须远离震源,保证测试精度。

(5)雨天或风力大于 6 级的天气,不得进行试验。

(6)荷载涉及的深度约为荷载板直径的 1.5~2 倍,这是试验时需注意的。

5.4.2　试验设备

(1)承载板:承载板为圆形钢板,直径 300 mm,板厚 25 mm,承载板上带有水准泡;

(2)加载装置:

①加压装置。千斤顶与手动液压泵通过高压油软管连接,液压系统不得渗漏油。千斤顶顶端应设有球铰,千斤顶的最大承载力不小于 50 kN。高压油软管长度不应少于 1.8 m,两端应装有自动开闭阀门的快速接头。

②手动液压泵应装有一个可调节减压阀,并可准确地对承载板实施分级加、卸载。

③荷载量测装置应采用误差不大于 1% 的测力计、力传感器或精度不低于 0.4 级的防震减压表。

(3)反力装置:反力装置的承载力应大于最大试验荷载 10 kN 以上。

(4)下沉测量装置:下沉测量装置由测桥和下沉量测表组成。下沉量测量可采用百分表或位移传感器,并配有可调式固定支架,其最大误差不大于 0.04 mm,分辨力不低于 0.01 mm,量程不小于 10 mm。

(5)其他:铁锹、钢板尺、毛刷、坭工泥刀、刮铲、水准仪、铅垂、褶尺、干燥中砂、石膏、油、挡风设施等。

5.4.3　试验过程

(1)场地准备：场地测试面应进行平整，用毛刷扫去松土，并将测试面做成水平。

(2)安装平板载荷仪

将承载板放置于测试面上，为保证荷载板与地面的良好接触，可铺设一层 2~3 mm 的干燥中砂或石膏腻子，同时用承载板上的水准泡或水准仪来调整承载板水平。用石膏腻子做垫层时，应在荷载板顶面抹一层油膜，然后将荷载板安放在石膏层上转动并轻轻击打顶面，使其与测试面完全接触，同时借助荷载板上水准泡调整水平。

(3)安装反力装置

将反力装置(如汽车或压路机)驶入测试点，使其承载部分置于荷载板上方之后，加以制动。此时反力装置的支撑点(汽车或压路机作为反力装置时系指其车轮或滚筒与地面的接触点)必须距荷载板外侧边缘 1 m 以外。

(4)安装加载装置

将千斤顶放置于反力装置下面的荷载板上，利用加长杆和调节丝杆，使千斤顶顶端球铰座紧贴在反力装置承载部位上，组装时应保持千斤顶垂直，不出现倾斜。

(5)安装下沉测量装置

安装测桥时，测桥支撑座应设置在距离荷载板外侧边缘及反力装置支撑点 1 m 外，当测桥呈 Y 形布置时，应安装 3 个测表，相互呈 120°放置。当测桥呈双横杆平行布置时，应安装 4 个测表，呈正方形布置，或安装 2 个测表呈对角线布置，无论安装几个测表，都必须互相对称并与荷载板中心保持等距离，以便求平均值，减少误差。

(6)加载

①为稳固荷载板，预先加 0.01 MPa 荷载约 30 s，待稳定后卸除荷载，将百分表读数调至零或读取百分表读数作为下沉量的起始读数。

②以 0.04 MPa 的增量，逐级加载。每增加一级荷载，应等该级荷载下的下沉量稳定后，读取荷载强度和下沉量。当 1 min 的下沉量不大于该级荷载强度下产生的下沉量的 1%时，即可认为下沉已终止。

③总下沉量超过规定的基准值(1.25 mm)，且加载级数至少 5 级，或荷载强度超过设计标准对应荷载值的 1.3 倍且加载级数达到 5 级及以上，或达到地基的屈服点，试验即可终止。

④试验异常处理

当试验过程出现异常时(如载板严重倾斜，荷载板过度下沉)，应将试验点下挖至相当于荷载板直径的深度或另选地点进行试验，或当遇到石块、或不太密实或含水率较大时，均应在试验记录中注明。

5.4.4　试验数据处理

(1)根据试验结果，绘制荷载—下沉量曲线图如图 5.7 所示。

(2)误差校正。

①受被测土体表面状态影响所出现的随机误差可通过作图或程序进行校正；

②用作图法进行校正。

当试验结果如图 5.8 中曲线②时，曲线经坐标原点，可不校正，则 K_s 等于沉降 1.25 mm

所对应的荷载与沉降量的比值。

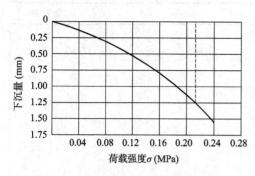

图5.7 荷载—下沉量关系曲线图

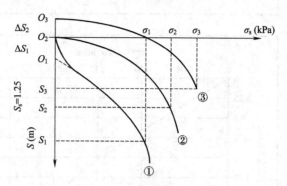

图5.8 随机误差校正标意图

当试验结果如图5.8中曲线①时,其曲线初始部分呈凹形,应在曲线出现明显拐点的位置引一切线与纵坐标相交S轴于O_1点,O_1点即为修正后的零点。此时零点下移ΔS_1,标准下沉量为$S_1 = S_s + \Delta S_1$,并由此对应的荷载σ_1计算出$K_{30} = \sigma_1/S_1$值。

当试验结果如图5.8中曲线③时,应在曲线出现明显拐点的位置沿正常曲线延伸,使之交S轴于O_3点,此时零点上移ΔS_2,标准下沉量为$S_3 = S_s + \Delta S_2$,并由此对应的荷载σ_3计算出$K_{30} = \sigma_3/S_3$值。

(3)从荷载强度与下沉量关系曲线图中得出下沉量基准值(1.25 mm)对应的荷载强度,并按下式计算地基系数:

$$K_{30} = \sigma_s/S_s \tag{5.3}$$

式中 K_s——地基系数(MPa/m),计算至1 MPa/m;

  σ_s——荷载强度σ与下沉量S关系曲线中下沉量基准值对应的荷载强度(MPa);

  S_s——下沉量基准值(1.25 mm)。

(4)试验记录、检测数据和计算示例如表5.4所示。

表5.4 土的K_{30}平板荷载试验记录表

试验日期		试验规范			试验人		审核人	
工程名称		工程部位						
填料类型		检测部位			填料最大粒径			

填层厚度___30___cm;载荷板直径___300___mm;沉降1.25 mm所对应的荷载σ_s___0.14___MPa;地基系数K_{30}___112___MPa/m;

加载顺序	荷载强度σ(MPa)	油压表读数P(MPa)	下沉量(百分表读数)S(0.01 mm)				荷载板中心下沉量(0.01 mm)
			表1	表2	表3	平均值	
预压	0.01	1.0	0.4	0.3	/	0.35	0.35
复位	0.00	0.0	0.00	0.00	/	0.00	0.00
1	0.04	2.7	0.38	0.28	/	0.33	0.33
2	0.08	4.4	0.78	0.56	/	0.67	0.67
3	0.12	6.3	1.2	0.88	/	1.04	1.04
4	0.16	8.4	1.7	1.25	/	1.48	1.47

5	0.20	10.3	2.16	1.49	/	1.82	1.82

续上表

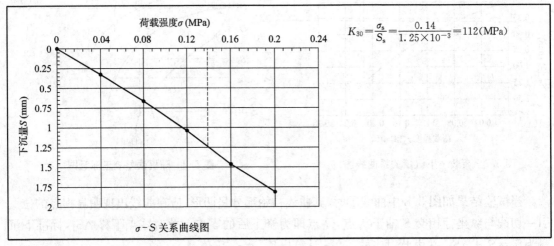

$$K_{30} = \frac{\sigma_s}{S_s} = \frac{0.14}{1.25 \times 10^{-3}} = 112 (MPa)$$

$\sigma - S$ 关系曲线图

任务 5.5　土的压缩性

学习任务要求:

理解地基在荷载作用下压缩变形过程和影响土体压缩的因素。

5.5.1　土的压缩性

1. 土体压缩性

土的压缩性是指土在压力作用下体积减小的性质称为土的压缩性。

不少建筑工程事故,如建筑物倾斜、严重下沉、墙体开裂、基础断裂等,都是由于土的压缩性高或压缩性不均匀而引起地基严重沉降或不均匀沉降。

地基沉降是指地基在荷载作用下,地基土产生体积缩小,从而引起建筑物基础在竖直方向的位移(或下沉)的现象。

2. 土体压缩的原因

土体在荷载作用下被压缩的原因可以从三个方面考虑:土颗粒本身的压缩;土体孔隙中水和气体的压缩;土体中水和气体所占据的孔隙体积的减小。

(1)土颗粒本身被压缩的空间性极小,而水是不可压缩的(水只能排出),所以土体压缩的三个原因中可忽略土颗粒本身的压缩和水的压缩。

(2)土的压缩主要是由于水、空气所占孔隙体积减小而造成。

(3)当土体中的水和空气被排出后,所空出的体积部分将由土颗粒填充,就形成了土颗粒的移动和重新排列,从土体渗透性知识可知道,土体中(特别是黏性土)的水排出需要一段时间,即土体的压缩变形需一定时间才能完成而趋于稳定。

3. 土的固结

将土体孔隙中的水和气体排出的这一与时间有关的压缩过程称为土的固结。

(1)对无黏性土土

由于无黏性土的空隙大,土体中的水在建筑荷载作用下能较快排出,一般情况下,当建筑物完成施工时,土体中的水即全部排出,压缩变形过程即可完成,所以,在基础工程中,无黏性土(特别是密实的无黏性土)是良好的地基。

(2)对黏性土

由于黏性土属于细粒土,且土颗粒之间黏结在一起,渗透系数小,水不易排出,因此,当地基为黏性土时,土体中的水在建筑荷载作用下不能较快排出,一般情况下,当建筑物完工后,土体中的水要相当长的时间(几年、几十年甚至更久)才能全部排出,所以此种地基的压缩变形过程时间长,易在排水过程中造成沉降过大或不均匀沉降。

5.5.2 土体压缩过程分析

1. 荷载作用

如图 5.9 所示,土体没受到荷载作用时,土体内部由三相构成,当土体受到压力作用的瞬间,土体中的水和气体还来不及排出。在土体中,主要承受荷载作用的是固体颗粒和水,这时,固体颗粒和水共同承担荷载作用。

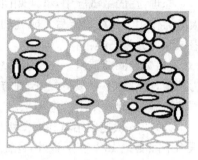

图 5.9 饱和土体示意图

2. "压力分担"作用

当水排出后,原来由排出水所承担的压力由土颗粒承担,没排出的水继续承担一部分剩余压力。即:当水排出后,压力由剩下的水和土颗粒共同承担,这种现象叫"压力分担"作用。

(1)由土骨架承担的压力叫做有效压力;由水承担的压力叫孔隙水压力。

(2)有效压力使颗粒间产生滑动而使土体具有一定的抗剪强度。孔隙水压力对土体不产生变形也不产生抗剪强度。

(3)当土体上无建筑荷载时,孔隙中的水只受到土自重作用,此时孔隙水只产生静水压力。而前面所说的压力是指外荷载引起的、超过静水压力那部分压力(即超静水压力)。

(4)水和气体排出的过程中,原来由水和气体所占据的空间由土颗粒填充(土体压缩),土颗粒在移动过程中颗粒之间相互摩擦产生内摩擦力,与其余的孔隙水共同抵抗荷载作用。在土体压缩过程中,要求基础的沉降量或沉降差在容许范围内,否则会造成建筑物破坏。

3. 沉降过程的具体分析

(1)瞬时沉降

瞬时沉降指在施加荷载后地基土瞬间发生的沉降。由于荷载作用时间短,孔隙水来不及排出,因而瞬时沉降是在地基土还没有体积变形的条件下发生,主要由土体的侧向变形引起,因此瞬时沉降一般不考虑。

(2)主固结沉降

主固结沉降是指随荷载作用时间增长,孔隙水排出导致土体体积减小,有效应力增加(主固结),随着孔隙水的逐渐排出,孔隙水压力消失,有效应力增加到一个稳定值,主固结沉降完成,这个过程中称为固结沉降。

(3)次固结沉降

次固结沉降是指土体在主固结将完成之后有效应力不变的情况下,土体还随时间增长进一步产生沉降,称为次固结沉降。次固结沉降对软黏土较重要,而对坚硬土沉降量小。

任务 5.6　土的压缩(固结)试验

学习任务要求:

掌握土压缩(固结)试验的方法和步骤,并能进行相关的数据处理。

5.6.1　目的与分类

目的:测定试样在有侧限和轴向排水条件下土的压缩曲线和压缩性指标,用于评价土的压缩性大小和进行地基沉降计算。

原理:在固结试验中,试样侧向不变形,保持试样面积不变,竖向应力分级施加,要求在本级应力作用下压缩稳定后才能施加下级应力。其中,"稳定"是相对的,按稳定标准的不同,压缩试验可分为三类:

(1)标准固结试验。在每级荷载作用下 24 h 内土样厚度不再变化,百分表读数不变,即认为稳定,继续加下一级荷载,这种方法所需时间长,一般不采用。适用于饱和的黏性土,只进行压缩试验时,允许用于非饱和土。

(2)12 h 快速固结试验。每级压力下测记 12 h 变形量后立即施加下一级压力,最后一级压力下除测记 12 h 变形量外,还需测记加压到 24 h 试样变形量。当采用标准固结试验的时间不能满足工程需求时,可采用该种方法。该方法适用于测定一般黏性土的先期固结压力和压缩指数。

(3)1 h 快速压缩。在各级荷载作用下,压缩 1 h 后,不管变形如何即加下一级荷载,但在最后一级荷载作用下,除测读 1 h 的变形量外,还应继续测定稳定压缩。计算时,根据最后一级变形量核对前几级荷载作用下的变形量。这种方法精度不高,但可缩短试验时间,本试验采用此种方法。适用于沉降计算要求不高,主要求压缩系数和压缩模量的渗透性较大的非饱和土。

5.6.2　压缩曲线与压密定律

压缩曲线是指以横坐标表示压力 p,以纵坐标表示孔隙比 e,而绘制的 $e-p$ 曲线图,它表示了压力和孔隙比之间的关系。土的压缩曲线可反映土的压缩性质,压缩曲线的陡缓表示土的压缩性的高低,如图 5.10 所示。

(1)压缩曲线如图 5.11 所示。

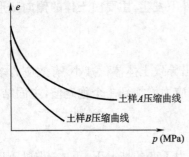

图 5.10　压缩曲线比较

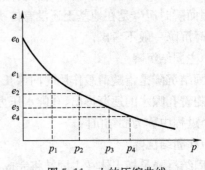

图 5.11　土的压缩曲线

e_0:表示土的天然孔隙比;

e_1:表示土在压力 $p_1 = 100$ kPa 时的孔隙比;

e_2:表示土在压力 $p_2 = 200$ kPa 时的孔隙比;

e_3:表示土在压力 $p_3 = 300$ kPa 时的孔隙比;

e_4:表示土在压力 $p_4 = 400$ kPa 时的孔隙比。

(2)压密定律

指土体在有侧限条件下,孔隙比的变化与所加压力的变化成正比。即 e-p 曲线上某范围的割线斜率:

$$\alpha = \frac{\Delta e}{\Delta p} \ (\mathrm{MPa}^{-1}) \tag{5.3}$$

①α 为压缩系数,其工程含义是在在 Δp 的压力范围内,单位压力的增加所引起的土样孔隙比的减少,其值越大,土越易压缩。

②同一种土的压缩系数随压力的变化而不同,为便于比较和运用,一般取 $p_1 = 100$ kPa 到 $p_2 = 200$ kPa 的压力范围来确定土的压缩系数,用 $\alpha_{0.1 \sim 0.2}$ 表示,作为评价地基土的压缩性指标,如表 5.5 所示。

表 5.5　土的压缩性

土的压缩性分类	压缩系数 $\alpha_{0.1 \sim 0.2} (\mathrm{MPa}^{-1})$
高压缩性土	$\alpha_{0.1 \sim 0.2} \geqslant 0.5$
中压缩性土	$0.1 \leqslant \alpha_{0.1 \sim 0.2} < 0.5$
低压缩性土	$\alpha_{0.1 \sim 0.2} < 0.1$

③除可以用压缩系数 α 表示土体的压缩性外,还可以用压缩模量 E_s 来表示。土的压缩模量 E_s 是指在有侧限(无侧向膨胀)的条件下,土所受的压应力 σ_z 与相应的竖向应变 ε_z 的比值。

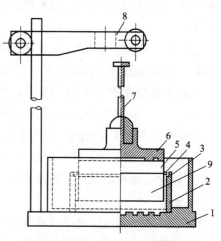

E_s 越大,土越不易压缩,通常规定 $p_1 = 100$ kPa 到 $p_2 = 200$ kPa 计算所得的 $E_{s(0.1 \sim 0.2)}$ 作为判断土的压缩性的另一指标。

$$E_{s(0.1 \sim 0.2)} = \frac{1 + e_1}{\alpha_{0.1 \sim 0.2}} \tag{5.4}$$

E_s 值越大,土越不易被压缩。$E_{s(0.1 \sim 0.2)} > 15$ MPa,为低压缩性土;$15 \ \mathrm{MPa} \geqslant E_{s(0.1 \sim 0.2)} \geqslant 4 \ \mathrm{MPa}$,为中压缩性土;$E_{s(0.1 \sim 0.2)} < 4 \ \mathrm{MPa}$,为高压缩性土。

5.6.3　压缩(固结)主要试验设备

①固结容器:由环刀、护环、透水板、加压上盖和水槽等组成,如图 5.12 所示。

②变形量测设备:百分表里程 10 mm,分度值 0.01 mm 或准确度为全量程 0.2% 的位移传感器。

图 5.12　固结容器示意图

1—水槽;2—护环;3—环刀;4—导环;5—透水板;
6—加压上盖;7—位移计导杆;
8—位移计架;9—试样

③加压设备：能垂直施加各级规定的压力，无冲击影响。

④天平：称量 500 g，分度值 0.1 g；称量 100 g，分度值 0.01 g。

⑤其他：烘箱、切土刀、钢丝锯、称量盒、钞表等。

5.6.4 试样准备

根据工程需要，切取原状土试样或制定给定密度与含水率的扰动土样。本试验采用原状土样进行，若是扰动土样，需按相关规范要求制备土样。

5.6.5 试验步骤

(1)在环刀内部涂上薄而均匀的凡士林，称取质量 m_1。

(2)将钻孔取样的原状土样或人工方法制备的扰动土样取 3～5 cm 土柱。

(3)将环刀的刃口朝下用力均匀将环刀压入试样中。

(4)边压边用调土刀将周围土样切出，边切边压。直到土样与环刀顶面和底面齐平。即 $V_{土样} = V_{环刀}$。称出环刀＋土样的质量 m_2。计算初始密度：

$$\rho_0 = \frac{m_1 - m_2}{V} \tag{5.5}$$

(5)从切出的土样中，用两个铝盒装入 10～15 g 的土样。用"烘干法"进行"含水率"试验，测出土样初始含水率 W_0。

(6)调节固结仪。

①将固结仪固定并调平，将滤纸紧贴在下透水石的一面，将透水石贴有滤纸的一面向上放入固结容器内。

②将护环槽口向下放入固结容器内，套住透水石后，环刀与土样放入护环内，将滤纸放在土样上面，并将上透水石放在滤纸上面，放上导环，并将传力板放在上透水石顶部。

③将装好试样的固结容器放在剪力框架间并对中，安装百分表或位移传感器。当试样为饱和土时，上下透水板应事先浸水饱和，当试样为非饱和土时，透水板和滤纸的湿度应与试样湿度接近。

④施加 1 kPa 的预压力，检查试样与仪器上下各部分之间接触良好，将百分表或位移传感器调整到零位或测读初始读数 R_0。

⑤记录初始读数后，去掉预压荷载，开始施加第一级压力，加荷等级一般为 50 kPa、100 kPa、200 kPa、300 kPa、400 kPa、600 kPa 的六级荷载压力进行。

⑥加压后测记 1 h 的试样高度变化，并立即施加下一级压力，逐级加压至所需压力。加最后一级压力时除测记 1 h 以内的试样变形外，还需测试样达到压缩稳定时的量表读数。稳定标准为：黏性土每小时试样变形量不大于 0.005 mm，粉土或粉质黏土每小时试样变形量不大于 0.01 mm。

⑦试验结束后，迅速整理仪器各部件，取出带环刀的试样，擦干试样两端和环刀壁上的水分，并测定整块试样试验后的含水率。

(7)按要求加压并记录相关数据

基本原理：①由于土样始终放在固结容器内，所以在整个试验中，土样的横截面积 A 不变,土样压缩量大小表现为试样压缩前后高度的变化。②根据压缩理论:土体的压缩是孔隙的减少,而在整个压缩过程中的固体颗粒的体积 V_s 是不变的。

①初始孔隙比 e_0 的计算:

$$e_0 = \frac{G_s \rho_w (1+W_0)}{\rho_0} - 1 \tag{5.6}$$

式中　ρ_0——试样初始密度(g/cm^3);

　　　G_s——土颗粒相对密度(黏性土为 2.70~2.75,砂类土为 2.65~2.69);

　　　W_0——试样初始含水率(%);

　　　e_0——初始孔隙比,计算至 0.01;

　　　ρ_w——4℃纯蒸馏水的密度,等于 1 g/cm^3。

②各级压力下固结稳定后的单位沉降量(S_i)计算:

$$S_i = \frac{\sum \Delta h_i}{h_0} \times 1\,000 \tag{5.7}$$

式中　$\sum \Delta h_i$——在某级压力下,试样固结稳定后的总变形量(mm),等于该级压力下试样固结稳定读数减去仪器变形量;

　　　h_0——初始土样高度(mm);

　　　S_i——单位沉降量(mm/m)。

③第 i 级荷载下试样变形稳定后的孔隙比 e_i:

$$e_i = e_0 - \frac{S_i}{1\,000}(1+e_0) = e_0 - (1+e_0)\frac{\Delta h}{h_0} \tag{5.8}$$

式中　e_i——第 i 级压力下固结稳定后的孔隙比,计算至 0.01;

　　　Δh——试样变形量(mm)。

④某一级荷载范围内的压缩系数 α 的计算:

$$\alpha_i = \frac{e_i - e_{i+1}}{P_{i+1} - P_i} \tag{5.9}$$

式中　α_i——某一压力范围内的压缩系数(MPa^{-1}),计算至 0.01 MPa^{-1};

　　　e_{i+1}——第 $i+1$ 级压力下固结稳定后的孔隙比;

　　　P_i——第 i 级压力(kPa);

　　　P_{i+1}——第 $i+1$ 级压力(kPa)。

⑤某一级荷载范围内的压缩模量 E_s 的计算:

$$E_s = \frac{1+e_i}{\alpha_i} \tag{5.10}$$

式中　E_s——某一压力范围内的压缩模量(MPa),计算至 0.1 MPa。

⑥以孔隙比为纵坐标,压力为横坐标,绘制 e-p 关系曲线。

(8)各项检测数据和计算填入表 5.6 中所示。

表 5.6 1 h 土的压缩(固结)试验记录表

试验日期		试验规范		试验人		审核人	
工程名称		工程部位				土样	黏性土

试样初始高度$h_0 = $ __20__ mm;试样质量$m = $ __114.4__ g;试样体积$v = $ __60__ cm³;试样初始密度$\rho_0 = $ __1.906__ g/cm³;试样初始含水率$w_0 = $ __14.4__ (%);试样初始孔隙比$e_0 = $ __1.42__ ;土的颗粒密度$\rho_s = $ __2.70__ kg/cm³;$K = \dfrac{(h_n)_T}{(h_n)_t} = $ __1.116__

加压时间(min)	压力(kPa)	固结1 h的试样变形量(mm)	固结1h的仪器变形量(mm)	$(h_i)_t$(mm)	$(h_n)_t$(mm)	$(h_n)_T$(mm)	校正后试样总变形量$\sum\Delta h_i$(mm)	固结1h试样校正后孔隙比e_i	压缩系数α_v(MPa⁻¹)	压缩模量(MPa)
(1)	(2)	(3)	(4)	(5)	(6)	(7)	(8)	(9)	(10)	(11)
				(5)=(3)-(4)			(8)=(5)×K	(9)=$e_0 - \dfrac{1+e_0}{h_0}$ ×(8)		
10	50	0.72	0.47	0.25			0.28	1.38	0.80	3.0
20	100	0.96	0.52	0.44			0.49	1.36	0.40	6.0
30	200	1.22	0.61	0.61			0.68	1.34	0.20	11.8
40	300	1.38	0.63	0.75			0.84	1.32	0.20	11.7
50	400	1.64	0.69	0.95	0.95		1.06	1.29	0.30	7.7
60	600	1.75	0.69	1.06		1.06	1.18	1.28	0.10	22.9

数据计算与结论分析:

1. 试样质量m、试样初始含水率w_0、颗粒密度ρ_s按相关试验进行,本处略;

2. $\rho_0 = \dfrac{m}{V} = \dfrac{114.4}{60} = 1.906 (\text{g/cm}^3)$;

3. $e_0 = \dfrac{\rho_s(1+0.01 w_0)}{\rho_0} - 1 = \dfrac{2.70\times(1+0.01\times14.4\%)}{1.906} = 1.42$;

4. 最后一级压力 600 kPa 时,1 h 试样压缩变形量差值为 1.75-1.75=0 mm<0.005 mm,符合 1 h 稳定压缩要求;

5. 压缩系数$\alpha_{0.1\sim0.2} = \dfrac{e_1-e_2}{p_2-p_1} = \dfrac{1.36-1.34}{0.2-0.1} = 0.2(\text{MPa}^{-1})$,查表 5.5 知,为中压缩性土;

6. $E_{s(0.1\sim0.2)} = \dfrac{1+e_1}{\alpha_{0.1\sim0.2}} = \dfrac{1+0.40}{0.2} = 11.8(\text{MPa})$为中压缩性土;

7. e-p 关系曲线图如图所示

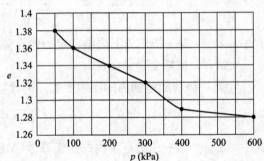

任务 5.7 土的抗剪强度

学习任务要求:

理解土的抗剪强度概念及其对工程的影响,理解库仑定律及其运用,掌握相关剪切试验的方法。

5.7.1　土的抗剪强度

图 5.13 为一土坝或路堤。当受到荷载作用时,上部土体与下部土体有相对滑动或相对滑动的趋势时,形成剪切破坏。

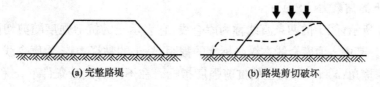

(a) 完整路堤　　　　　　　　(b) 路堤剪切破坏

图 5.13　剪切破坏示意图

在线路工程中,路堤是用散粒体的土堆积形成的,虽经压实,但在土体内部压密的程度是不同的,在外荷载和本身荷载的作用下,当荷载超过土体滑动面上的摩擦力时,产生剪切破坏。我们将土体滑动面上能抵抗外部荷载或本身荷载的能力称为土的抗剪强度。

土体不能受拉,但可以受压或受剪:土体受压时越压越密实,所以土体不存在压坏的问题,但要注意压缩中的沉降量或沉降差不能超过容许范围;土体可以受剪,但土体的抗剪强度不能无限增大,所以在工程上大部分土地基的破坏都是剪切破坏。

发生剪切破坏时,一部分土体相对另一部分土体滑动,在滑动面上的剪应力超过极限抵抗能力即抗剪强度时产生剪切破坏。剪切破坏将引起土体的整体或局部滑移、隆起等破坏。

5.7.2　破坏方式

土体的破坏方式有以下两种。

第一种:如图 5.14 所示,以土为建筑材料的土工建筑物边坡稳定性问题。

如土坝、路堤等填方的边坡,天然土坡的边坡在超载、渗流作用下引起土体强度破坏后将产生整体失稳和边坡滑坡等的稳定性问题。

第二种:如图 5.15 所示,为工程建筑物的安全性问题(土压力问题)。

如挡土墙、地下结构等的周围土体,其强度破坏将导致建筑物滑动、倾倒等事故。

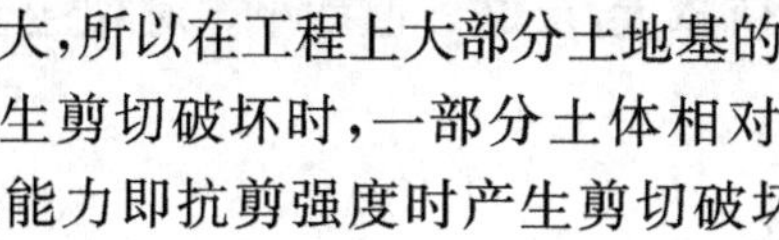

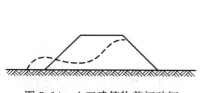

图 5.14　土工建筑物剪切破坏

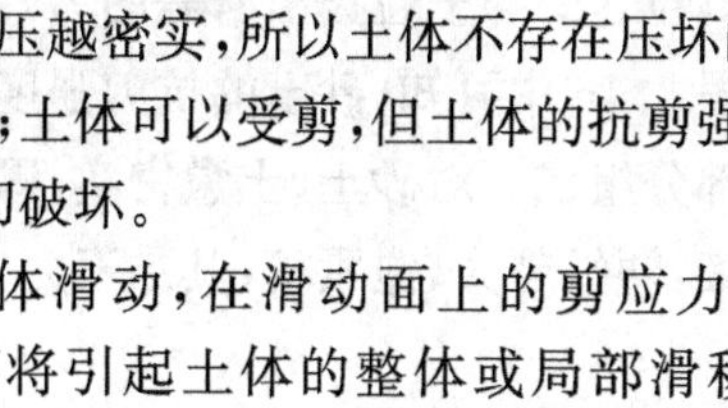

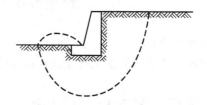

图 5.15　土压力问题

5.7.3　库仑定律

1776 年,库仑在研究土的抗剪强度规律时,提出了砂土与黏性土的抗剪强度的表达式:

$$\text{黏性土}\quad \tau_f = \sigma\tan\varphi + c \tag{5.11}$$

$$砂土 \quad \tau_f = \sigma \tan \varphi \tag{5.12}$$

式中 τ_f——土的抗剪强度(kPa);

        σ——作用在剪切面上的法向应力(kPa);

        φ——土的内摩擦角(°);

        c——土的黏聚力(kPa)。

如图 5.15 所示,图中的两条直线称为库仑线,它表示土的抗剪强度随剪切面上法向应力的增大而增长。其中 c 为库仑线在纵坐标上的截距,是土的黏聚力;φ 为库仑线与水平线的夹角,为土的内摩擦角;c 和 φ 称为土的抗剪强度指标。在不同的试验条件下,c 和 φ 不是常数,即使是同一种土,随着试验方法和土样条件等的不同,所测出的 c 和 φ 值也可能不同。

c 和 φ 值的大小反映了土抗剪强度的高低,$\tan\varphi$ 为土的内摩擦系数,$\sigma\tan\varphi$ 为土的内摩擦力,内摩擦力通常由两部分组成的:一是剪切面上颗粒与颗粒接触面上产生的摩擦力,另一部分是由颗粒之间的相互嵌入和联结作用产生的咬合力(咬合力指当土体发生相对错动时,将嵌在其他颗粒之间的土粒拔出所需的力)。

从图 5.16 中可知,砂土的抗剪强度由内摩擦力构成,而黏性土抗剪强度由内摩擦力和黏聚力两部分组成。对砂土,土愈密实,颗粒越粗,其 φ 值越大,反之 φ 值就小。对黏性土,土的颗粒越细,塑性越大,愈紧密,其黏聚力 c 越大。

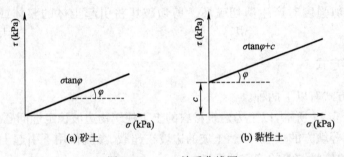

图 5.16 τ-σ 关系曲线图

任务 5.8   土的剪切强度试验

学习任务要求:

掌握土的剪切强度试验方法和试验过程。

土的剪切试验方法有:直剪试验、三轴剪切试验、无侧限压缩试验、十字板剪切试验。本教材中重点介绍直剪试验法(快剪法)。其他方法可按规范要求进行。

5.8.1   试验目的与适用范围

目的:确定土的抗剪强度指标 c、φ。

适用范围:适用于测定黏性土和粉土的 c、φ,及最大粒径小于 2 mm 砂类土的 φ。渗透系数 $k > 10^{-6}$ cm/s 的土不宜作快剪试验。

5.8.2　直剪试验方法

(1)快剪法(或称不排水剪):即在试样上施加垂直压力后,立即加水平剪切力。在整个试验中,不允许试样的原始含水率有所改变(试样两端敷以隔水纸),即在试验过程中孔隙水压力保持不变(3~5 min 内剪坏)。剪切速度 0.8~1.2 mm/min,试验中孔隙水压力不为零。试验方法适用于渗透系数小于 10^{-6} cm/s 的细粒土。

(2)慢剪法:即在加垂直荷重后,使其充分排水(试样两端敷以滤纸),在土样达到完全固结时,再加水平剪力;每加一次水平剪力后,均需经过一段时间,待土样因剪切引起的孔隙水压力完全消失后,再继续加下一次水平剪力。剪切速度 0.02 mm/min,试验过程中孔隙水压力始终为零。试验方法适用于细粒土。

(3)固结快剪法:在垂直压力下土样完全排水固结稳定后,以很快速度施加水平剪力。在剪切过程中不允许排水(规定在 3~5 min 内剪坏)。剪切速度 0.8~1.2 mm/min,试验前孔隙水压力为零,试验中孔隙水压力不为零。试验方法适用于渗透系数小于 10^{-6} cm/s 的细粒土。

5.8.3　试验设备

(1)应变控制式直剪仪:包括剪切盒、垂直加压设备、剪切传动装置、测力计、位移量测系统。如图 5.17 所示。其中直剪仪和测力计应按《铁路工程土工试验规程》附录 D 进行校正和率定。

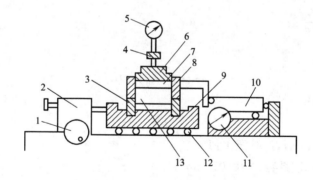

图 5.17　应变控制式直剪仪

1—剪切传动装置;2—推动器;3—下盒;4—垂直加压框架;5—垂直位移计;6—传压板;7—透水板;
8—上盒;9—储水盒;10—测力计;11—水平位移计;12—滚珠;13—试样

(2)位移计:可用量程 10 mm,分度值 0.01 mm 的百分表,或准确度为全量程 0.2% 的传感器。

(3)环刀:内径 61.8 mm,高 20 mm;

(4)天平:称量 500 g,分度值 0.1 g;

(5)透水板或不透水板:直径比环刀略小 0.2~0.5 mm;

(6)其他:烘箱、蜡纸、修土刀、保湿器等。

5.8.4 试验步骤

(1)试样制备:按要求的干密度,称出一个环刀体积所需的风干试样。本试验使用扰动土试样。制备四份试样,在四级不同竖向压力下进行剪切试验。

(2)对齐上下剪力盒,并用销钉固定后,在下盒放入不透水板。

(3)将带有试样的环刀刃口向上,对准剪切盒口,在试样上放不透水板,将试样小心推入剪切盒内,移去环刀,放上加压盖。

(4)转动传动装置,使上盒的前端钢珠刚好与测力计接触,调整测力计读数为零,依次加上传压板、钢珠、加压框架。若需观测垂直变形,可安装垂直位移计,并记录初始读数。

(5)施加垂直压力的大小应根据工程要求和土的软硬程度确定。四份试样宜按 25 kPa、50 kPa、100 kPa、200 kPa 或 100 kPa、200 kPa、300 kPa、400 kPa 施加压力。

(6)调杠杆水平,本试验按 100、200、300、400 kPa 施加每个剪力盒的垂直荷载。

(7)拔去固定销钉,将测力计调零后,开动秒表,以每分钟 4~12 转(或以 0.8~1.2 mm/min 的剪切速度)的匀速率转动手轮(转动不能中途停下或时快时慢)对试样进行剪切,使试样在 3~5 min 内剪损。手轮每转一圈应记测力计读数一次,直至量力环的测力计表指针不再前进或后退,即说明试样已剪损。如果测力计指针一直慢慢前进,说明不出现峰值,则破坏以变形控制到剪切变形达 4 mm 时为止。测力计读数随变形继续加大时,则剪切变形应达到 6 mm 为止。

(8)剪切试验结束后,倒转手轮,按顺序去掉荷载、加压框架、加压盖与上盒,取出试样,测试样剪切面上的含水率。

5.8.5 结果整理

(1)计算剪应力:

$$\tau = (CR/A_0) \times 10 \tag{5.13}$$

(2)计算剪切位移:

$$\Delta L = \Delta L' \cdot n - R \tag{5.14}$$

式中　τ——剪应力(kPa),计算至 1 kPa;

C——测力计率定系数(N/0.01 mm);

R——测力计读数(0.01 mm);

A_0——试样面积(cm^2);

ΔL——剪切位移(0.01 mm);

n——手轮转数(转);

$\Delta L'$——手轮每转的位移(0.01 mm)。

(3)以剪应力 τ 为纵坐标,剪切位移 ΔL 为横坐标,绘制 τ-ΔL 关系曲线图如图 5.18 所示,选取曲线图上的峰值或稳定值作为土的抗剪强度。无明显峰值时,取剪切位移 4 mm 所对应的剪应力作为抗剪强度。然后以抗剪强度 τ_f 为纵坐标,法向应力 σ 为横坐标,绘制 τ_f-σ 关系曲线图,如图 5.19 所示,求出黏聚力 c(直线在纵坐标上的截距)和内摩擦角 φ(直线的倾角)。

(4)各项检测数据和计算结果填入表 5.7 中所示。

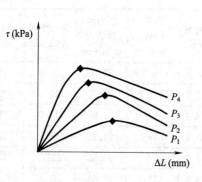

图 5.18 τ - ΔL 关系曲线图

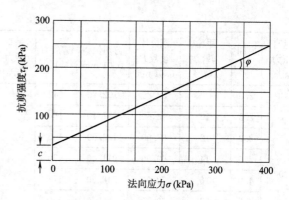

图 5.19 τ_f - σ 关系曲线图

表 5.7 土的剪切强度试验记录表(快剪法)

试验日期			试验规范			试验人			审核人		
工程名称					工程部位						

试样面积 $A_0 =$ __30__ cm²;测力计率定系数 $C =$ 7.410 N/0.01 mm;手轮转速 = 4 r/min ;剪切速率 = __1.1__ mm/min;

垂直压力 (kPa)	时间 (min)	手轮转数 n(转)	测力计读数 R 0.01 mm	剪切位移 0.01 mm	剪应力 (kPa)	垂直压力 (kPa)	时间 (min)	手轮转数 n(转)	测力计读数 R 0.01 mm	剪切位移 0.01 mm	剪应力 (kPa)
(1)		(2)	(3)	(4)	(5)						
				(4)=(2)× 20-(3)							
	0	0	0	0	0		0	0	0	0	0
	0.5	2	16.00	24.00	40		0.5	2	20.00	20.00	49
	1.0	4	21.00	59.00	52		1.0	4	32.00	48.00	79
	1.5	6	23.00	97.00	56		1.5	6	38.20	81.80	94
	2.0	8	24.00	136.0	59		2.0	8	42.00	118.00	104
	2.5	10	24.8	175.2	61		2.5	10	47.00	153.00	116
100	3.0	12	24.8	215.2	61	200	3.0	12	49.00	191.00	121
	3.5	14	24.8	255.2	61		3.5	14	49.10	230.90	121
	4.0	16	24.7	295.3	61		4.0	16	49.10	270.90	121
	4.5	18	24.8	335.2	61		4.5	18	49.10	310.90	121
	5.0	20	24.8	375.5	61		5.0	20	49.00	351.00	121
	5.5	22	24.8	415.2	61		5.5	22	49.00	391.00	121
	6.0	24	24.8	455.2	61		6.0	24	49.00	431.00	121
	0	0	0	0	0		0	0	0	0	0
300	0.5	2	25.00	15.00	62	400	0.5	2	28.00	12.00	69
	1.0	4	42.00	38.00	104		1.0	4	52.00	28.00	128
	1.5	6	52.20	67.80	128		1.5	6	69.20	50.80	170

续上表

垂直压力(kPa)	时间(min)	手轮转数 n(转)	测力计读数 R 0.01 mm	剪切位移 0.01 mm	剪应力(kPa)	垂直压力(kPa)	时间(min)	手轮转数 n(转)	测力计读数 R 0.01 mm	剪切位移 0.01 mm	剪应力(kPa)
	2.0	8	57.80	102.20	142		2.0	8	80.20	79.80	198
	2.5	10	62.60	137.40	154		2.5	10	89.00	111.00	220
	3.0	12	67.00	173.00	165		3.0	12	90.80	149.20	224
	3.5	14	69.00	211.00	170		3.5	14	94.80	185.20	234
300	4.0	16	72.00	248.00	178	400	4.0	16	96.80	223.2	239
	4.5	18	73.00	286.7	180		4.5	18	97.60	262.40	241
	5.0	20	73.6	326.4	182		5.0	20	97.60	342.40	241
	5.5	22	73.6	366.4	182		5.5	22	97.60	382.40	241
	6.0	24	73.5	406.5	182		6.0	24	97.60	422.40	241

结果整理:

1. 利用绘制 τ-ΔL 关系曲线图,如下图所示,根据规范,当 τ_f-σ 关系曲线图上无明显峰值时,取剪切位移 4 mm 所对应的剪应力作为抗剪强度。

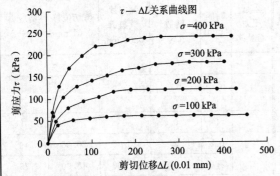

$p=100$ kPa 时,抗剪强度:61 kPa

$p=200$ kPa 时,抗剪强度:121 kPa

$p=300$ kPa 时,抗剪强度:182 kPa

$p=400$ kPa 时,抗剪强度:241 kPa

2. 绘制 τ_f-σ 关系曲线图,如下图所示。

直线在纵坐标上的截距即为黏聚力 c:$c=10$(kPa);

直线的倾角即为内摩擦角 ϕ:$\phi=31.2°$。

τ-ΔL关系曲线图

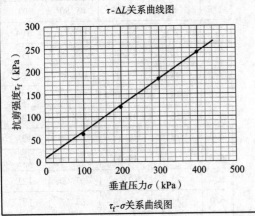

τ_f-σ关系曲线图

【课后练习】

1. 力的作用效果大小与什么有关,举例说明?

2. 形变有几种? 试利用图 5.2 说明弹性与塑性形变的意义?

3. 什么是荷载与内力? 简要分析两者之间的关系?

4. 什么是应力?

5. 简要说明自重应力与附加应力的特点?

6. 什么是地基的稳定性?

7. 什么是地基破坏?

8. 什么是地基承载力?

9. 地基在建筑荷载压力作用下产生破坏的原因是什么?

10. 工程中对地基变形和强度有何要求?

11. 什么是土的压缩性? 为什么要研究土的压缩性?

12. 土体被压缩的主要因素是什么?

13. 不同种类土的固结有何特点?

14. 为什么要研究土的抗剪强度?

15. 利用库仑定律说明砂土和黏性土的抗剪强度?

参 考 文 献

[1] 铁路工程土工试验规程(TB 10102—2010).北京:中国铁道出版社,2011.

[2] 铁路工程岩土分类标准(TB 10077—2001).北京:中国铁道出版社,2011.

[3] 铁路工程地质原位测试规程(TB 10018—2003).北京:中国铁道出版社,2014.

[4] 铁路路基设计规范(TB 10001—2016).北京:中国铁道出版社,2017.

[5] 建筑地基基础设计规范(GB 50007—2011).北京:中国建筑工业出版社,2011.

[6] 张建华,陈川贵.土力学与地基基础.北京:中国铁道出版社,2017.

[7] 安文汉.铁路工程试验与检测.太原:山西科学技术出版社,2006.

教育部文科计算机基础教学指导委员会立项教材

艺术类动画创作与设计系列教材

丛书主编：方肃

计算机辅助工业产品设计
Pro/E

李和森　著

中国铁道出版社
CHINA RAILWAY PUBLISHING HOUSE

内 容 简 介

本书根据编者多年的教学经验和实践心得编写而成，在编写时着眼实际，坚持课堂教学与产品设计实践相结合。本书共分 7 章，内容包括计算机辅助工业产品设计概论、数字化建模基础、实体与曲面、自由曲面、产品建模基础实训、产品建模进阶实训、产品建模高阶实训。本书很多内容都取自实际案例，遵循由浅入深、循序渐进的学习规律，有利于递进式和差异性教学。

本书注重实际产品建模能力和产品建模思路的培养；所选建模案例均源自真实的产品设计项目，有较强的针对性；以图文相结合的形式进行操作过程的解说，从而使读者易学易懂，得心应手。最后，通过课后练习的方式巩固建模过程的要点和难点。

本书适合作为高等学校产品设计类专业的教材，也可作为各类培训学校的教材及相关设计人员的参考用书。

图书在版编目（CIP）数据

计算机辅助工业产品设计 Pro/E / 李和森著. —— 北京：
中国铁道出版社，2013.11
教育部文科计算机基础教学指导委员会立项教材　艺术
类动画创作与设计系列教材
ISBN 978-7-113-17637-2

Ⅰ. ①计… Ⅱ. ①李… Ⅲ. ①工业产品－计算机辅助
设计－应用软件－高等学校－教材 Ⅳ. ①TB472-39

中国版本图书馆 CIP 数据核字（2013）第 272537 号

书　　名：	计算机辅助工业产品设计 Pro/E	
作　　者：	李和森　著	

策　　划：	刘丽丽	读者热线：	400-668-0820
责任编辑：	周　欣　彭立辉		
封面设计：	刘　颖		
责任印制：	李　佳		

出版发行：中国铁道出版社（100054，北京市西城区右安门西街 8 号）
网　　址：http://www.51eds.com
印　　刷：北京市昌平百善印刷厂
版　　次：2013 年 11 月第 1 版　　　2013 年 11 月第 1 次印刷
开　　本：787mm×1092mm　1/16　印张：20.75　字数：505 千
印　　数：1～2 000 册
书　　号：ISBN 978-7-113-17637-2
定　　价：49.00 元

　　计算机辅助工业产品设计是产品设计程序中重要的组成部分。产品设计是一个将设计构想转化为现实产品的创造性过程。为实现这一过程，工业产品设计师除了要具备系统的工程技术知识、深厚的美学素养、扎实的造型，还须熟练掌握从设计说明书的撰写到模型制作等一系列的设计表现技能。在这诸多的技能中，计算机辅助工业设计技能尤为重要，因为无论在设计的哪个阶段和层次，它都发挥着极其重要的作用。

　　对于学工业设计的学生而言，掌握计算机辅助三维建模技能是非常重要的，但很多学生因表达设计不够专业而丧失学习信心。如果拥有熟练而准确的三维建模技能表达设计的能力，就可增强他们学习工业设计专业的兴趣和信心。三维建模技能是企业选用工业设计人才时考核的一项重要内容。虽然三维建模技能远不能包括设计思维和设计工作的各个方面，但是有了这一技能的支持，设计师才能在创造性的产品设计过程中，游刃有余地捕捉、追踪并升华快速运转的创作思维，开发出更多有市场潜在可能性的设计。

　　设计表现与设计思维是很难被截然分开的，离开视觉形象表现的设计是不存在的。一方面，即便设计构思美妙动人，但是若不能形象地表现出来，也是没有说服力的，人们终究体会不到它的美妙之处；另一方面，三维建模技能可以反映工业设计师对产品造型审美的敏锐感受和鉴别处理能力。凡拥有熟练三维建模的工业设计师在处理产品造型和外观问题方面，均比那些不能熟练三维建模的工业设计师更有效率。对三维建模练习和实践得越多，产品设计表达能力就越强，就越能得心应手地从事产品设计。这一点，编者在多年的产品设计和教学工作中已有验证。

　　全书借助 Pro / Engineer（简称 Pro/E）软件环境展开讲解工业产品建模知识。全书分为 7 章：第 1 章 计算机辅助工业产品设计概论，主要介绍计算机辅助工业设计的演变发展和相关的专业知识；第 2 章 数字化建模基础，讲述建模基础知识，熟悉软件使用环境和草绘图形创建与编辑，为三维特征的创建做准备；第 3 章 实体与曲面，讲述建模的常用命令，主要展开讲解实体特征与曲面特征的创建与编辑，为后面的建模工作打下良好基础；第 4 章 自由曲面，讲述造型环境内的曲线和曲面的创建与编辑，向读者讲述参数化软件环境下自由建模的行为方式；第 5 章 产品建模基础实训，这部分选用较为简单的案例讲解建模的基本思路；第 6 章 产品建模进阶实训，通过有一定难度的案例讲述高级曲面的用法和修补曲面的制作思路；第 7 章 产品建模高阶实训，选用高难度的案例全面讲述高级曲面模型的制作思路和多种有一定难度的渐消面的解决方案。通过本书的学习，既能培养建模思路又能巩固相关的基础知识，这样安排的目的是尽量让读者更系统化地掌握软件工具。

本书由李和森著，特别感谢湖北美术学院设计系方肃老师的深切关怀与指导，感谢康翼、张江南、刘翰弋和谢丹义等诸位同学在本书编写过程中给予的帮助。感谢中国铁道出版社的诸位编辑及工作人员为本书的编写付出的辛勤劳动，正是有他们的帮助本书才会顺利出版。

本书所配光盘包含编者精心录制的相关教学视频以及完善的案例素材，方便读者更好地学习。

由于时间仓促，编者水平有限，本书难免有疏漏与不足之处，敬请各位读者批评指正。

编　者

2013 年 9 月

第 1 章　计算机辅助工业产品设计概论

数字化技术的深入发展和专业的细化使计算机辅助设计被进一步细分，包含计算机辅助工业产品设计、计算机辅助环境设计、计算机辅助图形设计等。本书将讨论计算机辅助工业产品设计的有关内容。

数字时代使艺术与科学等元素在产品设计领域得到了充分融合，产品设计这门艺术始终能不断地吸收科学技术的最新成果而得到发展，数字化社会对设计师的知识更新提出了更高的要求，尤其是计算机辅助设计等数字技术。

数字化技术是一种信息处理手段，它可以完整、准确、快速地建立、编辑、保存并配合网络技术传输各种类型的信息和数据。数字化技术除了可帮助产品设计人员完成大量信息处理的工作外，还改变了产品设计的设计内容和设计方式。

1.1　计算机辅助设计的溯源

"计算机辅助设计"一词源于 20 世纪 60 年代的美国，此期间计算机辅助设计是以二维绘图为主，不是真正意义上的计算机辅助设计。

20 世纪 70 年代，法国的达索飞机制造公司推出的三维软件 CATIA，提高了计算机处理曲线及曲面的能力，并用计算机描述产品三维模型的主要信息。基于软件的使用成本和对硬件的特殊要求，此时的计算机辅助设计技术尚未普及，只能应用于某一领域。

20 世纪 80 年代初，美国 SDRC 公司第一个推出基于实体造型技术的大型三维设计软件 I-DEAS，它能进行三维造型、自由曲面设计、有限元分析等，开创了变量化的造型技术理论基础，使计算机辅助设计在行业内得到进一步发展。

20 世纪 80 年代中期，美国 PTC 公司推出了参数化软件 Pro/E，在国际上率先实现了尺寸驱动零件及文件内及文件间相关性的设计修改，给设计师的设计工作带来了极大方便。该软件的参数化造型理论和基于特征的实体建模技术，为建立产品信息模型奠定了基础。Pro/E 软件的出现突破了三维曲面建模软件使用的局限性，拓宽了应用领域，使计算机辅助设计在行业内开始普及并充分发展。

目前，计算机辅助设计有比较细致的划分，诸多专业领域都在运用计算机辅助设计这一手段推进专业的发展，如计算机辅助环境设计、计算机辅助平面设计、计算机辅助创意设计，以及计算机辅助工业产品设计等。

1.2　计算机辅助工业产品设计的相关概念

随着专业技术的发展和深入，新的设计、制造、管理方法和理念相继出现，学科的完善与发展，使得计算机辅助工业设计相关概念也越来越多，因此便有了计算机辅助工业设计和计算机辅助产品设计概念上的区分。但对于研究计算机辅助设计这一领域知识对工业设计专业和产品设计专业来讲内容是相同的，因此本书将两个概念综合起来称之为"计算机辅助工业产品设计"，熟悉这些计算机辅助设计的相关概念对深入了解行业内的设计制造有很大帮助。

1．计算机集成制造系统

计算机集成制造系统（Computer Integrated Manufacturing System，CIMS）是指由一个多级计算机控制硬件结构，配合一套订货、销售、设计、制造和管理综合为一体的软件系统所构成的全盘自动化制造系统。它是随着计算机辅助设计与制造的发展而产生的，是在数字技术、自动化技术与制造的基础上，通过计算机技术把分散在产品设计制造过程中各种孤立的自动化子系统有机地集成起来，形成适用于多品种、小批量生产，实现整体效益的集成化和智能化制造系统。

2．计算机绘图

计算机绘图（Computer Graph，CG）是相对于手工绘图而言的一种高效率、高质量的计算机绘图技术。

3．计算机辅助设计

计算机辅助设计（Computer Aided Design，CAD）是指利用计算机及其图形设备帮助设计人员进行设计工作。在产品设计中，计算机可以帮助设计人员担负计算、信息存储和制图等工作。在设计中通常要用计算机对不同方案进行大量的计算、分析和比较，以决定最优方案。

4．计算机辅助工艺过程设计

计算机辅助工艺过程设计（Computer Aided Process Planning，CAPP）是利用计算机来进行零件加工工艺过程的制订，把毛坯加工成工程图纸上所要求的零件。它是通过向计算机输入被加工零件的几何信息（形状、尺寸等）和工艺信息（材料、热处理、批量等），由计算机自动输出零件的工艺路线和工序内容等工艺文件的过程。

5．计算机辅助制造

计算机辅助制造（Computer Aided Manufacturing，CAM）是利用电子数字计算机通过各种数值控制机床和设备，自动完成分散产品的加工、装配、检测和包装等制造过程。

6．计算机辅助工程

计算机辅助工程（Computer Aided Engineering，CAE）是把与工程相关的各个环节有机地组织起来，形成信息集合，使其产生并存在于工程的整个生命周期。

7．计算机辅助工业设计

计算机辅助工业设计（Computer Aided Industrial Design，CAID）又称计算机辅助产品设计和计算机辅助工业产品设计。

8．快速成形技术

快速成形技术（Rapid Prototyping Manufacturing，RPM）是集机械工程、CAD、逆向工程技术、分层制造技术、数控技术、材料科学、激光技术于一身，可以自动、直接、快速、精确地将设计思想转变为具有一定功能的原型或直接制造零件，从而为零件原型制作、新设计思想的校验等提供一种高效低成本的实现手段。简单地说，就是利用三维 CAD 的数据，通过快速成型机，将一层层的材料堆积成实体原型。

1.3　计算机辅助工业产品设计

计算机辅助工业产品设计是设计人员在计算机及相应的计算机辅助工业产品设计系统支持下，进行产品设计领域的各类创造性活动。计算机辅助工业产品设计是一种先进的设计手段和设计方法，其特点是将人的创造能力与计算机的高速运算能力、逻辑判断能力、巨大的存储能力相结合，计算机可以代替或辅助设计师进行繁杂的数学运算、绘图、力学分析、图表处理等理性工作，从而使设计师的感性创作得到更大的释放空间和自由。

计算机辅助工业产品设计的技术特点表现在：

（1）基于特征构建产品模型，全面描述产品的形体特征、产品的功能特征、工艺特征和加工特征，为实现计算机辅助设计和制造提供了重要条件，也方便了后续的快速成型操作。

（2）变量化操作可以使设计人员通过约束驱动生成新的形体。参数化设计方便用户定义模型的尺寸，通过修改模型的尺寸值便可以改变模型的几何形状。

（3）相关性的设计可使用户修改模型更方便，即改动模型的部分尺寸，系统会自动地更新与尺寸修改相关的内容。

（4）对某些特殊的设计和制造过程，采用软件自身提供系统的设计思想，可直接提取软件系统的知识库，提高了用户设计工作的效率。

（5）支持 IGES、STEP 等数据交换；提供 VC、VB 等语言开发接口；支持联机并行设计、网络数据管理和图纸管理。

1.4　计算机辅助工业产品设计的影响

计算机辅助工业产品设计的普及应用是发挥工业设计在当代制造业中特殊作用的必要条件，也是工业设计步入数字化时代的必要手段。

它对产品设计的影响是多方面的，表现在以下几个方面：

1．方便沟通

数字化的产品设计信息为不同领域专家之间实现信息共享和交换创造了条件，有利于实现产品数据描述的完整性、统一性和一致性，从根本上保证工程数据库的一体化。数字化模型成为产品设计师与各个领域专家交流的共同语言。

2．设计制造一体化

计算机辅助设计手段能够使产品设计、生产、制造和销售等环节实现有效交互；基于网络技术，实现标准的信息交换接口使计算机辅助设计系统与计算机辅助制造系统有机整合。

3．降低成本

与产品开发过程中的其他环节有效配合，实现并行设计、协同设计、全生命周期设计等技术方式，大幅降低开发成本，缩短产品开发时间，并有助于提高设计品质。

4．协助企业提高竞争力

通过互联网可实现异地协同工作，有助于提高企业参与国际化竞争的优势。

5. 缩短产品生产周期

产品模型信息通过快速成型进行输出，可在短时间内直接加工成产品原型，或借助 CAM 技术将 3D 模型数据转换为 NC 资料，制作出精确的产品模型。经过评价合格的 3D 数字模型，可直接转换为 NC 数据，制作成模具，进行批量生产。

1.5　计算机辅助工业产品设计系统的构成及功能

产品造型设计涉及功能、结构、材料、工艺、成本控制、市场导向等多重因素，设计师需要与用户、市场销售人员、结构工程师、工艺师、产品策划、管理人员进行实时、有效的沟通，因此独立存在的计算机辅助工业产品设计系统并不能发挥计算机的强大信息处理能力，必须与 CIMS 环境下的 CAD/CAM 集成系统，形成信息充分共享的设计平台，使各系统之间数据的交换、管理与更新顺利进行，才能发挥计算机辅助设计的重要作用。

CAD 系统是利用数字技术实现产品设计自动化的一种手段，即在网络计算机系统的帮助下，建立产品数据模型，模拟产品的真实外观、装配、工艺结构等，通过数据库管理技术，在企业范围内将策划、概念设计、论证分析、初步设计和详细设计等完整的设计过程构建成并行的设计环境，达到缩短产品开发周期、提高产品设计质量的目的。CAD/CAM 的系统构成应根据应用领域的性质和所要完成的任务有针对性地加以选择，对于工业产品设计、评价与制造来说，主要构成包括数值计算与处理、交互绘图和图形输入/输出、存储管理设计制造信息的工程数据库三大模块。以微机为平台的 CAD 内部子系统包括工程绘图设计系统、三维机械设计系统、真实感三维造型及产品动画制作系统，其外围环境还包括机构仿真、有限元分析、激光快速成形、激光立体扫描、数控编程加工、工艺设计生产等系统要素。CAD 系统的主要功能如下：

（1）辅助造型设计功能。

（2）有限元分析和优化设计的能力。

（3）三维运动机构分析与仿真。

（4）人机系统分析与仿真。

（5）提供二次开发工具以适应不同需要。

（6）数据管理能力。

（7）数据交换能力。

1.6　计算机辅助工业产品设计的应用和发展

产品设计是一门综合性的交叉学科，涉及诸多学科领域。作为计算机辅助设计系统内部支撑技术的计算机辅助工业产品设计自然也涉及诸多领域，如计算机造型技术、逆向工程、多媒体技术、人工智能技术、虚拟现实技术等数字技术领域。下面介绍两个主要的技术。

1.6.1　计算机辅助造型技术

目前，CAD 造型技术主要有参数化造型与变量化造型两种，它们都是基于约束的实体造型技术。其中，参数化技术采用预先设置的几何图形约束方法，与一个几何图形相关联的所有尺寸参数可以用来产生其他几何图形。其特点是：基于特征、全尺寸约束、尺寸驱动设计修改、全数据相关。它作为一项成熟的实用造型技术被广泛应用在零件设计领域中，也适用于计算机辅助工业产品设计过程后期的细节设计。

变量化造型理论结合了参数化造型的优点，但在约束定义方面做了根本性的改变，给设计工作增加了灵活性。它采用先形状后尺寸的设计方式，允许不完全尺寸约束，只给出必要的设计条件，也能保证设计的正确性及效率，这种方式更符合人的创新思维习惯，即在设计中满足形状的要求是第一位的，尺寸、细节等是后来逐步完善的，变量化技术提供了相对宽松、自由的造型手段，适用于新产品开发、产品改型设计等创新设计。

1.6.2　逆向工程

在计算机辅助工业产品设计与 CAD 领域，利用多种测量手段和几何建模技术，将实物(产品原型或油泥模型等)转化为计算机上的三维数字模型，称为逆向工程(Reverse Engineering)。

在面对以下两种情况之一时，需要使用逆向工程进行辅助设计：

（1）客户要求参照现有产品的关键数据进行改良设计，而客户提供的不是 CAD 数据模型，甚至也没有图纸，只有产品或零件的实物样品。

（2）设计师在创造一些带有复杂曲面的形体时，不建立 CAD 模型，而是直接使用油泥模型塑造外观形态，然后再通过逆向工程将其转换成 CAD 数字模型，进行更深入的详细设计。

通过逆向工程重新塑造实物的 CAD 模型并不是一项简单的工作，从某种意义上看，逆向工程也是一个重新设计的过程：在做一个逆向工程前，必须首先充分理解原有模型的设计思想，还可能要修复或克服原有模型上存在的缺陷。不过逆向工程的实施，能在相对较短的时间内准确、可靠地复制实物样件，因此也是企业先进制造中不可或缺的技术之一。一些非专业的逆向设计软件（如 UG、Pro / E、CATIA 等）和一些专业的逆向设计软件（如 Surface、CopyCAD、Trace 等）是现阶段进行逆向造型的常用手段。

用于获得逆向设计数据的测量手段包括：

（1）简单工具的手工测量，即利用测量仪器手动测量。

（2）机械三坐标测量机，可以用来测量特征的空间坐标、扫描剖面、测量分型线及轮廓线等。

（3）激光、数字成像的三坐标测量，这种测量产生大批量、无序的点云数据。所谓点云，即构成曲面的大量不重叠的点数据。

1.7　计算机辅助工业产品设计软件技术基础

计算机辅助工业产品设计软件技术基础包括软件的计算机辅助工业产品设计造型原理、相关软件和未来发展方向等知识。

1.7.1　计算机辅助工业产品设计软件的造型原理

随着对计算机辅助工业产品设计研究的深入，各类计算机辅助工业产品设计的软件技术也在不断提高和成熟，虽然不同软件运用的造型方法不尽相同，但其基本原理基本一致，造型生成过程也十分相近。利用计算机辅助工业产品设计软件进行造型设计的过程一般要经过建模和渲染两部分，实体建模能够完整定义形体的物质特性，因此三维计算机辅助工业产品设计软件普遍采用实体建模方式。目前的实体建模原理主要分为参数化和变量化两种。

1. 参数化造型技术的主要特点

参数化造型的主要技术特点：基于特征、全尺寸约束、尺寸驱动设计修改、全数据相关等。

（1）基于特征：2D草图曲线的形状由一定的几何特征来控制，如垂直、平行、重合、同心圆等，通过标注尺寸规定其位置和大小，如定位尺寸（在坐标系中的空间位置）、长度、角度尺寸等，再赋予 2D 曲线以三维空间的几何特征，如拉伸、扫描、放样等，形成实体，并在此基础上进行更为复杂的几何形体的构造，如叠加、减除、圆角等。整个建模过程中，尺寸作为可调参数，用来定义和改变实体形状。该方法广泛用于面向加工的实体建模。

（2）全尺寸约束：综合考虑形状和尺寸，通过尺寸约束来控制几何形状。造型必须以完整的尺寸参数为出发点（全约束），不能漏注尺寸（欠约束），不能多注尺寸（过约束）。

（3）尺寸驱动设计修改：通过编辑尺寸数值来驱动几何形状的改变。

（4）全数据相关：修改某一尺寸将导致其他相关联模块的关联尺寸得以更新。

这种技术彻底改变了无约束的自由建模状态，几何形状受到尺寸的控制。例如，需要修改零件形状时，要通过编辑尺寸的数值来改变形状。尺寸驱动已经成为当今造型系统的基本功能。尺寸驱动对于那些习惯看图纸、以尺寸来描述零件的设计者来说十分容易适应，但对于习惯感性思维的设计者来说，则在一定程度上限制了其创造力。

2. 变量化造型技术的主要特点

变量化技术是在参数化的基础上做了进一步改进后提出的设计思想。变量化造型技术保留了参数化技术基于特征、全数据相关、尺寸驱动设计修改的优点，但根本改变了参数化技术对于尺寸约束方面的局限性。

变量化技术将参数化技术中需要定义的尺寸参数进一步区分为形状约束和尺寸约束，而避免像参数化技术那样只用尺寸来约束全部形状。由于在新产品开发的最初阶段，设计者首先考虑的是设计概念及粗略形状，对这些形状的准确尺寸和它们之间严格的尺寸定位关系还很难完全确定，尤其需要对形状更为自由的控制方式，进一步对设计方案进行推敲。所以，在设计初始阶段，允许欠尺寸约束的变量化技术对设计者发挥创造力十分有利。除考虑几何约束（Geometry Constrain）之外，变量化设计还可以将工程关系作为约束条件，直接对现有模型数据求解，无须另外建模。

1.7.2 计算机辅助工业产品设计软件介绍

计算机辅助工业产品设计软件有很多，在计算机辅助工业产品设计领域内，基于不同的设计工作内容，选择的软件也不一样，各个软件都有各自的优势。目前业内普及较为广泛的计算机辅助工业产品设计软件有 Pro/Engineer、Alias、3ds Max、Rhino 等软件。

1. Pro/Engineer

Pro/Engineer 是美国 PTC 公司的产品，其率先提出了参数化设计概念，并且采用了单一数据库来解决特征的相关性问题，综合了参数化和变量化两种造型技术。Pro/Engineer 内含多种模块，诸如草图绘制、零件制作、装配设计、钣金设计、加工处理等，用户可以根据自己的需要进行选用。Pro／Engineer 的基于特征功能，能够将曲面与实体造型设计、结构装配设计、模具设计和加工生产等多个环节集成在一起，实现并行工程设计。目前，Pro／Engineer 是国内外工业产品设计常用的软件之一。本书将以该款软件为例，详细介绍它的操作方法和建模思路。

2．Alias

Alias 软件是目前世界上最先进的工业造型设计软件之一。它是汽车、消费品造型设计行业的标准设计工具。Alias 能提供参数化建模系统，设计师可随时对产品造型设计进行评价和修改。该软件还包括对以下功能的支持：初步概念设计、CAD 曲面质量评估、3D 模型评价、真实感的材质贴图和渲染、动画展示产品的功能和操作、团体合作开发、用户双向交流、精确的 CAD 数据转换等。

3．3ds Max

3D Studio Max 简称为 3ds Max，是 Autodesk 公司开发。它是基于 PC 系统的三维渲染和制作动画的软件，广泛应用于广告、影视、工业产品设计、建筑设计、多媒体制作、游戏、辅助教学及工程可视化等领域。3ds Max 以渲染和动画见长，它可以支持计算机辅助工业产品设计系统的一些常见数据格式，而且其特长可以弥补多数计算机辅助工业产品设计软件在渲染和动画方面的不足，可为产品设计表达提供良好的技术支持。

4．Rhino

Rhino 是一款比较强大的三维建模工具，它所提供的曲面工具可以精确地制作用来作为渲染表现、动画、工程图、分析评估以及生产用的模型。能输出 OBJ、DXF、IGES、STL、3dm 等不同格式，并几乎适用于所有 3D 软件。它可以广泛地应用于工业产品造型设计、建筑设计、三维动画制作、科学研究及机械设计等领域。

1.7.3 计算机辅助工业产品设计的发展方向

计算机辅助设计系统是一个人机一体化的智能集成设计系统。从工业设计的本身角度看，随着 CAD、人工智能、多媒体、虚拟现实等技术的进一步发展，人们对设计过程必然有更深的认识，对设计思维的模拟必将达到新的境界。计算机辅助工业产品设计将使工业设计朝着多元化、优化、一体化的方向发展，人机交互方式更加自然，创新设计的手段更为先进、有效。从整个产品设计与制造的发展趋势看，目前，并行设计、协同设计、智能设计、虚拟设计、敏捷设计、全生命周期设计等设计方法代表了现代产品设计模式的发展方向。随着技术的进一步发展，产品设计模式在信息的基础上，必然朝着数字化、集成化、网络化、智能化的方向发展。计算机辅助下的工业设计的发展趋势则必然与上述发展趋势相一致，最终建立统一的设计支撑模型。工业设计师与工程设计师逐步融合，走向统一化。

设计创新技术和建模技术是上述技术的关键和难点，是今后计算机辅助工业产品设计研究的重点，而人机交互、并行协同、智能设计则是计算机辅助工业产品设计中必需的、有效的支持技术。

未来设计模式将会由于科技的进步而变得更加人性化，产品设计将是基于计算机辅助设计系统的网络作业方式，设计师将可以在全球范围进行协同设计，距离将不是障碍。计算机智能系统的提升，将有利于激发设计师的创作灵感和对设计的改进，不会像早期计算机辅助设计那样,让设计师与计算机之间沟通困难,从而客观上限制了设计创作的自由发挥,而是将会有更友好的界面、更合理的沟通方式、更接近设计师的行为思考模式来服务于设计。

课后练习

1. 简述计算机辅助工业产品设计的发展历程。
2. 计算机辅助工业产品设计在工业设计中的应用体现在哪些方面?
3. 如果没有计算机辅助工业产品设计,工业设计会出现什么样的困境?

第 2 章　数字化建模基础

Pro／Engineer 软件是工业产品设计行业常用的软件之一，它集成了多个用于产品设计必不可少的模块，基本上承担了外观建模→结构装配设计→模具设计制作等工业产品设计的绝大部分工作。基于 Pro／Engineer 参数化的设计特点，其操作方法和建模思路和非参数化软件（如 Rhino、3ds Max 等）有很大区别。在讲解建模命令和案例之前，需要学习本章列举的关于 Pro／Engineer 的基础知识。建模基础内容包括：Pro／Engineer 软件界面、文件管理、作图的辅助操作、基准特征的创建与修改，以及草绘工具的应用等。

2.1　Pro／Engineer 用户界面

启动 Pro／Engineer 程序后，打开已有的文件或建立新文件时，会出现 Pro／Engineer 用户界面，如图 2-1 所示。

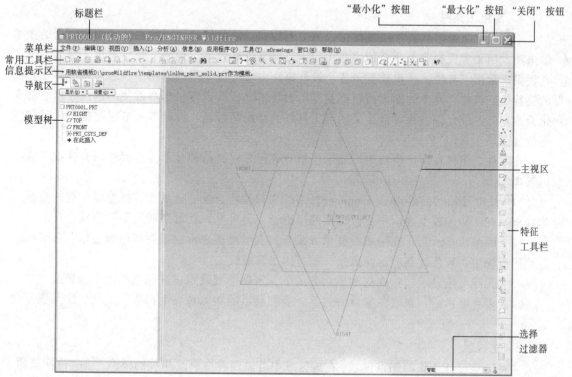

图 2-1

Pro / Engineer 的窗口由标题栏、菜单栏、常用工具栏、特征工具栏、导航区、主视区、选择过滤器和信息区等组成。其中，信息区包括图标板、信息提示区和状态栏等。

1. 标题栏

标题栏显示视窗内当前已经打开的模型文件的名称。打开多个文件时，这些文件分别显示在独立的视窗中，但只有一个文件处于可编辑的状态，这个可编辑的视图称为活动视图。活动视图标题栏的文件名后面有"活动的"字样。将指定视窗设置为活动视窗可以直接单击该视窗的标题栏，但是如果要将其完全激活，还应该在"窗口"主菜单中选择"激活"命令。

2. 菜单栏

菜单栏提供常用的文件操作工具、视窗变换工具，以及各种模型设计工具。菜单栏是按照不同功能模块进行分类的，在零件、草绘、装配等环境下的菜单栏内显示名称和数量都有一定的差异。菜单栏内容因当前环境不同而有所差异，方便用户查找命令，有利于提高用户工作的效率。

3. 导航区

默认情况下，导航区包含 4 个选项卡，从左至右分别是模型树、文件夹导航器、收藏夹导航器和连接导航器。

（1）模型树：用来显示模型的特征构成。

（2）文件夹导航器：用来访问本地计算机上所有的文件资源。

（3）收藏夹导航器：用来收藏用户喜欢的资料和链接。

（4）连接导航器：用于快速访问有关 PTC 解决方案的页面和服务程序及频繁访问的重要链接。

4. 常用工具栏

工具栏上布置了代表常用操作命令的图形按钮，这些按钮主要取自使用频率较高的主菜单选项，用来实现对菜单命令的快速访问，以提高设计效率。位于下拉主菜单下部的图形工具栏组成常用工具栏，这里放置了各个设计模块中都可以使用的通用工具。而位于界面右侧的是特征工具栏，其中的图形按钮都是专用设计工具，其内容根据当前使用的设计模块的变化而改变。系统允许设计者自定义图形工具栏的结构和数量，设计者还可以根据个人习惯随意放置图形工具。

在零件、组件及制造模块中，显示模型有 4 种方式，每种显示方式都可以直接在工具栏里选择。

（1）线框显示：在 Pro / Engineer 所有相关模块中，线框显示方式将模型所有的边显示为线框。在实际的模型表示中，被隐藏的边也会变得可见，就像这些边不被隐藏一样。

（2）隐藏线显示：在隐藏线显示方式下，实际模型表示中被隐藏的边会以灰色表示。在绘图模块中，灰色线条表示隐藏线并被打印成隐藏线。

（3）无隐藏线显示：在这种显示方式下，实际模型表示中被隐藏的线不会被显示。

（4）着色显示：在着色显示方式下，所有显示的实体和表面都会被上色，隐藏线不会显示。

5. 主视区

主视区是设计工作的焦点区域，在该区域中可以观看或修改相关的模型、绘制特征截面、装配零部件和制作工程图等。没有打开文件时，或者查询特征的具体信息时，模型主视区由相关浏览器替代。模型主视区的背景色可以由用户自行设置。

设置的方法如下：

选择菜单栏中的"视图"→"显示设置"→"系统颜色"命令，在弹出的"系统颜色"对话框中单击"布置"，从弹出的菜单中选择改变视图显示的颜色即可。

6. 图标板

当用户创建新特征时，系统使用图标板收集该特征的所有参数，用户确定这些参数的数值后即可生成该特征。如果没有指定某个参数数值，系统将使用默认值。图 2-2 所示为拉伸图标板的示例。

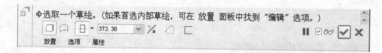

图 2-2

7. 信息提示区

信息提示区用来记录和报告系统的操作进程。在一些特征建模的过程中，在信息提示区还会显示出系统操作向导以及信息输入文本框。对于初学者来说，在进行命令操作时，应该多留意信息提示区显示的内容，以便获知执行命令的结果和下一步操作的内容等，这会对快速掌握命令操作起到很大的帮助作用。

8. 选择过滤器

在设计过程中，设计者需要从模型上选取不同的对象进行操作，但是大型模型的构成比较复杂，有时不容易选中需要的对象。这时可以使用界面底部的过滤器来选定特定类型的对象。

选择过滤器中几个选项的用途如下：

（1）智能：启用智能模式，自动识别模型上的各组成单元，被选中的单元高亮显示。

（2）零件：选取模型上的单个零件，在组件模式下才可以使用该选项。

（3）特征：选取组成模型的各个特征。

（4）几何：选取模型上的点、线、面等几何要素。

（5）基准：选取模型上的基准特征。

（6）面组：选取模型上的曲面和面组。

（7）注释：选取模型上的注释。

2.2 文 件 管 理

基本的文件管理操作包括设置工作目录、新建文件、打开文件、关闭文件、保存文件、保存副本、拭除文件、删除文件等。执行这些文件管理操作的命令均可以在"文件"菜单中找到。

下面介绍几种基本的文件管理操作。

1. 设置工作目录

工作目录是文件保存与打开的默认目录，设置当前工作目录可方便以后文件的保存与打开，既便于文件的管理，又节省文件打开的时间。在没有特别指定存取位置的情况下，系统会自动切换到该目录进行文件的存取操作。

在启动 Pro / Engineer 系统后，根据设计项目或者工作的需要，更改当前的工作目录。方法是从"文件"菜单中选择"设置工作目录"命令，弹出"选取工作目录"对话框，从中选择所需的工作目录或者在指定位置新建一个文件夹作为所需的工作目录，指定工作目录的路径后单击"确定"按钮，如图 2-3 所示。

2. 新建文件

在 Pro / Engineer 系统中可以创建多种类型的文件，选择"文件"菜单中的"新建"命令，或者在主窗口的常用工具栏上单击 □（新建）按钮，弹出图 2-4 所示的"新建"对话框。该对话框包含要建立的文件类型及其子类型，具体如下：

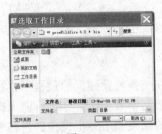

图 2-3

图 2-4

（1）草绘：建立 2D 草图文件，扩展名为".sec"。

（2）零件：建立 3D 零件模型文件，扩展名为".prt"。

（3）组件：建立 3D 模型组装文件，扩展名为".asm"。

（4）制造：NC 加工程序制作、模具设计，扩展名为".mfg"。

（5）绘图：建立 2D 工程图，扩展名为".drw"。

（6）格式：建立 2D 工程图图纸格式，扩展名为".frm"。

（7）报表：建立模型报表，扩展名为".rep"。

（8）图表：建立电路、管路流程图，扩展名为".dzm"。

（9）布局：建立产品组装布局，扩展名为".lay"。

（10）标记：注解，扩展名为".mrk"。

（11）子类型：在该栏列出相应模块功能的子模块类型。

（12）名称：输入新建的文件名，若不输入，则接受系统设置的默认文件名。

（13）公用名称：输入模型的公共描述。

（14）使用缺省模板：使用系统默认模板选项，如系统默认的单位、视图、基准面、图层等的设置。若不选该项，单击"确定"按钮，则弹出"新文件选项"的对话框，在该对话框中可选择其他模板样式。

3. 打开文件

在 Pro / Engineer 主窗口中，选择菜单栏中的"文件"→"打开"命令，或者在主窗口的常用工具栏上单击 📂 (打开)按钮，弹出"文件打开"对话框，从中选择硬盘中的零件文件，然后单击"打开"按钮即可。

4. 保存文件

在 Pro / Engineer 中保存文件的命令主要有"保存""保存副本"和"备份"。

（1）保存：保存当前编辑的文件。选取该选项后，系统打开"保存对象"对话框，可以选择路径保存文件。在保存文件时，注意以下两个要点：

① 新建文件后，仅在第一次保存文件时可以自由选择保存路径，一旦保存文件之后，再次保存时只能存储在原来位置。如果确实需要更换文件保存路径，可以选择"保存副本"命令。

② Pro / Engineer 不允许在保存文件时更改文件名，如果确实需要更换文件名，可以使用"重命名"命令。

注意：Pro / Engineer 在保存文件时不同于一般的软件。系统每执行一次保存操作并不是简单地用新文件覆盖原文件，而是在保留文件前期版本的基础上新增一个文件。在同一项设计任务中多次保存的文件将在文件名尾添加序号加以区别，序号数字越大，文件版本越新。例如，同一设计中的某一零件经过 3 次保存后的文件分别为 prt0001.prt.1、prt0001.prt.2、prt0001.prt.3。

（2）保存副本：该命令的功能是将当前活动的文件以新名形式保存在相同的或者不同的目录下，并且可以根据设计需要为新文件指定系统所认可的数据类型，例如 IGES、CAT、TIP、SET、VDA、STEP 或 STL 等。实际上，这是 Pro / Engineer 系统与其他 CAD 系统的一个文件格式接口，这在很多需要文件格式转换的场合中非常有用。例如，可以把二维草绘文件输出为能被 AutoCAD 系统识别的 DWG 文件。

（3）备份：该命令的功能是将当前文件保存到另外一个存储目录，建议读者养成随时备份的好习惯，确保设计成果安全可靠。备份时不能更改文件名。

5．拭除文件

拭除文件是指将窗口中的模型文件从系统内存中删除，但文件仍然保存在硬盘中。拭除命令有两个选项，即"当前"和"不显示"。前者用来将当前的窗口文件从内存中删除，但不删除硬盘中的文件，相当于不留痕迹地关闭文件；后者则用来将不在任何窗口但存在于系统内存中的所有文件从内存中删除。

6．删除文件

删除文件是指将文件从硬盘中永久删除。删除命令同样有两个选项，即"旧版本"和"所有版本"。 前者表示将一个文件的所有旧版本从硬盘空间中删除，只留下最新的版本；后者则表示将一个文件的所有版本从硬盘空间中全部删除。

7．退出系统

从菜单栏的"文件"菜单中选择"关闭窗口"命令，可以关闭当前的窗口文件。文件关闭后，其模型数据仍然存在于系统内存中。从菜单栏的"文件"菜单中选择"退出"命令，可以退出 Pro / Engineer 系统。

2.3 辅 助 操 作

熟悉 Pro / Engineer 建模的辅助操作，可以提高作图效率，例如通过定制屏幕的方法把常用的命令放置在工具栏处，这样操作起来更快；通过模型树可观察到模型制作的所有记录等。为此，需要对常用的建模辅助操作进行深入了解。

1．定制屏幕

合理自定义屏幕窗口会提高作图效率。例如，执行"扫描"曲面操作，需选择菜单栏中的"插入"→"扫描"→"曲面"等命令弹出"扫描"曲面命令，如果将"扫描"曲面命令按钮放置在屏幕的工具栏处，便可直接点击执行扫描曲面操作，这样可节约时间。具体操作如下：

（1）选择菜单栏中的"工具"→"定制屏幕"命令，弹出"定制"对话框，展开"命令"选项卡，如图2-5所示。

（2）选择左侧的"编辑"选项，右侧出现"编辑"内包含的命令，选择"填充"命令（见图2-6），按住左键不放拖动至屏幕上方的工具栏处，这样该处就增加了一个"填充"命令按钮（若想删除这个命令按钮可选择它后，按住左键不放拖动至定制屏幕对话框内即可），单击"确定"按钮，屏幕定制结束。

图2-5　　　　　　　　　　　　　　　　　图2-6

2．设置单位

在 Pro / Engineer 中，文件之间的单位要统一，设置单位的方法如下：

（1）选择菜单栏中的"编辑"→"设置"→"菜单管理器"命令，弹出图2-7所示的"菜单管理器"面板，在管理器中选择"单位"，弹出"单位管理器"对话框。

（2）选择"单位管理器"中的"毫米牛顿秒（mmNs）"（见图2-8），再单击右侧的"设置"按钮，弹出图2-9所示的"改变模型单位"对话框，单击"确定"按钮。

图2-7　　　　　　　　　图2-8　　　　　　　　　图2-9

（3）单击"单位管理器"对话框中的"关闭"按钮，就完成了单位设置的操作。

（4）选择"菜单管理器"对话框中的"完成"选项。

3．模型树

参数化模型以模型树的形式记录所有建模数据，可以随意添加特征、更改特征以及将特征重新排序，以便对设计方案进一步完善和修改。模型树（见图2-10）记录了特征造型的所有信息，它提供了激活零件、装配体或工程图的大纲视图。通过模型树，可以方便地查看模型或装配体的构造情况，或者查看工程图中的不同图纸和视图。在零件文件的模型树上，显示的内容由零件文件名称和零件中的每个特征组成。模型树可以展开或者收缩，当单击模型树上某结点处的加号时，可展开该结点处的所有单个分支；当单击模型树上某结点处的减号，则可以收缩该结点处的所有分支。若要一次展开或收缩模型树中的所有分支，则单击位于导航区模型树窗口中的"显示"按钮，然后从其下拉菜单中选择"展开全部"或"收缩全部"命令。

如果某一步骤的模型需要更改数据，可在模型树列表中选择对应的命令，右击，选择"编辑定义"命令，便进入要修改的命令的激活状态，输入修改后的数值，按鼠标中键结束即可。

4．层管理

使用 Pro / Engineer 设计大型产品时，常常会感觉到用户界面上的设计工作区太小。如果模型上的特征数量较多，在有限的设计界面上，太多几何图元交错重叠，不仅影响图面的美观和整洁，也为设计工作带来诸多不便。在零件建模的过程中，有时巧妙地应用图层可以优化特征的管理，使图形的显示变得简洁，并可将处于同一图层中的所有对象作为一个整体来操作。

在常用工具栏中单击图层按钮 ，或者选择菜单栏中的"视图"→"图层"命令，或者在模型树上方单击"显示"按钮并从其下拉菜单中选择"层树"选项，则在导航区开启层树导航器。该层树具有系统自定义的 8 个图层，如图 2-11 所示。可以根据设计需要，新建一个图层，并在该图层中添加项目，以方便管理。例如，在设计实战中，经常应用图层来隐藏一些影响模型显示的基准曲线、基准点、注释等。

图 2-10

图 2-11

5．鼠标快捷键

在 Pro / Engineer 中工作时，应该使用三键滚轮鼠标。鼠标各按键的功能如下：

（1）左键：用于单击各种菜单命令、工具栏图标，以及选取特征。

（2）中键：用于代替某些菜单命令及对话框中的"确定"按钮。按住中键不放，并移动鼠标可以任意旋转特征。

（3）右键：用于打开快捷菜单。

（4）滚轮：用于放大或缩小特征，其中向前旋转为缩小特征，向后旋转为放大特征。

在选择特征时，鼠标按键的具体操作方法不同。

例如选择某个特征时，将光标移动到特征处，系统会预选加亮特征，并在光标附近出现一个方框，显示被加亮特征的名称及特征号，当特征加亮后，再单击左键即可选中特征。

如果要选择特征上的某个点，将鼠标符号移动至特征，特征加亮后，单击左键选择特征，再将鼠标符号移动至要选的点上，点加亮后，再单击左键即可选择到点。这种选择方式一般叫做左键递进式选取。

有时，用户要选的特征置于某些特征的后面，这时可对准特征，不断右击，加亮特征会不断切换，直至切换到要选择的特征加亮后，再单击左键即可选择到特征。使用右键切换特征选择的方法一般叫做右键查询选取。

如果要同时选取多个特征，可以按住【Ctrl】键不放，并单击需要选取的特征，即可全部选取。按住鼠标中键并按住【Shift】键，滑动鼠标时可平移特征。

2.4 基 准

在新建的零件文件环境中，系统提供的 3 个互相垂直的基准平面，分别为 FRONT、RIGHT、TOP。随着特征的增加，模型会越来越复杂，在这种情况下，系统提供的 3 个基准平面有时不够用，需要设计人员创建更多的基准特征，作为新建模型特征的参考。

因此，基准特征在 Pro / Engineer 建模过程中有重要地位。当基准特征作为参考来创建特征时，所创建的特征对基准特征有依赖关系，基准特征发生变化时，所创建的特征也随着发生变化。

基准特征主要包括：基准点、基准轴、基准曲线、基准平面、基准坐标系。

2.4.1 基准点

基准点的功能：有助于确定基准轴、基准面、基准线、基准坐标系等几何要素的位置，也可作为草绘及特征构建的参照。

创建基准点的常用方法有以下几种：

1. 在平面上

（1）打开本章练习文件 point.prt。

（2）选择模型的一个平面，如图 2-12 所示。

（3）单击基准特征工具栏中的 ✕ 按钮，或选择菜单栏中的"插入"→"模型基准"→"点"命令，弹出"基准点"对话框，如图 2-13 所示，在"偏移参照"栏中为点添加基准面参照。

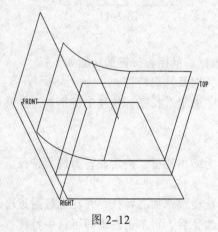

图 2-12

图 2-13

（4）拖动其中一个控制柄的绿色方块至 RIGHT 基准面，如图 2-14 所示，再拖动另一个控制柄的绿色方块至 FRONT 基准面，这样轴参照两个基准面后，被确定位置，如图 2-15 所示。

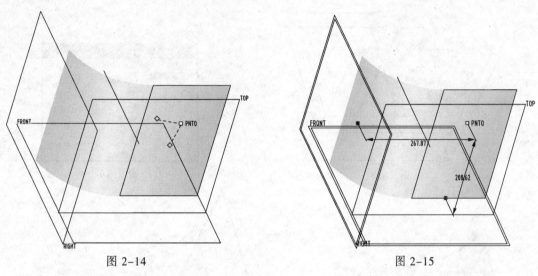

图 2-14　　　　　　　　　　　　　　　　　图 2-15

（5）单击图 2-16 所示"基准点"对话框中的"确定"按钮或单击鼠标中键结束操作，完成点创建，如图 2-17 所示。

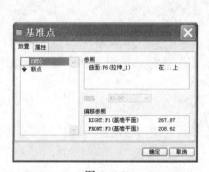

图 2-16

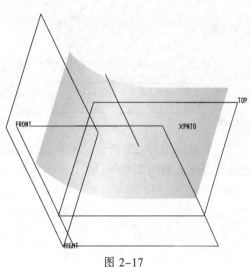

图 2-17

2. 在曲面上

（1）打开本章练习文件 point.prt。

（2）选择模型的一个曲面，如图 2-18 所示。

（3）单击基准特征工具栏中的 ✕ 按钮，或选择菜单栏中的"插入"→"模型基准"→"点"命令，弹出"基准点"对话框，如图 2-19 所示，在"偏移参照"栏内为点添加基准面参照。

（4）拖动其中一个控制柄的绿色方块至 RIGHT 基准面，如图 2-20 所示，再拖动另一个控制柄的绿色方块至 FRONT 基准面，这样轴参照两个基准面后，被确定位置，如图 2-21 所示。

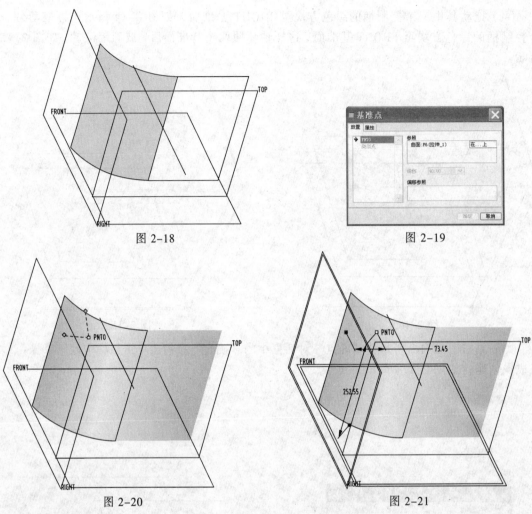

图 2-18

图 2-19

图 2-20

图 2-21

（5）单击图 2-22 所示"基准点"对话框中的"确定"按钮或单击鼠标中键结束操作，完成点创建，如图 2-23 所示。

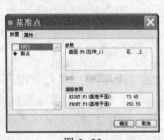

图 2-22

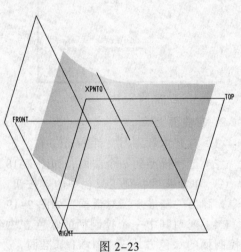

图 2-23

3．在面与线相交处

（1）打开本章练习文件 point.prt。

（2）按住【Ctrl】键，选择模型的一条直线和一个平面，如图 2-24 所示。

（3）单击基准特征工具栏中的 按钮，或选择菜单栏中的"插入"→"模型基准"→"点"命令，如图 2-25 所示，在选择的直线与平面的相交处生成一个点；单击图 2-26 所示"基准点"对话框中的"确定"按钮或单击鼠标中键结束操作，完成点创建。

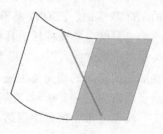

图 2-24

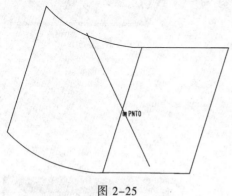

图 2-25

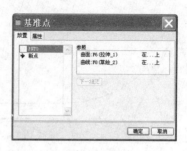

图 2-26

4．在某顶点处

（1）打开本章练习文件 point.prt。

（2）选择模型的一个顶点，如图 2-27 所示。

（3）单击基准特征工具栏中的 按钮，或选择菜单栏中的"插入"→"模型基准"→"点"命令，在选择的模型顶点处生成一个点，如图 2-28 所示；单击图 2-29 所示"基准点"对话框中的"确定"按钮或单击鼠标中键结束操作，完成点创建。

图 2-27

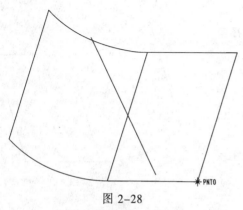

图 2-28

图 2-29

5．三个相交面交点处

（1）打开本章练习文件 point.prt。

（2）按住【Ctrl】键，依次选择模型的平面、RIGHT 基准面、FRONT 基准面，如图 2-30 所示。

（3）单击基准特征工具栏中的 ✕✕ 按钮，或选择菜单栏中的"插入"→"模型基准"→"点"命令，在选择的三面的相交处生成一个点，如图 2-31 所示；单击图 2-32 所示"基准点"对话框中的"确定"按钮或单击鼠标中键结束操作，完成点创建。

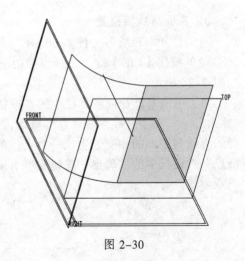

图 2-30

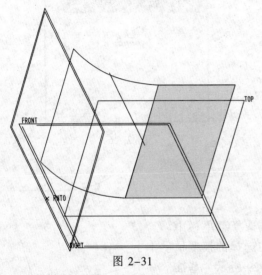

图 2-31

图 2-32

6. 在图元几何中心

（1）打开本章练习文件 point.prt。

（2）选择模型的弧面边界，如图 2-33 所示。

（3）单击基准特征工具栏中的 ✕✕ 按钮，或选择菜单栏中的"插入"→"模型基准"→"点"命令，在图 2-34 所示"基准点"对话框中，单击"参照"中的文字"在其上"，在下拉列表框中选择"居中"，则系统会自动找到圆弧的圆心，并在该位置创建一个点，如图 2-35 所示。

（4）单击"基准点"对话框中的"确定"按钮或单击鼠标中键结束操作，完成点创建。

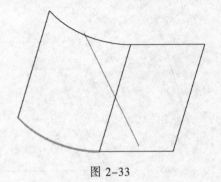

图 2-33

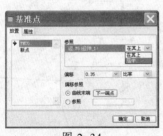

图 2-34

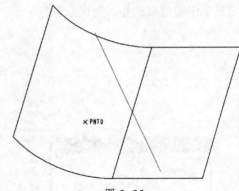

图 2-35

7. 在线上

（1）打开本章练习文件 point.prt。

（2）选择直线，如图 2-36 所示。

（3）单击基准特征工具栏中的 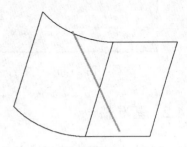 按钮，或选择菜单栏中的"插入"→"模型基准"→"点"命令，在图 2-37 所示的"基准点"对话框中，默认"偏移"的位置为 0.20，系统会在该位置创建一个点，如图 2-38 所示。

图 2-36

图 2-37

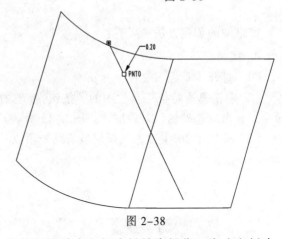

图 2-38

（4）单击"基准点"对话框中的"确定"按钮或单击鼠标中键结束操作，完成点创建。

8. 相对已知点的距离

（1）打开本章练习文件 point.prt。

（2）选择直线的端点，如图 2-39 所示。

（3）单击基准特征工具栏中的  按钮，或选择菜单栏中的"插入"→"模型基准"→"点"命令，按住【Ctrl】键，选择模型的另一直边，在图 2-40 所示"基准点"对话框中的"偏移"处输入数值：100，系统会在该位置创建一个点，如图 2-41 所示。

（4）单击"基准点"对话框中的"确定"按钮或

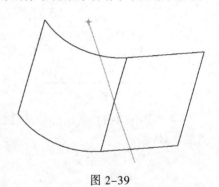

图 2-39

单击鼠标中键结束操作，完成点创建。

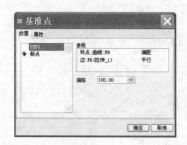

图 2-40

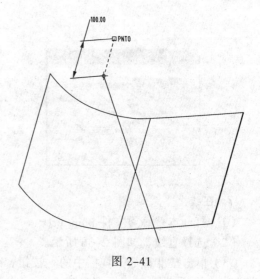

图 2-41

2.4.2 基准轴

基准轴的功能：主要充当旋转体等特征的中心线、旋转阵列的参照、零件同心放置的参照等。

基准轴的创建方法主要有：

1. 经两点

（1）打开本章练习文件 axis.prt。

（2）单击基准特征工具栏中的 ╱ 按钮，或选择菜单栏中的"插入"→"模型基准"→"轴"命令，弹出"基准轴"对话框，如图 2-42 所示。

（3）按住【Ctrl】键，选择模型的两个顶点，如图 2-43 所示。

图 2-42

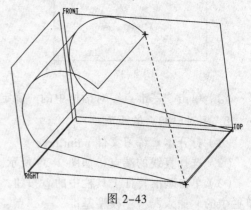

图 2-43

（4）在图 2-44 所示的"基准轴"对话框中单击"确定"按钮或按鼠标中键结束操作，如图 2-45 所示。

图 2-44

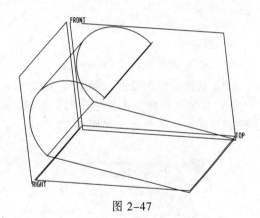

图 2-45

2. 经一边

（1）打开本章练习文件 axis.prt。

（2）单击基准特征工具栏中的 ／ 按钮，或选择菜单栏中的"插入"→"模型基准"→"轴"命令，弹出"基准轴"对话框，如图 2-46 所示。

（3）选择模型的一条边，如图 2-47 所示。

图 2-46

图 2-47

（4）在图 2-48 所示的"基准轴"对话框中单击"确定"按钮或按鼠标中键结束操作，如图 2-49 所示。

图 2-48

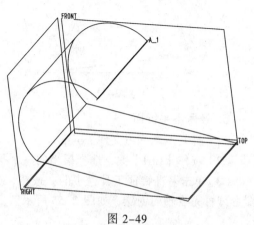

图 2-49

3．经一点+垂直于平面

（1）打开本章练习文件 axis.prt。

（2）按住【Ctrl】键，选择模型的一个顶点和一个平面，如图 2-50 所示。

（3）单击基准特征工具栏中的 / 按钮，或选择菜单栏中的"插入"→"模型基准"→"轴"命令即可完成轴的创建，如图 2-51 所示。

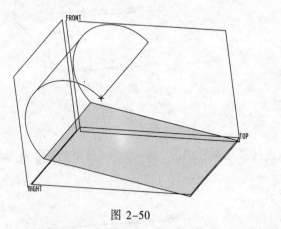

图 2-50

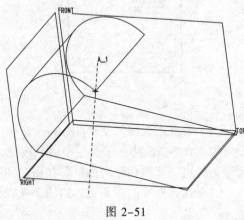

图 2-51

4．经柱面

（1）打开本章练习文件 axis.prt。

（2）选择模型的柱面，如图 2-52 所示。

（3）单击基准特征工具栏中的 / 按钮，或选择菜单栏中的"插入"→"模型基准"→"轴"命令即可完成轴的创建，如图 2-53 所示。

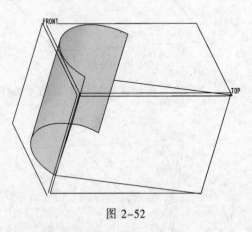

图 2-52

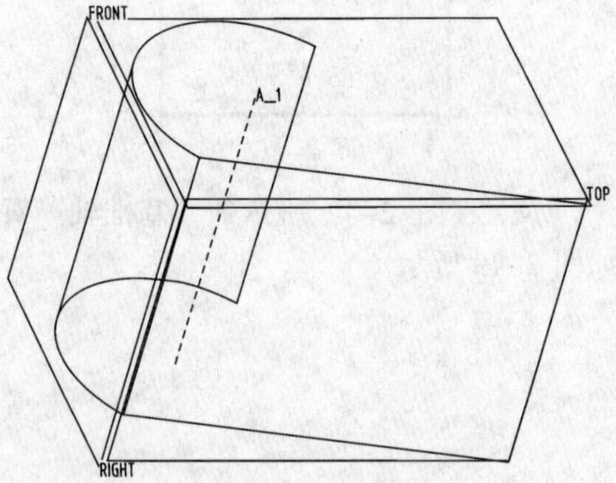

图 2- 53

5．经两不平行面

（1）打开本章练习文件 axis.prt。

（2）按住【Ctrl】键，选择模型的一个平面和 TOP 基准面，如图 2-54 所示。

（3）单击基准特征工具栏中的 / 按钮，或选择菜单栏中的"插入"→"模型基准"→"轴"命令即可完成轴的创建，如图 2-55 所示。

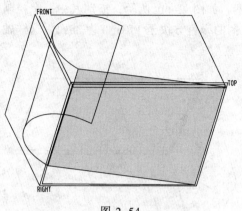

图 2-54

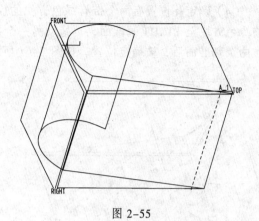

图 2-55

6．经曲线点+与该线相切

（1）打开本章练习文件 axis.prt。

（2）按住【Ctrl】键，选择模型柱面曲线边界和一个端点，如图 2-56 所示。

（3）单击基准特征工具栏中的 $\diagup$ 按钮，或选择菜单栏中的"插入"→"模型基准"→"轴"命令即可完成轴的创建，如图 2-57 所示。

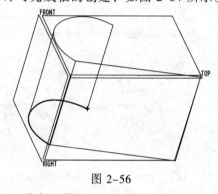

图 2-56

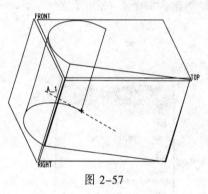

图 2-57

7．垂直于平面

（1）打开本章练习文件 axis.prt。

（2）选择模型的一个平面，如图 2-58 所示。

（3）单击基准特征工具栏中的 $\diagup$ 按钮，或选择菜单栏中的"插入"→"模型基准"→"轴"命令，弹出图 2-59 所示的"基准轴"对话框，在"偏移参照"栏内为轴添加基准面参照。

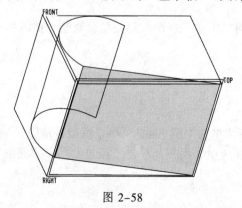

图 2-58

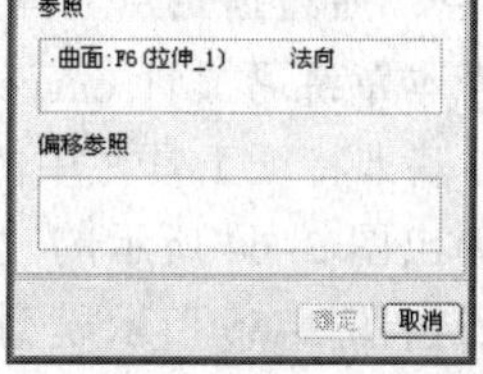

图 2-59

（4）确定孔位置有两个带有绿色方块的控制柄，如图 2-60 所示；拖动其中一个控制柄的绿色方块至 RIGHT 基准面，再拖动另一个控制柄的绿色方块至 FRONT 基准面，这样轴参照两个基准面后，被确定位置，如图 2-61 所示。

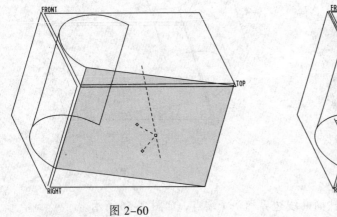

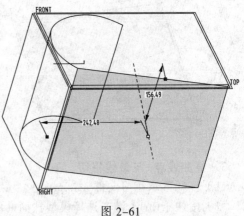

图 2-60　　　　　　　　　　　　　　　　　图 2-61

（5）单击图 2-62 所示"基准轴"对话框中的"确定"按钮或单击鼠标中键结束操作，完成轴创建，如图 2-63 所示。

图 2-62

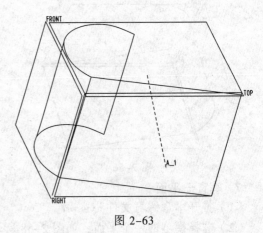

图 2-63

2.4.3　基准曲线

基准曲线的功能：主要充当建立几何曲线结构，用途有：作为扫描特征轨迹、曲线特征边界和加工程序的切削路径。

基准曲线的创建常用方法有 3 种：

1. 经过点：通过指定点创建曲线

（1）打开本章练习文件 curve.prt。

（2）单击基准特征工具栏中的 ～ 按钮，或选择菜单栏中的"插入"→"模型基准"→"曲线"命令，弹出图 2-64 所示的"菜单管理器-曲线选项"面板；单击"经过点"→"完成"选项，依次点击图 2-65 所示模型的 4 个顶点。

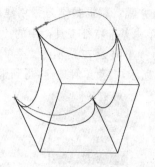

图 2-65

图 2-64

（3）单击图 2-66 所示的"菜单管理器-连结类型"面板中的"完成"选项，再单击图 2-67 所示的"曲线：通过点"对话框中的"确定"按钮，便完成经过点创建曲线的操作。

图 2-66

图 2-67

2. 自文件：从外部文件创建曲线

（1）单击基准特征工具栏中的 ～ 按钮，或选择菜单栏中的"插入"→"模型基准"→"曲线"命令，弹出图 2-68 所示的"菜单管理器-曲线选项"面板；单击"自文件"→"完成"选项； 在图 2-69 所示 "菜单管理器-得到坐标系"面板中单击"选取"选项，选择场景中的坐标系。

图 2-68

图 2-69

（2）在图 2-70 所示的"打开"对话框中，将文件"类型"改为*.igs 格式，选择本章练习文件 product01.igs，单击信息窗口的"关闭"按钮，便完成了自文件创建曲线的操作，如图 2-71 所示。

图 2-70

图 2-71

3.从方程：根据数学方程创建曲线

（1）单击基准特征工具栏中的～按钮，或选择菜单栏中的"插入"→"模型基准"→"曲线"命令，弹出图 2-72 所示的"菜单管理器–曲线选项"面板；单击"从方程"→"完成"选项，在图 2-73 所示 "菜单管理器–得到坐标系"面板中单击"选取"选项，选择场景中的坐标系。

图 2-72

图 2-73

（2）在图 2-74 所示的"菜单管理器–设置坐标类型"面板中单击"圆柱"选项，在弹出的"rel.ptd–记事本"窗口的最下方输入数学公式，如图 2-75 所示；然后选择 "文件"→"保存"命令，关闭记事本窗口。

图 2-74

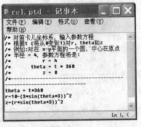

图 2-75

（3）单击图 2-76 所示"曲线：从方程"对话框中的"确定"按钮，完成从方程创建曲线的操作，如图 2-77 所示。

图 2-76

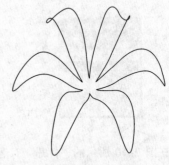

图 2-77

2.4.4 基准面

基准面即基准平面，其功能：主要充当草绘平面和参照平面等。

基准平面的创建方法多且灵活，主要有以下几种：

1.平行已有面+距离

（1）打开本章练习文件 plane.prt。

（2）单击基准特征工具栏中的▱按钮，或选择菜单栏中的"插入"→"模型基准"→"平面"命令，弹出"基准平面"对话框，如图 2-78 所示。

（3）选择模型表面，如图 2-79 所示。

图 2-78

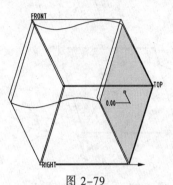

图 2-79

（4）在图 2-80 所示"基准平面"对话框中的"偏距"位置输入平移距离 20.00；然后单击"确定"按钮或按鼠标中键结束操作，如图 2-81 所示。

图 2-80

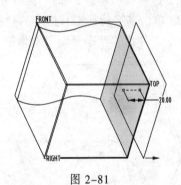

图 2-81

2. 经一直线+与已有面夹角

（1）打开本章练习文件 plane.prt。

（2）选择模型棱边，如图 2-82 所示。

（3）单击基准特征工具栏中的▱按钮，或选择菜单栏中的"插入"→"模型基准"→"平面"命令，弹出"基准平面"对话框，如图 2-83 所示。

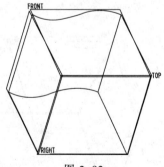

图 2-82

图 2-83

（4）按住【Ctrl】键，再点击模型表面，如图 2-84 所示。

（5）在图 2-85 所示"基准平面"对话框中的"偏距"位置输入旋转角度 135.00，然后单击"确定"按钮或按鼠标中键结束操作,如图 2-86 所示。

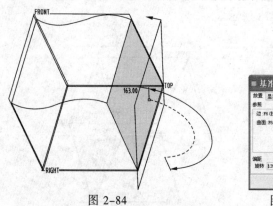

图 2-84

图 2-85

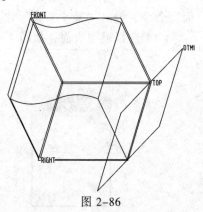

图 2-86

3. 经直线一点+与该线垂直

(1)打开本章练习文件 plane.prt。

(2)选择模型棱边,如图 2-87 所示。

(3)单击基准特征工具栏中的 □ 按钮,或选择菜单栏中的"插入"→"模型基准"→"平面"命令,弹出"基准平面"对话框,如图 2-88 所示。

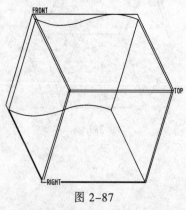

图 2-87

图 2-88

(4)按住【Ctrl】键,再选择棱边上的端点,如图 2-89 所示。

(5)单击图 2-90 所示"基准平面"对话框中的"确定"按钮或按鼠标中键结束操作,如图 2-91 所示。

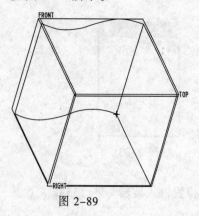

图 2-89

图 2-90

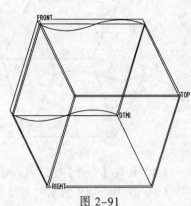

图 2-91

4. 经曲面一点+与该面相切

（1）打开本章练习文件 plane.prt。

（2）选择模型曲面的顶点，如图 2-92 所示。

（3）单击基准特征工具栏中的 ▱ 按钮，或选择菜单栏中的"插入"→"模型基准"→"平面"命令，弹出"基准平面"对话框，如图 2-93 所示。

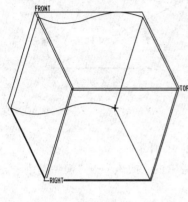

图 2-92

图 2-93

（4）按住【Ctrl】键，再选择曲面，如图 2-94 所示。

（5）单击图 2-95 所示"基准平面"对话框中的"确定"按钮或按鼠标中键结束操作，如图 2-96 所示。

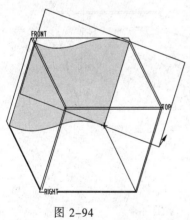

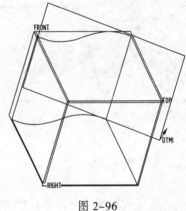

图 2-94

图 2-95

图 2-96

5. 经两平行直线

（1）打开本章练习文件 plane.prt。

（2）按住【Ctrl】键，选择模型两棱边，如图 2-97 所示。

（3）单击基准特征工具栏中的 ▱ 按钮，或选择菜单栏中的"插入"→"模型基准"→"平面"命令即可完成基准平面的创建，如图 2-98 所示。

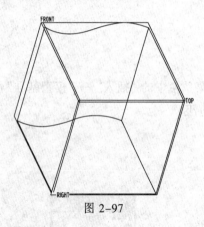

图 2-97

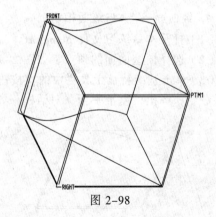

图 2-98

6. 经三点

（1）打开本章练习文件 plane.prt。

（2）按住【Ctrl】键，选择模型的 3 个顶点，如图 2-99 所示。

（3）单击基准特征工具栏中的 □ 按钮，或选择菜单栏中的"插入"→"模型基准"→"平面"命令即可完成基准平面的创建，如图 2-100 所示。

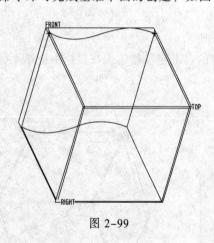

图 2-99

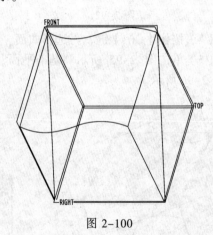

图 2-100

2.4.5 坐标系

坐标系即基准坐标系，分为 3 种：笛卡儿坐标、柱坐标、球坐标。

基准坐标系的功能：主要用于在建模、制造及分析过程中作为其他特征生成，以及零件在装配时的基准。

创建基准点的常用方法有以下几种：

1. 经三个相交平面

（1）打开本章练习文件 coordinate.prt。

（2）按住【Ctrl】键，依次选择模型的 3 个表面，如图 2-101 所示。

（3）单击基准特征工具栏中的 ✕ 按钮，或选择菜单栏中的"插入"→"模型基准"→"坐标系"命令，单击图 2-102 所示"坐标系"对话框中的"确定"按钮或单击鼠标中键结束操作，完成坐标系的创建，如图 2-103 所示。

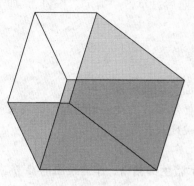  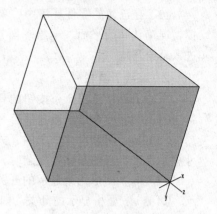

图 2-101　　　　　　　　图 2-102　　　　　　　　图 2-103

2. 经两条相交直线

（1）打开本章练习文件 coordinate.prt。

（2）按住【Ctrl】键，依次选择模型的两个棱边，如图 2-104 所示。

（3）单击基准特征工具栏中的　按钮，或选择菜单栏中的"插入"→"模型基准"→"坐标系"命令，单击图 2-105 所示"坐标系"对话框中的"确定"按钮或单击鼠标中键结束操作，完成坐标系的创建，如图 2-106 所示。

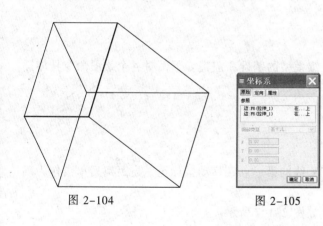 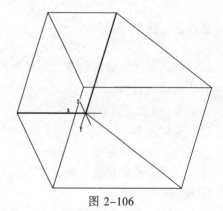

图 2-104　　　　　　　　图 2-105　　　　　　　　图 2-106

2.5　草　绘

在 Pro／E 中，二维图形一般在草绘环境来完成。创建特征、生成工程图和建立三维装配图往往需要借助草绘环境来绘制平面图形。因此，要熟练地掌握草绘环境中二维图形的绘制方法。

2.5.1　草绘环境

1. 进入草绘

进入草绘环境有多种方法，常用的有两种：

（1）单击工具栏中的新建文件　按钮，在弹出的"新建"对话框中选择"草绘"类型，按默认系统命名或自命名均可，再单击"确定"按钮，即进入草绘环境。

（2）在已建的零件环境中，单击基准工具栏按钮 ，在弹出的"草绘"对话框中，据建模情况确认草绘平面、草绘平面方向、参照面以及参照面方向后，单击"确定"按钮， 即进入草绘环境。

2．草绘工具栏

草绘工具栏常用命令按钮的具体功能：

（1）：使草绘平面与屏幕平行，使进行草绘操作的平面与当前屏幕平行。

（2）：图形尺寸显示的开关。用于控制当前视图是否显示尺寸，在一般情况下需将尺寸显示出来，当图形比较复杂时，为方便识别图形，可暂时关闭尺寸显示。

（3）：图形约束显示的开关。

（4）：栅格显示的开关，如果激活此项，草绘区会显示暗色的栅格，作为绘图的参考。

（5）：图形顶点显示的开关，检测图形是断开还是连接。

（6）：封闭图形着色显示的开关，检测图形是封闭还是开放。激活此项，若图形可填充颜色，则图形为封闭，反之图形为开放。

（7）：开放点加亮显示的开关，检测图形的开放端位置。

（8）：检查图形重叠的开关，检测图形是否重叠。

（9）：特征要求的开关，检测图形是否能满足当前要创建的特征规定，并再给出一个对话框，辅助判断图形是否符合要求。

2.5.2　绘制图形

如前所述，如何绘制二维图形是建三维模型的基础和前提。下面对各个绘图命令具体操作方法进行讲解。

1．过二点的直线

绘制步骤：

（1）单击 ＼按钮。

（2）在绘图区任一位置单击作为确定直线的第一点，移动鼠标至一定距离后单击作为确定直线的第二点。

（3）单击鼠标中键结束直线的绘制，如图 2-107 所示。

2．与两图形相切的直线

绘制步骤：

（1）单击 ＼按钮。

（2）在绘图区依次单击可与直线相切的两个图形。

（3）单击鼠标中键结束直线的绘制，如图 2-108 所示。

3．中心线

（1）单击 ⁝按钮。

（2）在绘图区任一位置单击作为确定中心线的第一点，移动鼠标至一定距离后单击作为确定中心线的第二点。

（3）单击鼠标中键结束中心线的绘制，如图 2-109 所示。

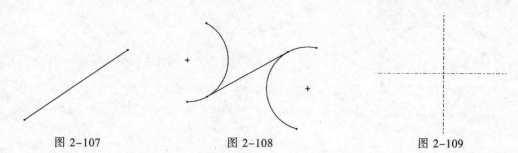

图 2-107   图 2-108   图 2-109

4. 圆

（1）单击 ○ 按钮。

（2）在绘图区任一位置单击作为确定圆的圆心，再移动鼠标，单击确定圆的大小。

（3）单击鼠标中键结束圆的绘制，如图 2-110 所示。

5. 同心圆

（1）单击 ◎ 按钮。

（2）在绘图区单击已存在的圆弧或圆，再移动鼠标，单击鼠标左键确定圆的大小。

（3）单击鼠标中键结束圆的绘制，如图 2-111 所示。

6. 三点绘圆

（1）单击 ○ 按钮。

（2）在绘图区中，依次单击三点，系统自动生成圆。

（3）单击鼠标中键结束圆的绘制，如图 2-112 所示。

图 2-110   图 2-111   图 2-112

7. 与 3 个图形相切的圆

（1）单击 ○ 按钮。

（2）在绘图区中，依次单击 3 个图形，系统自动生成圆。

（3）单击鼠标中键结束圆的绘制，如图 2-113 所示。

8. 椭圆

（1）单击 ○ 按钮。

（2）在绘图区鼠标一点作为椭圆的中心点，再移动鼠标，单击确定椭圆的形状、大小。

（3）单击鼠标中键结束椭圆的绘制，如图 2-114 和图 2-115 所示。

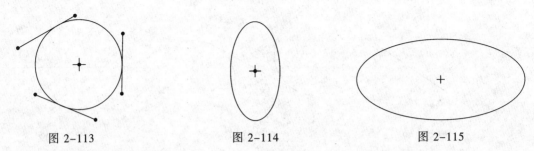

图 2-113　　　　　　　图 2-114　　　　　　　图 2-115

9. 三点绘圆弧

（1）单击 ↘ 按钮。

（2）在绘图区中，依次单击三点，系统自动生成圆弧。

（3）单击鼠标中键结束圆弧的绘制，如图 2-116 所示。

10. 同心弧

（1）单击 ⊗ 按钮。

（2）在绘图区单击已存在的圆弧或圆，移动鼠标确定圆弧半径大小，再单击确定圆弧的起始点，再移动鼠标确定弧长后单击。

（3）单击鼠标中键结束圆弧的绘制，如图 2-117 所示。

11. 通过中心点和端点绘圆弧

（1）单击 ↘ 按钮。

（2）在绘图区中单击一点，作为圆弧的圆心，移动鼠标确定圆弧半径大小后，单击确定圆弧的起始点，再移动鼠标单击确定圆弧的长度。

（3）单击鼠标中键结束圆弧的绘制，如图 2-118 所示。

图 2-116　　　　　　　图 2-117　　　　　　　图 2-118

12. 与 3 个图形相切的圆弧

（1）单击 ↘ 按钮。

（2）在绘图区中，依次单击 3 个图形，系统自动生成与图形相切的圆弧。

（3）单击鼠标中键结束圆弧的绘制，如图 2-119 所示。

13. 锥形弧

（1）单击 ⌒ 按钮。

（2）在绘图区中选取两点作为锥形弧的起点与终点，移动鼠标至合适位置。

（3）单击鼠标中键结束锥形弧的绘制，如图 2-120 所示。

14. 矩形

（1）单击 □ 按钮。

（2）在绘图区中单击作为矩形的一个端点，移动鼠标确定矩形的大小后，再单击。

（3）单击鼠标中键结束矩形的绘制，如图 2-121 所示。

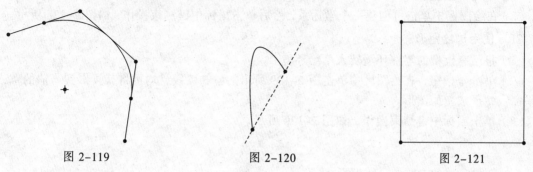

| 图 2-119 | 图 2-120 | 图 2-121 |

15．圆角

（1）单击 按钮。

（2）分别单击图 2-122 所示图形右上相邻的两条边，系统自动倒圆角，然后单击鼠标中键结束操作，如图 2-123 所示。

16．椭圆角

（1）单击 按钮。

（2）分别单击图 2-124 所示的图形左上相邻的两条边，系统自动倒椭圆角，然后单击鼠标中键结束操作，如图 2-125 所示。

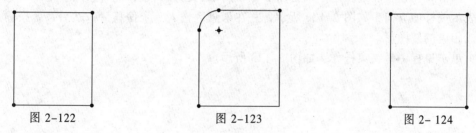

| 图 2-122 | 图 2-123 | 图 2- 124 |

17．样条曲线

（1）单击 按钮。

（2）在绘图区中移动连续单击，系统会生成光滑的样条曲线。

（3）单击鼠标中键结束样条曲线的绘制，如图 2-126 所示。

18．点

（1）单击 按钮。

（2）在绘图区中单击可创建一个点，然后单击鼠标中键结束操作，如图 2-127 所示。

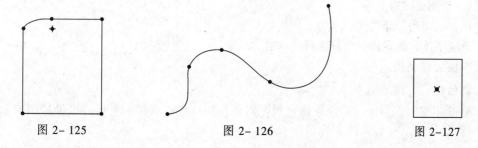

| 图 2- 125 | 图 2- 126 | 图 2-127 |

19．坐标系

（1）单击 按钮。

（2）在绘图区中单击可创建一个坐标系，然后单击鼠标中键结束操作，如图 2-128 所示。

20．使用边绘图形

（1）将已有模型的零件环境转入草绘环境。

（2）单击 按钮，在绘图区中单击图 2-129 所示的已知弧线，均可将其投影到当前的草绘平面，并形成新的图形。

（3）单击鼠标中键结束操作，如图 2-130 所示。

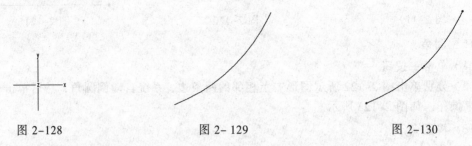

图 2-128　　　　　图 2-129　　　　　图 2-130

21．使用边偏移绘图形

（1）将已有模型的零件环境转入草绘环境。

（2）单击 按钮，在绘图区中单击图 2-131 所示的已知弧线，此时系统会出现一个黄色箭头，表示偏移的方向，如图 2-132 所示，并在消息区输入一个偏移量，然后系统按输入的数值生成相应的新图形。

（3）单击鼠标中键结束操作，如图 2-133 所示。

图 2-131　　　　　图 2-132　　　　　图 2-133

22．文本

（1）单击 按钮。

（2）在绘图区单击作为文本行的放置起点，移动鼠标再选取一点得到一段直线，线的长度为文本高度，线的方向为文本放置方向，此时弹出"文本"框，如图 2-134 所示。

（3）在"文本行"下方输入文字。

（4）确定字体、长宽比、倾斜度后，单击"确定"按钮，文本便创建完成。

图 2-134

23．调色板

（1）单击 按钮，弹出"草绘器调色板"对话框，可按需选择调色板内提供的图形，如图 2-135 所示。

（2）选定图形后，双击，然后在绘图区合适位置单击，此时弹出图 2-136 所示的"缩放旋转"对话框，确定图形的比例和旋转角度后，单击鼠标中键结束操作，如图 2-137 所示。

图 2-135

图 2-136

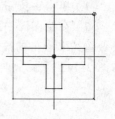

图 2-137

24．由外部"文件系统"创建图形

（1）选择草绘环境菜单栏中的"草绘"→"数据来自文件"→"文件系统"命令。

（2）在"打开"对话框中，选择相应的文件，单击"打开"按钮。

（3）如果所选文件内不是单个图形而是多个图形，会立即弹出"导入警告"对话框。此时分两种情况：

第一种：若将全部图形导入草绘区内，单击"继续"按钮，然后在草绘区合适位置单击；在弹出的"缩放旋转"对话框中确定导入图形的比例和旋转角度后，单击鼠标中键结束操作。

第二种：若将部分图形导入草绘区内，单击"选取"按钮，此时会弹出选取图形的窗口，按需选择图形后，单击"选取"对话框中的"确定"按钮，然后在草绘区合适位置单击；在弹出的"缩放旋转"对话框中确定导入图形的比例和旋转角度后，单击鼠标中键结束操作。

2.5.3 编辑图形

绘图过程中需要进行一些必要的修改。如何修改图形是完善作图的必备知识。下面具体介绍各个编辑图形命令的具体操作方法。

1．选择

（1）单击 按钮。

（2）在绘图区中单击选择图形或画矩形框选择图形。当执行某个命令后按鼠标中键结束操作时，系统会自动激活"选择"命令。

2．动态删除

（1）单击 按钮。

（2）如图 2-138 所示，在绘图区中按住鼠标左键不放，移动鼠标，光标经过的图 2-139 所示的图形部位的线条均被删除，然后单击鼠标中键完成操作，如图 2-140 所示。

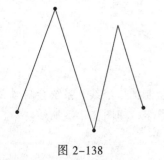

图 2-138

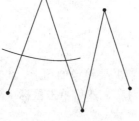

图 2- 139

图 2-140

3．修剪

有两种用法，用法一：

（1）单击 $\boxed{\text{一}}$ 按钮。

（2）在绘图区中已绘制的相交叉的两条线，单击图 2-141 所示的这两条线，点击的线被保留，未点击的被线删除，其结果由交叉线变为拐角线，然后单击鼠标中键退出操作，如图 2-142 所示。

图 2-141　　　　　　　　　　　　　图 2-142

用法二：

（1）单击 $\boxed{\text{一}}$ 按钮。

（2）在绘图区中已绘制且未相交的两条线，单击图 2-143 所示的两条线，其结果由未相交变为相交，然后单击鼠标中键完成操作，如图 2-144 所示。

图 2-143　　　　　　　　　　　　　图 2-144

4．分割

（1）单击 $\boxed{\text{}}$ 按钮。

（2）移动鼠标使光标靠近需要的分割点，系统会在图 2-145 所示的线段上捕捉到该点，再单击即完成分割图形的断点，然后单击鼠标中键完成操作，如图 2-146 所示。

图 2-145　　　　　　　　　　　　　图 2-146

5．镜像

（1）单击 $\boxed{\text{}}$ 按钮。

（2）选择图 2-147 所示的绘制并要镜像的图形，再单击已绘制的中心线，系统会自动镜像出另一侧的图形，且两侧图形对称，然后单击鼠标中键完成操作，如图 2-148 所示。

 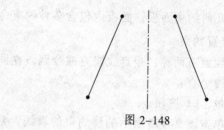

图 2-147　　　　　　　　　　　图 2-148

6．缩放旋转

（1）选中图 2-149 所示的已绘制图形，单击 ⟳ 按钮。

（2）此时在草绘区中会自动出现该图形的副本，如图 2-150 所示；在副本中间有控制其移动的手柄，右上角有控制其旋转的手柄。工作区的右上角还会出现一个图 2-151 所示的对话框，用户可按需输入缩放比例以及旋转角度的数值，然后单击鼠标中键完成操作。

图 2-149　　　　　　　图 2-150　　　　　　　图 2-151

7．复制与粘贴

（1）选中图 2-152 所示的要复制的图形，单击 ▤ 按钮。

（2）单击 ▤ 按钮，然后在草绘区单击。

（3）此时在草绘区中会自动出现要复制图形的副本，如图 2-153 所示；工作区的右上角还会出现一个图 2-154 所示的对话框，用户可按需输入缩放比例以及旋转角度的数值，然后单击鼠标中键完成操作。

 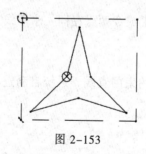

图 2-152　　　　　　　图 2-153　　　　　　　图 2-154

8．切换构造线

（1）选中要切换构造线的图形，选择草绘环境菜单栏中的"编辑"→"切换构造"命令。

（2）这样，选中的图形便由实线转换为虚线。

此外，右击选中图形，在弹出的快捷菜单中选择"构建"命令，也可。

2.5.4　图形约束

绘图时，合理利用约束关系，可提高草绘效率和质量。单击草绘工具栏中的约束按钮 ▦，便可弹出几何约束面板，面板内包含多种约束命令，下面分别介绍各约束的功能。

1．竖直约束

竖直约束有两种：令直线竖直或令两点在同一竖直线上。

令直线竖直：

（1）单击 ↕ 按钮。

（2）单击图 2-155 所示的要约束的直线，系统自动进行约束，如图 2-156 所示。

图 2-155　　　　　　　　　　　　　　　　图 2-156

令两点在同一竖直线上：

（1）单击 ↕ 按钮。

（2）单击图 2-157 所示的要约束的两点，系统自动进行约束，如图 2-158 所示。

图 2-157　　　　　　　　　　　　　　图 2-158

2．水平约束

水平约束有两种：令直线水平或令两点在同一水平线上。

令直线水平：

（1）单击 ↔ 按钮。

（2）单击图 2-159 所示的要约束的直线，系统自动进行约束，如图 2-160 所示。

图 2-159　　　　　　　　　　　　　　图 2-160

令两点在同一水平线上：

（1）单击 ↔ 按钮。

（2）单击图 2-161 所示的要约束的两点，系统自动进行约束，如图 2-162 所示。

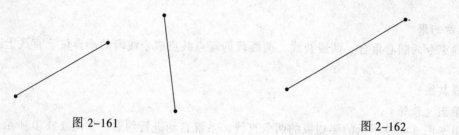

图 2-161　　　　　　　　　　　　图 2-162

3．垂直约束

垂直约束的作用是令两条线相互垂直。

（1）单击 ⊥ 按钮。

（2）单击图 2-163 所示的要约束的两条线段，系统自动进行约束，如图 2-164 所示。

图 2-163　　　　　　　　　　　　图 2-164

4．相切约束

相切约束是令线段与圆弧或令圆弧与圆弧相切。

（1）单击 ⊘ 按钮。

（2）单击图 2-165 所示的要约束的线段与圆弧，系统自动进行约束，如图 2-166 所示。

图 2-165　　　　　　　　　　　　图 2-166

5．中点约束

中点约束是指令点或顶点位于线段的中点。

（1）单击 ╲ 按钮。

（2）单击图 2-167 所示的要约束的点或顶点和线段，系统自动进行约束，如图 2-168 所示。

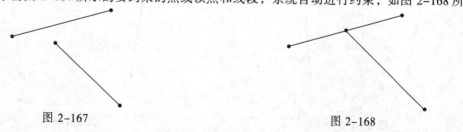

图 2-167　　　　　　　　　　　　图 2-168

6. 重合约束

重合约束令两圆心重合、两线共线、两线段的端点共点或令线段的端点位于直线上或与圆心重合。

令两线共线：

（1）单击 ⊙ 按钮。

（2）单击图 2-169 所示的要约束的两条直线，系统自动进行约束，如图 2-170 所示。

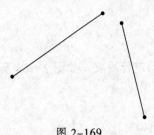

图 2-169

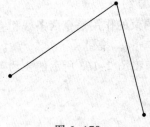

图 2-170

令线段的端点与圆心重合：

① 单击 ⊙ 按钮。

② 单击图 2-171 所示的要约束顶点和直线或圆心，系统自动进行约束，如图 2-172 所示。

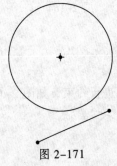

图 2-171

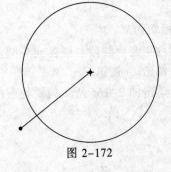

图 2-172

7. 对称约束

对称约束令两点关于中心线对称。

（1）单击 ⊹ 按钮。

（2）单击图 2-173 所示的中心线和要约束的两点，系统自动进行约束，如图 2-174 所示。

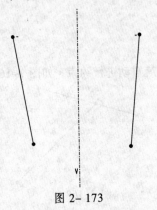

图 2-173

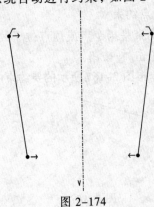

图 2-174

8．相等约束

相等约束令两线段等长，两圆半径、两圆弧半径以及两椭圆半径相等。

（1）单击 = 按钮。

（2）单击图 2-175 所示的要约束的两直线段和两个圆，系统自动进行约束，如图 2-176 所示。

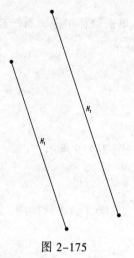

图 2-175

图 2-176

9．平行约束

平行约束令两直线平行。

（1）单击 ∥ 按钮。

（2）单击图 2-177 所示的要约束的直线，系统自动进行约束，如图 2-178 所示。

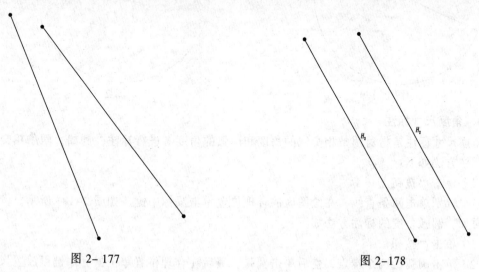

图 2-177

图 2-178

2.5.5　尺寸标注

在 Pro / Engineer 中，尺寸分为弱尺寸和强尺寸。绘图时，系统自动对图形标注的尺寸称为弱尺寸。一般用户需对弱尺寸进行重新修改与标注,使之变为强尺寸,只有这样绘制的图形才会正确。

1. 线性尺寸标注

线性尺寸标注指对线段的长度,线段间、点间、点与线段间的距离等的标注。例如,线段长度的标注方法如下:

(1)单击□按钮。

(2)单击要标注的线段或者分别单击线段的两个端点,单击鼠标中键,系统自动进行尺寸标注。

2. 径向尺寸标注

径向尺寸标注包括直径尺寸和半径尺寸的标注。

直径标注的方法:

(1)单击□按钮。

(2)双击圆弧/圆,在尺寸标注的位置单击鼠标中键,如图2-179所示。

半径标注的方法:

(1)单击□按钮。

(2)单击圆弧/圆,再在尺寸标注的位置单击鼠标中键,系统自动进行标注,如图2-180所示。

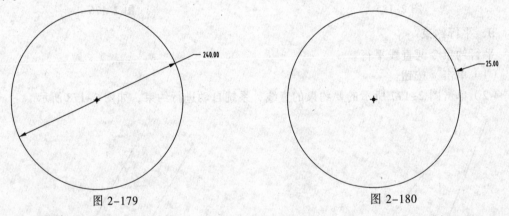

图 2-179   图 2-180

3. 角度尺寸标注

角度尺寸标注是指对两条相交线的角度和圆弧的角度等进行标注。例如,两条相交线角度的标注方法如下:

(1)单击□按钮。

(2)分别单击两条直线,在绘图区的合理位置单击鼠标中键,如图2-181所示,

再如,圆弧角度的标注方法如下:

(1)单击□按钮。

(2)单击圆弧的两个端点,然后单击圆弧,最后在合理位置单击鼠标中键以放置尺寸,如图2-182所示。

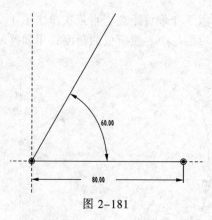

图 2-181

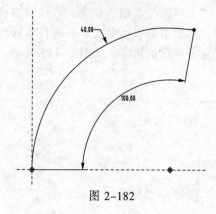

图 2-182

4．椭圆标注

（1）单击 ▭ 按钮。

（2）单击椭圆，然后单击鼠标中键，系统自动弹出"椭圆"对话框，如图 2-183 所示。此时，选择要标注的为 X 半径还是 Y 半径。再用同样的方法标注另外一个半径，如图 2-184 所示。

图 2-183

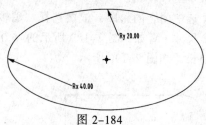

图 2-184

5．样条曲线标注

（1）单击 ∿ 按钮，在草绘区中绘制一条样条曲线；单击 ▭ 按钮，标注样条曲线两端点之间的水平和垂直间的距离，如图 2-185 所示。

（2）单击 ▭ 按钮，依次单击第 1、2、3 点，然后单击鼠标中键，系统自动标注样条曲线端的一端与中心线所成的角度；用同样的方法标注另一端的角度，如图 2-186 所示。

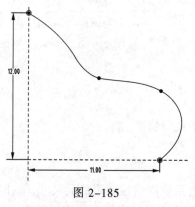

图 2-185

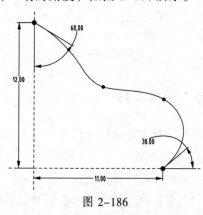

图 2-186

6．圆锥曲线标注

（1）单击 ⌒ 按钮，草绘圆锥曲线，如图 2-187 所示。

（2）单击 口 按钮，命令，标注圆锥曲线两端点的水平和垂直距离；再依次单击第 1、2、3 点，然后单击鼠标中键，系统自动标注锥形曲线的一端与中心线所成的角度；用同样的方法标注另一端的角度，如图 2-188 所示。

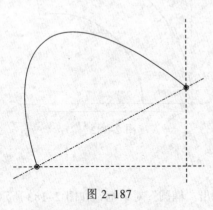

图 2-187

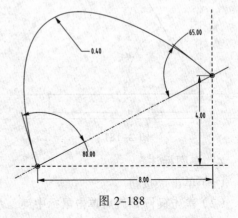

图 2-188

7．周长尺寸标注

（1）单击 口 按钮。

（2）选中闭合的轮廓，依次选择"编辑"→"转换到"→"周长"命令，单击闭合轮廓上的一个尺寸（譬如，图 2-189 所示的 5.00）指定为被周长驱动的尺寸，系统自动标注闭合轮廓的周长，如图 2-190 所示。

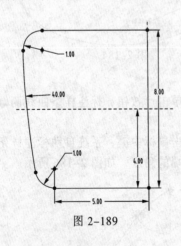

图 2-189

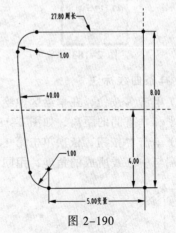

图 2-190

2.5.6 修改工具

修改工具主要是针对尺寸、文本和样条等截面图形进行修改。

1．修改尺寸

尺寸修改有两种方法：

（1）直接修改尺寸的修改可通过鼠标左键直接双击系统提供给图形的弱尺寸，这时会弹出一个数值输入框，在框内输入新尺寸，按【Enter】键（或鼠标中键）确定即可改变尺寸，同时图元发生改变。

（2）通过修改命令 口 重新定义图形尺寸。具体方法如下：

① 选中图 2-191 所示的图形，单击 ⨼ 按钮，系统自动弹出"修改尺寸"对话框，如图 2-192 所示。

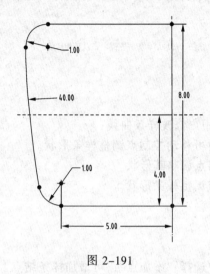

图 2-191   图 2-192

② 在尺寸编辑框中输入新的尺寸，并调节图 2-193 所示 "修改尺寸"对话框右侧的"滑轮"来改变尺寸；"滑轮"转动时，尺寸数值变化的幅度通过"灵敏度"标尺来调整，修改完后单击中键结束操作，如图 2-194 所示。

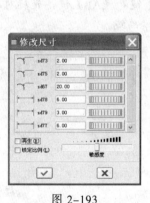

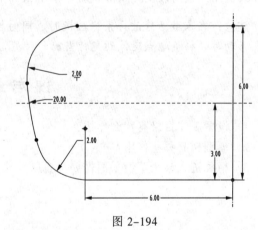

图 2-193   图 2-194

③ 当尺寸修改完后，单击鼠标中键完成操作。

注意： 在"修改尺寸"对话框内，当选中"再生"复选框时，改变尺寸数值后，草绘区的图形实时跟着变化，反之，则不实时变化。当选中"锁定比例"复选框时，改变其中任一尺寸，图形会按原比例整体改变，反之，不按图形原比例整体改变。

2．修改文本

（1）选中要修改的文本。

（2）单击 ⨼ 按钮，系统自动打开"文本"窗口，可修改文本及其相关参数。

（3）当文本修改完后，单击鼠标中键完成操作。

3. 修改样条

（1）选中修改的样条曲线，单击 ⫧ 按钮（或对准要修改的样条曲线直接双击），系统会弹出图 2-195 所示的操控板。

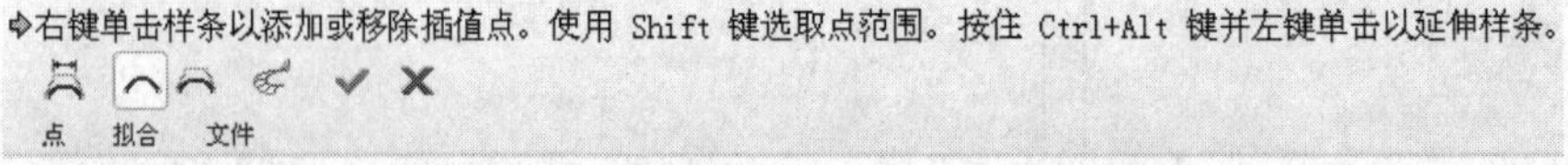

> ⬦右键单击样条以添加或移除插值点。使用 Shift 键选取点范围。按住 Ctrl+Alt 键并左键单击以延伸样条。
>
> ⩈ ⌒ ⌒ ✂ ✓ ✗
> 点 拟合 文件

图 2-195

（2）当开启这个面板后，有以下命令及操作可供用户修改样条曲线：

① ⩈：切换至控制多边形模式修改样条，激活后可移动控制点调整样条形状。

② ⌒：用内插点修改样条，激活后可移动样条结点调整其形状。

③ ⌒：用控制点修改样条，激活后可移动控制点调整样条形状。

④ ✂：曲率分析工具。

⑤ ✓：确认。

⑥ ✗：取消。

⑦ 对准样条按住鼠标右键不放，从弹出的菜单中选择"添加点"，可增加样条结点。

⑧ 对准样条的结点位置按鼠标右键不放，从弹出菜单中选择"删除点"，可删除结点。

⑨ 同时按【Ctrl】键和【Alt】键，鼠标左键对准样条的端点并移动鼠标可继续画线。

（3）用户按需改变样条形状后，单击鼠标中键结束操作。

注意：在未激活修改样条操控板时，同时按住【Ctrl】键和【Alt】键，光标对准样条的端点移动时，样条端点延伸到光标当前的位置，而不是继续画线。

课后练习

1. 设置工作目录有什么作用？

2. 模型树有哪些作用？

3. 精确进入某个草绘平面需要具备哪几个条件？

第 3 章 实体与曲面

在 Pro/E 里，建模的方法有很多种，有的以实体特征方式来搭建模型，有的自始至终都用曲面特征来创建模型。无论采取哪种方式建模，都需要了解和掌握实体特征和曲面特征的创建与修改方法。

3.1 实 体 特 征

实体特征一般以拉伸、旋转、扫描以及扫描混合等生成方式来创建，下面讨论这几种实体特征的创建方法。

3.1.1 拉伸

拉伸原理：二维图形沿它的垂直方向运动形成三维实体。拉伸实体创建的基本条件：封闭的二维图形和指定拉伸距离。

1. 拉伸操控板

单击拉伸按钮 ，系统自动弹出拉伸操控板，如图 3-1 所示。操控板中各个按钮的功能如表 3-1 所示。

图 3-1

表 3-1

按　钮	功　　能	按　钮	功　　能
▢	拉伸为实体	⊏	加厚草绘
⌂	拉伸为曲面	❚❚	暂停当前特征工具
⊥	按指定值沿一个方向拉伸；按此按钮可弹出 3 种拉伸方式	 ☑60	预览创建的特征
⊟	按指定值两个方向拉伸	✔	确认特征创建
⊥	拉伸到选定的图元	✖	取消特征创建
121.15 ▾	数值输入框	放置	选择草绘平面
⧄	变换拉伸方向	选项	确定拉伸方式及数值
⧄	去除材料	属性	修改拉伸的名称

2. 创建拉伸实体

首先创建新文件。单击"新建"文件按钮 □，弹出"新建"对话框，如图 3-2 所示。在"类型"中选择"零件"，"子类型"普通零件选择"实体"，选中"使用缺省模板"复选框，取消使用缺省模板，在"名称"文本框中输入零件的名称为 extrude，单击"确定"按钮。

在弹出的"新文件选项"对话框（见图 3-3）中选择 mmns_part_solid(毫米、牛顿、秒)为零件的尺寸单位，单击"确定"按钮进入新建文件的工作环境，开始建模。

图 3-2

图 3-3

有两种方法可创建拉伸实体：一是使用内部草绘图形；二是选取外部草绘图形。

（1）使用内部草绘图形生成拉伸实体：

① 单击拉伸按钮 ☑，在拉伸操控板中，先单击实体 □，再单击"放置"→"定义"，选择 FRONT 基准面为草绘平面，此时弹出"草绘"对话框，如图 3-4 所示。默认系统选定的草绘方向、参照面及参照面方向，单击 "草绘"对话框中的"草绘"按钮，进入草绘环境。

② 单击草绘命令栏中的圆按钮 ○，在草绘区中画一个圆，直接双击系统标注圆的弱尺寸，将直径大小设为 100，如图 3-5 所示，然后单击确认按钮 ✔，退出草绘环境。

图 3-4

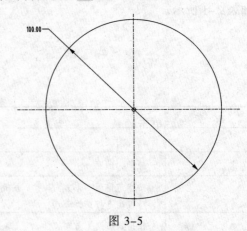

图 3-5

③ 进入零件环境后，按【Ctrl+D】组合键，配合鼠标滑轮滚动调整场景模型的大小直至适合观察，然后在拉伸操控板的数值输入框中输入 100，结果如图 3-6 所示。单击确认按钮 ✔ 或按鼠标中键完成拉伸特征创建，如图 3-7 所示。

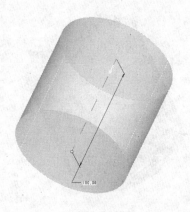

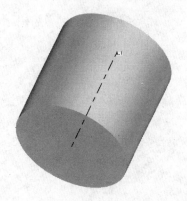

图 3-6　　　　　　　　　　　　　图 3-7

（2）选取外部草绘图形生成拉伸实体：

① 单击基准工具栏中的草绘按钮，弹出"草绘"对话框，选择 FRONT 基准面为草绘平面，如图 3-8 所示。默认系统选定的草绘方向、参照面及参照面方向，如图 3-9 所示。单击"草绘"对话框中的"草绘"按钮，进入草绘环境。

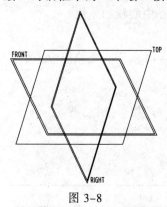

图 3-8　　　　　　　　　　　　　图 3-9

② 单击草绘命令栏中的圆按钮○，在草绘区内画一个圆，直接双击系统标注圆的弱尺寸，将直径大小设为 100（见图 3-10），然后单击确认按钮✓，退出草绘环境。

③ 进入零件环境后，按【Ctrl+D】组合键，调整观察角度，选择刚刚绘完的圆，如图 3-11 所示。单击拉伸按钮，先单击实体，然后在拉伸操控板的数值输入框中输入 100（见图 3-12），然后单击确认按钮✓或按鼠标中键完成拉伸特征创建，如图 3-13 所示。

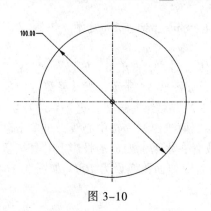

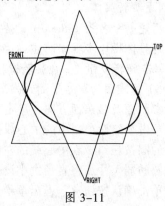

图 3-10　　　　　　　　　　　　　图 3-11

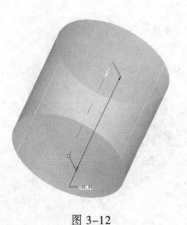

图 3-12

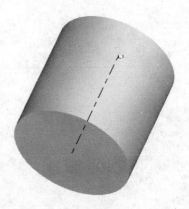

图 3-13

3.1.2 旋转

旋转原理：二维图形沿某一轴线旋转至某一角度形成的三维实体。旋转实体创建的基本条件：一根旋转时参照的中心线、封闭的二维图形且图形在中心线的一侧。

1. 旋转操控板

单击旋转按钮 ✷，系统自动弹出旋转操控板，如图 3-14 所示。操控板中各个按钮的功能如表 3-2 所示。

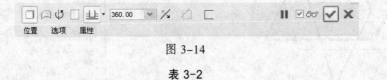

图 3-14

表 3-2

按　钮	功　能	按　钮	功　能
▢	旋转为实体	360.00 ▾	角度输入框
◠	旋转为曲面	位置	选择草绘平面和旋转轴收集器
⟳ 内部 CL	旋转轴收集器		

旋转操控板的其他按钮与拉伸操控板按钮用法相似，在此不一一赘述。

2. 创建旋转实体

（1）新建一个名为 lathe.prt 的零件文件，单位选择 mmns_part_solid(毫米、牛顿、秒)。新建文件的具体操作步骤如前述。

（2）单击旋转按钮 ✷，在旋转操控板中，先单击实体按钮 ▢，再单击"放置"→"定义"，选择 FRONT 基准面为草绘平面，弹出"草绘"对话框，如图 3-15 所示，默认系统选定的草绘方向、参照面及参照面方向，单击"草绘"对话框中的"草绘"按钮，进入草绘环境。

（3）单击草绘命令栏中的中心线按钮 ⁞，沿垂直参照面投影画一根中心线；再单击草绘命令栏中的圆按钮 ○，在中心线的左侧绘圆，圆心要放置在水平参照面的投影上，直接双击系统标注圆的弱尺寸，将直径大小设为 100，圆心与垂直参照面距离设为 100，如图 3-16 所示，然后单击确认按钮 ✓，退出草绘环境。

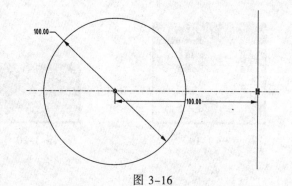

图 3-15   图 3-16

（4）进入零件环境后，按【Ctrl+D】组合键，配合鼠标滑轮滚动调整场景模型的大小直至适合观察，然后在旋转操控板的角度输入框中输入 360，如图 3-17 所示，然后单击确认按钮✔或按鼠标中键完成旋转特征的创建，如图 3-18 所示。

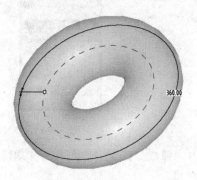

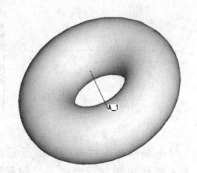

图 3-17   图 3-18

3.1.3 扫描

扫描原理：将二维图形沿指定的轨迹线运动生成三维实体特征。扫描实体创建的基本条件：一条轨迹线和沿轨迹扫描的封闭的二维图形。

创建扫描实体有两种方法：草绘轨迹和选取轨迹。

1．草绘轨迹创建扫描实体

（1）新建一个名为 sweep01.prt 的零件文件，单位选择 mmns_part_solid(毫米、牛顿、秒)。新建文件的具体操作步骤如前述。

（2）选择菜单栏中的"插入"→"扫描"→"伸出项"命令，弹出"伸出项：扫描"对话框(见图 3-19)和"菜单管理器"，单击"菜单管理器"(见图 3-20)中的"草绘轨迹"选项。

（3）在弹出的"菜单管理器"中依次单击"新设置"→"平面"选项（见图 3-21），选择 FRONT 基准面，如图 3-22 所示；再单击 "菜单管理器"中的"正向"(见图 3-23)→"缺省"选项(见图 3-24)，这样便进入草绘环境。

图 3-19

图 3-20

图 3-21

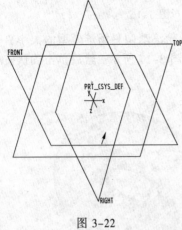

图 3-22

图 3-23

图 3-24

（4）单击草绘命令栏中的圆弧按钮 ，在草绘区内画弧线，位置、形态及尺寸如图 3-25 所示，单击确认按钮 ，便进入绘制截面图形的草绘环境。

（5）单击草绘命令栏中的圆按钮 ○，在草绘区内画圆，位置、形态及尺寸如图 3-26 所示，然后单击确认按钮 ，退出草绘环境。

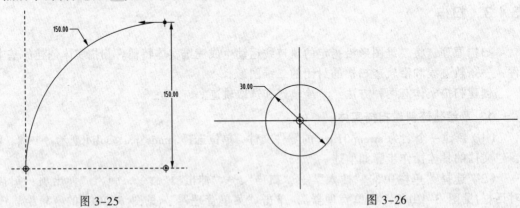

图 3-25

图 3-26

（6）进入零件环境后，按【Ctrl+D】组合键，如图 3-27 所示在"伸出项：扫描"对话框中单击"预览"按钮，如果扫描实体创建正常，再单击"伸出项：扫描"对话框中的"确定"按钮或按中键确认完成，如图 3-28 所示。

图 3-27

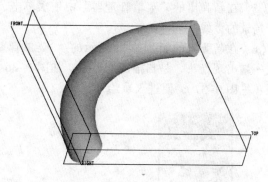

图 3-28

2．选取轨迹创建扫描实体

（1）新建一个名为 sweep02.prt 的零件文件，单位选择 mmns_part_solid(毫米、牛顿、秒)。新建文件的具体操作步骤如前述。

（2）单击基准工具栏中的草绘按钮，弹出"草绘"对话框，选择 FRONT 基准面为草绘平面，如图 3-29 所示。默认系统选定的草绘方向、参照面及参照面方向，如图 3-30 所示，单击"草绘"对话框中的"草绘"按钮，进入草绘环境。

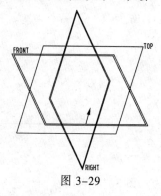

图 3-29

图 3-30

（3）单击草绘命令栏中的圆弧按钮，在草绘区内画弧线，位置、形态及尺寸如图 3-31 所示，然后单击"确认"按钮，退出草绘环境。

（4）进入零件环境后，按【Ctrl+D】组合键，调整圆弧观察角度；选择菜单栏中的"插入"→"扫描"→"伸出项"命令，弹出"伸出项：扫描"对话框（见图 3-32）和"菜单管理器"，单击"菜单管理器"中的"选取轨迹"选项,如图 3-33 所示。

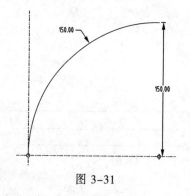

图 3-31

图 3-32

图 3-33

（5）在新弹出的"菜单管理器"中依次单击"曲线链"→"选取"选项（见图 3-34），选择场景的弧线。

（6）在新弹出的如图 3-35 所示的 "菜单管理器"中单击"选取全部"选项，此时场景弧线一端出现箭头，是扫描的起始点，如图 3-36 所示；再单击"菜单管理器"中的"完成"选项（见图 3-37），便进入草绘环境。

图 3-34　　　　　　　图 3-35　　　　　　　图 3-36

（7）单击草绘命令栏中的圆按钮○，在草绘区内画圆，位置、形态及尺寸如图 3-38 所示，然后单击确认按钮✓,退出草绘环境。

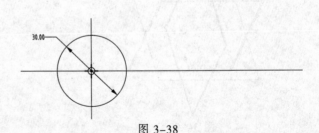

图 3-37　　　　　　　　　　　　　　图 3-38

（8）进入零件环境后，按【Ctrl+D】组合键，在"伸出项：扫描"对话框中单击"预览"按钮（见图 3-39）。如果扫描实体创建正常，再单击"伸出项：扫描"对话框中的"确定"按钮或按鼠标中键确认完成，如图 3-40 所示。

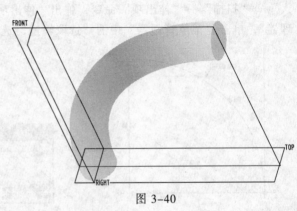

图 3-39　　　　　　　　　图 3-40

3.1.4 混合

混合原理：将位于不同平面上的二维图形（至少两个平面的二维图形）通过一定方式过渡连接而生成的三维实体。混合实体创建基本的条件：两个以上封闭的二维图形和指定二维图形所在平面间的距离。下面介绍创建混合实体的方法。

（1）新建一个名为 blend.prt 的零件文件，单位选择 mmns_part_solid(毫米、牛顿、秒)。新建文件的具体操作步骤如前述。

（2）选择菜单栏中的"插入"→"混合"→"伸出项"命令，弹出"菜单管理器"，单击"菜单管理器"中的"平行"→"规则截面"→"草绘截面"→"完成"选项（见图3-41），弹出"伸出项：混合，平行，规则截面"对话框和"菜单管理器-属性"，如图3-42所示。

（3）在"菜单管理器-属性"中依次单击"光滑"→"完成"选项（见图3-43），然后，在新弹出的"菜单管理器"中依次单击"新设置"→"平面"选项（见图3-44），选择FRONT基准面，如图3-45所示；再单击"菜单管理器"中的"正向"→"缺省"选项，如图3-46、图3-47所示，这样便进入草绘环境。

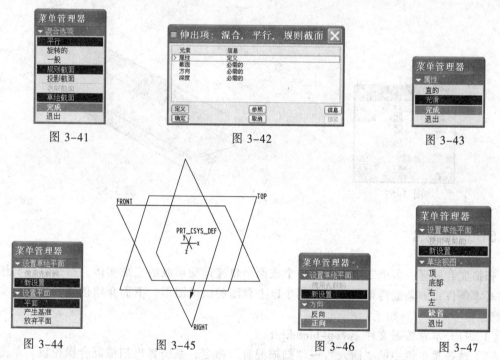

图 3-41　　　　　　　图 3-42　　　　　　　图 3-43

图 3-44　　　图 3-45　　　　　图 3-46　　　　图 3-47

（4）单击草绘命令栏中的样条按钮～，在草绘区内画一条封闭的样条线，位置、形态如图3-48所示；在画完的样条线旁边右击，从弹出的快捷菜单中选择"切换剖面"命令。

（5）单击草绘命令栏中的样条按钮～，在已画样条线的外侧再画一条封闭的样条线，位置、形态如图3-49所示；在画完的样条线旁边右击，从弹出的快捷菜单中选择"切换剖面"命令。

（6）单击草绘命令栏中的样条按钮～，在第一个画完的样条线内侧再画一条封闭的样条线，位置、形态如图3-50所示；单击确认按钮✓，退出草绘环境。

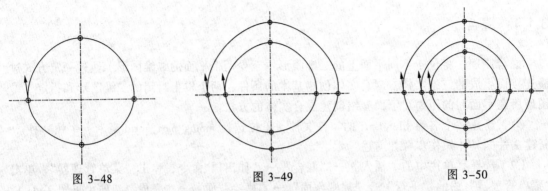

|图 3-48|图 3-49|图 3-50|

（7）此时屏幕出现指定混合实体特征深度输入框 ⊏输入截面2的深度 500.0000 ✓✗ ，在此输入 500，单击中键；再次弹出此框，再输入 500，单击中键。

（8）按【Ctrl+D】组合键，在 "伸出项：混合，平行，规则截面" 对话框中单击 "预览" 按钮，如图 3-51 所示。如果扫描实体创建正常，再单击 "伸出项：混合，平行，规则截面" 对话框中的 "确定" 按钮或按鼠标中键确认完成生成模型，如图 3-52 所示。

图 3-51

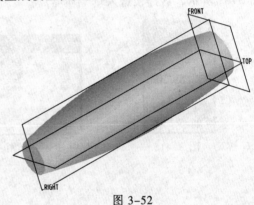

图 3-52

3.1.5 扫描混合

扫描混合原理：多个二维图形沿一个或两个轨迹运动形成的三维实体。扫描混合实体创建的基本条件：一条或两条轨迹线和两个以上封闭的二维图形。下面介绍创建扫描混合实体的方法。

（1）打开本章练习文件 sweep-blend.prt。

（2）选择菜单栏中的 "插入" → "扫描混合" 命令，系统弹出扫描混合操控板，单击操控板实体按钮 □。

（3）选择场景的曲线，此时所选的曲线变成红色并带黄色箭头，如图 3-53 所示。

（4）单击操控板的 "剖面"，展开如图 3-54 所示的面板后，单击所选曲线有箭头的端点，使端点变成红色，再单击 "剖面" 面板的 "草绘" 按钮，进入草绘环境。

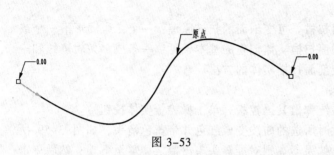

原点

图 3-53

图 3-54

（5）单击草绘命令栏中的圆按钮 ○ ，在草绘区内画圆，位置、形态及尺寸如图 3-55 所示。然后单击确认按钮 ✔ ,退出草绘环境。

（6）进入零件环境后，按【Ctrl+D】组合键，调整视图。单击"剖面"面板中的"插入"按钮 ，单击所选曲线的另一端点，使端点变成红色，再单击"剖面"面板中的"草绘"按钮，进入草绘环境。

（7）单击草绘命令栏中的圆按钮 ○ ，在草绘区内画圆，位置、形态及尺寸如图 3-56 所示，然后单击确认按钮 ✔ ,退出草绘环境。

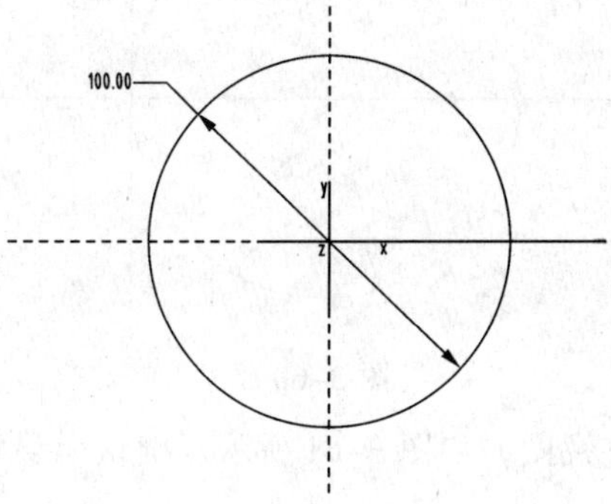

100.00

图 3-55

300.00

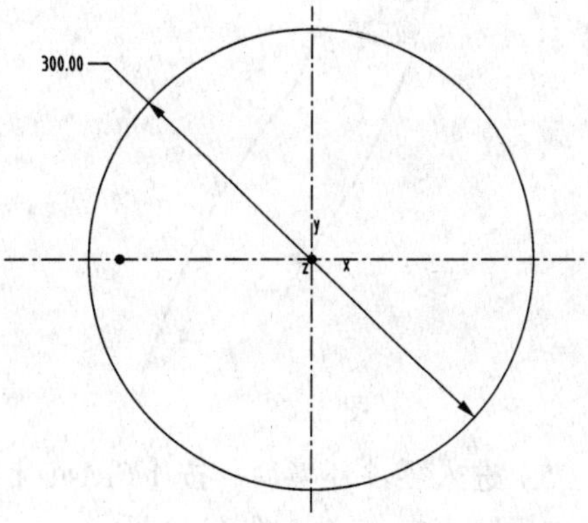

图 3-56

（8）进入零件环境后，按【Ctrl+D】组合键，调整视图，如图 3-57 所示；确认无误后，单击中键结束扫描混合操作生成模型，如图 3-58 所示。

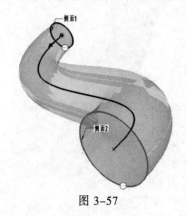

侧面1

侧面2

图 3-57

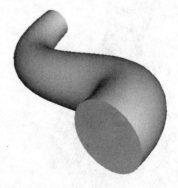

图 3-58

3.1.6　变剖扫描

变剖扫描在 Pro/E 里称为可变剖面扫描。可变剖面的扫描原理：一个二维图形沿一个或多个轨迹运动形成的三维实体。可变剖面扫描实体创建的基本条件：一条或多条轨迹线和一个封闭的二维图形。下面介绍创建可变剖面扫描实体的方法。

（1）打开本章练习文件 vs-sweep.prt。

（2）单击可变剖面扫描按钮 ，系统弹出其操控板，单击操控板实体按钮 。

（3）依次选择场景的两条曲线，此时所选的曲线变成红色并带黄色箭头，如图 3-59 所示。注意：黄色箭头要在曲线的下端，如果不在则对准箭头单击使之调整至下端；然后单击操控板的草绘按钮 ，进入草绘环境。

（4）单击草绘命令栏中的圆按钮 ，在草绘区内画圆，单击共点约束按钮 ，使两条曲线的扫描起始端点约束在圆上，圆心约束在水平参照线上，如图 3-60 所示。然后单击完成按钮 退出草绘环境。

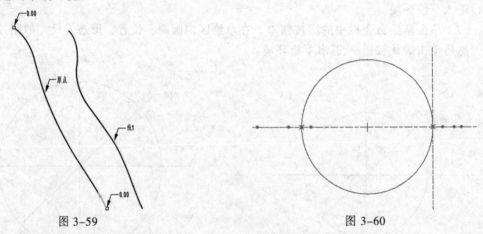

图 3-59　　　　　　　　　　　　　　　　　　　　图 3-60

（5）进入零件环境后，按【Ctrl+D】组合键，调整视图，如图 3-61 所示。确认无误后，单击中键结束操作，如图 3-62 所示。

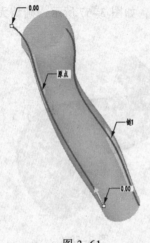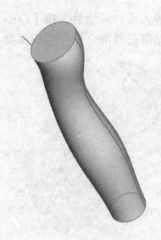

图 3-61　　　　　　　　　　　　　　　　　　　　图 3-62

3.2 工 程 特 征

工程特征包括孔特征、壳特征、筋特征、拔模特征、圆角特征和切角特征等，这些特征具有相对固定的形状、明确的用途，用户通过改变其尺寸，得到不同的工程特征。工程特征一般不能够独立于实体特征而存在，必须依附于其他的特征之上，这也是工程特征和基础实体特征的典型区别之一，例如拔模特征需要选择已有特征的面，壳特征需要对已有的实体特征进行加壁厚处理，倒圆角特征需要放置在已有特征的边线或顶点处，等等。下面介绍工程特征的制作方法。

3.2.1 孔

孔特征是产品造型设计常见的工程特征。根据孔的形状、结构和用途可划分为：直孔、草绘孔和标准孔。下面以直孔为例讲解其创建方法。

创建孔特征的方法如下：

（1）打开本章练习文件 hole.prt。

（2）选择模型的上表面，如图 3-63 所示，单击孔按钮 ，在模型上表面的位置出现一个孔，如图 3-64 所示。

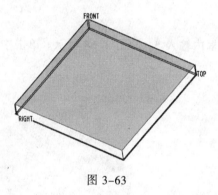

图 3-63

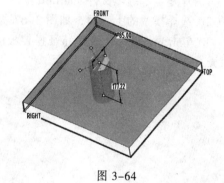

图 3-64

（3）在孔特征操控板的 框内输入 40，在 框内输入 50。

（4）确定孔位置有两个带有绿色方块的控制柄，拖动其中一个控制柄的绿色方块至 RIGHT 基准面，再拖动另一个控制柄的绿色方块至 FRONT 基准面，这样孔参照两个基准面后，位置被确定，如图 3-65 所示。注意：双击孔距这两个参照面的距离值后可以更改其数值来改变孔的位置。

（5）单击中键结束孔特征的创建，最终效果如图 3-66 所示。

关于孔的长度有以下几种设置方式：

（1） ：指定孔的深度，即通过文本框中的值来确定孔的深度。

（2） ：从主参照平面向两侧对称延伸至指定深度。

（3） ：穿透所有表面，形成通孔。

（4） ：从主参照平面延伸至下一个曲面。

（5） ：延伸至与指定的曲面相交。

（6）⊥：延伸到指定的图元。

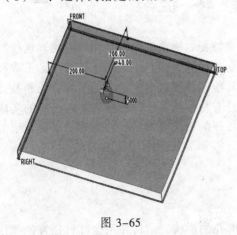

图 3-65

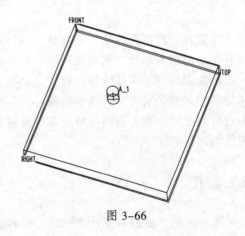

图 3-66

3.2.2　壳

壳特征是将一个实体的中间部分的材料去掉而保留其一定厚度。下面介绍创建壳特征的方法。

（1）打开本章练习文件 shell.prt。

（2）选择模型的上表面，如图 3-67 所示。

（3）单击壳按钮 📧，在壳特征操控板的厚度输入框内输入 5，如图 3-68 所示。单击中键结束壳特征创建，如图 3-69 所示。

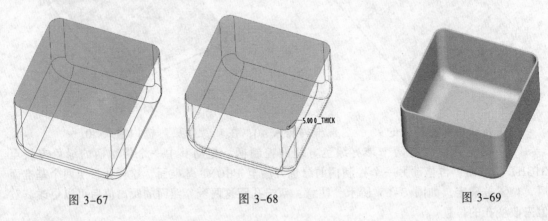

图 3-67　　　　　　　　　　图 3-68　　　　　　　　　　图 3-69

3.2.3　筋

筋特征是连接到薄实体特征的伸出项。通常用来加固产品的结构强度，但它必须依附于别的特征。根据设计需要筋特征分为：平直筋和旋转筋。下面以平直筋为例讲解其创建筋特征的方法。

（1）打开本章练习文件 rib.prt。

（2）单击筋按钮 🔩，在筋特征操控板中，单击"参照"→"定义"，选择 FRONT 基准面为草绘平面，弹出"草绘"对话框，如图 3-70 所示。默认系统选定的草绘方向、参照面及参照面方向，如图 3-71 所示。

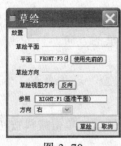

图 3-70

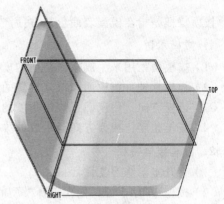

图 3-71

（3）单击"草绘"对话框中的"草绘"→"参照"，点选如图 3-72 所示的两条边为尺寸参照，单击"参照"对话框中的"关闭"按钮。

（4）单击草绘命令栏中的直线按钮 ＼，画直线时使直线的两端点落在作为尺寸参照的两条边上，如图 3-73 所示，然后单击确认按钮 ✔，退出草绘环境。

图 3-72

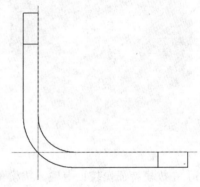

图 3-73

（5）进入零件环境后，按【Ctrl+D】组合键，调整视图。在预览几何中如果筋特征的材料填充方向指向外侧（见图 3-74），则不能生成筋特征，可对准箭头使之指向内侧，如图 3-75 所示。

（6）在筋特征操控板上输入筋的厚度值为 30，单击中键结束筋特征创建，如图 3-76 所示。

图 3-74

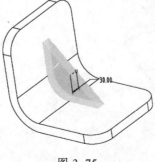

图 3-75

图 3-76

3.2.4 拔模

拔模特征是指在模型表面创建方便产品脱模的斜面。

1. 拔模术语

（1）拔模面：用来生成拔模特征的模型表面。

（2）拔模枢轴：拔模面围绕其旋转的线或曲线；拔模后拔模枢轴处的形状保持不变。

（3）拔模方向：用来确定拔模角度的方向，通常为模具开模的方向。

（4）拔模角度：拔模方向与生成的拔模曲面之间的角度。

2. 创建拔模特征

（1）打开本章练习文件 draft.prt。

（2）按住【Ctrl】键，依次选择模型的 4 个面，如图 3-77 所示，单击拔模按钮 ，选择 TOP 基准面，如图 3-78 所示。

图 3-77

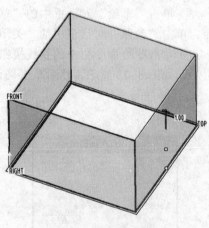

图 3-78

（3）在拔模特征操控板上输入拔模角度值为 15，如图 3-79 所示。单击中键结束拔模特征创建，如图 3-80 所示。

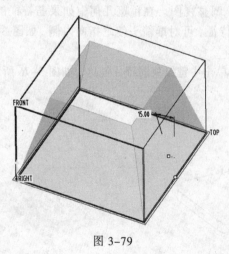

图 3-79

图 3-80

3.2.5 圆角

圆角在 Pro/E 里称为倒圆角。圆角特征在实体相邻面产生光滑过渡的曲面。在实体上选择边线、面等可生成圆角。形式有等半径、变半径、面混合圆角 3 种。下面介绍创建倒圆角的方法。

1. 等半径倒圆角创建方法

（1）打开本章练习文件 round.prt。

（2）单击倒圆角按钮 。

（3）选择模型边线，此时出现边倒圆角状态，如图 3-81 所示，在倒圆角操控板圆角数值框内输入 5；单击中键结束倒圆角操作，如图 3-82 所示。

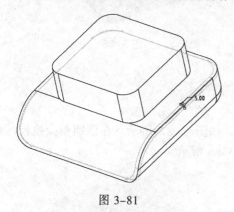

图 3-81

图 3-82

2. 变半径倒圆角创建方法

（1）打开本章练习文件 round.prt。

（2）单击倒圆角按钮 。

（3）选择模型边线，此时出现边倒圆角状态，对准倒圆角控制柄的小方块按右键不放，会出现快捷菜单，选择"添加半径"命令，这样就多出一个圆角控制柄，如图 3-83 所示。

（4）对准控制柄相交处的圆点按左键不放移动鼠标可以更改倒圆角的位置，两倒圆角控制柄的位置如图 3-84 所示。

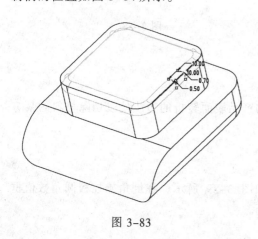

图 3-83

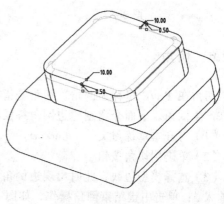

图 3-84

（5）对准倒圆角的尺寸双击可更改圆角的半径大小，圆角半径分别设置为 10 和 2，如图 3-85 所示。单击中键结束倒圆角操作，如图 3-86 所示。

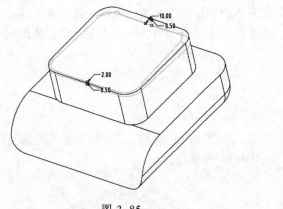

图 3-85   图 3-86

3. 面混合圆角创建方法

（1）打开本章练习文件 round.prt。

（2）单击倒圆角按钮 。

（3）选择模型两表面，此时出现边倒圆角状态，如图 3-87 所示。在倒圆角操控板圆角数值框内输入 5；单击中键结束倒圆角操作，如图 3-88 所示。

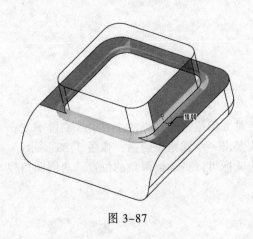

图 3-87   图 3-88

3.2.6 切角

切角在 Pro/E 里称为倒角。切角是指在选定的产品表面转折的边线处以切除材料的某方式来产生倒角。下面介绍创建边倒角特征的方法。

（1）打开本章练习文件 round.prt。

（2）单击倒切角按钮 。

（3）选择模型边线，此时出现边倒角状态，如图 3-89 所示，在倒角操控板圆角数值框内输入 5；单击中键结束倒角操作，如图 3-90 所示。

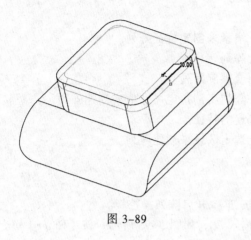

图 3-89

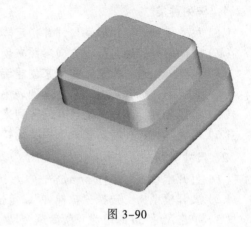

图 3-90

3.3 特 征 编 辑

在实体建模中，实体特征有时需要编辑才能满足产品设计的需要。下面讲解比较常用的实体特征编辑操作。

3.3.1 镜像

（1）打开本章练习文件 mirror.prt。

（2）选择场景模型，单击镜像按钮 ，再选择 FRONT 基准面，如图 3-91 所示。单击中键结束镜像操作，如图 3-92 所示。

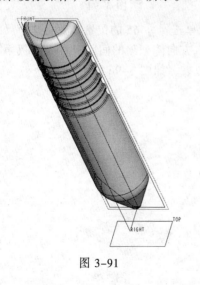

图 3-91

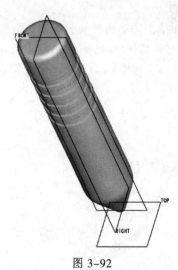

图 3-92

3.3.2 阵列

阵列是指将一定数量的对象按照规则有序的格式进行排列。

1．阵列种类

（1）尺寸阵列：使用驱动尺寸并指定阵列尺寸增量来创建特征阵列。

（2）方向阵列：通过指定方向参照来创建线性阵列。

（3）轴阵列：通过指定轴参照来创建旋转阵列或螺旋阵列。

（4）表阵列：编辑阵列表，在阵列表中为每一阵列实例指定尺寸值来创建阵列。

（5）参照阵列：参照一个已有的阵列来阵列选定的特征。

（6）填充阵列：在特定格式下用实例特征填充选定区域来创建阵列。

2．尺寸阵列

（1）打开本章练习文件 array.prt。

（2）展开模型树，选择"拉伸 2"，单击阵列按钮，开启阵列操控板。

（3）单击尺寸 60 的位置，激活这个尺寸并且输入 70，如图 3-93 所示，按【Enter】键，确定第一方向阵列项的间距；在阵列操控板第一方向内输入 5，按【Enter】键，确定第一方向阵列项的个数，如图 3-94 所示。

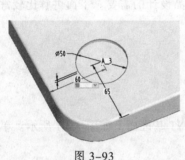

图 3-93

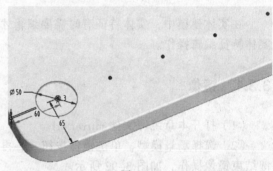

图 3-94

（4）单击阵列操控板，在第二方向添加项目，然后单击尺寸 65 的位置，激活这个尺寸并且输入 85，如图 3-95 所示，按【Enter】键，确定第二方向阵列项的间距；在操控板第二方向内输入 3，按【Enter】键，确定第二方向阵列项的个数，如图 3-96 所示。

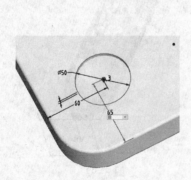

图 3-95

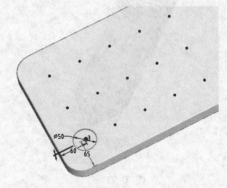

图 3-96

（5）单击中键结束阵列操作，如图 3-97 所示。展开模型树，右击"倒圆角 3"，在弹出的快捷菜单中选择"阵列"命令，结果如图 3-98 所示。此时，"倒圆角 3"阵列会参照"拉伸 2"进行阵列，单击中键结束阵列操作，如图 3-99 所示。

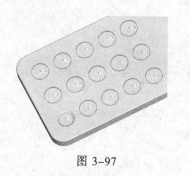

图 3-97

图 3-98

图 3-99

3．方向阵列

（1）打开本章练习文件 array.prt。

（2）展开模型树，选择"拉伸 2"，单击阵列按钮🔲,开启阵列操控板。

（3）在阵列操控板内将阵列方式由"尺寸"改为"方向"，选择模型上一条边（见图 3-100），确定阵列的第一方向，单击尺寸的位置，激活这个尺寸并且输入 70，如图 3-101 所示，按【Enter】键，确定第一方向阵列项的间距；在阵列操控板第一方向内输入 5，按【Enter】键，确定第一方向阵列项的个数，如图 3-102 所示。

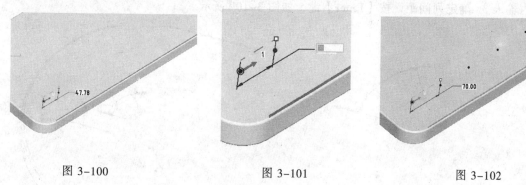

图 3-100　　　　　　　图 3-101　　　　　　　图 3-102

（4）单击阵列操控板第二方向添加项目，选择模型上另一条边,如图 3-103 所示。注意更改阵列箭头方向，单击阵列操控板按钮✗即可更改方向；然后单击尺寸的位置，激活这个尺寸并且输入 85,如图 3-103 所示，按【Enter】键，确定第二方向阵列项的间距；在操控板第二方向内输入 3，按【Enter】键，确定第二方向阵列项的个数，如图 3-104 所示；单击中键结束阵列操作，如图 3-105 所示。

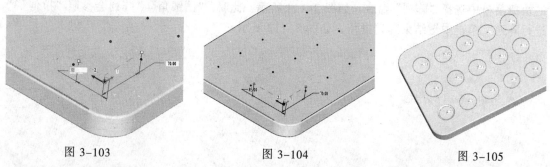

图 3-103　　　　　　　图 3-104　　　　　　　图 3-105

（5）展开模型树，右击"倒圆角 3"，在弹出的快捷菜单中选择"阵列"命令，如图 3-106 所示。此时，"倒圆角 3"阵列会参照"拉伸 2"进行阵列，单击中键结束阵列操作，如图 3-107 所示。

图 3-106

图 3-107

4．轴阵列

（1）打开本章练习文件 array.prt。

（2）展开模型树，选择"拉伸 3"，单击阵列按钮▦，开启阵列操控板。

（3）在阵列操控板内将阵列方式由"尺寸"改为"轴"，选择模型上的轴，在阵列操控板第一个文本框内输入 6 确定阵列项的个数，按【Enter】键，第二个文本框内输入 60 阵列角度增量，按【Enter】键，如图 3-108 所示。

（4）在阵列操控板倒数第二个文本框内输入 3 确定列数，按【Enter】键；在最后的文本框内输入 35 确定列间距，按【Enter】键，如图 3-109 所示。

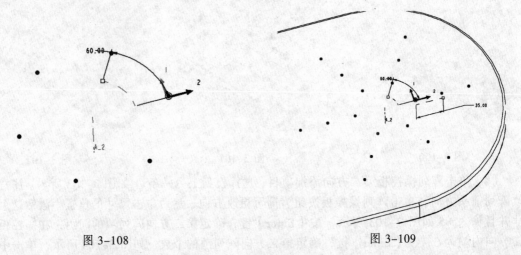

图 3-108

图 3-109

（5）单击中键结束阵列操作，如图 3-110 所示。展开模型树，右击"倒圆角 4"，在弹出的快捷菜单中选择"阵列"命令，如图 3-111 所示。此时，"倒圆角 4"阵列会参照"拉伸 3"进行阵列，单击中键结束阵列操作，如图 3-112 所示。

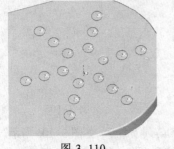

图 3-110

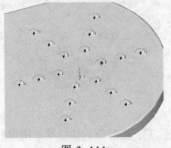

图 3-111

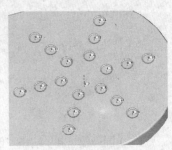

图 3-112

5. 填充阵列

（1）打开本章练习文件 array.prt。

（2）展开模型树，选择"拉伸 3"，单击阵列按钮▦，开启阵列操控板。

（3）在阵列操控板内将阵列方式由"尺寸"改为"填充"，单击"参照"→"定义"，选择模型的上表面，此时弹出"草绘"对话框，如图 3-113 所示。默认系统选定的草绘方向、参照面及参照面方向，单击"草绘"对话框中的"草绘"按钮，进入草绘环境。

（4）综合运用中心线┆、圆弧⌐、直线╲、镜像▥、删除✔等草绘按钮绘制图形，尺寸、位置、形态，如图 3-114 所示，然后单击确认按钮✔，退出草绘环境；

图 3-113

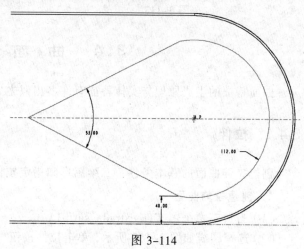

图 3-114

（5）在阵列操控板内选择"方形"定义阵列布局，在第一个文本框内输入 30 确定阵列成员间距，在第二个文本框内输入 5 确定阵列成员与草绘图形的间距，在第三个文本框内输入 45 确定阵列旋转角度，如图 3-115 所示。

（6）单击中键结束阵列操作，如图 3-116 所示。展开模型树，右击"倒圆角 4"，在弹出的快捷菜单中选择"阵列"命令，如图 3-117 所示。此时，"倒圆角 4"阵列会参照"拉伸 3"进行阵列，单击中键结束阵列操作，如图 3-118 所示。

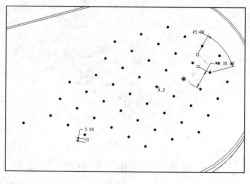

图 3-115

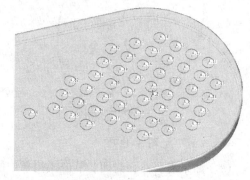

图 3-116

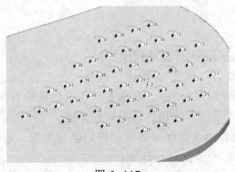

图 3-117

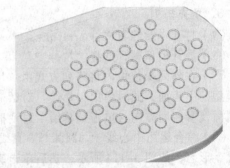

图 3-118

3.4 曲 面 创 建

曲面特征的生成原理与实体特征有许多相似之处，以下介绍几种常用的曲面生成方式。

3.4.1 拉伸

创建拉伸曲面的基本条件：二维图形和指定拉伸距离。

1. 创建拉伸曲面

（1）打开本章练习文件 extrude_surf01.prt。

（2）选择圆线如图 3-119 所示，单击拉伸按钮 ，开启拉伸操控板，先单击曲面按钮 ，然后在拉伸操控板的数值输入框内输入 400,单击中键完成操作，如图 3-120 所示。

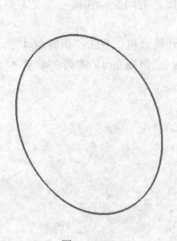

图 3-119

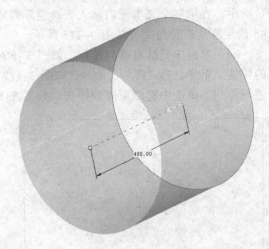

400.00

图 3-120

（3）如果需要曲面封闭，单击操控板中的"选项"，展开此面板，选中"封闭端"复选框，这样拉伸的曲面封闭，如图 3-121 所示；如果需要开放曲面则不选中此项，单击中键完成操作，如图 3-122 所示。

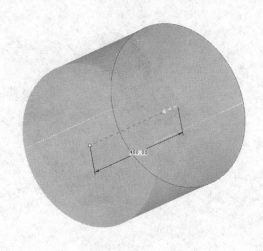

图 3-121

图 3-122

注意：封闭曲面和实体在着色情况下难以区分，可在线框模式里观察区分。在线框模式里如果模型线框为紫色可知是曲面，如果是白色可知是实体。

2．拉伸去除曲面

（1）打开本章练习文件 extrude_surf02.prt。

（2）选择弧线如图 3-123 所示，单击拉伸按钮 ，在拉伸操控板将一侧拉伸方式 切换为两侧拉伸 ，然后对准确定拉伸长度的白色小方块按住左键不放进行拖动，使拉伸长度贯穿圆柱面，如图 3-124 所示。

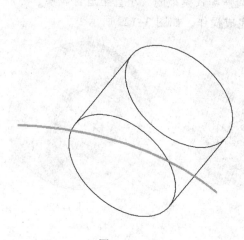

图 3-123

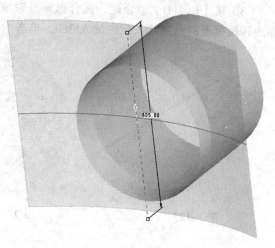

图 3-124

（3）单击操控板中的去除材料按钮 ，再选择圆柱面使之变成红色，如图 3-125 所示。此时，也可单击黄色箭头或切换方向按钮 来改变去除曲面端；然后单击中键完成操作，如图 3-126 所示。

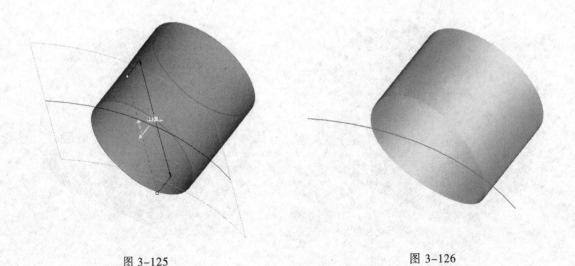

图 3-125 图 3-126

3.4.2 旋转

旋转曲面创建的基本条件：一条旋转时参照的中心线、二维图形且图形在中心线的一侧。下面介绍创建旋转曲面的方法。

（1）打开本章练习文件 lathe_surf.prt。

（2）单击旋转按钮 ⊕，在旋转操控板中，先单击曲面按钮 ▢，再选择场景曲线（见图 3-127），这时会生成如图 3-128 所示的旋转曲面。

（3）按【Ctrl+D】组合键，配合鼠标滑轮滚动调整场景模型的大小直至适合观察，然后在旋转操控板的角度输入框内键入 360，单击中键完成操作，如图 3-129 所示。

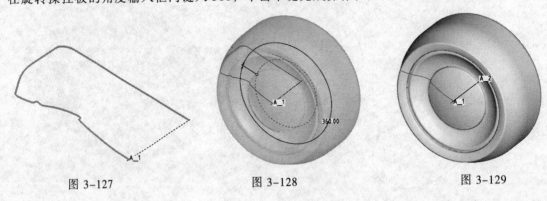

图 3-127 图 3-128 图 3-129

3.4.3 扫描

扫描曲面创建的基本条件：一条轨迹线和沿轨迹扫描的二维图形。下面介绍创建扫描曲面的方法。

（1）打开本章练习文件 sweep_surf.prt。

（2）选择菜单栏中的"插入"→"扫描"→"曲面"命令，弹出"曲面：扫描"对话框

（见图 3-130）和"菜单管理器"，单击"菜单管理器"中的"选取轨迹"选项，如图 3-131 所示。

图 3-130

图 3-131

（3）在新弹出的 "菜单管理器"中依次单击"曲线链"→"选取"选项，选择场景的弧线，如图 3-132 所示。

（4）在新弹出的 "菜单管理器"中单击"选取全部"选项（见图 3-133），此时场景弧线一端出现箭头，是扫描的起始点，如图 3-134 所示；再单击如图 3-135 所示的"菜单管理器"中的"完成"选项，进入草绘环境。

图 3-132

图 3-133

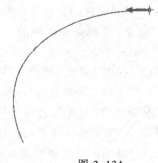

图 3-134

（5）单击草绘命令栏中的圆按钮，在草绘区内画弧线，位置、形态及尺寸如图 3-136 所示，然后单击确认按钮，退出草绘环境。

图 3-135

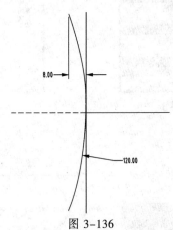

图 3-136

（6）进入零件环境后，按【Ctrl+D】组合键调整视图，如图 3-137 所示在"曲面：扫描"对话框单击"预览"按钮，如果扫描曲面创建正常，再单击"曲面：扫描"对话框中的"确定"按钮或按中键确认完成，如图 3-138 所示。

图 3-137

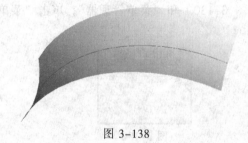

图 3-138

3.4.4 混合

混合曲面创建的基本条件：两个以上的二维图形和指定二维图形所在平面间的距离。下面介绍创建混合曲面的方法。

（1）新建一个名为 blend-surf.prt 的零件文件，单位选择 mmns_part_solid(毫米、牛顿、秒)。新建文件的具体操作步骤如前述。

（2）选择菜单栏中的"插入"→"混合"→"曲面"命令，弹出"菜单管理器"，如图 3-139 所示，单击"菜单管理器"中"平行"→"规则截面"→"草绘截面"→"完成"选项，弹出"曲面：混合，平行，规则截面"对话框和"菜单管理器-属性"，如图 3-140 所示。

（3）在"菜单管理器-属性"中依次单击"光滑"→"完成"选项（见图 3-141），然后，在新弹出的"菜单管理器"中依次单击"新设置"→"平面"选项（见图 3-142），选择 FRONT 基准面，如图 3-143 所示；再单击"菜单管理器"中的"正向"→"缺省"选项，如图 3-144、图 3-145 所示，这样便进入草绘环境。

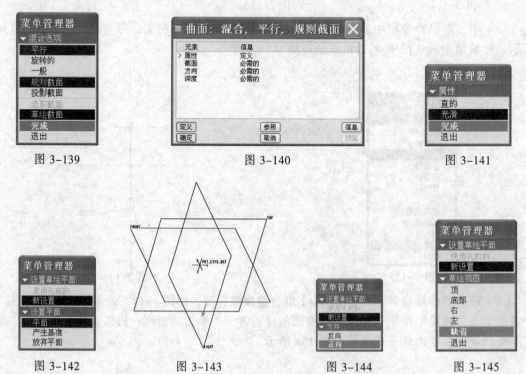

图 3-139　　　　　图 3-140　　　　　图 3-141

图 3-142　　　　图 3-143　　　　图 3-144　　　　图 3-145

（4）单击草绘命令栏中的样条按钮 ～，在草绘区内画一样条线，位置、形态如图 3-146 所示；在画完的样条线旁边右击，在弹出的快捷菜单中选择"切换剖面"命令。

（5）单击草绘命令栏中的样条按钮 ～，在已画样条线的外侧再画一样条线，位置、形态如图 3-147 所示；在画完的样条线旁边右击，在弹出的快捷菜单中选择"切换剖面"命令。

（6）单击草绘命令栏中的样条按钮 ～，在第一个画完的样条线内侧再画一样条线，位置、形态如图 3-148 所示；单击确认按钮 ✓，退出草绘环境，这时在屏幕上弹出 "菜单管理器-深度"，单击"完成"选项，如图 3-149 所示。

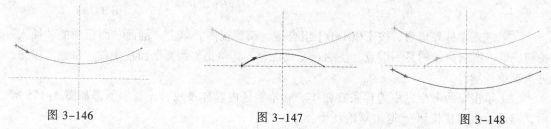

图 3-146　　　　　　　　　　图 3-147　　　　　　　　　　图 3-148

（7）此时屏幕出现指定混合实体特征深度输入框 ▷输入截面的深度 500.0000 ✓✗，在此键入 500，单击中键；再次弹出此框，再键入 500，单击中键。

（8）按【Ctrl+D】组合键，在"曲面：混合，平行，规则截面"对话框单击"预览"按钮，如图 3-150 所示。如果扫描实体创建正常，再单击"曲面：混合，平行，规则截面"对话框中的"确定"按钮或按中键确认完成，如图 3-151 所示。

图 3-149

图 3-150

图 3-151

3.4.5　扫描混合

扫描混合曲面创建的基本条件：一条或两条轨迹线和两个以上的二维图形。下面介绍创建扫描混合曲面的方法。

（1）打开本章练习文件 sweep-blend.prt。

（2）选择菜单栏中的"插入"→"扫描混合"命令，系统弹出扫描混合操控板，单击操控板的曲面按钮 ▢。

（3）选择场景的曲线，此时所选的曲线变成红色并带黄色箭头，如图 3-152 所示。

（4）单击操控板的"剖面"，展开如图 3-153 所示的面板后，单击所选曲线有箭头的端点，使端点变成红色，再单击"剖面"面板中的"草绘"按钮，进入草绘环境。

（5）单击草绘命令栏中的样条按钮 ～，在草绘区内画样条线，位置、形态如图 3-154 所示，然后单击确认按钮 ✓，退出草绘环境。

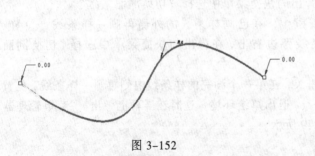

图 3-152　　　　　　　　　　　　　　　　图 3-153

（6）进入零件环境后，按【Ctrl+D】组合键，调整视图。单击"剖面"面板中的"插入"按钮，单击所选曲线的另一端点，使端点变成红色，再单击"剖面"面板中的"草绘"按钮，进入草绘环境。

（7）单击草绘命令栏中的样条按钮 ～ ，在草绘区内画样条线，位置、形态如图 3-155 所示，然后单击确认按钮 ✔ ,退出草绘环境。

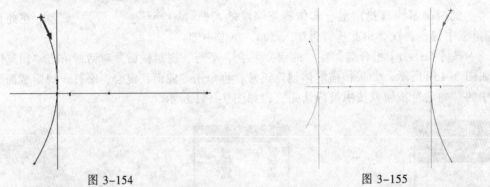

图 3-154　　　　　　　　　　　　　　　　图 3-155

（8）进入零件环境后，按【Ctrl+D】组合键，调整视图，如图 3-156 所示。确认无误后，单击中键结束操作，如图 3-157 所示。

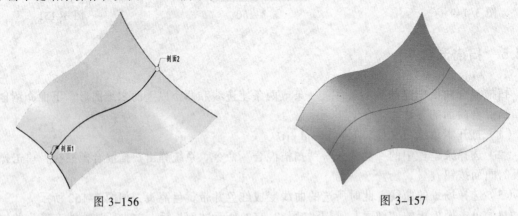

图 3-156　　　　　　　　　　　　　　　　图 3-157

3.4.6　变剖扫描

可变剖面扫描曲面创建的基本条件：一条或多条轨迹线和一个二维图形。下面介绍创建可变剖面扫描曲面的方法。

（1）打开本章练习文件 vs-sweep.prt。

（2）单击可变剖面扫描按钮 ，系统弹出其操控板，单击操控板的曲面按钮 。

（3）依次选择场景的两条曲线，此时所选的曲线变成红色并带黄色箭头如图 3-158 所示。注意：黄色箭头要在曲线的下端，如果不在则对准箭头单击使之调整至下端；然后单击操控板的草绘按钮 ，进入草绘环境。

（4）单击草绘命令栏中的样条按钮 ，在草绘区内画样条线，位置、形态如图 3-159 所示，然后单击确认按钮 ,退出草绘环境。

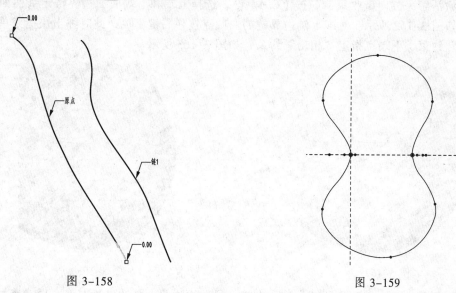

图 3-158   图 3-159

（5）进入零件环境后，按【Ctrl+D】组合键，调整视图，如图 3-160 所示。确认无误后，单击中键结束操作，如图 3-161 所示。

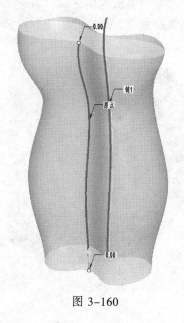
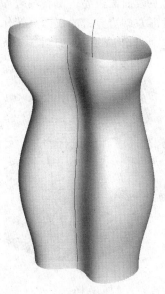

图 3-160   图 3-161

3.4.7 边界混合

边界混合曲面是指利用边线作为曲面边界混合生成的一类曲面。边界混合曲面既可同一个方向上的边线混合生成曲面，也可以由两个方向上的边线混合生成曲面。下面介绍创建边界混合曲面的方法。

（1）打开本章练习文件 boundary-blend.prt。

（2）单击边界混合按钮 ，开启边界混合操控板。

（3）激活第一方向链收集器，按【Ctrl】键，选择上端和下端曲面边界链定义曲面的第一方向，如图 3-162 所示。对准上端边界链的白圆点按住右键不放，此时弹出快捷菜单，选择"相切"约束，下端也指定"相切"约束，如图 3-163 所示。

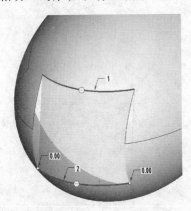 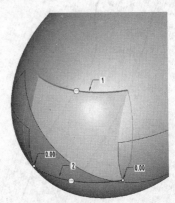

图 3-162　　　　　　　　　　　　　　　图 3-163

（4）激活第二方向链收集器，先选择左端一段曲面边界，按【Shift】键，再选择另一段曲面边界，使左端边界完全选择，再按【Ctrl】键，先选择右端一段曲面边界，按【Shift】键，再选择另一段曲面边界，使右端边界完全选中，这样第二方向的曲面制作完成，如图 3-164 所示。对准左端边界链的白圆点按住右键不放，此时弹出快捷菜单，选择"相切"约束，右端也指定"相切"约束，如图 3-165 所示。

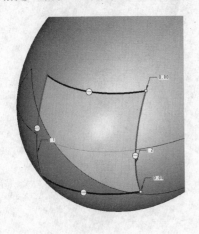 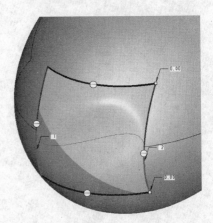

图 3-164　　　　　　　　　　　　　　　图 3-165

（5）单击中键结束操作，如图 3-166 和图 3-167 所示。

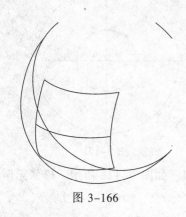

图 3-166

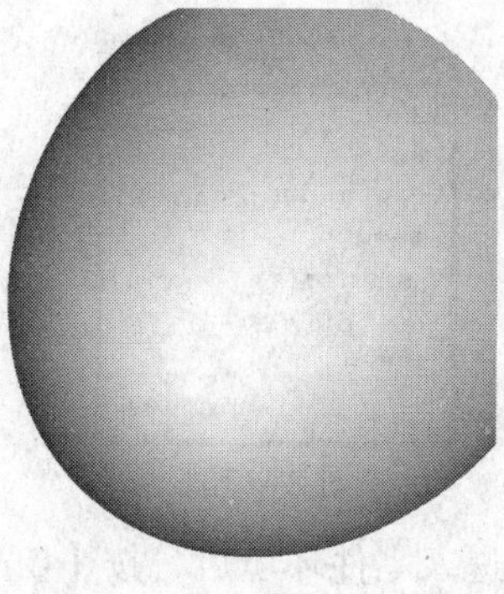

图 3-167

注意：创建曲面的各方向的边界或曲线的端点必须相连接；另外，由边界混合生成的曲面与已知曲面边界有 4 种约束方式：自由、垂直、相切和曲率。

（1）自由：新建曲面的默认选项。
（2）垂直：使新建曲面边界垂直于所选的基准平面或其他平面。
（3）相切：使新建曲面边界相切于所选的基准平面或其他平面或曲面。
（4）曲率：使新建曲面边界与已相连的曲面曲率一致。

以下是两种不同约束方式生成的曲面，图 3-168 为相切约束；图 3-169 为曲率约束。

图 3-168

图 3-169

3.4.8 填充

填充曲面特征就是对由封闭曲线围成的区域填充后生成的平整曲面。创建填充曲面特征的方法非常简单，首先绘制或选取封闭的曲面边界，然后使用填充曲面设计工具来创建曲面特征。下面介绍创建填充曲面的方法。

（1）打开本章练习文件 fill.prt。
（2）选择菜单栏中的"编辑"→"填充"命令，开启填充操控板。
（3）在操控板中单击"参照"→"定义"，选择 TOP 基准面为草绘平面，此时弹出"草绘"对话框，默认系统选定的草绘方向、参照面及参照面方向，如图 3-170 所示。单击"草绘"对话框中的"草绘"按钮，进入草绘环境。
（4）单击草绘命令栏中的使用边按钮□，单击如图 3-171 所示模型的开放边界，使模型的边界投影到当前草绘平面上，然后单击确认按钮✓退出草绘环境。

图 3-170

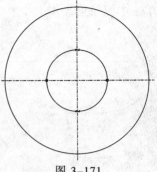

图 3-171

（5）进入零件环境后，按【Ctrl+D】组合键调整视图，如图 3-172 所示，确认无误后，单击中键结束操作，如图 3-173 所示。

图 3-172

图 3-173

3.5　曲　面　编　辑

在曲面建模中，创建的曲面要进行各种编辑，有时还需要实体化，将封闭的曲面转换成三维实体，以适应复杂产品设计的需要。下面讲解常用的曲面编辑操作。

3.5.1　拔模

（1）打开本章练习文件 draft-surf.prt。

（2）按【Ctrl】键，依次选择模型的曲面，如图 3-174 所示，单击拔模按钮 ⚙，选择 TOP 基准面，如图 3-175 所示。

（3）在拔模特征操控板上输入拔模角度值为 3，单击中键结束操作，如图 3-176 所示。

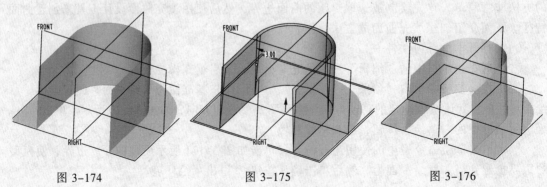

图 3-174　　　　　　　　　　图 3-175　　　　　　　　　　图 3-176

3.5.2 实体化

曲面实体化既可以使封闭的曲面转变为实体，也可以使曲面去除实体上多余的材料。

（1）打开本章练习文件 solid.prt。

（2）选择曲面组，如图 3-177 所示，选择菜单栏中的"编辑"→"实体化"命令，结果如图 3-178 所示。开启实体化特征操控板。

（3）单击中键结束操作，曲面实体化后便转变为实体，如图 3-179 所示。

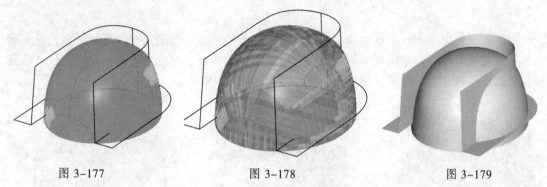

图 3-177　　　　　　　　图 3-178　　　　　　　　图 3-179

（4）再选择曲面组，如图 3-180 所示，在操控板将实体化类型改为去除材料 ⬚，单击切换方向按钮 ⬚ 可改变取出材料的方向，此例中箭头向外，如图 3-181 所示。

（5）单击中键结束操作，实体被曲面切割掉一部分，如图 3-182 所示。

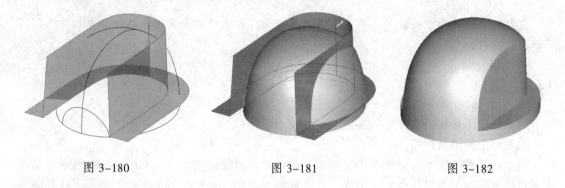

图 3-180　　　　　　　　图 3-181　　　　　　　　图 3-182

3.5.3 合并

曲面合并可以使多个曲面合并生成单一的曲面，在曲面设计操作中应用很多。

（1）打开本章练习文件 merge.prt。

（2）选择如图 3-183 所示的两个曲面，单击合并按钮 ⬚，如图 3-184 所示，单击中键结束操作，所选的两个曲面便结合在一起。

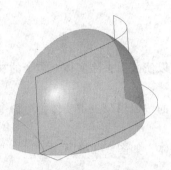

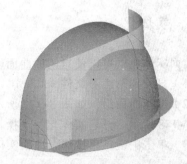

图 3-183   图 3-184

（3）选择如图 3-185 所示的两个曲面，单击合并按钮 🔲，如图 3-186 所示，黄色箭头指向的曲面或者有网格显示的曲面都是合并后保留下来的曲面，可以单击切换方向按钮 ✗ 来选择保留曲面，确认后，单击中键结束操作，结果如图 3-187 所示。

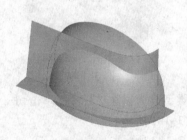

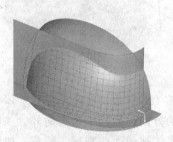

图 3-185   图 3-186   图 3-187

注意： 当合并两个曲面时，要先选择主要曲面，再选择次要曲面，这样合并后的面组容易识别和查找。

3.5.4 圆角

（1）打开本章练习文件 round-surf.prt。

（2）单击倒圆角按钮 🔲 。

（3）选择模型边线，如图 3-188 所示，此时出现边倒圆角状态，如图 3-189 所示。对准倒圆角控制柄的小方块按住右键不放，会出现快捷菜单，选择"添加半径"命令，这样就多出一个圆角控制柄，再重复一次添加半径的操作，使所选边有 3 个可控半径。

图 3-188   图 3-189

（4）对准控制柄相交处的圆点按住左键不放移动鼠标可以更改倒圆角的位置、3个倒圆角控制柄的位置。

（5）对准倒圆角的尺寸双击可更改圆角的半径大小，圆角半径分别设置为2000、200和200，如图3-190所示。单击中键结束倒圆角操作，结果如图3-191所示。

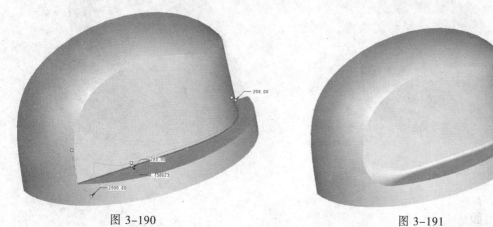

图3-190　　　　　　　　　　　　　　　　图3-191

（6）单击倒圆角按钮 。

（7）选择模型边线，此时出现边倒圆角状态，对准倒圆角控制柄的小方块按住右键不放，会出现快捷菜单，选择"添加半径"命令，重复5次添加半径的操作，使所选边有6个可控半径，位置调整如图3-192所示。

（8）单击中键结束倒圆角操作，结果如图3-193所示。

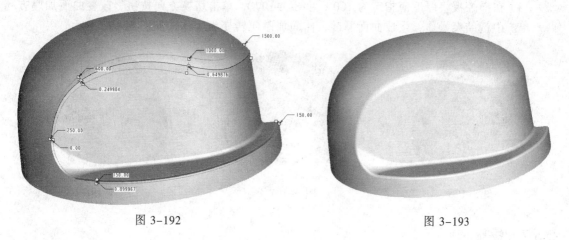

图3-192　　　　　　　　　　　　　　　　图3-193

3.5.5　镜像

（1）打开本章练习文件 mirror-surf.prt。

（2）选择场景内的曲面，如图3-194所示，单击镜像按钮 ，再选择FRONT基准面，单击中键结束镜像操作，结果如图3-195所示。

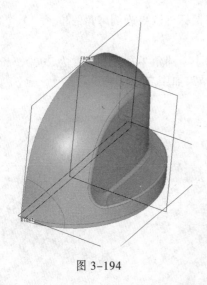

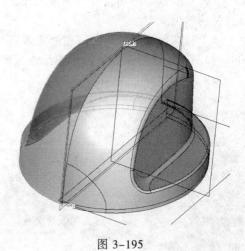

图 3-194 图 3-195

3.5.6 加厚

曲面加厚是指为曲面增加一个厚度，增加厚度后曲面即转变为实体。

（1）打开本章练习文件 Thickness.prt。

（2）选择曲面，如图 3-196 所示，选择菜单栏中的"编辑"→"加厚"命令，开启加厚特征操控板。

（3）在操控板将厚度值指定为 100（见图 3-197），单击切换方向按钮 ⁄ 改变曲面加厚方向。单击中键结束操作，生成曲面厚度，曲面加厚便转变为实体，如图 3-198 所示。

图 3-196 图 3-197 图 3-198

3.5.7 投影

投影是指将边线按指定的方向投落到指定的曲面上。

（1）打开本章练习文件 project.prt。

（2）选择菜单栏中的"编辑"→"投影"命令，开启投影特征操控板。

（3）单击操控板中的"参照"，展开参照面板，单击"链"收集器，按【Ctrl】键，依次选择 4 条边，如图 3-199 所示；单击"曲面"收集器，选择曲面如图 3-200 所示；再单击参照收集器，选择 FRONT 基准面，如图 3-201 所示。

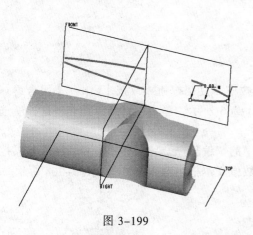

图 3-199

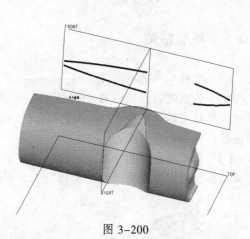

图 3-200

（4）单击中键结束操作，如图 3-202 所示。

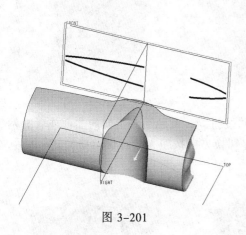

图 3-201

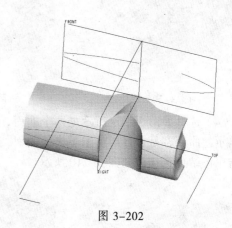

图 3-202

3.5.8 相交

相交是指在相交的曲面上生成交线。

（1）打开本章练习文件 intersection.prt。

（2）选择曲面，如图 3-203 所示，选择菜单栏中的"编辑"→"相交"命令，这样两曲面相交处便生成交线，如图 3-204 所示。

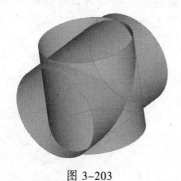

图 3-203

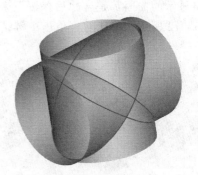

图 3-204

3.5.9 复制粘贴

（1）打开本章练习文件 copy-paste-surf.prt。

（2）选择曲面，如图 3-205 所示，单击工具栏中的复制按钮或按【Ctrl+C】组合键，再单击粘贴按钮或按【Ctrl+V】组合键，如图 3-206 所示，单击中键结束操作，这样所选曲面原位复制出新的曲面。

（3）选择曲面如图 3-207 所示，选择菜单栏中的"编辑"→"偏移"命令，在偏移操控板将偏移曲面类型改为"标准偏移"，在偏移数值文本框内输入 200，如图 3-208 所示。

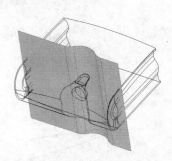

图 3-205 　　　　　　　　　　图 3-206 　　　　　　　　　　图 3-207

（4）选择如图 3-209 所示的两个曲面，单击合并按钮，黄色箭头指向的曲面或者有网格显示的曲面都是合并后保留下来的曲面，通过调整切换方向按钮选择保留曲面，确认后，单击中键结束操作，如图 3-210 所示。

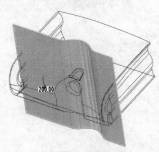

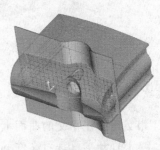

图 3-208 　　　　　　　　　　图 3-209 　　　　　　　　　　图 3-210

（5）再选择如图 3-211 所示的两个曲面，单击合并按钮，黄色箭头指向的曲面或者有网格显示的曲面都是合并后保留下来的曲面，通过调整切换方向按钮选择保留曲面，如图 3-212 所示。确认后，单击中键结束操作，如图 3-213 所示。

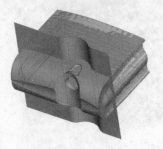
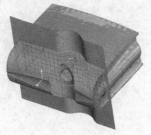

图 3-211 　　　　　　　　　　图 3-212 　　　　　　　　　　图 3-213

3.5.10 切角

（1）打开本章练习文件 cut-angle.prt。

（2）单击倒切角按钮 ◎。

（3）选择模型边线，此时出现边倒角状态，如图 3-214 所示，在倒角操控板圆角数值框内输入 25；单击中键结束倒角操作，如图 3-215 所示。

图 3-214　　　　　　　　　　　　　　　　　图 3-215

（4）再选择模型边线，此时出现边倒角状态，如图 3-216 所示，在倒角操控板圆角数值框内输入 15；单击中键结束倒角操作，如图 3-217 所示。

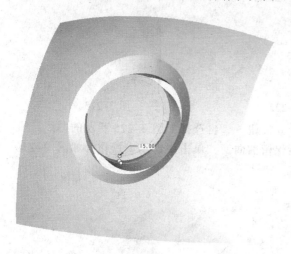

图 3-216　　　　　　　　　　　　　　　　　图 3-217

3.5.11 修剪

修剪曲面是指裁去曲面上多余的部分以获得设计需要的曲面。曲面的修剪方法较多，既可以使用已有曲面、曲线、基准平面等修剪对象来修剪曲面，也可以使用拉伸、旋转等三维建模方法来修剪曲面。

（1）打开本章练习文件 trim.prt。

（2）选择如图 3-218 所示的曲面，单击合并按钮，再选择如图 3-219 所示的另一曲面，箭头指向的曲面或有网格显示的曲面表示修剪后保留的曲面，单击中键结束操作，如图 3-220 所示。

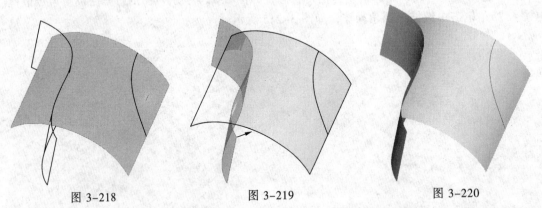

图 3-218   图 3-219   图 3-220

（3）选择如图 3-221 所示的曲面，单击合并按钮，再选择如图 3-222 所示的 FRONT 基准面，箭头指向的曲面或有网格显示的曲面表示修剪后保留的曲面，单击中键结束操作，如图 3-223 所示。

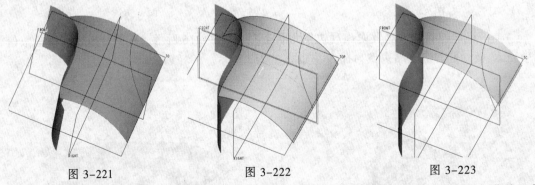

图 3-221   图 3-222   图 3-223

（4）选择如图 3-224 所示的曲面，单击合并按钮，再选择如图 3-225 所示的曲线，箭头指向的曲面或有网格显示的曲面表示修剪后保留的曲面，单击中键结束操作，如图 3-226 所示。

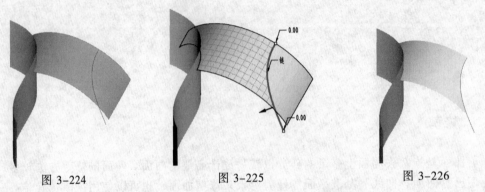

图 3-224   图 3-225   图 3-226

3.5.12 延伸

延伸是指使选定的曲面边界按指定的距离或参照平面进行扩展。

（1）打开本章练习文件 extend.prt。

（2）选择曲面边界，如图 3-227 所示，选择菜单栏的"编辑"→"延伸"命令，再按【Shift】键，依次加选其他曲面边界，如图 3-228 所示。对准控制延伸长度的小方块左键按住不放，拖动可改变曲面边界延伸的长度，也可在操控板中文本框内输入数值控制长度，延伸长度为 25，单击中键结束操作，如图 3-229 所示。

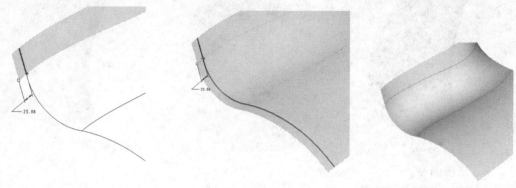

图 3-227   图 3-228   图 3-229

（3）选择如图 3-230 所示曲面边界，选择菜单栏中的"编辑"→"延伸"命令，单击操控板延伸到参照面按钮 🔲，选择 RIGHT 基准面，如图 3-231 所示。单击中键结束操作，这样曲面边界就延伸至选定的参照面处，如图 3-232 所示。

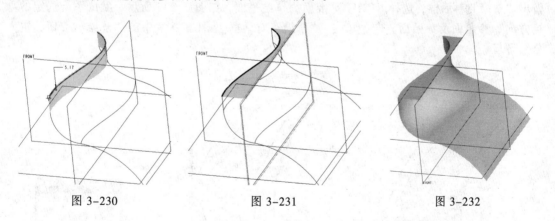

图 3-230   图 3-231   图 3-232

3.5.13 偏移

曲面偏移有 4 种：标准偏移、展开偏移、拔模偏移和替换偏移。下面以标准偏移和拔模偏移为例讲解其创建方法。

1. 标准偏移

（1）打开本章练习文件 offset.prt。

（2）选择整个曲面组，如图 3-233 所示，选择菜单栏中的"编辑"→"偏移"命令，开启偏移特征操控板。

（3）单击 按钮在操控板将偏移曲面类型改为"标准偏移"，单击切换方向按钮 改变曲面偏移方向，使之向外偏移曲面，在偏移数值文本框内输入 50，如图 3-234 所示。

（4）单击中键结束操作，生成新的偏移曲面，如图 3-235 所示。

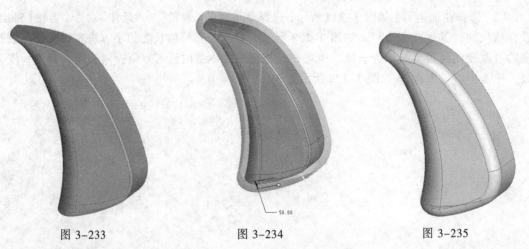

| 图 3-233 | 图 3-234 | 图 3-235 |

2. 拔模偏移

（1）打开本章练习文件 offset.prt。

（2）在选择曲面，如图 3-236 所示，选择菜单栏中的"编辑"→"偏移"命令，开启偏移特征操控板。

（3）单击 按钮在操控板将偏移曲面类型改为"拔模偏移"，单击"参照"→"定义"，弹出"草绘"对话框，选择 RIGHT 基准面为草绘平面，如图 3-237 所示，默认系统选定的草绘方向、参照面及参照面方向，单击 "草绘"对话框(见图 3-238)中的"草绘"按钮，进入草绘环境。

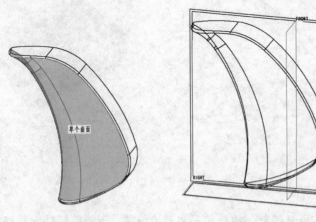

| 图 3-236 | 图 3-237 | 图 3-238 |

（4）综合运用草绘命令栏中的样条 、直线 、圆角 等按钮，在草绘区内画图形，位置、形态，如图 3-239 所示，然后单击确认按钮 ，退出草绘环境。

（5）进入零件环境后，按【Ctrl+D】组合键，调整视图。在偏移操控板内单击"选项"，展开此面板后，在"侧面垂直于曲面"项内选中"曲面"，在侧面轮廓"项内选中"相切"，结果如图 3-240 所示。

（6）单击中键结束操作，生成新的偏移曲面，如图 3-241 所示。

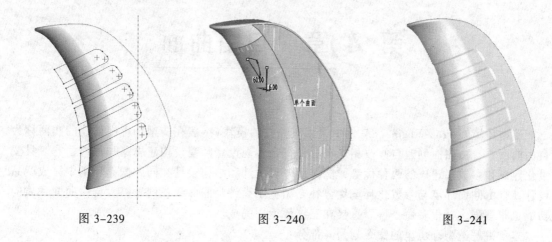

图 3-239   图 3-240   图 3-241

课后练习

1. 简述实体和曲面的关系。
2. 工程特征的特色体现在哪里？
3. 什么情况下曲面不能转换为实体？
4. 实体建模有什么特点？

第 4 章 自由曲面

　　造型环境在 Pro / Engineer 软件中属相对独立的模块,一般在造型环境中创建的曲面称为自由曲面。自由曲面创建与修改相对自由,符合外观设计师建模构建思路和习惯,它兼具变量化建模和参数化建模的两种优势,能保证外观设计和结构设计在同一操作环境中完成产品设计;自由曲面环境与参数化环境优势补充拓宽了设计师曲面建模的思路。自由曲面环境的功能也非常强大,很多命令可以直接在三维环境中完成。

　　本章讲解造型环境里的命令划为 4 部分:

　　(1)基准面:活动平面、内部平面和插入图片为曲线创建提供参照依据。

　　(2)曲线:自由曲线、圆、圆弧、投影曲线、交面曲线、基准曲线和曲面建线等都是创建曲面的常用的曲线。

　　(3)曲线编辑:自由编辑、组合、移动、复制和偏移是曲线编辑常用的几种方法。

　　(4)曲面创建与编辑:自由曲面、三线建面以及曲面修剪是曲面建模的必备工具。

4.1　基　准　平　面

　　造型环境内的基准平面与前面章节讲述的基准平面是同一个概念,其作用是为曲线创建提供参照。在本节中,主要讲述如何将基准平面激活使之成为活动平面,基准平面只有成为活动平面后才会成为曲线创建的参照;如何在造型环境内部创建基准平面,创建的内部基准平面作用相同于系统给定的基准平面;如何在基准平面内插入参照图片,插入图片后用户可以参照图片轮廓创建曲线。

4.1.1　活动平面

　　单击屏幕右侧工具栏中的自由曲面按钮，即可进入造型环境。在造型环境中若需要选择某特征,需激活选取按钮 ；若完成当前的造型工作,可单击确认按钮 ，退出造型环境;若放弃当前造型操作,单击退出按钮 ，退出造型环境。

　　在造型环境内,单击屏幕右侧工具栏中的按钮,即可选择一个基准平面作为当前操作的工作平面。

　　在一开始进入造型环境时,系统会自动设置一个活动平面,基准面内有网格线显示便是活动平面。例如,选择 FRONT 基准面为活动平面,FRONT 基准面内就会出现网格线,如图 4-1 所示。

　　用户若要在活动平面的正视图内画线,可在视图区按住右键不放,在弹出的菜单中选择

"活动平面方向"命令，系统自动将活动平面调整为与屏幕平行的状态，如图 4-2 所示。

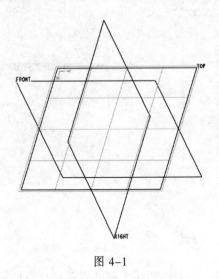

图 4-1

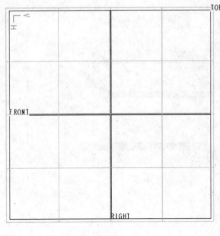

图 4-2

4.1.2　内部基准平面

单击屏幕右侧工具栏中的 ▱ 按钮，可以创建一个内部基准平面。

在造型环境中创建的基准面称为内部平面，为了方便区分，不在造型环境中创建的基准面称为外部平面。

当退出造型环境后，内部平面自动隐藏，不显示在主视图区内，可以减少用户观察模型的视觉干扰，而外部平面一般需要手动隐藏。

内部平面的创建方法与外部平面的创建方法相同。

4.1.3　插入图片

插入图片的方法如下：

（1）用户若要在活动平面内插入一张图片以便建模参考，可单击造型按钮 ▱，进入造型环境。

（2）选择菜单栏中的"造型" → "跟踪草绘"命令，弹出"跟踪草绘"对话框，如图 4-3 所示。

（3）在弹出的"跟踪草绘"对话框中单击"顶"，使之背景变成蓝色，再单击右边的"+"，在弹出的"打开文件"对话框中，选择要导入的图片文件，再单击"确定"按钮，图片便导入场景内，如图 4-4 所示。

（4）单击"跟踪草绘"对话框中"属性"栏，在其内部列举调节图片的各项参数，例如透明、旋转、移动、缩放等，用户可以根据需要自行调节，如图 4-5 所示。

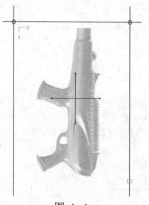

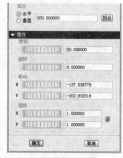

图 4-3 图 4-4 图 4-5

4.2 曲 线

本节讲述的曲线创建分为两种：一是直接创建，如自由曲线、圆和圆弧；二是根据已知参照创建新曲线，如投影曲线、交面曲线、基准曲线和曲面建线。

4.2.1 自由曲线

单击屏幕右侧工具栏中的 〰 按钮，可创建自由曲线，自由曲线有 3 种类型：分别是"自由""平面"和"COS"。

1．自由

"自由"表示创建三维自由曲线，画法如下：

（1）打开本章练习文件 free_surf.prt。

（2）单击造型按钮 🔍，进入造型环境；单击 〰 按钮，激活创建曲线操控板，选择"自由"曲线类型。

（3）按【Shift】键，再按住左键，此时出现闪烁的十字光标，在靠近曲面顶点附近移动，当鼠标符号落在曲面顶点后，单击，同样在第二、三、四点重复此操作，这样，自左至右经过 4 个顶点便创建一条自由曲线，如图 4-6 所示。

（4）单击中键结束操作。

2．平面

"平面"表示在活动基准平面中创建自由曲线，画法如下：

（1）打开本章练习文件 free_surf.prt。

（2）单击造型按钮 🔍，进入造型环境；单击 🔲 按钮，选择 TOP 基准面为活动平面。

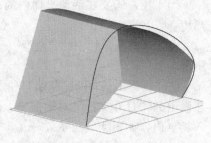

图 4-6

（3）在图 4-7 所示的 TOP 基准面上，按住左键依次单击几点，便在平面上创建一条自由曲线。单击中键结束操作。

3. COS

COS 表示在曲面上创建曲线，画法如下：

（1）打开本章练习文件 free_surf.prt。

（2）单击造型按钮 ，进入造型环境；单击 ～ 按钮，激活创建曲线操控板，选择 COS 曲线类型。

（3）在图 4-8 所示的曲面上，按住左键依次单击几点，便在曲面上创建一条自由曲线。

（4）单击中键结束操作。

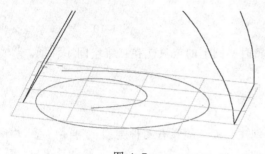

图 4-7

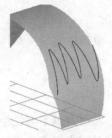

图 4-8

自由线操控板内的"按比例更新"表示当系统重新计算曲线时，按比例来更新未约束的点；"控制点"表示通过创建和编辑控制点来创建自由曲线。

注意：画线时，按住【Shift】键，可捕捉已有的点、线或面边界。

4.2.2 圆

单击屏幕右侧工具栏中的 按钮，可创建圆，圆有两种类型："自由"和"平面"，下面介绍它们的画法。

1. 自由圆

（1）打开本章练习文件 free_surf.prt。

（2）单击造型按钮 ，进入造型环境；单击 按钮，激活创建曲线操控板，选择"自由"曲线类型。

（3）按【Shift】键，再按住左键，此时出现闪烁的十字光标，在靠近曲面棱边上移动，当鼠标符号落在曲面棱边后，单击，这样圆心定位在曲面棱边上，然后按【Shift】键，对准位于圆周上的小方点按左键拖动至曲面角点上，这样圆的半径大小被确定下来，自由圆创建完毕，如图 4-9 所示。

（4）单击中键结束操作。自由圆在编辑时，圆上的点可在三维空间中移动。

2. 平面圆

（1）打开本章练习文件 free_surf.prt。

（2）单击造型按钮 ，进入造型环境；单击 按钮，选择 TOP 基准面为活动平面。

（3）单击 按钮，激活创建曲线操控板，选择"平面"曲线类型。

（4）在图 4-10 所示的 TOP 基准面上，按住左键确定圆的圆心位置和半径的大小后，便在平面上创建一条平面圆。

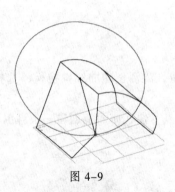

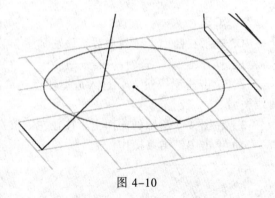

图 4-9   图 4-10

（5）单击中键结束操作。平面圆在编辑时，圆上的点只能在二维空间中移动。

4.2.3　圆弧

单击屏幕右侧工具栏中的 按钮，可创建圆弧，圆弧有两种类型："自由"和"平面"，下面依次介绍它们的画法。

1．自由圆弧

（1）打开本章练习文件 free_surf.prt。

（2）单击造型按钮 ，进入造型环境；单击 按钮，激活创建曲线操控板，选择"自由"曲线类型。

（3）按【Shift】键，再按住左键，此时出现闪烁的十字光标，在靠近曲面棱边上移动，当鼠标符号落在曲面棱边后，单击，这样圆心定位在曲面棱边上，然后按【Shift】键，对准位于圆弧开放端的小方点按左键拖动至曲面角点上，这样圆弧的半径大小被确定下来，自由圆弧创建完毕，如图 4-11 所示。

（4）单击中键结束操作。自由圆弧在编辑时，圆弧上的点可在三维空间中移动。

2．平面圆弧

（1）打开本章练习文件 free_surf.prt。

（2）单击造型按钮 ，进入造型环境；单击 按钮，选择 TOP 基准面为活动平面。

（3）单击 按钮，激活创建曲线操控板，选择"平面"曲线类型。

（4）在图 4-12 所示的 TOP 基准面上，按住左键确定圆弧的圆心位置和半径的大小后，便在平面上创建一条平面圆弧。

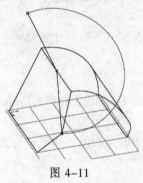

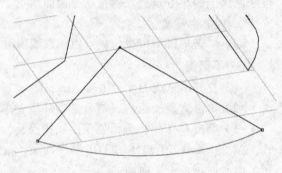

图 4-11   图 4-12

（5）单击中键结束操作。平面圆弧在编辑时，圆弧上的点只能在二维空间中移动。

4.2.4 投影建线

投影建线的方法如下：

（1）打开本章练习文件 free_project.prt。

（2）单击造型按钮 ⬛，进入造型环境；单击屏幕右侧工具栏的 ◢ 投影曲线，激活投影曲线操控板。

（3）在操控板内，激活曲线收集器，选择曲线，如图 4-13 所示；再激活曲面收集器，选择曲面，如图 4-14 所示；最后激活基准面收集器，在模型树中选择 RIGHT 基准面，如图 4-15 所示；单击中键结束操作。这样在曲面上就创建了一条投影曲线。

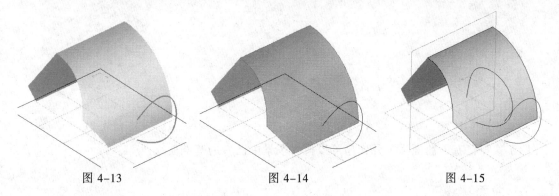

图 4-13   图 4-14   图 4-15

4.2.5 交面建线

交面建线的方法如下：

（1）打开本章练习文件 free_ins.prt。

（2）单击造型按钮 ⬛，进入造型环境；单击屏幕右侧工具栏中的 ◣ 交面曲线，激活交面曲线操控板。

（3）在操控板内，激活曲面线收集器，选择曲面，如图 4-16 所示；再激活与已有曲面相交的第二组曲面收集器，选择曲面，如图 4-17 所示。

（4）单击中键结束操作。这样在两组曲面上创建了一条交面曲线，如图 4-18 所示。

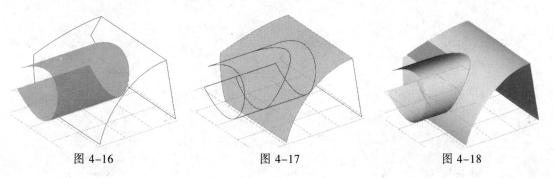

图 4-16   图 4-17   图 4-18

4.2.6　基准建线

基准建线的方法如下：

（1）打开本章练习文件 sur-line.prt，如图 4-19 所示。

（2）单击造型按钮，进入造型环境。

（3）选择菜单栏中的"造型"→"来自基准的曲线"命令，弹出该命令的操控板。

（4）对准曲面的边界，如图 4-20 所示；单击即可出现曲线，单击中键结束操作，这样在曲面边界创建了一条曲线，如图 4-21 所示。

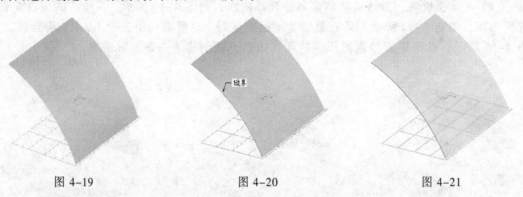

图 4-19　　　　　　　　　　图 4-20　　　　　　　　　　图 4-21

除了选择已有的曲面边界外，还可以选择场景中已有的基准曲线。

4.2.7　曲面建线

曲面建线的方法如下：

（1）打开本章练习文件 sur-line.prt，如图 4-22 所示。

（2）单击造型按钮，进入造型环境。

（3）选择菜单栏中的"造型"→"来自曲面的曲线"命令，弹出该命令的操控板，默认曲线类型为"自由"。

（4）对准曲面单击即可在曲面上出现曲线，如图 4-23 所示；此时，若按住【Ctrl】键不放，再单击曲面，生成的曲线便会改变方向，如图 4-24 所示，单击中键结束操作。

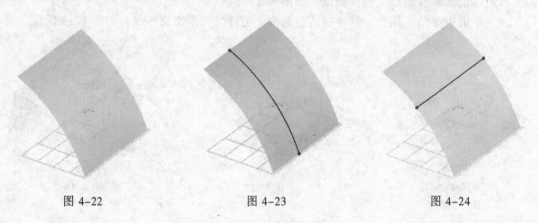

图 4-22　　　　　　　　　　图 4-23　　　　　　　　　　图 4-24

注意：由曲面生成曲线有两种类型：一种是自由，一种是COS。以自由类型生成的曲线，在编辑时可以使曲线脱离曲面；以COS类型生成的曲线，在编辑时曲线不能脱离曲面。

4.3 曲 线 编 辑

造型环境内的曲线编辑是指将曲线以一种形态通过修改命令编辑成另外一种曲线形态。它包括对曲线的自由编辑、组合、移动、复制和偏移等。

4.3.1 自由编辑

单击屏幕右侧工具栏中的 按钮，可对由 ～ 按钮创建的3种类型的曲线进行编辑。编辑内容一般包括：

（1）移动曲线上点的位置可改变曲线的形态。

（2）自由曲面和平面曲线可以相互转换：COS线和平面线转换成自由线，无须条件；COS线和自由线转换成平面线时，需要选择一个基准面。

（3）单击自由线端点时会出现控制端点曲线的滑杆，调整滑杆的长度、位置及属性会影响端点曲线的形态；对准滑杆按右键不放会弹出菜单，菜单中列举了可改变滑杆属性的命令，常用的命令有以下几个：

① 自然：创建自由曲线时默认的选项。

② 自由：自由改变自由曲线端点滑杆。

③ 固定角度：固定自由曲线端点滑杆的角度，只能改变滑杆的长度。

④ 水平：自由曲线端点滑杆设置为水平方向。

⑤ 垂直：自由曲线端点滑杆设置为垂直方向。

⑥ 法向：使自由曲线端点滑杆垂直于所选的基准平面或其他平面。

⑦ 对齐：使自由自由线端点滑杆与已知的曲线或曲面边界对齐。

⑧ 对称：使自由曲线端点滑杆与已相连接的曲线端对称。

⑨ 相切：使自由曲线端点滑杆与已相连接的曲线端相切。

⑩ 曲率：使自由曲线端点滑杆与已相连接的曲线端曲率一致。

⑪ 曲面相切：使自由曲线端点滑杆与已相连接的曲面相切。

⑫ 曲面曲率：使自由曲线端点滑杆与已相连接的曲面曲率一致。

4.3.2 组合

曲线组合的方法如下：

（1）打开本章练习文件 free_com.prt。

（2）对准场景的曲线按右键不放，在弹出的菜单中选择"编辑定义"命令，进入造型环境。

（3）双击右侧曲线，使之进入编辑曲线的状态，如图4-25所示。选择曲线下端的端点，按【Shift】键，拖动至另一曲线的端点，如图4-26所示，继续对准这个端点按右键，在弹出的菜单中选择"组合"命令，这样两条曲线成为一条流畅曲线，如图4-27所示。

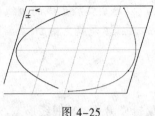
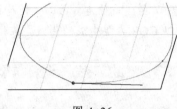
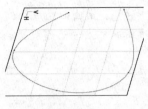

图 4-25　　　　　　　　　图 4-26　　　　　　　　　图 4-27

（4）单击中键结束操作。

4.3.3　移动

曲线移动的方法如下：

（1）打开本章练习文件 free_com.prt。

（2）对准场景的曲线按右键不放，在弹出的菜单中选择"编辑定义"命令，进入造型环境。

（3）选择菜单栏中的"编辑"→"再生全部"命令。

（4）选择菜单栏中的"编辑"→"移动"命令，选择图 4-28 所示的曲线，此时曲线出现坐标轴和罩框，如图 4-29 所示；对准曲线坐标轴或罩框按住左键移动鼠标，这时曲线就会有位移变化，如图 4-30 所示。

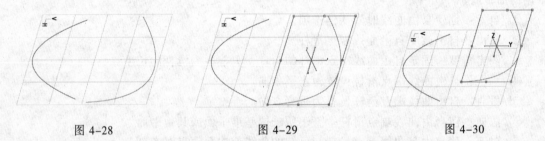

图 4-28　　　　　　　　　图 4-29　　　　　　　　　图 4-30

（5）对准曲线罩框四周的方点按住左键移动鼠标，曲线就会有缩放变化，如图 4-31 所示。单击鼠标中建结束操作，如图 4-32 所示。

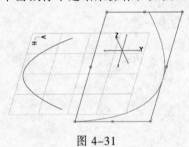
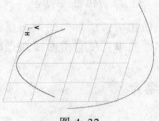

图 4-31　　　　　　　　　　　　　　图 4-32

4.3.4　复制

曲线复制的方法如下：

（1）打开本章练习文件 free_com.prt。

（2）对准场景的曲线按右键不放，在弹出的菜单中选择"编辑定义"命令，进入造型环境。

（3）按住【Ctrl】键，可拖曳曲线复制；或者选择菜单栏中的"编辑"→"再生全部"命令

（4）选择菜单栏中的"编辑"→"复制"命令，选择图 4-33 所示的曲线，此时曲线出现坐标轴和罩框，如图 4-34 所示。对准曲线坐标轴或罩框按住左键移动鼠标，曲线就被复制出来，如图 4-35 所示。

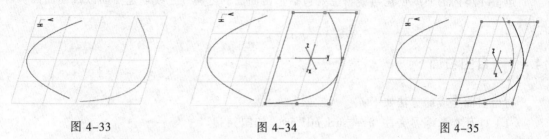

图 4-33　　　　　　　　图 4-34　　　　　　　　图 4-35

（5）对准曲线罩框的四周的方点按住左键移动鼠标，曲线就会有缩放效果的复制，如图 4-36 所示，单击鼠标中建结束操作，如图 4-37 所示。

图 4-36　　　　　　　　　　　　图 4-37

4.3.5　偏移

偏移曲线的方法如下：

（1）打开本章练习文件 free_com.prt。

（2）对准场景的曲线按右键不放，在弹出的菜单中选择"编辑定义"命令，进入造型环境。

（3）选择菜单栏中的"造型"→"偏移曲线"命令，选择图 4-38 所示的曲线，此时曲线出现偏移，并弹出操控板，在操控板内可输入偏移量：-25，这样便生成新的偏移曲线，如图 4-39 所示。

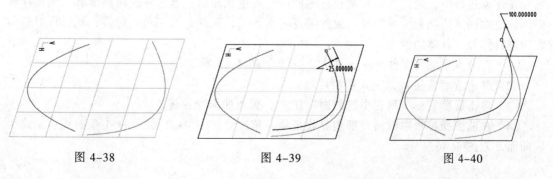

图 4-38　　　　　　　　图 4-39　　　　　　　　图 4-40

（4）在操控板内，选中垂直复选框，曲线可垂直偏移，如图 4-40 所示；也可更换偏移参照的基准面。

4.4　曲面创建与编辑

造型环境内的曲线创建与编辑主要包括自由曲面的创建、三线创建曲面以及曲面修剪等工具。

4.4.1　自由曲面

自由曲面生成的方法如下：

（1）打开本章练习文件 free_surf_c01.prt，如图 4-41 所示。

（2）单击造型按钮 ，进入造型环境。

（3）单击屏幕右侧工具栏中的曲面按钮 ，弹出曲面操控板。

（4）在曲面操控板内，激活外部边界收集器，依次选择 4 条外部曲线，如图 4-42 所示。再激活内部曲线收集器，选择位于四曲线内部的两条曲线，这样便生成了曲面，如图 4-43 所示。

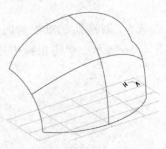

图 4-41

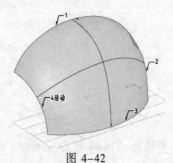

图 4-42

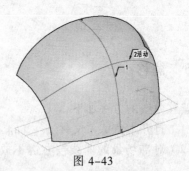

图 4-43

4.4.2　三线曲面

在建模过程中，通过 3 条首尾相连的曲线也可生成曲面，但这样的曲面因有三角面存在而不能使曲面实体化和生成壁厚，因此需要再次加工，原理是将三角面切除，然后再对整体曲面进行修补。具体的做法如下：

（1）打开本章练习文件 free_surf_c02.prt，如图 4-44 所示。

（2）单击造型按钮 ，进入造型环境。

（3）单击屏幕右侧工具栏中的曲面按钮 ，弹出曲面操控板。

（4）在曲面操控板中激活外部边界收集器，依次选择图 4-45 所示的 3 条曲线，由此生成曲面，如图 4-46 所示。

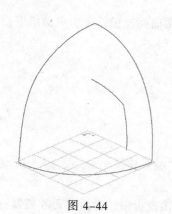

图 4-44

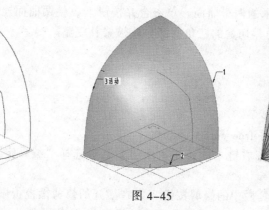

图 4-45

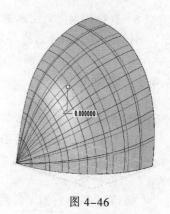

图 4-46

（5）曲面在线框显示状态下，可清晰看到曲面的左侧尖端有三角面，此部分需要切除，单击确认按钮 ✔，退出造型命令。

（6）选择场景的曲线，如图 4-47 所示，单击拉伸按钮 ，选择曲面 、一边拉伸 ，尺寸设为 450，单击去除材料按钮 ，选择要切除的曲面，删除箭头方向指向的曲面，如图 4-48 所示。单击中键结束操作，如图 4-49 所示。

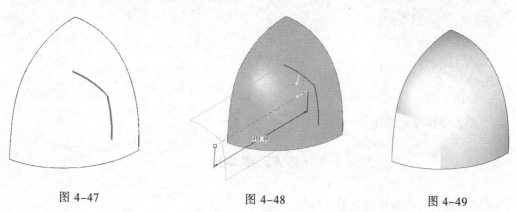

图 4-47

图 4-48

图 4-49

（7）单击边界混合按钮 ，激活第一方向链收集器后，配合【Ctrl】键，选择上端曲面边界和下端曲线定义曲面的第一方向，注意上端链与相接面相切约束；接着激活第二方向链收集器，选择左端曲线和右端曲面边界定义曲面的第二方向，注意右链与相接面相切约束。此时，曲面随即生成，如图 4-50 所示，单击中键结束操作。

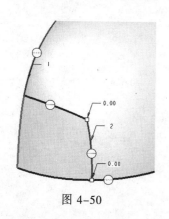

图 4-50

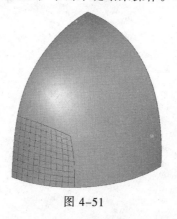

图 4-51

图 4-52

（8）选择图 4-51 所示的两个曲面，单击合并按钮 ⟲，使两曲面连接，单击中键结束操作，如图 4-52 所示。这样，切除的三角面部分就被修补完整。

4.4.3　曲面修剪

修剪曲面的方法如下：

（1）打开本章练习文件 free_surf_trim.prt。

（2）对准场景的曲面按右键不放，在弹出的菜单中选择"编辑定义"命令，进入造型环境。

（3）单击屏幕右侧工具栏中的修剪按钮 ⧌，在展开的修剪操控板中，激活曲面收集器，选择曲面，如图 4-53 所示；激活曲线收集器，选择图 4-54 所示的曲线；激活修剪曲面收集器，选择要修剪掉的曲面（选中后曲面呈现红色），如图 4-55 所示。

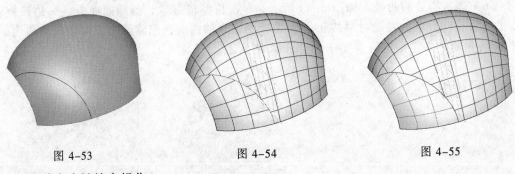

图 4-53　　　　　　　　　　图 4-54　　　　　　　　　　图 4-55

（4）单击中键结束操作。

课后练习

1. 如何进入自由曲面的造型环境？
2. 由 3 条封闭曲线创建的曲面和由 4 条封闭曲线创建的曲面有什么不同？
3. 在造型环境中创建的曲线和在草绘中创建的曲线有什么区别？

第 5 章　产品建模基础实训

前面介绍了 Pro / Engineerr 的基本命令，下面从简单的实例开始，学习如何使用这些基本命令创建数模。本章讲述数码彩扩机和自动沉降细胞染色机等两款产品的建模思路与方法，并列出详细的制作步骤。这两款产品的外观模型均以直面构成为主，曲面构成为辅，相对简单，是由学习建模命令向培养建模思路过渡的基础性案例。在制作两款产品外观模型时所涉及的命令较为基础，同时也渗透部分高级曲面建模命令，这为后面制作有一定难度的模型打下良好基础。在学习本章两款产品模型制作时，注意总结先整体后细节的建模思路。

5.1　数码彩扩机建模案例解析

本节中以数码彩扩机为例，全面讲解其制作流程。数码彩扩机的主要功能是用来冲印相片。它的内部组件比较复杂，设计师的工作是设计产品的外观。最终完成的设计效果如图 5-1 所示。

图 5-1

下面先了解数码彩扩机的大体制作思路：

（1）将三视图导入 Pro / Engineer 中，如图 5-2 所示。

（2）制作数码彩扩机的整体曲面，如图 5-3 所示。

（3）根据数码彩扩机的结构将机体分块，如图 5-4 所示。

（4）作出各个部件的拉手，如图 5-5 所示。

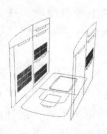
图 5-2

图 5-3

图 5-4

图 5-5

（5）制作数码彩扩机顶壳前部的细节，如图 5-6 所示。

（6）制作数码彩扩机顶壳后部的细节，如图 5-7 所示。

（7）制作数码彩扩机的散热孔，如图 5-8 所示。

图 5-6

图 5-7

图 5-8

根据上述思路安排，可以将数码彩扩机建模工作分成 7 大步骤来完成。

5.1.1 导入三视图

导入三视图后，建模会方便很多，用户不必对模型的大体尺寸设计担忧，而且可以提高建模效率。三视图进入软件环境后，需要编辑和处理，使之成为可用的参照视图。

（1）单击 按钮，新建文件，文件名为 CKJ.PRT，使用 Pro / Engineer 提供的默认模板，单击"确定"按钮。

（2）导入参照视图。选择"插入"→"共享数据"→"自文件"命令，在弹出的对话框中寻找配套光盘中的 ckj.ai 文件，并将其打开，如图 5-9 所示，为其导入特征，命名为 "参照视图"， 如图 5-10 所示。

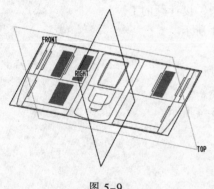
图 5-9

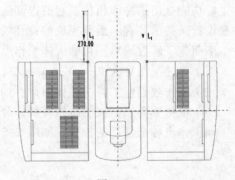
图 5-10

（3）由于导入的 AI 文件处在同一平面内，需对导入的各个视图进行旋转等编辑。先绘制旋转轴，单击草绘按钮，单击直线按钮，在要旋转的视图轴的位置上画直线段，注意使用约束按钮，将线的一端要约束在选择的参照点上，如图 5-11 所示。单击 按钮，完成并退出草绘，将该线段命名为"轴"。

（4）单击"应用程序"，选择"继承"，弹出菜单管理器，如图 5-12 所示；在"继承零件"栏中单击"线框"，选择导入视图，再依次单击"移动""旋转""无复制"和"完成"，然后完全框选要旋转的视图，被框选的视图会变粗显示，如图 5-13 所示；然后单击中建，选择旋转轴，此时旋转轴的位置出现箭头，如图 5-14 所示，用右手法则，大拇指表示箭头方向，四手指表示旋转方向，在信息栏处输入"90"（见图 5-15），这样所选视图就旋转 90°，如图 5-16 所示。用同样方法将另外一侧视图旋转 90°，使之成为立面图，如图 5-17 所示。然后，单击"应用程序"，选择"标准"，这样就完成了视图的编辑操作。

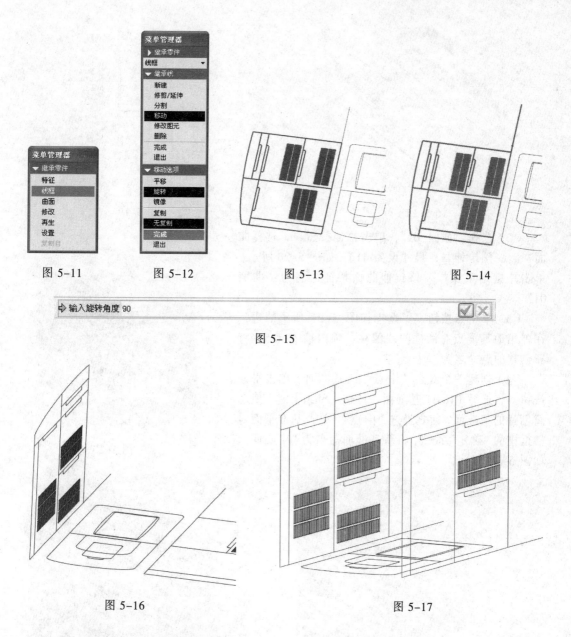

图 5-11　　　　图 5-12　　　　图 5-13　　　　图 5-14

图 5-15

图 5-16　　　　　　　　　　图 5-17

5.1.2　制作数码彩扩机的整体曲面

　　曲面建模的构建思路是先整体后细节。在这个阶段先要把数码彩扩机的整体曲面做出来。

1.　先做数码彩扩机的各个立面造型

　　（1）绘制图 5-18 所示的图形。单击草绘按钮 ，选 FRONT 正向为草绘平面，以 RIGHT 右向为参照。进入草绘环境后，单击边界复制按钮 ，绘制截面图形；单击拐角按钮 ，使图形封闭，如图 5-19 所示。单击 按钮，完成并退出草绘。将刚完成的草绘图形命名为"截面 01"。

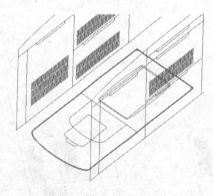

图 5-18

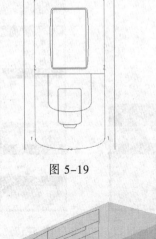

图 5-19

（2）选择"截面 01"，单击拉伸按钮 🔲，选择曲面 🔲、一侧拉伸 ⬆，尺寸设为 410，如图 5-20 所示，单击中键结束操作。该拉伸曲面特征命名为"曲面 01"。

（3）单击点按钮 ✖✖，选择如图 5-21 所示的边，在弹出的基准点对话框的"偏移"项内输入 0.5，将新创建的点命名为"中点"。

（4）创建一个经过"中点"的基准面。单击平面按钮 🔲，选择 RIGHT 基准面，按住【Shift】键，拖动新创建的基准面，使之经过"中点"，单击基准平面对话框中的"确定"按钮，将新基准面命名为"中心面"，如图 5-22 所示。

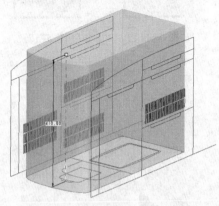

图 5-20

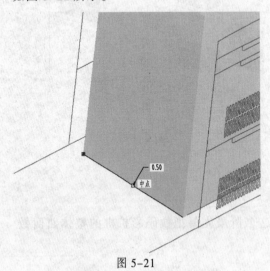

图 5-21

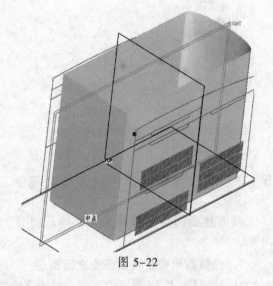

图 5-22

2. 创建数码彩扩机的顶面造型

（1）绘制图 5-23 所示的图形。单击草绘按钮 ✎，选择"中心面"正向为草绘平面，以 TOP 右向为参考。进入草绘环境后，单击边界复制按钮 🔲，绘制截面图形，如图 5-24 所示。单击 ✔ 按钮，完成并退出草绘。将刚完成的草绘图形命名为"路径曲线"。

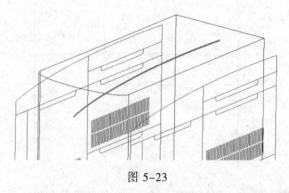

图 5-23 图 5-24

（2）绘制图 5-25 所示的图形。单击草绘按钮 🖉 ，选择"曲面 01"面组的曲面正向为草绘平面，以"中心面"右向为参照。进入草绘环境后，选择菜单栏中的"草绘"→"参照"命令，选择路径曲线的端点和"曲面 01"的左右两竖向边作为参照，关闭参照对话框。单击中心线按钮 ⋮ ，经过参照点画水平中心线；单击弧线按钮 ↖ ，画一条与水平中心线相切的弧线，且弧线的两端点结束至参照线，尺寸设置如图 5-26 所示。单击 ✔ 按钮，完成并退出草绘。将刚完成的草绘图形命名为"截面 02"。

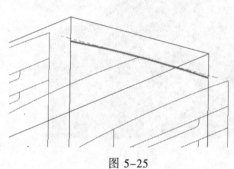

图 5-25

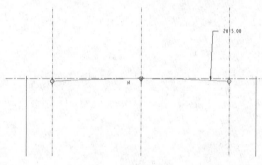

图 5-26

（3）创建一个经过"路径曲线"端点的基准面。单击平面按钮 ▱ ，选择 TOP 基准面，按住【Shift】键，拖动新创建的基准面，使之经过"路径曲线"的端点，单击基准平面对话框中的"确定"按钮，将新基准面命名为"辅助面 01"，如图 5-27 所示。

（4）绘制图 5-28 所示的图形。单击草绘按钮 🖉 ，选择"辅助面 01"正向为草绘平面，以 RIGHT 左向为参照。进入草绘环境后，选择菜单栏中的"草绘"→"参照"命令，选择路径曲线的端点和"曲面 01"的左右两竖向边作为参照，关闭参照对话框。单击中心线按钮 ⋮ ，经过参照点画水平中心线；单击弧线按钮 ↖ ，画一条与水平中心线相切的弧线，且弧线的两端点结束至参照线，尺寸设置如图 5-29 所示。单击 ✔ 按钮，完成并退出草绘。将刚完成的草绘图形命名为"截面 03"。

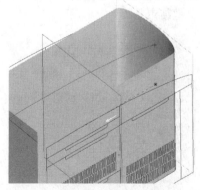

图 5-27

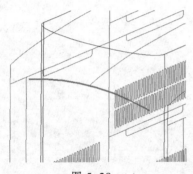

图 5-28

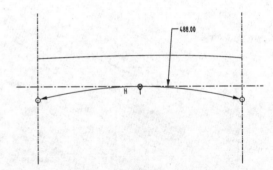

图 5-29

（5）选择菜单栏中的"插入"→"扫描混合"→"路径曲线"命令,单击扫描混合选项栏中的"剖面",展开此面板后,选择"所选截面",单击"截面 02"曲线,再单击"插入",然后选择"截面 03"曲线,单击中键结束,如图 5-30 所示。为其命名为"上表面"。

（6）选择"曲面 01"和"上表面",单击合并按钮 ⊖,保留如图 5-31 所示箭头指向的曲面,单击中键结束操作。

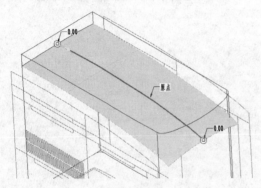

图 5-30

图 5-31

（7）选择如图 5-32 所示的边,单击倒圆角按钮 ⟍,尺寸设为 15,单击中键结束。

（8）选择如图 5-33 所示的边,单击倒圆角按钮 ⟍,右击倒角标识的小圆点,在弹出的快捷菜单中选择"添加半径"命令,添加 3 个半径,倒圆角半径尺寸依次设为 5、5、11;单击中键结束。

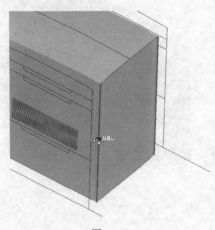

图 5-32

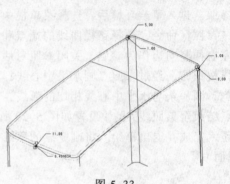

图 5-33

3.制作数码彩扩机的底面造型

（1）绘制图 5-34 所示的图形。单击草绘按钮 ，选择"中心面"正向为草绘平面，以 TOP 右向为参照。进入草绘环境后，单击边界复制按钮 ，绘制截面图形，将直线段的左右两端约束点删除后，向各自方向延伸一段距离，如图 5-35 所示。单击 ✔ 按钮，完成并退出草绘。将刚完成的草绘图形命名为"截面04"。

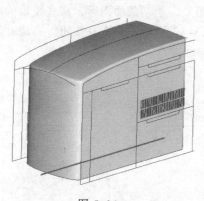

图 5-34

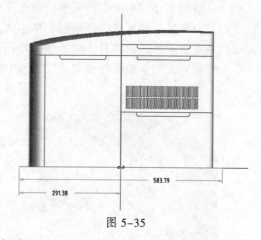

图 5-35

（2）选择"截面 04"，单击拉伸按钮 ，选择曲面 、两边拉伸 ，尺寸设为 280，如图 5-36 所示，单击中键结束操作。该拉伸曲面特征命名为"底面"。

（3）选择由前面合并后形成的面组和"底面"，单击合并按钮 ，保留如图 5-37 所示箭头指向的曲面，单击中键结束操作。通过这一次合并后，数码彩扩机的主体曲面组基本完成。

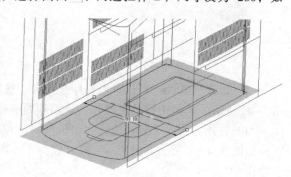

图 5-36

（4）选择如图 5-38 所示的边，单击倒圆角按钮 ，右击倒角标识的小圆点，在弹出的快捷菜单中选择"添加半径"命令，共设置 3 个倒圆角半径尺寸，尺寸依次设为 5、11、5，如图 5-38 所示，单击中键结束。

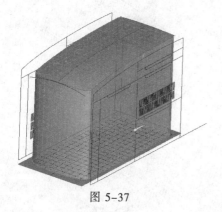

图 5-37

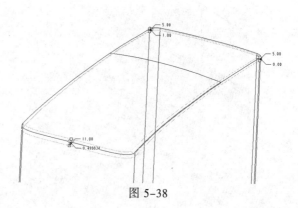

图 5-38

5.1.3 根据数码彩扩机的结构将机体分块

将数码彩扩机分块时仍要遵循从大到小的思路。

1. 将数码彩扩机主体分为两大部分

（1）绘制图 5-39 所示的图形。单击草绘按钮 ，选择"中心面"正向为草绘平面，以 TOP 右向为参照。进入草绘环境后，单击边界复制按钮 ，绘制截面图形，将直线段的上下两端约束点删除后，向各自方向延伸一段距离，如图 5-40 所示。单击 按钮，完成并退出草绘。将刚完成的草绘图形命名为"截面 05"。

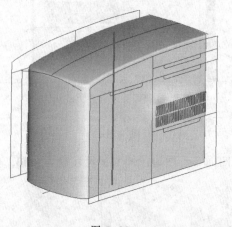

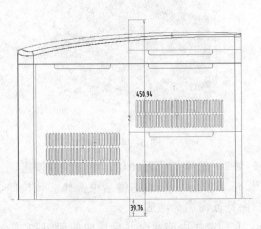

图 5-39   图 5-40

（2）选择"截面 05"，单击拉伸按钮 ，选择曲面 、两边拉伸 ，尺寸设为 340，如图 5-41 所示，单击中键结束操作。该拉伸曲面特征命名为"曲面 05"。

（3）选择"曲面 05"，选择"编辑"→"偏移"命令，单击标准偏移特征按钮 ，偏移方向如图 5-42 中箭头方向所示，尺寸设为 1，单击中键结束操作。新偏移的曲面命名为"偏移曲面 01"。

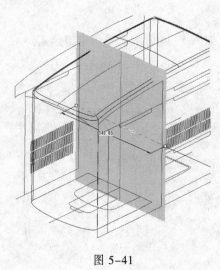

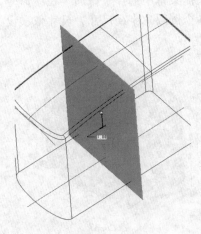

图 5-41   图 5-42

（4）选择数码彩扩机主体曲面组，单击工具栏中的 按钮，再单击 按钮，这样就复制出新的曲面组，如图 5-43 所示。将其命名为"主体曲面组备份"。

（5）选择"主体曲面组备份"和"偏移曲面 01"，单击合并按钮 ，保留如图 5-44 所示箭头指向的曲面，单击中键结束操作。这样，数码彩扩机的前端曲面组就被分割出来。

（6）选择原数码彩扩机主体曲面组和"曲面 05"，单击合并按钮 ，保留如图 5-45 所示箭头指向的曲面，单击中键结束操作。由此，数码彩扩机的后端曲面组就被分割出来。

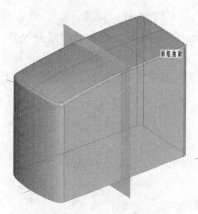

图 5-43

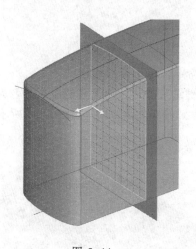

图 5-44

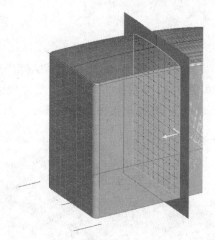

图 5-45

2．分割出数码彩扩机的前盖造型

（1）绘制图 5-46 所示的图形。单击草绘按钮 ，选择"中心面"正向为草绘平面，以 TOP 右向为参照。进入草绘环境后，单击边界复制按钮 ，绘制截面图形，将直线段的左右两端约束点删除后，向各自方向延伸一段距离，如图 5-47 所示。单击 按钮，完成并退出草绘。将刚完成的草绘图形命名为"截面 06"。

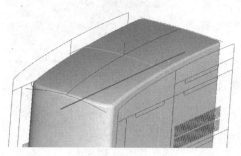

图 5-46

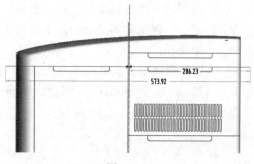

图 5-47

（2）选择"截面 06"，单击拉伸按钮，选择曲面、两边拉伸，尺寸设为 300，如图 5-48 所示，单击中键结束操作。该拉伸曲面特征命名为"曲面 06"。

（3）选择"曲面 06"，单击工具栏中的按钮，再单击按钮，这样就复制出新的曲面组，如图 5-49 所示。将其命名为"曲面 06 备份"。

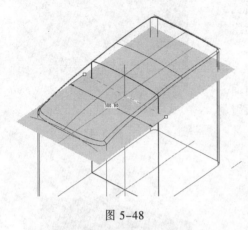

图 5-48

图 5-49

（4）选择"曲面 06"，选择"编辑"→"偏移"命令，单击标准偏移特征按钮，偏移方向如图 5-50 中箭头方向所示，尺寸设为 1，单击中键结束操作，新偏移的曲面命名为"偏移曲面 02"。用同样方法，再偏移一个新曲面，命名为"偏移曲面 03"，如图 5-51 所示

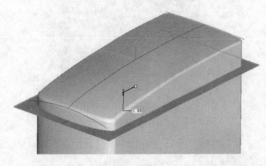

图 5-50

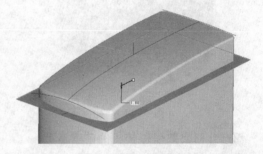

图 5-51

（5）选择数码彩扩机的前端面组，单击工具栏中的按钮，再单击按钮，这样就复制出新的曲面组，如图 5-52 所示。将其命名为"前端面组备份"。

（6）选择"前端面组备份"和"曲面 06 备份"，单击合并按钮，保留如图 5-53 所示箭头指向的曲面，单击中键结束操作。

（7）选择数码彩扩机的前端曲面组和"偏移曲面 03"，单击合并按钮，保留如图 5-54 所示箭头指向的曲面，单击中键结束操作。

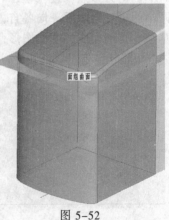

图 5-52

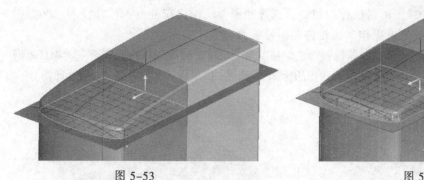

图 5-53   图 5-54

3．分割出数码彩扩机的后盖造型

（1）选择数码彩扩机的后端曲面组，单击工具栏中的 按钮，再单击 按钮，这样就复制出新的曲面组，如图 5-55 所示。将其命名为"后端面组备份"。

（2）选择"后端面组备份"和"曲面 06"， 单击合并按钮 ，保留如图 5-56 所示箭头指向的曲面，单击中键结束操作。

（3）选择数码彩扩机的后端曲面组和"偏移曲面 02"， 单击合并按钮 ，保留如图 5-57 所示箭头指向的曲面，单击中键结束操作。

图 5-55   图 5-56   图 5-57

4．数码彩扩机的后盖进一步分割

（1）绘制图 5-58 所示的图形。单击草绘按钮 ，选择"中心面"正向为草绘平面，以 TOP 右向为参照。进入草绘环境后，用边界拷贝 ，绘制截面图形，将直线段的左右两端约束点删除后，向各自方向延伸一段距离，如图 5-59 所示。单击 ，完成并退出草绘。为刚完成的草绘图形命名为："截面 07"。

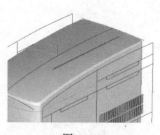

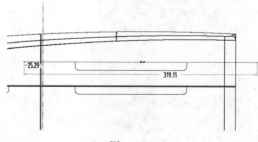

图 5-58   图 5-59

（2）选择"截面 07"，单击拉伸按钮 ，选择曲面 、两边拉伸 ，尺寸设为 300，如图 5-60 所示，单击中键结束操作。该拉伸曲面特征命名为"曲面 07"。

（3）选择"曲面 07"，选择"编辑"→"偏移"命令，单击标准偏移特征按钮 ，偏移方向如图 5-61 中箭头方向所示，尺寸设为 1，单击中键结束操作。新偏移的曲面命名为"偏移曲面 04"。

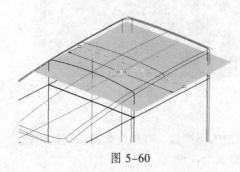
图 5-60

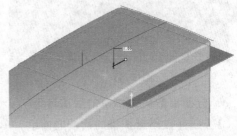
图 5-61

（4）选择如图 5-62 所示的面组，单击工具栏中的 按钮，再单击 按钮，这样就复制出新的曲面组，将其命名为"上后面组"。

（5）选择"上后面组"和"偏移曲面 04"，单击合并按钮 ，保留如图 5-63 所示箭头指向的曲面，单击中键结束操作。

（6）选择数码彩扩机后端上部面组和"曲面 07"，单击合并按钮 ，保留如图 5-64 所示箭头指向的曲面，单击中键结束操作。

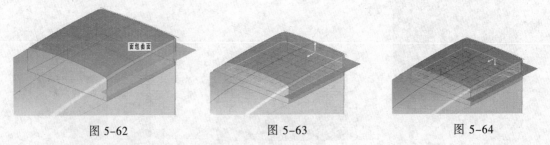

图 5-62 　　　　　　　　　图 5-63 　　　　　　　　　图 5-64

5. 分割数码彩扩机的后箱体造型

（1）绘制图 5-65 所示的图形。单击草绘按钮 ，选择"中心面"正向为草绘平面，以 TOP 右向为参照。进入草绘环境后，单击边界复制按钮 ，绘制截面图形，将直线段的左右两端约束点删除后，向各自方向延伸一段距离，如图 5-66 所示。单击 按钮，完成并退出草绘。将刚完成的草绘图形命名为"截面 08"。

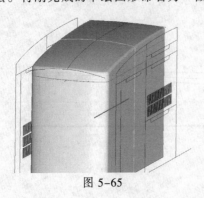
图 5-65

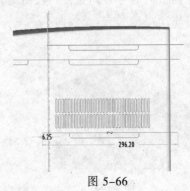
图 5-66

（2）选择"截面 08"，单击拉伸按钮 🔲，选择曲面 🔲、两边拉伸 🔲，尺寸设为 300，如图 5-67 所示，单击中键结束操作。该拉伸曲面特征命名为"曲面 08"。

（3）选择"曲面 08"，选择"编辑"→"偏移"命令，单击标准偏移特征按钮 🔲，偏移方向如图 5-68 中箭头方向所示，尺寸设为 1，单击中键结束操作，如图 5-68 所示。新偏移的曲面命名为"偏移曲面 05"。

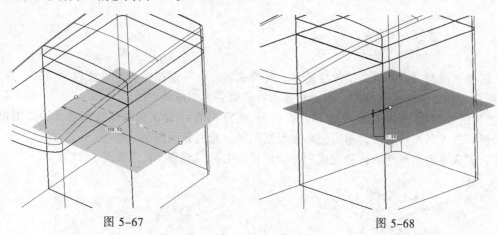

图 5-67   图 5-68

（4）选择如图 5-69 所示的面组，单击工具栏中的 🔲 按钮，再单击 🔲 按钮，这样就复制出新的曲面组，将其命名为"下后面组"。

（5）选择"下后面组"和"曲面 08"，单击合并按钮 🔲，保留如图 5-70 所示箭头指向的曲面，单击中键结束操作。

（6）选择数码彩扩机后端下部面组和偏移曲面 05"，单击合并按钮 🔲，保留如图 5-71 所示箭头指向的曲面，单击中键结束操作。

图 5-69   图 5-70   图 5-71

5.1.4 制作各个部件的拉手

数码彩扩机的拉手制作思路是利用曲面合并的方法创建完成。

1. 制作前门拉手面组

（1）绘制图 5-72 所示的图形。单击草绘按钮 🔲，选择"中心面"正向为草绘平面，以 TOP 右向为参照。进入草绘环境后，单击边界复制按钮 🔲，绘制截面图形，如图 5-73 所示。单击 ✔ 按钮，完成并退出草绘。将刚完成的草绘图形命名为"截面 09"。

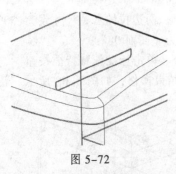

图 5-72

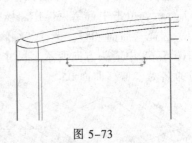

图 5-73

（2）选择"截面 09"，单击拉伸按钮 ，选择曲面 、一侧拉伸 ，尺寸设为 150，如图 5-74 所示，单击中键结束操作。该旋转曲面特征命名为"曲面 09"。

（3）绘制图 5-75 所示的图形。单击草绘按钮 ，选择 FRONT 面正向为草绘平面，以 RIGHT 底向为参照。进入草绘环境后，单击边界复制按钮 ，绘制截面图形，如图 5-76 所示。单击 按钮，完成并退出草绘。将刚完成的草绘图形命名为"截面 10"，如图 5-77 所示。

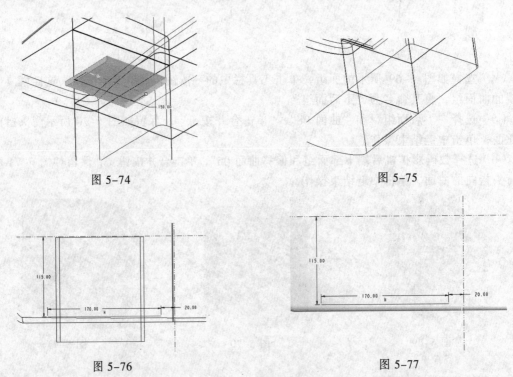

图 5-74

图 5-75

图 5-76

图 5-77

（4）选择"截面 10"，单击拉伸按钮 ，选择曲面 、一侧拉伸 ，尺寸设为 345，如图 5-78 所示，单击中键结束操作。该旋转曲面特征命名为"曲面 10"。

（5）选择"曲面 09"和"曲面 10"，单击合并按钮 ，保留如图 5-79 所示箭头指向的曲面，单击中键结束操作。

（6）选择刚合并的面组，单击镜像复制按钮 ，再选择"中心面"，单击中键结束操作，这样在对应端该面组就被复制了一份，以备后用。将其命名为"镜像面组 01"，如图 5-80 所示。

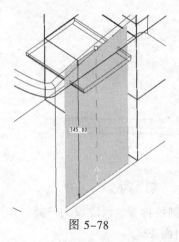

图 5-78

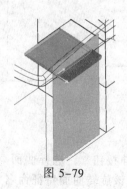

图 5-79

图 5-80

2. 制作抽屉拉手面组

（1）绘制图 5-81 所示的图形。单击草绘按钮，选择"中心面"正向为草绘平面，以 TOP 右向为参照。进入草绘环境后，单击边界复制按钮，绘制截面图形，如图 5-82 所示。单击✓按钮，完成并退出草绘。将刚完成的草绘图形命名为"截面 11"。

图 5-81

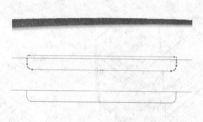

图 5-82

（2）选择"截面 11"，单击拉伸按钮，选择曲面、一侧拉伸，尺寸设为 150，如图 5-83 所示，单击中键结束操作。该旋转曲面特征命名为"曲面 11"。

（3）绘制图 5-84 所示的图形。单击草绘按钮，选 FRONT 面正向为草绘平面，以 RIGHT 底向为参照。进入草绘环境后，单击边界复制按钮，绘制截面图形，如图 5-85 所示。单击✓按钮，完成并退出草绘。将刚完成的草绘图形命名为"截面 12"，如图 5-86 所示。

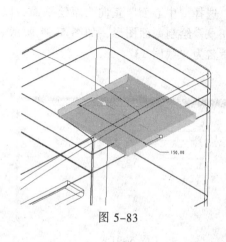

图 5-83

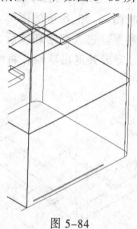

图 5-84

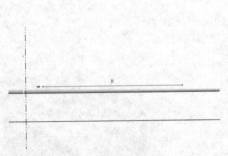

图 5-85   图 5-86

（4）选择"截面12" 单击拉伸按钮 ，选择曲面 、一侧拉伸 ，尺寸设为345，如图 5-87 所示，单击中键结束操作。该旋转曲面特征命名为"曲面12"。

（5）选择"曲面11"和"曲面12"， 单击合并按钮 ，保留如图 5-88 所示箭头指向的曲面，单击中键结束操作。

（6）选择刚合并的面组，单击镜像复制按钮 ，再选择"中心面"， 单击中键结束操作，这样在对应端该面组就被复制了一份，以备后用。将其命名为"镜像面组 02"，如图 5-89 所示。

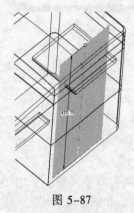

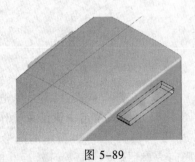

图 5-87   图 5-88   图 5-89

3. 制作后部上端柜门拉手面组

（1）绘制图 5-90 所示的图形。单击草绘按钮 ，选择"中心面"正向为草绘平面，以TOP 右向为参照。进入草绘环境后，单击边界复制按钮 ，绘制截面图形，如图 5-91 所示。单击 按钮，完成并退出草绘。将刚完成的草绘图形命名为"截面13"。

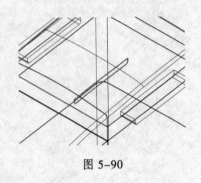

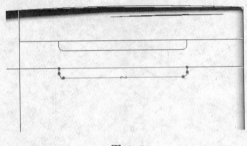

图 5-90   图 5-91

（2）选择"截面13"，单击拉伸按钮，选择曲面、一侧拉伸，尺寸设为150，如图5-92所示，单击中键结束操作。该旋转曲面特征命名为"曲面13"。

（3）绘制图5-93所示的图形。单击草绘按钮，选择FRONT面正向为草绘平面，以RIGHT底向为参照。进入草绘环境后，单击边界复制按钮，绘制截面图形，如图5-94所示。单击✓按钮，完成并退出草绘。为刚完成的草绘图形命名为"截面14"。

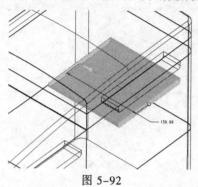

图5-92

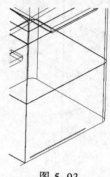

图5-93

（4）选择"截面14"，单击拉伸按钮，选择曲面、一侧拉伸，尺寸设为345，如图5-95所示，单击中键结束操作。该旋转曲面特征命名为"曲面14"。

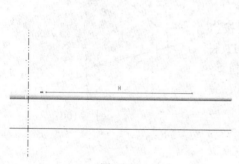

图5-94

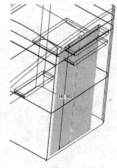

图5-95

（5）选择"曲面13"和"曲面14"，单击合并按钮，保留如图5-96所示箭头指向的曲面，单击中键结束操作。

（6）选择刚合并的面组，单击镜像复制按钮，再选择"中心面"，单击中键结束操作，这样在对应端该面组就被复制了一份，以备后用。将其命名为"镜像面组03"，如图5-97所示。

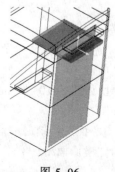

图5-96

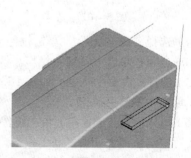

图5-97

4．制作后部下端柜门拉手面组

（1）绘制图 5-98 所示的图形。单击草绘按钮，选择"中心面"正向为草绘平面，以 TOP 右向为参照。进入草绘环境后，单击边界复制按钮，绘制截面图形，如图 5-99 所示。单击✓按钮，完成并退出草绘。将刚完成的草绘图形命名为"截面 15"。

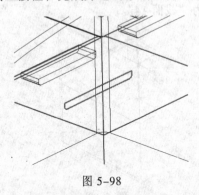

图 5-98

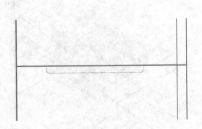

图 5-99

（2）选择"截面 15"，单击拉伸按钮，选择曲面、一侧拉伸，尺寸设为 150，如图 5-100 所示，单击中键结束操作。该旋转曲面特征命名为"曲面 15"。

（3）绘制图 5-101 所示的图形。单击草绘按钮，选择 FRONT 面正向为草绘平面，以 RIGHT 底向为参照。进入草绘环境后，单击边界复制按钮，绘制截面图形，如图 5-102 所示。单击✓按钮，完成并退出草绘。将刚完成的草绘图形命名为"截面 16"。

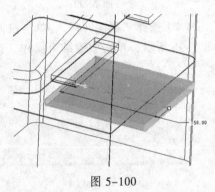

图 5-100

图 5-101

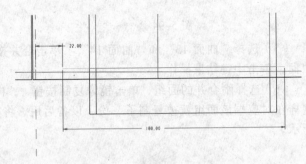

图 5-102

（4）选择"截面 15"，单击拉伸按钮，选择曲面、一侧拉伸，尺寸设为 220，如图 5-103 所示，单击中键结束操作。该旋转曲面特征命名为"曲面 16"。

（5）选择"曲面 15"和"曲面 16"，单击合并按钮，保留如图 5-104 所示箭头指向的曲面，单击中键结束操作。

（6）选择刚合并的面组，单击镜像复制按钮，再选择"中心面"，单击中键结束操作，这样在对应端该面组就被复制了一份，以备后用。将其命名为"镜像面组 04"，如图 5-105 所示。

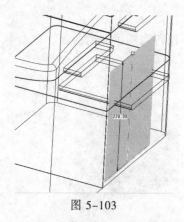

图 5-103

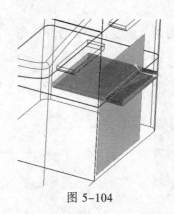

图 5-104

图 5-105

5. 制作各个拉手造型

（1）选择如图 5-106 所示的两个面组，单击合并按钮 ▱，保留箭头指向的曲面，单击中键结束操作。

（2）选择如图 5-107 所示的两个面组，单击合并按钮 ▱，保留箭头指向的曲面，单击中键结束操作。

（3）选择如图 5-108 所示的两个面组，单击合并按钮 ▱，保留箭头指向的曲面，单击中键结束操作。

图 5-106

图 5-107

图 5-108

（4）选择如图 5-109 所示的两个面组，单击合并按钮 ▱，保留箭头指向的曲面，单击中键结束操作。

（5）选择如图 5-110 所示的两个面组，单击合并按钮 ▱，保留箭头指向的曲面，单击中键结束操作。

（6）选择如图 5-111 所示的两个面组，单击合并按钮 ▱，保留箭头指向的曲面，单击中键结束操作。

图 5-109

图 5-110

图 5-111

（7）选择如图 5-112 所示的两个面组，单击合并按钮 ▱，保留箭头指向的曲面，单击中键结束操作。

（8）选择如图 5-113 所示的两个面组，单击合并按钮 ▱ ，保留箭头指向的曲面，单击中键结束操作。

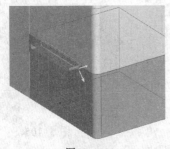

图 5-112　　　　　　　　　　　　　　　　图 5-113

通过以上的各个面组合并后，就完成了数码彩扩机的拉手部位的造型。

5.1.5　制作数码彩扩机顶壳前部的细节

数码彩扩机顶壳前部的细节主要是由曲面构成，制作起来相对复杂。

1. 修剪曲面

（1）绘制图 5-114 所示的图形。单击草绘按钮 ，选择 FRONT 面正向为草绘平面，以 RIGHT 底向为参照。进入草绘环境后，单击边界复制按钮 ▢ ，绘制截面图形，如图 5-115 所示。单击 ✓ 按钮，完成并退出草绘。将刚完成的草绘图形命名："截面 17"。

（2）选择"截面 17"，单击"编辑"，再单击"投影"，选择前端模型的上表面，这样该曲面上会生成一根投影曲线，如图 5-116 所示，命名为"投影线 01"。

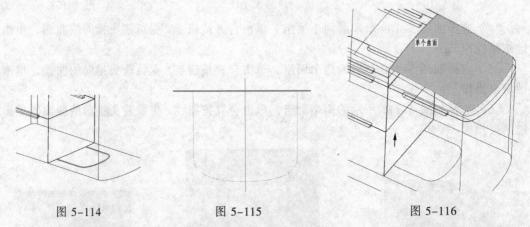

图 5-114　　　　　　　图 5-115　　　　　　　图 5-116

（3）绘制图 5-117 所示的图形。单击草绘按钮 ，选上部前端面组的背部曲面正向为草绘平面，以"中心面"左向为参照。进入草绘环境后，选择菜单栏中的"草绘"→"参照"命令，选择"投影线 01"的两个端点作为参照，关闭参照对话框。单击中心线按钮 ⫶ ，经过参照点画垂直中心线；综合运用弧线按钮 ⌒ 和直线按钮 ＼ ，绘制截面图形，注意中心线两侧的图形要对称且弧线端点要约束在参照点上，尺寸设置如图 5-118 所示。单击 ✓ 按钮，完成并退出草绘。将刚完成的草绘图形命名为"截面 18"。

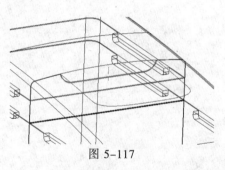

图 5-117

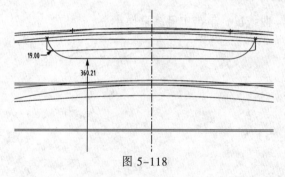

图 5-118

（4）选择上部前端面组，单击修剪按钮🔲，选择"投影线 01"，按住【Shift】键，再选择"截面 18"，保留如图 5-119 所示箭头指向的曲面，单击中键结束操作。

（5）单击创建点按钮✕✕，选择中心面，按住【Ctrl】键，选择如图 5-120 所示的面边界，生成第一个新点 PNT1；再选择中心面，按住【Ctrl】键，选择如图 5-120 所示的面边界生成第二个新点 PNT2。

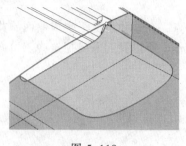

图 5-119

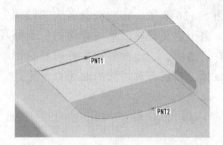

图 5-120

2．填补曲面

（1）单击造型按钮🔲，进入造型环境后，先设置活动平面，单击设置活动平面方向按钮🔲，选择中心面为活动平面；单击曲线按钮〜，选择"平面"曲线类型，按【Shift】键，再按住鼠标左键，捕捉并连接 PNT1 和 PNT2 两点，创建如图 5-121 所示的曲线；选择曲线 PNT1 处的端点，右键（注意右击时需长按右键），在弹出的快捷菜单中选择"法向"命令后，单击 TOP 基准面，这样控制曲线的滑杆便与 TOP 基准面垂直；再选择曲线 PNT2 处的端点，右击（注意右击时需长按右键），在弹出的快捷菜单中选择"自由"命令后，将控制曲线的滑杆向下调节一点，使曲线弧度大一点。单击✓按钮，退出造型命令。将完成的曲线命名为"中线"，如图 5-122 所示。

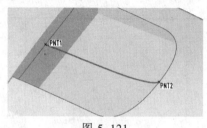

图 5-121

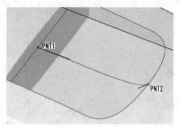

图 5-122

（2）选择如图 5-123 所示面组的边界，单击工具栏中的📋按钮，再单击📋按钮，这样就复制出新的曲线，为其命名为"复制边界"。

（3）选择"复制边界"，单击修剪按钮🔲，选择 PNT2，保留如图 5-124 所示箭头指向的曲线段，单击中键结束操作。

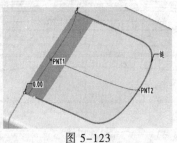

图 5-123

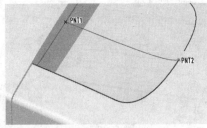

图 5-124

（4）选择"投影曲线 01"，单击修剪 ，选择 PNT1，保留如图 5-125 所示箭头指向的曲线段，单击中键结束操作。

（5）单击边界混合按钮 ，激活第一方向链收集器后，选择被修剪后的"复制边界"，按住【Ctrl】键，依次选择"中线"和被修剪后的"投影曲线 01"定义曲面的第一方向，接着激活第二方向链收集器，再选择"截面 18"，定义曲面的第二方向，此时，曲面随即生成，如图 5-126 所示，将曲面命名为"凹面"。

由于定义该曲面第一方向的三条路径曲线的一端共点，在这种情况下生成曲面的共点端会有三角面，三角面的存在有时候会影响曲面实体化操作，所以我们需要把这些三角面区域切除掉，然后再对切除的曲面修补完整。

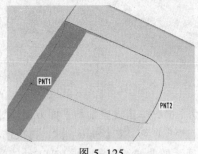

图 5-125

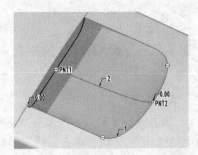

图 5-126

（6）绘制图 5-127 所示的图形。单击草绘按钮 ，选择 FRONT 面正向为草绘平面，以中心面右向为参照。进入草绘环境后，综合运用中心线按钮 、弧线按钮 和直线按钮 ，绘制截面图形，注意中心线两侧的图形要对称约束，尺寸设置如图 5-128 所示。单击 按钮，完成并退出草绘。将刚完成的草绘图形命名为"截面 19"。

图 5-127

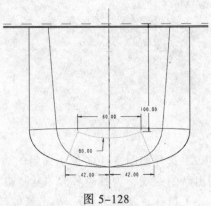

图 5-128

（7）选择"截面 19"，选择"编辑"→"投影"命令，选择前端模型的上表面，这样该曲面上会生成一根投影曲线，如图 5-129 所示，命名为"投影线 02"。

（8）选择"凹面"，单击修剪按钮，选择"投影线 02"，保留如图 5-130 所示箭头指向的曲面，单击中键结束操作。

（9）创建新曲面进行修补，在建新曲面前先要布线。单击基准曲线按钮，从菜单管理器中选择"完成"，依次选择如图 5-131 所示的两个结点，单击"完成"，双击"曲线：通过点"对话框内的"相切"，单击菜单管理器的"起始"，再单击"曲面"，选择凹面，这样绘制的曲线起始端便与凹面相切；这时，菜单管理器命令列表会切换到"终止"，再单击"曲面"，同样选择凹面，这样绘制的曲线起终止端便与凹面相切，再单击中键结束操作，为该线命名为"曲线 01"。

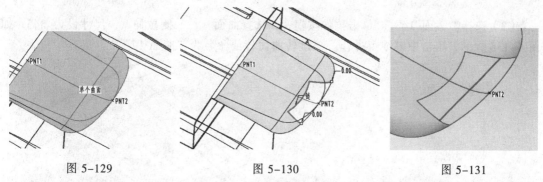

图 5-129   图 5-130   图 5-131

（10）单击边界混合按钮，激活第一方向链收集器后，分别选择定义曲面的两个方向的3 条路径，修补的曲面创建完成，如图 5-132 所示，将曲面命名为"修补面"；选择"凹面"和"修补面"，单击合并按钮，单击中键结束操作，如图 5-133 所示。选择如图 5-134 所示的两个面组，单击合并按钮，单击中键结束操作。

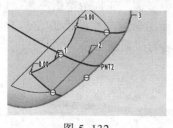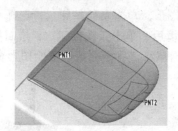

图 5-132   图 5-133   图 5-134

3．制作上壳的柜门造型

（1）单击平面按钮，选择 FRONT 基准面，拖动新创建的基准面，距离指定为 325，单击基准平面对话框中的"确定"按钮，将新基准面命名为"辅助面 02"，如图 5-135 所示。

（2）绘制图 5-136 所示的图形。单击草绘按钮，选择"辅助面 02"正向为草绘平面，以 RIGHT 右向为参照。进入草绘环境后，单击边界复制按钮，绘制截面图形，如图 5-137 所示。单击✓按钮，完成并退出草绘。将刚完成的草绘图形命名为"截面 20"。

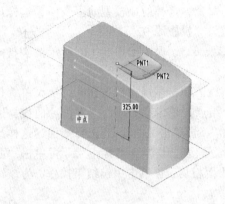

图 5-135

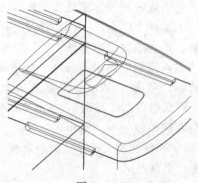

图 5-136

（3）选择"截面 14"，单击拉伸按钮 ，选择曲面 、一侧拉伸 ，尺寸设为 345，如图 5-138 所示，单击中键结束操作。该旋转曲面特征命名为"曲面 17"。

图 5-137

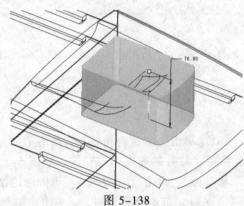

图 5-138

（4）绘制图 5-139 所示的图形。单击草绘按钮 ，选择"中心面"正向为草绘平面，以 TOP 右向为参照。进入草绘环境后，单击弧线按钮 ，绘制截面图形，尺寸设置如图 5-140 所示。单击 按钮，完成并退出草绘。将刚完成的草绘图形命名为"截面 21"。

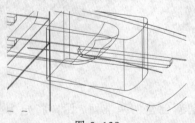

图 5-139

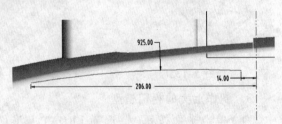

图 5-140

（5）选择"截面 21"，单击拉伸按钮 ，选择曲面 、两边拉伸 ，尺寸设为 130，如图 5-141 所示，单击中键结束操作。该拉伸曲面特征命名为"曲面 18"。

（6）选择"曲面 17"和"曲面 18"，单击合并按钮 ，保留箭头指向的曲面，单击中键结束操作，如图 5-142 所示。

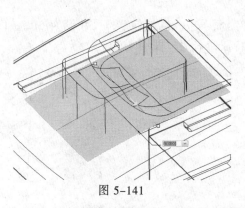

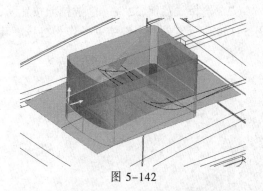

图 5-141 图 5-142

（7）选择刚合并的面组，选择"编辑"→"偏移"命令，单击标准偏移特征按钮，偏移方向如图 5-143 中箭头方向所示，尺寸设为 0.5，单击中键结束操作。新偏移的曲面命名为"偏移曲面 06"。

（8）选择如图 5-144 所示的面组，单击工具栏中的按钮，再单击按钮，这样就复制出新的曲线，将其命名为"上前面组"。

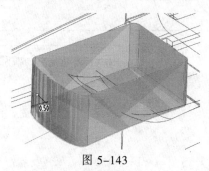

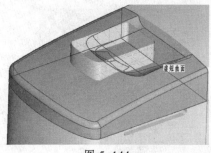

图 5-143 图 5-144

（9）选择"上前面组"和"曲面 18"，单击合并按钮，保留箭头指向的曲面，单击中键结束操作，如图 5-145 所示。

（10）选择数码彩扩机前端上部面组和"偏移曲面 06"，单击合并按钮，保留箭头指向的曲面，单击中键结束操作，如图 5-146 所示。

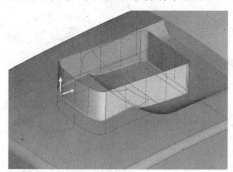

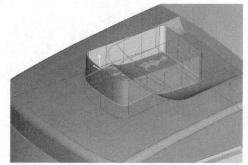

图 5-145 图 5-146

4．制作柜门的拉手造型

（1）绘制图 5-147 所示的图形。单击草绘按钮，选择"辅助面 02"正向为草绘平面，以 RIGHT 右向为参照。进入草绘环境后，单击边界复制按钮，绘制截面图形，如图 5-148 所示。单击按钮，完成并退出草绘。将刚完成的草绘图形命名为"截面 22"。

（2）选择"截面22"，单击拉伸按钮，选择曲面、一侧拉伸，尺寸设为50，如图5-149所示，单击中键结束操作。将该旋转曲面特征命名为"曲面19"。

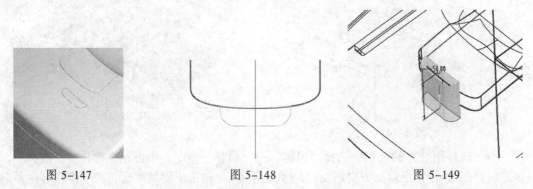

| 图5-147 | 图5-148 | 图5-149 |

（3）绘制图5-150所示的图形。单击草绘按钮，选择"中心面"正向为草绘平面，以TOP右向为参照。进入草绘环境后，单击弧线按钮，绘制截面图形，尺寸设置如图5-151所示。单击✓按钮，完成并退出草绘。将刚完成的草绘图形命名为"截面23"。

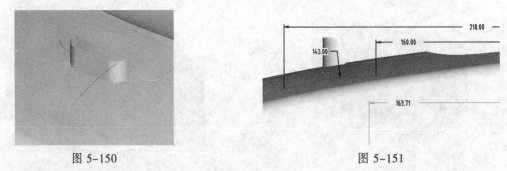

| 图5-150 | 图5-151 |

（4）选择"截面23"，单击拉伸按钮，选择曲面、两边拉伸，尺寸设为50，如图5-152所示，单击中键结束操作。将该拉伸曲面特征命名为"曲面20"。

（5）选择"曲面19"和"曲面20"，单击合并按钮，保留如图5-153所示箭头指向的曲面，单击中键结束操作。

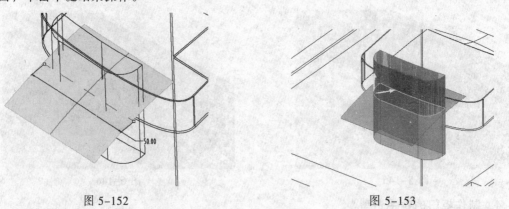

| 图5-152 | 图5-153 |

（6）选择如图5-154所示的两个面组，单击合并按钮，保留箭头指向的曲面，单击中键结束操作。

（7）选择如图5-155所示的边，单击倒圆角按钮，尺寸设为2.25，单击中键结束。

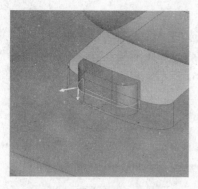

图 5-154

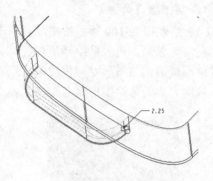

图 5-155

（8）绘制图 5-156 所示的图形。单击草绘按钮，选择"中心面"正向为草绘平面，以 TOP 右向为参照。进入草绘环境后，综合用边界偏移按钮和直线按钮绘制截面图形，尺寸设置如图 5-157 所示。单击✓按钮，完成并退出草绘。将刚完成的草绘图形命名为"截面 24"。

图 5-156

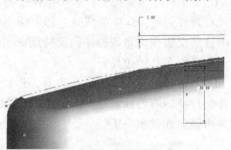

图 5-157

（9）选择"截面 24"，单击拉伸按钮，选择曲面、两边拉伸，尺寸设为 90，如图 5-158 所示，单击中键结束操作。该拉伸曲面特征命名为"曲面 21"。

（10）选择如图 5-159 所示的两个面组，单击合并按钮，保留箭头指向的曲面，单击中键结束操作。

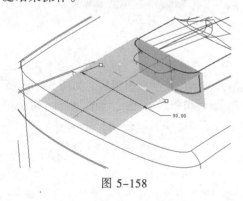

图 5-158

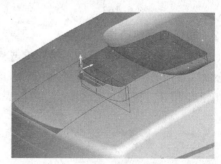

图 5-159

5.1.6 制作数码彩扩机顶壳后部的细节

数码彩扩机顶壳后部的细节主要包括一个出口和上面的下沉凹槽，主要是通过边界混合思路来完成。

1. 制作出口造型

（1）绘制图 5-160 所示的图形。单击草绘按钮，选 TOP 面正向为草绘平面，以"中心面"左向为参照。进入草绘环境后，综合运用中心线按钮和矩形按钮，绘制截面图形，注意中心线两侧的图形要对称约束，尺寸设置如图 5-161 所示。单击✓按钮，完成并退出草绘。将刚完成的草绘图形命名为"截面 25"。

图 5-160

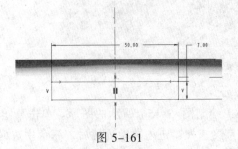

图 5-161

（2）选择"截面 25"，单击拉伸按钮，选择曲面、两边拉伸，尺寸设为 80，单击去除材料按钮，选择模型的上部后端面组，箭头方向表示去除材料，如图 5-162 所示，单击中键结束操作。将该拉伸曲面特征命名为"去除材料 01"。模型的上表面被该特征修剪后便形成了矩形孔的边界。

（3）选择刚制作的矩形孔边界，选择"编辑"→"延伸"命令，单击选项栏中的将曲面延伸到选择的参照面按钮，选择 TOP 面，如图 5-163 所示，单击中键结束操作，这个矩形孔的内壁曲面就做完了。

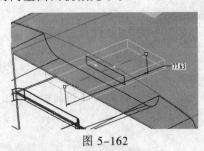

图 5-162

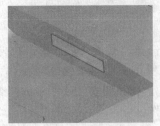

图 5-163

2. 制作下沉凹槽造型

（1）绘制图 5-164 所示的图形。单击草绘按钮，选择"辅助面 02"正向为草绘平面，以"中心面"右向为参照。进入草绘环境后，单击边界复制按钮，绘制截面图形，如图 5-165 所示。单击✓按钮，完成并退出草绘。将刚完成的草绘图形命名为"截面 26"，如图 5-166 所示。

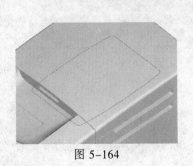

图 5-164

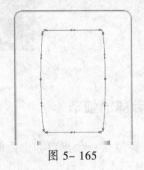

图 5- 165

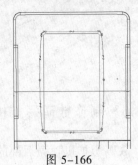

图 5-166

（2）选择"截面 26"，选择"编辑"→"投影"命令，选择模型上部后端面组的上表面，这样曲线就投落在选择的曲面上，如图 5-167 所示，将这条曲线命名为"边界 01"。

（3）选择模型上部后端面组，单击修剪按钮 ，选择"边界 01"，保留如图 5-168 所示箭头指向的曲面，单击中键结束操作。

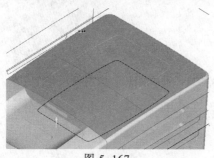

图 5-167

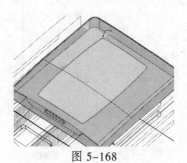

图 5-168

（4）绘制图 5-169 所示的图形。单击草绘按钮 ，选择"中心面"正向为草绘平面，以 TOP 右向为参照。进入草绘环境后，单击直线按钮 ，绘制截面图形，尺寸设置如图 5-170 所示。单击 按钮，完成并退出草绘。将刚完成的草绘图形命名为"截面 27"。

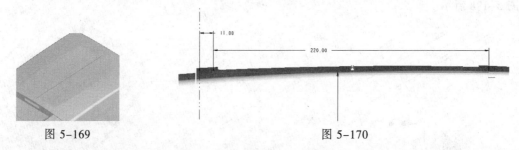

图 5-169

图 5-170

（5）选择"截面 27"，单击拉伸按钮 ，选择曲面 、两边拉伸 ，尺寸设为 160，如图 5-171 所示，单击中键结束操作。该拉伸曲面特征命名为"曲面 22"。

（6）绘制图 5-172 所示的图形。单击草绘按钮 ，选择 FRONT 面正向为草绘平面，以 RIGHT 面右向为参照。进入草绘环境后，单击边界复制按钮 ，绘制截面图形，如图 5-173 所示。单击 按钮，完成并退出草绘。将刚完成的草绘图形命名为"截面 28"， 如图 5-174 所示。

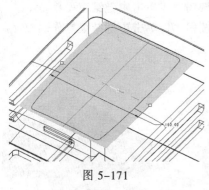

图 5-171

图 5-172

（7）选择"截面 28"，单击拉伸按钮 ，选择曲面 、一侧拉伸 ，尺寸设为 450，单击去除材料按钮◢，选择"曲面 22"，箭头方向表示去除材料，如图 5-175 所示，单击中键结束操作。将该拉伸曲面特征命名为"去除材料 02"。

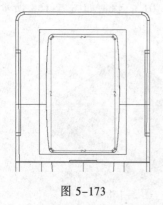

图 5-173

图 5-174

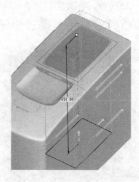

图 5-175

（8）绘制图 5-176 所示的曲线。单击基准曲线按钮～，从菜单管理器中选择"完成"，依次选择如图 5-177 所示的两个结点，单击"完成"，单击中键结束操作，将该线命名为"线 01"。用同样方法，画出"线 02""线 03""线 04""线 05""线 06""线 07"和"线 08"，如图 5-178 所示。

图 5-176

图 5-177

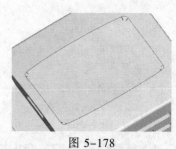

图 5-178

（9）单击边界混合按钮❧，激活第一方向链收集器后，选择模型上表面被修剪的边界，按住【Ctrl】键，再选择修剪"曲面 22"后形成的边界定义曲面的第一方向，再激活第二方向链收集器后，选择"线 01"， 按住【Ctrl】键，再选择"线 02""线 03""线 04""线 05""线 06""线 07"和"线 08"，此时，曲面随即生成，如图 5-179 所示，将曲面命名为"斜面"。

（10）选择如图 5-180 所示的两个面组，单击合并按钮◷，单击中键结束操作。

（11）选择如图 5-181 所示的两个面组，单击合并按钮◷，单击中键结束操作。

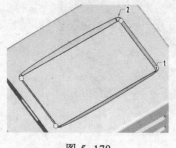

图 5-179

图 5-180

图 5-181

3．分割下沉凹槽

（1）绘制图 5-182 所示的图形。单击草绘按钮，选择"辅助面 02"正向为草绘平面，以"中心面"右向为参考。进入草绘环境后，单击边界偏移按钮绘制截面图形，尺寸设置如图 5-183 所示。单击✓按钮，完成并退出草绘。将刚完成的草绘图形命名为"截面 29"，如图 5-184 所示。

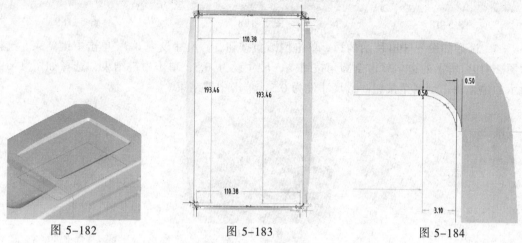

| 图 5-182 | 图 5-183 | 图 5-184 |

（2）选择"截面 29"，单击拉伸按钮，选择曲面、一侧拉伸，尺寸设为 100，如图 5-185 所示，单击中键结束操作。将该拉伸曲面特征命名为"曲面 23"。

（3）选择刚合并的面组，选择"编辑"→"偏移"命令，单击标准偏移特征按钮，偏移方向如图 5-186 中箭头方向所示，尺寸设为 0.5，单击中键结束操作，如图 5-186 所示，新偏移的曲面命名为"偏移曲面 07"。

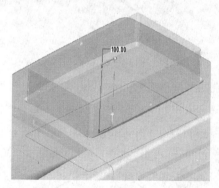

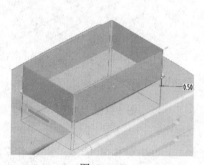

| 图 5-185 | 图 5-186 |

（4）选择如图 5-187 所示的面组，单击工具栏中的按钮，再单击按钮，这样就复制出新的曲线，将其命名为"上后面组备份"。

（5）选择"上后面组备份"和"偏移曲面 07"，单击合并按钮，保留如图 5-188 所示箭头指向的曲面，单击中键结束操作。

（6）选择模型上部后端面组和"曲面 23"，单击合并按钮，保留如图 5-189 所示箭头指向的曲面，单击中键结束操作。

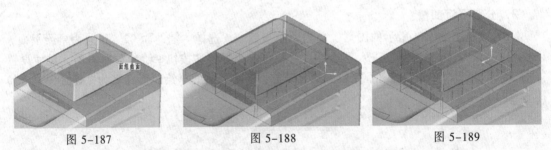

图 5-187   图 5-188   图 5-189

（7）选择如图 5-190 所示的边，单击倒圆角按钮，尺寸设为 0.5，单击中键结束；选择如图 5-191 所示的边，单击倒圆角按钮，尺寸设为 0.5，单击中键结束；选择如图 5-192 所示的边，单击倒圆角按钮，尺寸设为 0.5，单击中键结束。

图 5-190   图 5-191   图 5-192

（8）选择如图 5-193 所示的边，单击倒圆角按钮，尺寸设为 1，单击中键结束；选择如图 5-194 所示的边，单击倒圆角按钮，尺寸设为 1，单击中键结束；选择如图 5-195 所示的边，单击倒圆角按钮，尺寸设为 0.5，单击中键结束；选择如图 5-196 所示的边，单击倒圆角按钮，尺寸设为 0.5，单击中键结束。

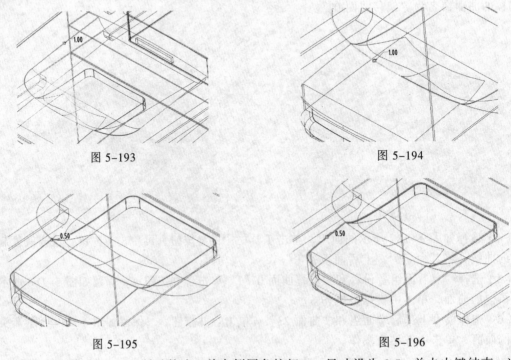

图 5-193   图 5-194

图 5-195   图 5-196

（9）选择如图 5-197 所示的边，单击倒圆角按钮，尺寸设为 0.5，单击中键结束。选择

如图 5-198 所示的边，单击倒圆角按钮 ，尺寸设为 0.5，单击中键结束。选择如图 5-199
所示的边，单击倒圆角按钮 ，尺寸设为 0.5，单击中键结束。选择如图 5-200 所示的边，单
击倒圆角按钮 ，尺寸设为 0.5，单击中键结束。

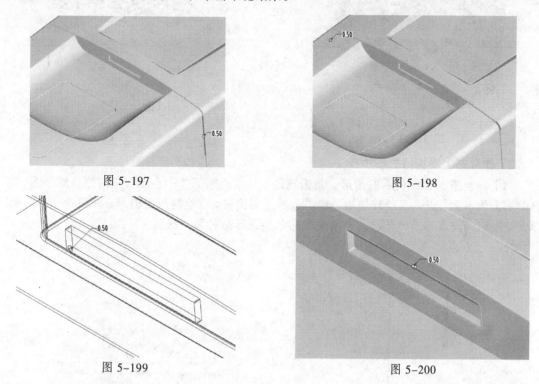

图 5-197

图 5-198

图 5-199

图 5-200

5.1.7 数码彩扩机的散热孔

数码彩扩机的散热孔主要是使用阵列命令来完成。

1. 先将数码彩扩机实体化，生成壳体的厚度

（1）选择如图 5-201 所示的面组，选择"编辑"→"实体化"命令；选择如图 5-202 所示
的面组，选择"编辑"→"实体化"命令；选择如图 5-203 所示的面组，选择"编辑"→"实
体化"命令；这样 3 个曲面组就转化成实体了。

（2）选择实体化后的其中一个特征，单击壳按钮 ，厚度值为 1.5，如图 5-204 所示。

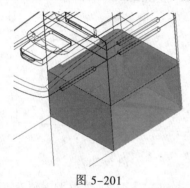

图 5-201

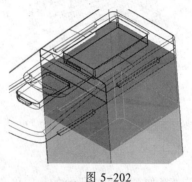

图 5-202

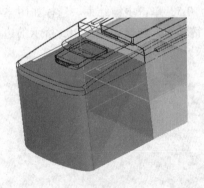

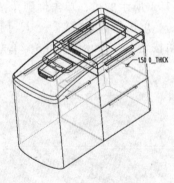

图 5-203   图 5-204

2.作后部上端柜门的散热孔

（1）绘制图 5-205 所示的图形。单击草绘按钮▧，选择"中心面"正向为草绘平面，以 TOP 右向为参照。进入草绘环境后，单击边界复制按钮▢，绘制截面图形，如图 5-206 所示。单击✓按钮，完成并退出草绘。将刚完成的草绘图形命名为"截面 30"。

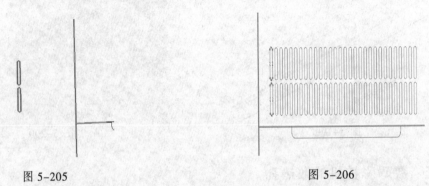

图 5-205   图 5-206

（2）选择"截面 30"，单击拉伸按钮▱，选择实体▢、两侧拉伸▤，尺寸设为 260，单击去除材料按钮◢，箭头方向表示去除材料，如图 5-207 所示，单击中键结束操作。

（3）由于模型上的条形孔横向排列一共 30 个，所以需要使用阵列命令来制作。选择由上一步生成的切除材料的拉伸特征，单击阵列按钮▦，在阵列选项栏中选择"方向"，从模型底部选择一条横向边，数量输入 30，间距 6.93，单击中键完成阵列操作，如图 5-208 所示。

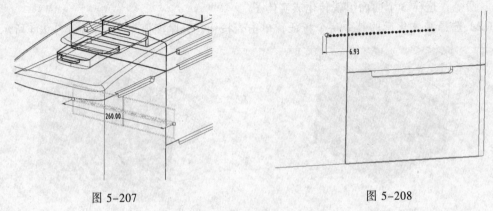

图 5-207   图 5-208

（4）选择如图 5-209 所示的边，单击倒圆角按钮◝，尺寸设为 0.5，单击中键结束。右击刚制作的倒圆角部位，在弹出的快捷菜单中选择"阵列"命令，单击中键完成阵列操作，如图 5-210 所示。依据同样的方法，制作出其他两个壳体特征上的阵列孔。

图 5-209

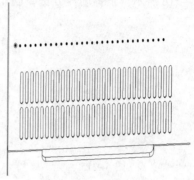

图 5-210

3. 制作后部下端柜门的散热孔

（1）绘制图 5-211 所示的图形。单击草绘按钮，选择"中心面"正向为草绘平面，以 TOP 右向为参照。进入草绘环境后，单击边界复制按钮，绘制截面图形，如图 5-212 所示。单击 ✓ 按钮，完成并退出草绘。将刚完成的草绘图形命名为"截面 31"。

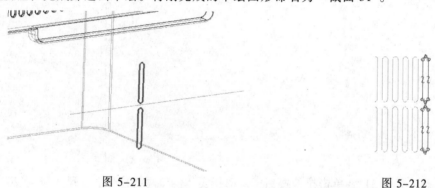

图 5-211

图 5-212

（2）选择"截面 31"，单击拉伸按钮，选择实体、两侧拉伸，尺寸设为 260，单击去除材料按钮，箭头方向表示去除材料，如图 5-213 所示，单击中键结束操作。

（3）由于模型上的条形孔横向排列一共 30 个，所以需使用阵列命令来制作。选择由上一步生成的切除材料的拉伸特征，单击阵列按钮，在阵列选项栏中选择"方向"，从模型底部选择一条横向边，数量输入 30，间距 6.93，单击中键完成阵列操作，如图 5-214 所示。

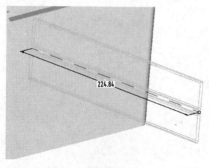

图 5-213

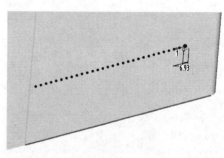

图 5-214

（4）选择如图 5-215 所示的边，单击倒圆角按钮 🖉，尺寸设为 0.5，单击中键结束。右击刚制作的倒圆角部位，在弹出的快捷菜单中选择"阵列"命令，单击中键完成阵列操作，如图 5-216 所示。依据同样方法，制作出其他两个壳体特征上的阵列孔。

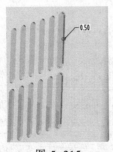

图 5-215

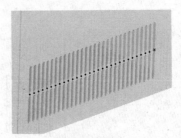

图 5-216

4．制作前部柜门的散热孔

（1）绘制图 5-217 所示的图形。单击草绘按钮 🖉，选择"中心面"正向为草绘平面，以 TOP 右向为参照。进入草绘环境后，单击边界复制按钮 🖵，绘制截面图形，如图 5-218 所示。单击 ✓ 按钮，完成并退出草绘。将刚完成的草绘图形命名为"截面 32"。

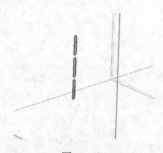

图 5-217

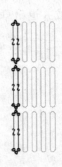

图 5-218

（2）选择"截面 31"，单击拉伸按钮 🖉，选择实体 🖵、两侧拉伸 🗗，尺寸设为 260，单击去除材料按钮 🗹，箭头方向表示去除材料，如图 5-219 所示，单击中键结束操作。

（3）由于模型上的条形孔横向排列一共 30 个，所以需使用阵列命令来制作。选择由上一步生成的切除材料的拉伸特征，单击阵列按钮 🖩，在阵列选项栏内选择"方向"，从模型底部选择一条横向边，数量输入 30，间距 6.93，单击中键完成阵列操作，如图 5-220 所示。

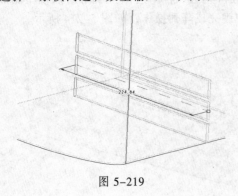

图 5-219

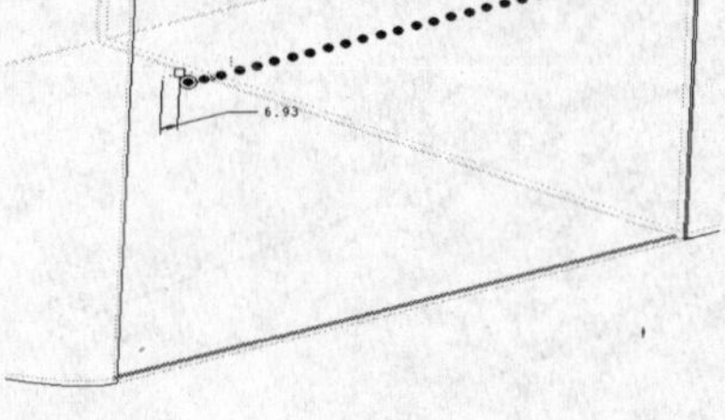

图 5-220

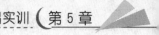

（4）选择如图 5-221 所示的边，单击倒圆角按钮 🔘，尺寸设为 0.5，单击中键结束。右击刚制作的倒圆角部位，在弹出的快捷菜单中选择"阵列"命令，单击中键完成阵列操作，如图 5-222 所示。依据同样方法，制作出其他两个壳体特征上的阵列孔。

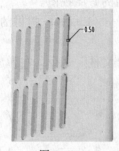

图 5-221

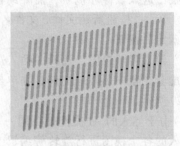

图 5-222

（5）选择如图 5-223 所示的边，单击倒圆角按钮 🔘，尺寸设为 2，单击中键结束。

（6）单击保存文件按钮 🔘，将场景模型保存至 CKJ.PRT 文件中，数码彩扩机模型基本制作完成。

这样，彩扩机的数模创建基本结束。通过本案例主要学习了三视图的导入与编辑、曲面合并、倒圆角、实体化以及阵列等命令。

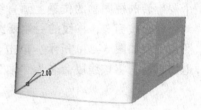

图 5- 223

5.2 自动沉降细胞染色机建模案例解析

本节中以自动沉降细胞染色机（以下称"染色机"）为例，全面讲解其制作流程。自动沉降细胞染色机的主要功能是细胞染色分析，由此产生的数据供医生诊断患者病情使用。染色机的运行完全用于程序控制，基于安全考虑需要设计师将机械操作置于壳体内部，设计师的工作是设计染色机的外观。最终完成的设计效果，如图 5-224 所示。

下面先了解染色机的大体制作思路：

（1）将三视图导入 Pro / Engineer 内，如图 5-225 所示。

（2）制作染色机的整体曲面，如图 5-226 所示。

（3）根据染色机的结构将机体分块，如图 5-227 所示。

（4）制作染色机操作面板和 LOGO 面板，如图 5-228 所示。

图 5-224

图 5-225

图 5-226

图 5- 227

图 5-228

根据上面的思路安排，可以将其分成四大步骤来完成建模工作。

5.2.1　导入三视图

三视图进入软件环境后，需要编辑和处理，使之成为可用的参照视图。

（1）单击□按钮新建文件，文件名为 RSJ.PRT，使用默认 Pro／Engineer 提供的默认模板，单击"确定"按钮。

（2）导入参照视图。选择"插入"→"共享数据"→"自文件"命令，在弹出的对话框中寻找配套光盘中 rsj.ai 文件，并单击打开，如图 5-229 所示。

图 5-229

（3）由于导入的 AI 文件处在同一平面内，需要对导入的各个视图进行旋转等编辑。先绘制旋转轴，单击草绘按钮，单击直线按钮，在各个要旋转的视图轴的位置上画直线段，注意使用约束命令按钮，将线的一端要约束在点选的参照点上，如图 5-230 所示。单击 ✓ 按钮，完成并退出草绘，将该线段命名为"轴"。

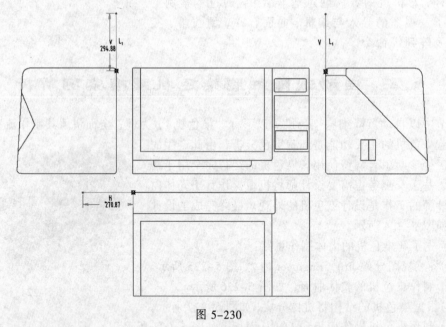

图 5-230

（4）选择"应用程序"→"继承"命令，弹出菜单管理器，如图 5-231 所示；从"继承零件"栏中，单击"线框"，选择导入视图，再依次单击"移动""旋转""无复制"和"完成"，然后完全框选要旋转的视图，被框选的视图会变粗显示，如图 5-232 所示；然后单击中键，选择旋转轴，此时旋转轴的位置出现箭头，如图 5-233 所示，用右手法则，大拇指表示箭头方向，四手指表示旋转方向，在信息栏处输入 90，这样所选视图就旋转过来，如图 5-234 所示；用同样方法，旋转编辑其他视图，如图 5-235 所示。然后，选择"应用程序"→"标准"命令，就完成了本次各个视图的编辑操作。

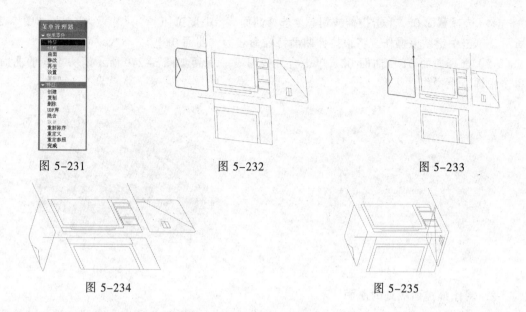

图 5-231　　　　　　图 5-232　　　　　　图 5-233

图 5-234　　　　　　　　　图 5-235

5.2.2　制作染色机的整体曲面

1.　先做染色机的大体曲面组

（1）单击草绘按钮，选择 RIGHT 正向为草绘平面，以 TOP 顶向为参照。进入草绘环境后，单击边界复制按钮，绘制截面图形，并单击拐角按钮编辑复制的直线段使其封闭，如图 5-236 所示。单击✓按钮，完成并退出草绘。将刚完成的草绘图形命名为："截面 01"。

（2）选择截面 01，单击拉伸按钮，选择曲面、两边拉伸，尺寸设为 970，如图 5-237 所示，单击中键结束操作。该拉伸曲面特征命名为"曲面 01"。

（3）单击草绘按钮，选 FRONT 正向为草绘平面，以 RIGHT 右向为参照。进入草绘环境后，单击边界复制按钮，绘制截面图形，然后删除这两条线的上端约束点后再延伸出一定距离，并单击直线按钮，连接这两个端点，如图 5-238 所示。单击✓按钮，完成并退出草绘。将刚完成的草绘图形命名为"截面 02"。

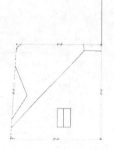

图 5-236

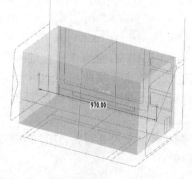

图 5-237

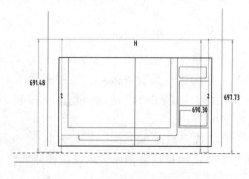

图 5-238

（4）选择截面 02，单击拉伸按钮 ，选择曲面 、一侧拉伸 ，尺寸设为 600，如图 5-239 所示，单击中键结束操作。将该拉伸曲面特征命名为"曲面 02"。

（5）选择曲面 01 和曲面 02，单击合并按钮 ，保留如图 5-240 所示箭头指向的曲面，单击中键结束操作。

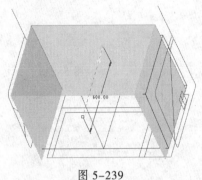

图 5-239

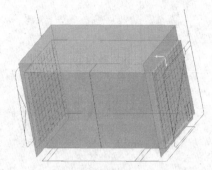

图 5-240

2．制作操控面板处的曲面

（1）单击草绘按钮 ，选 RIGHT 正向为草绘平面，以 TOP 顶向为参照。进入草绘环境后，单击边界复制按钮 ，绘制截面图形，然后删除这两条线的左端上下两约束点后再延伸出一定距离，如图 5-241 所示。单击 按钮，完成并退出草绘。将刚完成的草绘图形命名为"截面 03"。

（2）选择截面 03，单击拉伸按钮 ，选择曲面 、一侧拉伸 ，尺寸设为 670，如图 5-242 所示，单击中键结束操作。将该拉伸曲面特征命名为"曲面 03"。

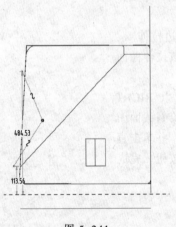

图 5-241

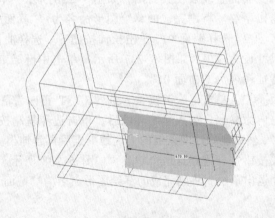

图 5-242

（3）单击草绘按钮 ，选 FRONT 正向为草绘平面，以 RIGHT 右向为参照。进入草绘环境后，单击边界复制按钮 ，绘制截面图形，然后删除这条线的上下端两约束点后再延伸出一定距离，如图 5-243 所示，单击 按钮，完成并退出草绘。为刚完成的草绘图形命名为："截面 04"。

（4）选择截面 04，单击拉伸按钮 ，选择曲面 、一侧拉伸 ，尺寸设为 670，如图 5-244 所示，单击中键结束操作。将该拉伸曲面特征命名为"曲面 04"。

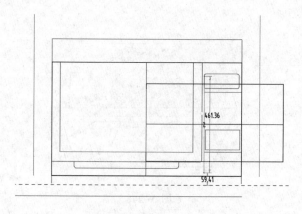

图 5-243

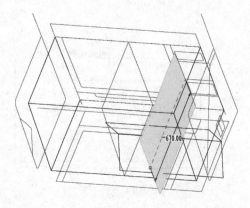

图 5-244

（5）选择曲面 03 和曲面 04，单击合并按钮 ，保留箭头指向的曲面，如图 5-245 所示，单击中键结束操作。

（6）选择合并后形成的两个曲面，单击合并按钮 ，保留箭头指向的曲面，如图 5-246 所示，单击中键结束操作。这样就初步形成了染色机主体曲面。

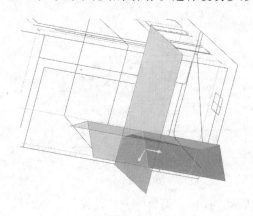

图 5-245

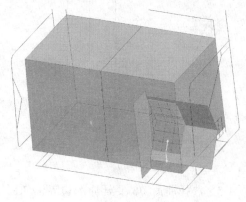

图 5-246

3. 制作染色机顶部减缺造型

（1）单击草绘按钮 ，选择 TOP 正向为草绘平面，以 RIGHT 右向为参照。进入草绘环境后，单击边界复制按钮 ，绘制截面图形，然后删除水平线段的左端和垂直线段的上端的约束点后再延伸出一定距离，单击拐角按钮 ，使复制的两条直线段相交，如图 5-247 所示。单击 按钮，完成并退出草绘。将刚完成的草绘图形命名为"截面 05"。

（2）选择截面 05，单击拉伸按钮 ，选择曲面 、一侧拉伸 ，尺寸设为 680，如图 5-248 所示，单击中键结束操作。将该拉伸曲面特征命名为"曲面 05"。

（3）单击草绘按钮 ，选 RIGHT 正向为草绘平面，以 TOP 顶向为参照。进入草绘环境后，单击边界复制按钮 ，绘制截面图形，然后删除水平线段的右端约束点后再延伸出一定距离，如图 5-249 所示。单击 按钮，完成并退出草绘。将刚完成的草绘图形命名为"截面 06"。

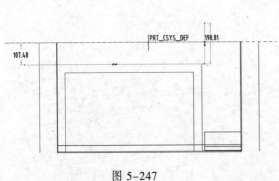

图 5-247　　　　　　　　　　图 5-248

（4）选择截面 06，单击拉伸按钮 ，选择曲面 、一侧拉伸 ，尺寸设为 960，如图 5-250 所示，单击中键结束操作。将该拉伸曲面特征命名为"曲面 06"

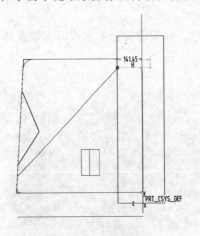

图 5-249

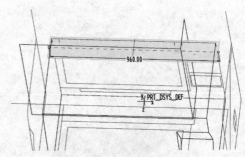

图 5-250

（5）选择曲面 06 要延伸的边界，如图 5-251 所示；选择"编辑"→"延伸"命令，尺寸设为 15，如图 5-252 所示，单击中键结束操作。

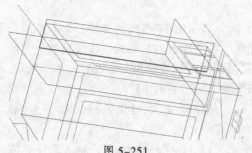

图 5-251

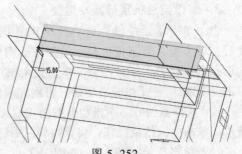

图 5-252

（6）选择曲面 05 和曲面 06，单击合并按钮 ，保留箭头指向的曲面，如图 5-253 所示，单击中键结束操作。

（7）先选择主体曲面，再选择合并后的曲面，单击合并按钮 ，保留箭头指向的曲面，如图 5-254 所示，单击中键结束操作。这样，染色机的主体曲面基本形成了，下面介绍制作细节。

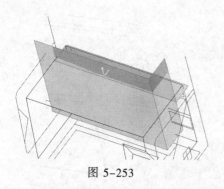

图 5-253

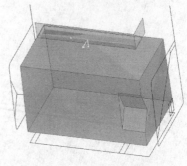

图 5-254

4．制作染色机各部位转折处圆角

（1）选择如图 5-255 所示所示的边，单击倒圆角按钮，尺寸设为 10；选择如图 5-256 所示的边，单击倒圆角按钮，尺寸设为 10；选择如图 5-257 所示所示的边，单击倒圆角按钮，尺寸设为 40；选择如图 5-258 所示的边，单击倒圆角按钮，尺寸设为 15。

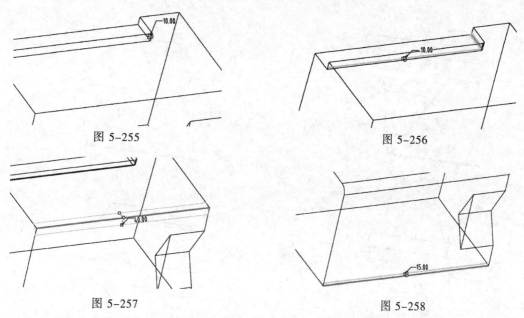

图 5-255

图 5-256

图 5-257

图 5-258

（2）选择如图 5-259 所示的边，单击倒圆角按钮，尺寸设为 15；选择如图 5-260 所示的边，单击倒圆角按钮，尺寸设为 15；选择如图 5-261 所示的边，单击倒圆角按钮，尺寸设为 5；选择如图 5-262 所示的边，单击倒圆角按钮，尺寸设为 5。

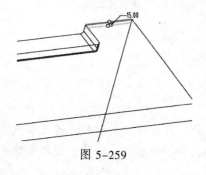

图 5-259

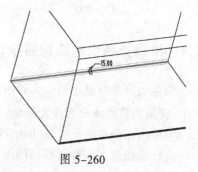

图 5-260

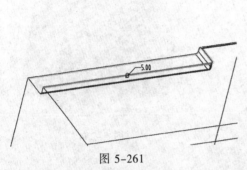

图 5-261

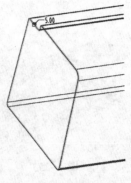

图 5-262

（3）选择如图 5-263 所示的边，单击倒圆角按钮 ，尺寸设为 8；选择如图 5-264 所示的边，单击倒圆角按钮 ，尺寸设为 5；选择如图 5-265 所示的边，单击倒圆角按钮 ，尺寸设为 5；选择如图 5-266 所示的边，单击倒圆角按钮 ，尺寸设为 5。

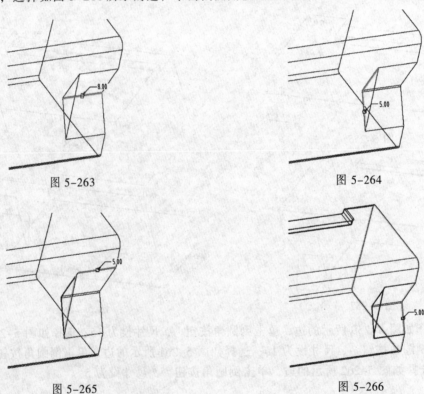

图 5-263

图 5-264

图 5-265

图 5-266

5.2.3　根据染色机的结构将机体分块

将染色机分块时要遵循从大到小的思路。

1. 将染色机主体分为两大部分：翻盖和机身

（1）单击草绘按钮 ，选 RIGHT 正向为草绘平面，以 TOP 顶向为参照。进入草绘环境后，单击直线按钮 ，绘制截面图形，如图 5-267 所示。单击 ✔ 按钮，完成并退出草绘。将刚完成的草绘图形命名为"截面 07"。

（2）选择截面 01，单击拉伸按钮 ，选择曲面 、两边拉伸 ，尺寸设为 1300，如图 5-268 所示，单击中键结束操作。将该拉伸曲面特征命名为"曲面 07"。

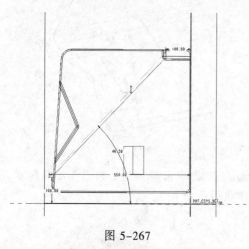

图 5-267

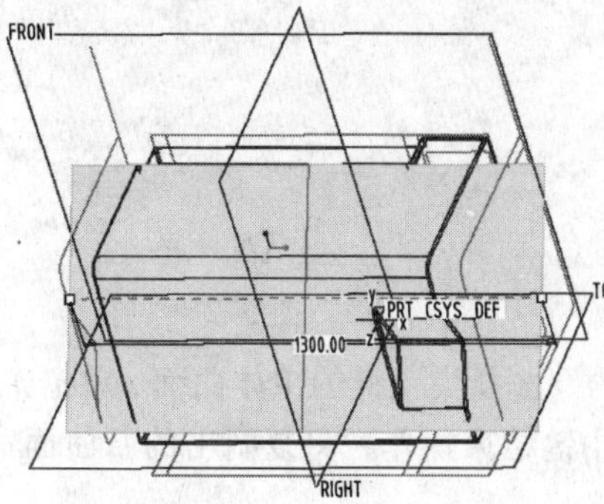

图 5-268

（3）单击草绘按钮 ，选 FRONT 正向为草绘平面，以 RIGHT 右向为参照。进入草绘环境后，单击边界复制按钮 ，绘制截面图形，然后删除垂直线段的上下端约束点后再延伸出一定距离，如图 5-269 所示。单击 ✔ 按钮，完成并退出草绘。将刚完成的草绘图形命名为"截面 08"。

（4）选择截面 08，单击拉伸按钮 ，选择曲面 、一侧拉伸 ，尺寸设为 650，如图 5-270 所示，单击中键结束操作。将该拉伸曲面特征命名为"曲面 08"。

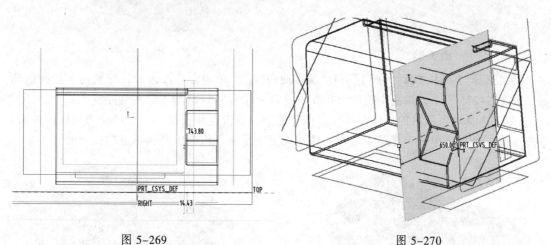

图 5-269

图 5-270

（5）选择曲面 07 和曲面 08，单击合并按钮 ，保留箭头指向的曲面，如图 5-271 所示，单击中键结束操作。

（6）选择刚合并后的面组的相交边，如图 5-272 所示；单击倒圆角按钮 ，尺寸设为 9。

（7）选择如图 5-273 所示的曲面，选择"编辑"→"偏移"命令，单击标准偏移特征按钮 ，偏移方向如图箭头方向所示，尺寸设为 1，单击中键结束操作，新偏移的曲面命名为"偏移曲面 01"。

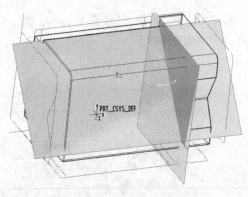

图 5-271

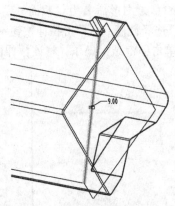

图 5-272

（8）选择染色机的主体曲面，单击工具栏中的 按钮，再单击 按钮，如图 5-274 所示，单击中键结束操作，将复制出的新曲面命名为"主体曲面备份 01"。

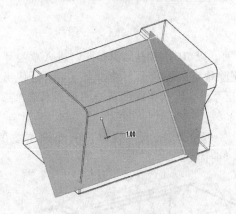

图 5-273

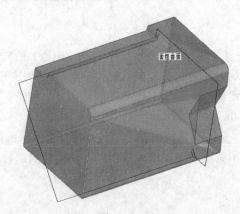

图 5-274

（9）选择"主体曲面备份 01"和"偏移曲面 01"，单击合并按钮 ，保留箭头指向的曲面，如图 5-275 所示，单击中键结束操作，这样，染色机的前盖体曲面就完成了。

（10）选择原染色机的主体曲面与原偏移曲面，单击合并按钮 ，保留箭头指向的曲面，如图 5-276 所示，单击中键结束操作。这样就完成了染色机的机身和翻盖曲面分开操作。

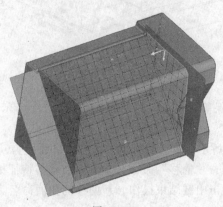

图 5-275

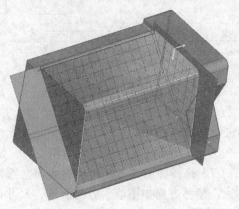

图 5-276

2．制作翻盖的玻璃造型

（1）单击草绘按钮 ，选 FRONT 正向为草绘平面，以 RIGHT 右向为参照。进入草绘环境后，单击边界复制按钮 ，绘制截面图形，然后删除两竖向线段的上端约束点后再延伸出一定距离；对下端的两个角点倒圆角，尺寸设为 15，如图 5-277 所示。单击 按钮，完成并退出草绘。将刚完成的草绘图形命名为"截面 09"。

（2）选择截面 10，单击拉伸按钮 ，选择曲面 、一侧拉伸 ，尺寸设为 620，如图 5-278 所示，单击中键结束操作。将该拉伸曲面特征命名为"曲面 09"。

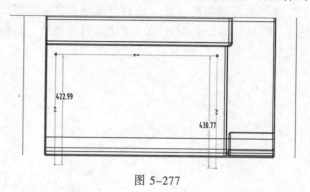

图 5-277

（3）单击草绘按钮 ，选 TOP 正向为草绘平面，以 RIGHT 右向为参照。进入草绘环境后，单击边界复制按钮 ，绘制截面图形，然后删除线段的左右端约束点后再延伸出一定距离，如图 5-279 所示。单击 按钮，完成并退出草绘。将刚完成的草绘图形命名为"截面 10"。

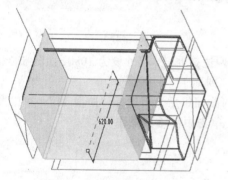

图 5-278

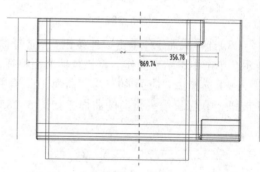

图 5-279

（4）选择截面 11，单击拉伸按钮 ，选择曲面 、一侧拉伸 ，尺寸设为 695，如图 5-280所示，单击中键结束操作。将该拉伸曲面特征命名为"曲面 10"。

（5）选择曲面 09 和曲面 10，单击合并按钮 ，保留箭头指向的曲面，如图 5-281 所示，单击中键结束操作。

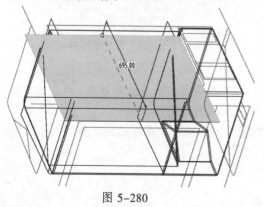

图 5-280

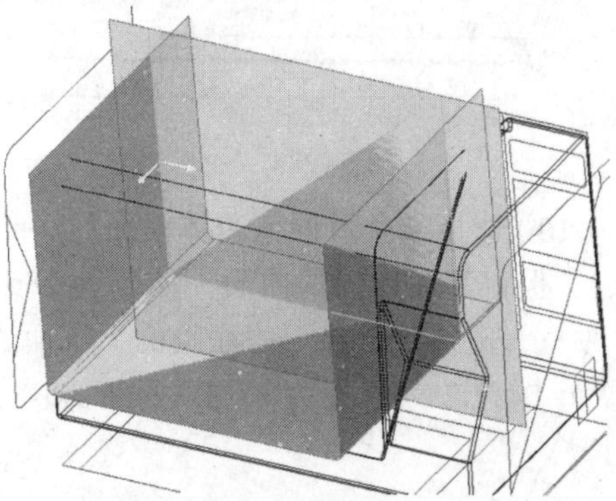

图 5-281

（6）选择刚合并后的面组的相交边，如图 5-282 所示；单击倒圆角按钮 ，尺寸设为 9。

（7）单击草绘按钮 ，选 RIGHT 正向为草绘平面，以 TOP 顶向为参照。进入草绘环境后，单击边界偏移按钮 ，绘制截面图形，偏移距离为 5，拐角点倒圆角，尺寸设为 15，如图 5-283 所示。单击 ✔ 按钮，完成并退出草绘。将刚完成的草绘图形命名为"截面 11"。

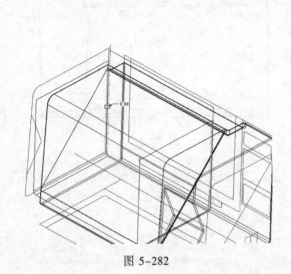

图 5-282

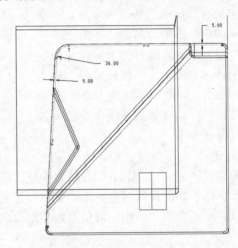

图 5-283

（8）选择截面 12，单击拉伸按钮 ，选择曲面 、两边拉伸 ，尺寸设为 1080，如图 5-284 所示，单击中键结束操作。将该拉伸曲面特征命名为"曲面 11"。

（9）选择由"曲面 09"与"曲面 10"合并形成的曲面组后，再选择"曲面 11"，单击合并按钮 ，保留箭头指向的曲面，如图 5-285 所示，单击中键结束操作。

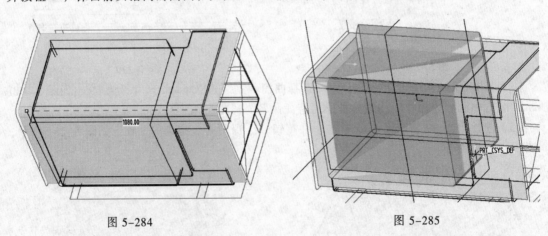

图 5-284

图 5-285

（10）选择染色机的前盖体曲面后，再选择由上一步刚刚合并形成的曲面组，单击合并按钮 ，保留箭头指向的曲面，如图 5-286 所示，单击中键结束操作。

（11）选择刚合并后的面组的下沉面边界，如图 5-287 所示；单击边倒角按钮 ，尺寸改变为 D1*D2，D1 设为 5；D2 设为 10。

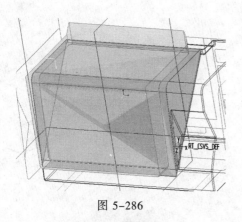

图 5-286

图 5-287

3. 制作翻盖的拉手造型

（1）单击草绘按钮 ，选 FRONT 正向为草绘平面，以 RIGHT 右向为参照。进入草绘环境后，单击边界复制按钮 ，绘制截面图形，然后删除线段的上端两约束点后再延伸出一定距离；两拐角点倒圆角，尺寸设为 10，如图 5-288 所示。单击 按钮，完成并退出草绘。将刚完成的草绘图形命名为"截面 12"。

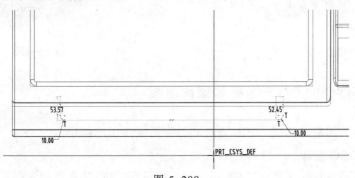

图 5-288

（2）选择截面 12，单击拉伸按钮 ，选择曲面 、一侧拉伸 ，尺寸设为 650，如图 5-289 所示，单击中键结束操作。将该拉伸曲面特征命名为"曲面 12"。

（3）单击草绘按钮 ，选 RIGHT 正向为草绘平面，以 TOP 顶向为参照。进入草绘环境后，单击边界偏移按钮 ，绘制截面图形，偏移距离为 30；单击直线按钮 画水平线与偏移出的线相交，尺寸设置如图 5-290 所示。单击 按钮，完成并退出草绘。将刚完成的草绘图形命名为"截面 13"。

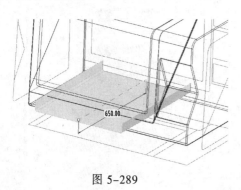

图 5-289

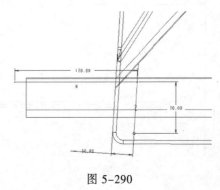

图 5-290

（4）选择截面 13，单击拉伸按钮，选择曲面、两边拉伸，尺寸设为 780，如图 5-291 所示，单击中键结束操作。将该拉伸曲面特征命名为"曲面 13"。

（5）选择曲面 12 和曲面 13，单击合并按钮，保留箭头指向的曲面，如图 5-292 所示，单击中键结束操作。

（6）选择图 5-293 所示的两个曲面，单击合并按钮，保留箭头指向的曲面，单击中键结束操作。

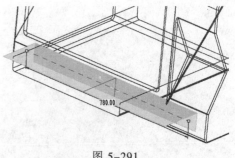

图 5-291

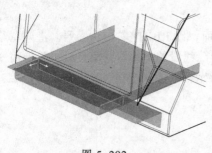

图 5-292

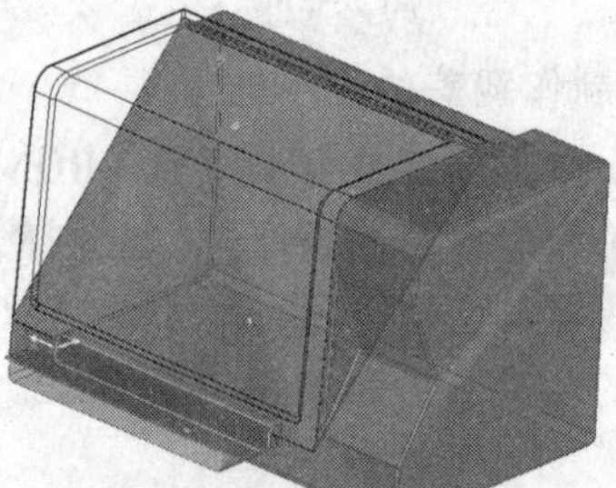

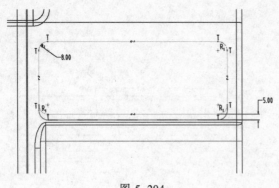

图 5-293

5.2.4 制作染色机 LOGO 面板和操作面板

运用曲面合并的思路完成 LOGO 面板和操作面板曲面的创建。

1. 制作 LOGO 面板

（1）单击草绘按钮，选 RIGHT 正向为草绘平面，以 TOP 顶向为参照。进入草绘环境后，单击边界复制按钮，绘制左、右、上 3 条边，单击边界偏移按钮，绘制下边，偏移距离为 5；单击拐角按钮编辑复制的各个直线段使其封闭；各个拐角倒圆角，尺寸设为 8，如图 5-294 所示。单击✔按钮，完成并退出草绘。将刚完成的草绘图形命名为"截面 14"。

（2）选择截面 14，单击拉伸按钮，选择曲面、一侧拉伸，尺寸设为 650，如图 5-295 所示，单击中键结束操作。将该拉伸曲面特征命名为"曲面 14"。

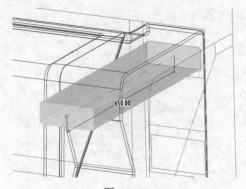

图 5-294

图 5-295

（3）选择如图 5-296 所示的曲面；选择"编辑"→"偏移"命令，单击标准偏移特征按钮，偏移方向如图 5-296 中箭头方向所示，尺寸设为 1，单击中键结束操作，新偏移的曲面命名为"偏移曲面 02"。

（4）选择"曲面 14"和"偏移曲面 02"，单击合并按钮，保留箭头指向的曲面，如图 5-297 所示，单击中键结束操作。

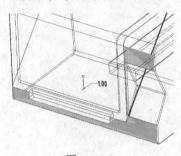

图 5-296

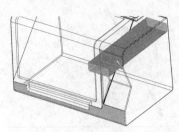

图 5- 297

（5）选择染色机的箱体曲面组和刚刚合并形成的曲面组，单击合并按钮，保留箭头指向的曲面，如图 5-298 所示，单击中键结束操作。

（6）选择刚合并后的面组的下沉面边界，如图 5-299 所示；单击边倒角按钮，尺寸设为 1。

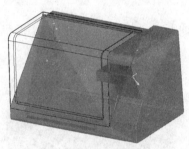

图 5-298

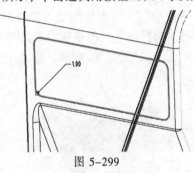

图 5-299

2．制作操控面板

（1）单击草绘按钮，选择如图 5-300 所示的曲面为草绘平面，再选择 RIGHT 右向为参照。进入草绘环境后，单击边界偏移按钮绘制图形，并单击拐角按钮编辑复制的各个直线段使其封闭；将各个拐角倒圆角，各尺寸设置如图 5-301 所示。单击 ✔ 按钮，完成并退出草绘。将刚完成的草绘图形命名为"截面 15"。

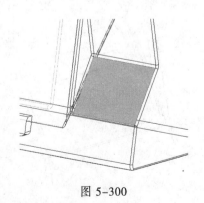

图 5-300

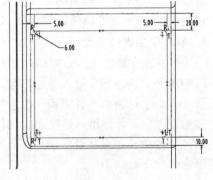

图 5-301

（2）选择"截面 15"，单击拉伸按钮，选择曲面、两边拉伸，尺寸设为 20，如图 5-302 所示，单击中键结束操作。将该拉伸曲面特征命名为"曲面 15"。

（3）选择如图 5-303 所示的曲面；选择"编辑"→"偏移"命令，单击标准偏移特征按钮，偏移方向如图 5-303 中箭头方向所示，尺寸设为：1，单击中键结束操作，新偏移的曲面命名为："偏移曲面 03"。

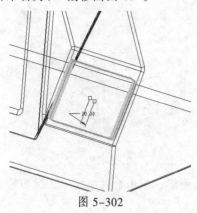

图 5-302

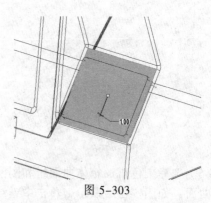

图 5-303

（4）选择"曲面 15"和"偏移曲面 03"，单击合并按钮，保留箭头指向的曲面，如图 5-304 所示，单击中键结束操作。

（5）选择染色机的箱体曲面组和刚刚合并形成的曲面组，单击合并按钮，保留箭头指向的曲面，如图 5-305 所示，单击中键结束操作。

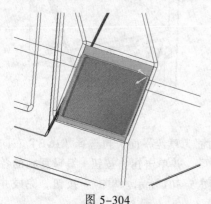

图 5-304

图 5-305

（6）选择刚合并后的面组的下沉面边界，如图 5-306 所示；单击边倒角按钮，尺寸设为 1。

3．制作废品出口造型

（1）单击草绘按钮，选 RIGHT 正向为草绘平面，以 TOP 顶向为参照。进入草绘环境后，单击边界复制按钮，绘制水平直线段，然后删除线段的左右端约束点后再延伸出一定距离，如图 5-307 所示。单击✓按钮，完成并退出草绘。将刚完成的草绘图形命名为"截面 16"。

（2）选择"截面 16"，单击拉伸按钮，选择

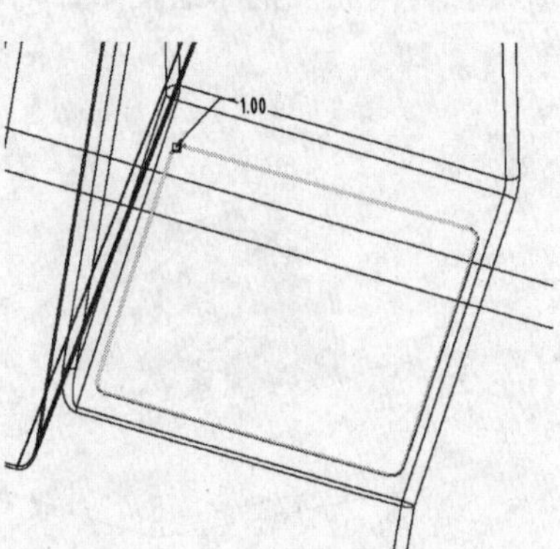

图 5-306

曲面□、一侧拉伸▲，尺寸设为 750，如图 5-308 所示，单击中键结束操作。将该拉伸曲面特征命名为"曲面 16"。

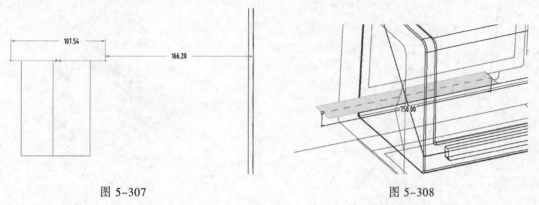

图 5-307   图 5-308

（3）选择曲面 16，选择"编辑"→"偏移"命令，单击标准偏移特征按钮▣，偏移方向如图 5-309 中箭头方向所示，尺寸设为：105，单击中键结束操作，新偏移的曲面命名为："偏移曲面 04"。

（4）单击草绘按钮▨，选 TOP 正向为草绘平面，以 RIGHT 顶向为参照。进入草绘环境后，点选参照点和参照线，单击直线按钮╲绘制图形，形态和尺寸设置如图 5-310 所示。注意线的端点与参照点的垂直约束，单击✔按钮，完成并退出草绘。将刚完成的草绘图形命名为"截面 17"。

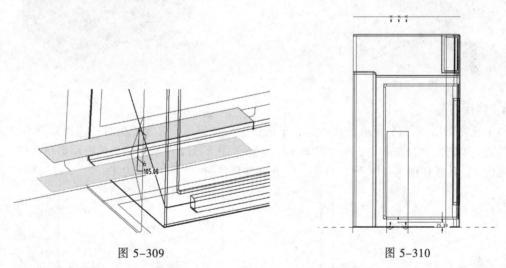

图 5-309   图 5-310

（5）选择截面 17，单击拉伸按钮▣，选择曲面□、一侧拉伸▲，尺寸设为 260，如图 5-311 所示，单击中键结束操作。将拉伸曲面特征命名为"曲面 17"。

（6）选择"曲面 16"和"曲面 17"，单击合并按钮▱，保留箭头指向的曲面，如图 5-312 所示，单击中键结束操作。

（7）选择刚合并形成的曲面组和"偏移曲面 04"，单击合并按钮▱，保留箭头指向的曲面，如图 5-313 所示，单击中键结束操作。

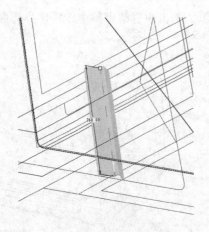

图 5-311

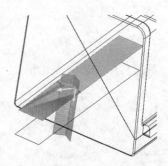

图 5-312

（8）选择染色机的箱体曲面组和刚合并形成的曲面组，单击合并按钮 ⊡，保留箭头指向的曲面，如图 5-314 所示，单击中键结束操作。

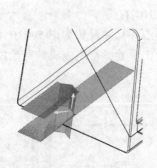

图 5-313

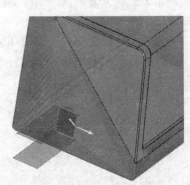

图 5-314

4. 制作圆角

（1）选择如图 5-315 所示的两条边，单击倒圆角按钮 ⌒，尺寸设为 1；选择如图 5-316 所示的边，单击倒圆角按钮 ⌒，尺寸设为 10；选择如图 5-317 所示的边，单击倒圆角按钮 ⌒，尺寸设为 1；选择如图 5-318 所示的边，单击倒圆角按钮 ⌒，尺寸设为 1。

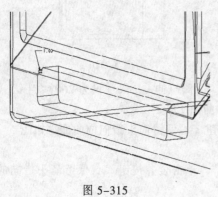

图 5-315

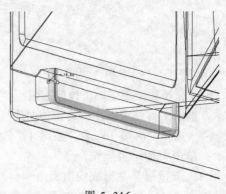

图 5-316

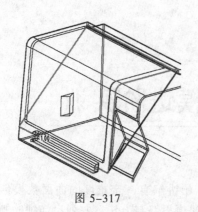

图 5-317

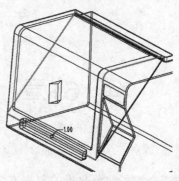

图 5-318

（2）选择如图 5-319 所示的边，单击倒圆角按钮 ，尺寸设为 5；选择如图 5-320 所示的边，单击倒圆角按钮 ，尺寸设为 3；选择如图 5-321 所示的边，单击倒圆角按钮 ，尺寸设为 3；单击保存文件按钮 ，将场景模型保存至 RSJ.PRT 文件中，染色机模型基本制作完成。

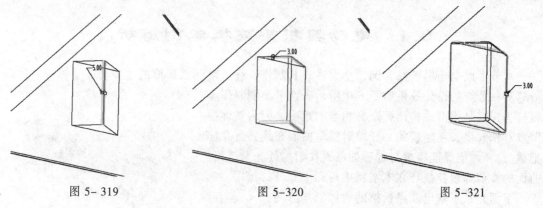

图 5- 319   图 5-320   图 5-321

通过本案例，重温了三视图的导入与编辑、曲面合并、倒圆角等命令以及数模创建的基本思路。

课后练习

1. 试用实体建模的方法来创建数码彩扩机模型。
2. 染色机的 LOGO 区域建模方式是由合并完成的，想一想还可以用其他什么方法？
3. 试用实体建模的方法来创建染色机模型。

第 6 章　产品建模进阶实训

前面介绍了简单数模的制作方法和流程，下面开始讲解有一定难度的曲面数模创建过程。本章讲述电动黑板擦和听力筛查仪等两款产品的建模思路与方法，并列出详细的制作步骤。这两款产品的外观模型均以曲面构成为主，直面构成为辅，相对复杂，是由基础建模向高级建模提升的过渡性案例。制作这两款产品外观模型所涉及的命令有一定难度，同时也渗透相对较多高级曲面建模的命令和制作思路，这可以为后面制作高难度的模型打下良好基础。在学习本章两款产品模型制作时，应注意总结造型环境里自由曲面的变量化建模思路。

6.1　电动黑板擦建模案例解析

本节中以电动黑板擦为例，全面讲解其制作流程。电动黑板擦的主要功能是擦掉并吸取粉笔灰。最终的设计效果如图 6-1 所示。这个案例制作步骤较少，但是模型的构建思路有相当的难度，因为整体模型成对称效果，在建模的一开始对整个曲面布线要有总体把握，这样才能保证镜像复制后的曲面在衔接处光顺链接。曲面的修剪与填补技巧在本案例中得到了充分的运用。

图 6-1

下面先来了解电动黑板擦的大体制作思路：

（1）制作电动黑板擦的整体曲面，如图 6-2 所示。

（2）进一步明确电动黑板擦的整体曲面，如图 6-3 所示。

（3）制作电动黑板擦的细节，如图 6-4 所示。

图 6-2

图 6-3

图 6-4

根据上面的思路安排，可以将其分成三大步骤来完成建模工作。

6.1.1　制作电动黑板擦的整体曲面

曲面建模的构建思路是先整体后细节。在这个阶段先要把产品的整体曲面做出来。

制作整体曲面造型的步骤如下：

（1）单击 □ 按钮新建文件，文件名为 HBC.PRT，使用 Pro/E 提供的默认模板，单击"确定"按钮。

（2）单击草绘按钮 ⊠，选择 RIGHT 正向为草绘平面，以 FRONT 左向为参照。进入草绘环境后，单击样条线按钮 ∿，绘制截面图形；单击中心线按钮 ⦙，经过样条线两端画垂直线，尺寸设置如图 6-5 所示。单击 ✓ 按钮，完成并退出草绘。将刚完成的草绘图形命名为"曲线 01"。

（3）单击草绘按钮 ⊠，选择 TOP 正向为草绘平面，以 RIGHT 右向为参照。进入草绘环境后，选择菜单栏中的"草绘"→"参照"命令，选择"曲线 01"的两端点作为参照，关闭参照对话框。单击椭圆按钮 ○，绘制椭圆并使椭圆垂直轴的上下两点约束在参照点上，如图 6-6 所示。单击 ✓ 按钮，完成并退出草绘。将刚完成的草绘图形命名为"路径 01"。

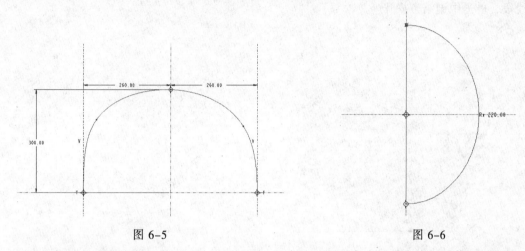

图 6-5   图 6-6

（4）选择菜单栏中的"插入"→"扫描"→"曲面"命令，在弹出的"菜单管理器"对话框中，单击"选取轨迹"，再点击"曲线链"，选择"路径 01"曲线。注意起始点位置，选择图 6-7 所示的起始点，单击"选取全部"，单击中键确定，确认"开放终点"，单击"完成"，进入草绘环境后，单击边界复制按钮 □ 绘制截面图形；单击中心线按钮 ⦙，为经过复制的图形画水平中心线，再单击删除线段按钮 ✏，按住鼠标左键划经要删除的线段，保留截面图形，尺寸设置如图 6-8 所示；单击 ✓ 按钮，完成并退出草绘，单击"确定"按钮。将新扫描的曲面命名为"曲面 01"，如图 6-9 所示。

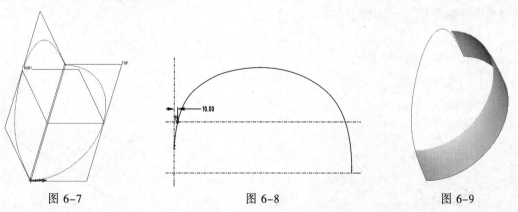

图 6-7   图 6-8   图 6-9

（5）单击造型按钮▣，进入造型环境后，单击曲线按钮～，选择 COS 曲线类型，按【Shift】键，再按住鼠标左键在靠近"曲线 01"附近的"曲面 01"上移动并使新建曲线的起始点捕捉到"曲线 01"，然后再按住鼠标左键在靠近"路径 01"附近的"曲面 01"上移动并使新建曲线的结束点捕捉到"路径 01"，这样就完成了新建线的创建；选择其中曲线的起始点，按住右键，在弹出的快捷菜单中选择"法向"命令后，单击 RIGHT 基准面，这样控制曲线起始端的滑杆便与 RIGHT 基准面垂直。再选择曲线的结束点，右击，在弹出的快捷菜单中选择"法向"命令后，单击 TOP 基准面，这样控制曲线结束端的滑杆便与 TOP 基准面垂直。此时，注意控制曲线两端滑杆的长度要短一些，不宜过长，如图 6-10 所示。单击✔按钮，退出造型命令。将完成的线命名为"线 01"。

（6）选择图 6-11 所示的"曲面 01"，单击修剪按钮▣，选择"线 01"，保留箭头指向的曲线段，单击中键结束操作。

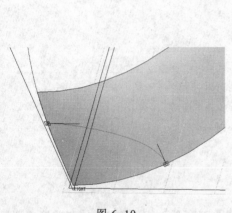

图 6-10

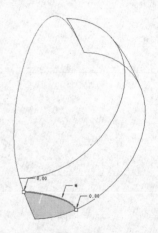

图 6-11

（7）选择菜单栏中的"插入"→"扫描"→"曲面"命令，在弹出的"菜单管理器"对话框中单击"选取轨迹"，再点击"曲线链"，选择"路径 01"曲线。注意起始点位置，选择图 6-12 所示的起始点，单击"选取全部"，单击中键确定，确认"开放终点"，单击"完成"。进入草绘环境后，单击边界复制按钮▣，绘制截面图形；单击中心线按钮⁝，经过复制的图形画水平中心线，再单击删除段按钮⁒，按住鼠标左键划经要删除的线段，保留截面图形，尺寸设置如图 6-13 所示；单击✔按钮，完成并退出草绘，单击"确定"按钮。将新扫描的曲面命名为"曲面 02"，如图 6-14 所示。

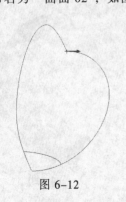

图 6-12

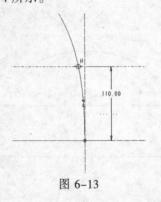

图 6-13

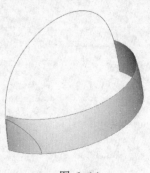

图 6-14

（8）单击造型按钮🗔，进入造型环境后，单击曲线按钮～，选择 COS 曲线类型，按【Shift】键，再按住鼠标左键在靠近"曲线 01"附近的"曲面 02"上移动并使新建曲线的起始点捕捉到"曲线 01"，然后再按住鼠标左键在靠近"路径 01"附近的"曲面 02"上移动并使新建曲线的结束点捕捉到"路径 01"，这样就完成新建线的创建；选择其中曲线的起始点，按住右键，在弹出的快捷菜单中选择"法向"命令后，单击 RIGHT 基准面，这样控制曲线起始端的滑杆便与 RIGHT 基准面垂直，再选择曲线的结束点，右击，在弹出的快捷菜单中选择"法向"命令后，单击 TOP 基准面，这样控制曲线结束端的滑杆便与 TOP 基准面垂直。此时，注意控制曲线两端滑杆的长度要短一些，不宜过长，如图 6-15 所示。单击✔按钮，退出造型命令。将完成的线命名为"线 02"。

（9）选择"曲面 01"，单击修剪按钮🗔，选择"线 02"，保留如图 6-16 所示箭头指向的曲线段，单击中键结束操作。

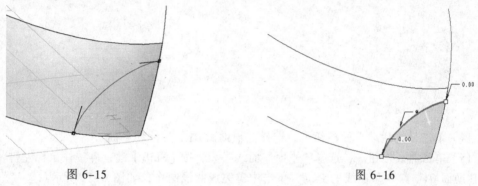

图 6-15　　　　　　　　　　　　　　图 6-16

（10）单击草绘按钮🗔，选择 FRONT 正向为草绘平面，以 RIGHT 右向为参照。进入草绘环境后，单击直线按钮＼，进过参照面交点绘制一条倾斜直线段，尺寸设置如图 6-17 所示。单击✔按钮，完成并退出草绘。将刚完成的草绘图形命名为"辅助线 01"。

（11）选择"辅助线 01"，单击拉伸按钮🗔，选择曲面🗔、两边拉伸🖯，尺寸设为 520，如图 6-18 所示，单击中键结束操作。将该拉伸曲面特征命名为"辅助面 01"。

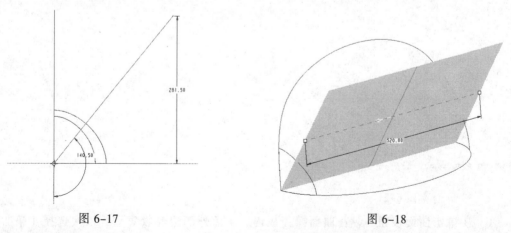

图 6-17　　　　　　　　　　　　　　图 6-18

（12）单击造型按钮🗔，进入造型环境后，单击设置活动平面按钮🗔，选择 FRONT 基准面为活动平面；单击曲线按钮～，选择"平面"曲线类型，按【Shift】键，再按住鼠标左键在靠近"曲线 01"附近位置移动并使新建曲线的起始点捕捉到"曲线 01"，然后再按住鼠标左键在靠近"路径 01"附近位置移动并使新建曲线的结束点捕捉到"路径 01"上,这样就完成新建线的创建,如图 6-19 所示。

（13）选择新建曲线的起始点,按住右键不放,在弹出的快捷菜单中选择"法向"命令后,单击 RIGHT 基准面,这样控制曲线起始端的滑杆便与 RIGHT 基准面垂直。再选择曲线的结束点,右击,在弹出的快捷菜单中选择"法向"命令后,单击 TOP 基准面,这样控制曲线结束端的滑杆便与 TOP 基准面垂直。此时,注意控制曲线两端滑杆的长度要短一些,不宜过长,如图 6-20 所示。单击中键完成曲线制作。

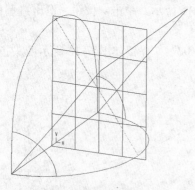

图 6-19

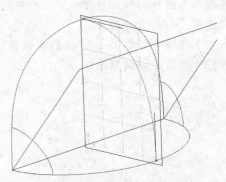

图 6-20

（14）单击设置活动平面按钮 ▦ ,选择"辅助面 01"为活动平面。

（15）单击曲线按钮 ～ ,选择"平面"曲线类型,按【Shift】键,再按住鼠标左键依次单击"辅助面 01"与 3 条曲线的交点,单击中键完成曲线制作,如图 6-21 所示。

（16）选择新建曲线的起始点,按住右键不放,在弹出的快捷菜单中选择"曲面相切"命令后,选择曲面,这样控制曲线起始端的滑杆便与所选曲面相切。再选择曲线的结束点,按住右键不放,在弹出的快捷菜单中选择"曲面相切"命令后,选择曲面,这样控制曲线结束端的滑杆便与曲面相切,此时,调整曲线两端的滑杆的长度。单击中键完成曲线制作,如图 6-22 所示。

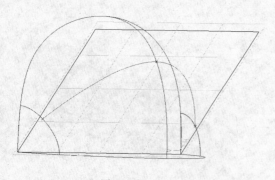

图 6-21

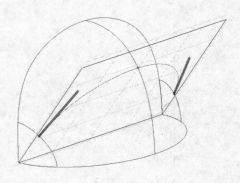

图 6-22

（17）单击曲面按钮 ▨ ,在曲面操控板内,激活外部边界收集器,依次选择 4 条曲线,如图 6-23 所示;再激活内部曲线收集器,选择两条曲线,这样便生成了曲面,如图 6-24 所示。

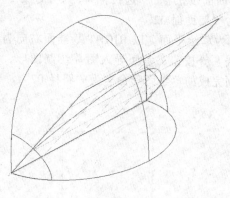

图 6-23

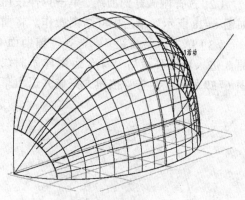

图 6-24

（18）展开模型树，右击"辅助面 01"，在弹出的快捷菜单中选择"隐藏"命令，这样"辅助面 01"便被隐藏。选择图 6-25 所示的两个曲面，单击合并按钮 ，使两曲面连接，单击中键结束操作。

（19）选择图 6-26 所示两个曲面，单击合并按钮 ，使两曲面连接，单击中键结束操作。

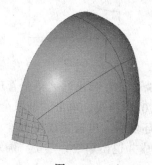

图 6-25

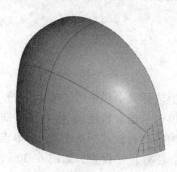

图 6-26

6.1.2 进一步明确电动黑板擦的整体曲面

在这里主要是完成对主体曲面的减缺工作，形成电动黑板擦的基本雏形。

（1）单击草绘按钮 ，选择 RIGHT 基准面正向为草绘平面，以 TOP 基准面顶向为参照。进入草绘环境后，运用直线 等按钮进行绘制，尺寸如图 6-27 所示。单击 按钮，完成并退出草绘。

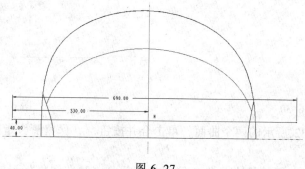

图 6-27

（2）选择刚画好的曲线，单击拉伸按钮 🗗，选择曲面按钮 🗔、一边拉伸 🗕，尺寸设为 240，如图 6-28 所示，单击中键结束操作。将曲面命名为"辅助面 02"。

（3）单击草绘按钮 🗔，选择"辅助面 02"正向为草绘平面，以 RIGHT 基准面右向为参照。进入草绘环境后，综合运用样条曲线 ↷ 和直线 ↘ 等按钮，参照导入图片绘制图形，如图 6-29 所示。单击 ✔ 按钮，完成并退出草绘。将刚完成的草绘图形命名为"路径 02"。

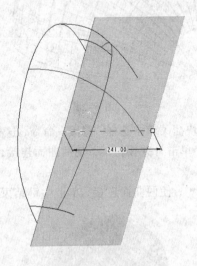

图 6-28

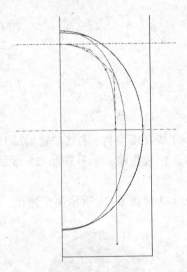

图 6-29

（4）选择菜单栏中的"插入"→"扫描"→"曲面"命令，在弹出的"菜单管理器"对话框中单击"选取轨迹"，再点击"曲线链"，选择"路径 02"曲线，单击"选取全部"，单击中键确定，确认"开放终点"，单击"完成"。进入草绘环境后，单击直线按钮 ↘，绘制截面图形，注意尺寸设置，如图 6-30 所示；单击 ✔ 按钮，完成并退出草绘，单击"确定"按钮完成新扫描的曲面，如图 6-31 所示。

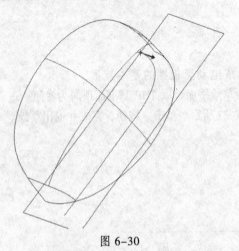

图 6-30

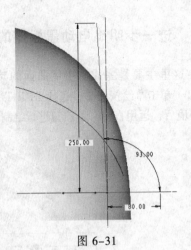

图 6-31

（5）选择图 6-32 所示的两个曲面，单击合并按钮 🗗，保留箭头指向的曲面，单击中键结束操作。

（6）选择图 6-33 所示的边，单击倒圆角按钮 🗞，对准倒角标识的小圆点按住右键不放，在弹出的快捷菜单中选择"添加半径"命令，添加 3 个半径，3 个半径的位置调整如图 6-33 所示，倒圆角半径尺寸依次设为 76、9、9；单击中键结束。

（7）选择图 6-34 所示的边，单击倒圆角按钮，对准倒角标识的小圆点按住右键不放，在弹出的快捷菜单中选择"添加半径"命令，添加 5 个半径，各个半径的位置调整如图 6-34 所示。倒圆角半径尺寸依次设为 50、20、15、5、5，单击中键结束。

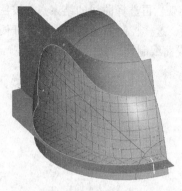

图 6-32

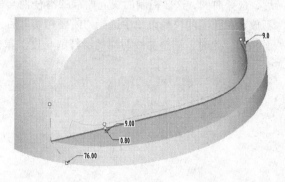

图 6-33

（8）绘制图 6-35 所示的图形。单击草绘按钮，选择 RIGHT 基准面正向为草绘平面，以 TOP 基准面顶向为参照。进入草绘环境后，运用弧线圆弧等按钮绘制图形，形态和尺寸如图 6-36 所示。单击✓按钮，完成并退出草绘。

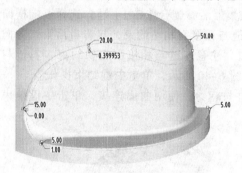

图 6-34

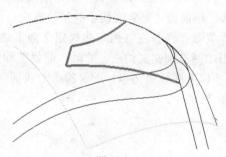

图 6-35

（9）选择刚画好的曲线，单击拉伸按钮，选择曲面、一边拉伸，尺寸设为 200，单击去除材料按钮，选择要切除的曲面，删除箭头方向指向的曲面，如图 6-37 所示，单击中键结束操作。

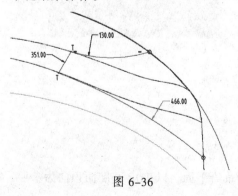

图 6-36

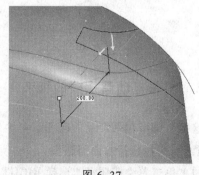

图 6-37

（10）单击造型按钮▱，进入造型环境后，单击设置活动平面按钮▱，选择 RIGHT 基准面为活动平面。

（11）单击曲线按钮～，选择"平面"曲线类型，按【Shift】键，再按住鼠标左键使新建曲线的两个端点分别捕捉在曲面的两个角点上，这样就完成新建线的创建，如图 6-38 所示。

（12）选择新建曲线的起始点，按住右键不放，在弹出的快捷菜单中选择"曲面相切"命令后，选择曲面，这样控制曲线起始端的滑杆便与所选曲面相切。再选择曲线的结束点，按住右键不放，在弹出的快捷菜单中选择"曲面相切"后，选择曲面，这样控制曲线结束端的滑杆便与曲面相切，此时，调整曲线两端的滑杆的长度。单击中键完成曲线制作，如图 6-39 所示。

图 6-38

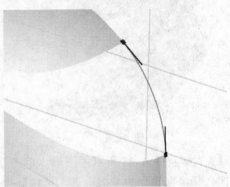
图 6-39

（13）单击边界混合按钮◈，激活第一方向链收集器后，配合【Ctrl】键，选择上端横向线和下端曲面边界定义曲面的第一方向，注意两条链与相接面相切约束；接着激活第二方向链收集器，选择左右两条曲线定义曲面的第二方向，注意左链与相接面相切约束，右链与 RIGHT 基准面垂直约束。此时，曲面随即生成，如图 6-40 所示，单击中键结束操作。

（14）选择图 6-41 所示的两个曲面，单击合并按钮▱，使两曲面连接，单击中键结束操作。

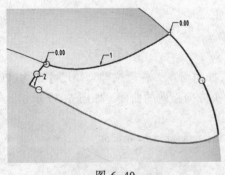
图 6-40

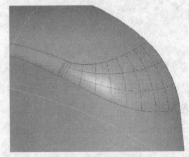
图 6-41

6.1.3 制作电动黑板擦的细节

这部分细节包括产品的按钮、电池仓和出风口等。

1. 制作按钮基本曲面造型

（1）单击草绘按钮▱，选择 RIGHT 基准面正向为草绘平面，以 TOP 基准面顶向为参照。

进入草绘环境后，运用直线╲等按钮绘制图形，形态和尺寸如图 6-42 所示。单击 ✔ 按钮，完成并退出草绘。

（2）选择刚画好的曲线，单击拉伸按钮▣，选择曲面◫、两边拉伸▣，尺寸设为 235，如图 6-43 所示，单击中键结束操作。

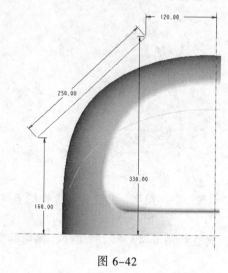

图 6-42

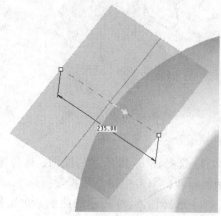

图 6-43

（3）单击草绘按钮▨，选择"辅助面 03"正向为草绘平面，以 RIGHT 基准面右向为参照。进入草绘环境后，运用椭圆○等按钮绘制图形，各个椭圆的尺寸如图 6-44 所示。单击 ✔ 按钮，完成并退出草绘。

（4）选择图 6-45 所示的曲面，选择菜单栏中的"编辑"→"偏移"命令，按箭头方向偏移值设为 7，单击中键结束操作。

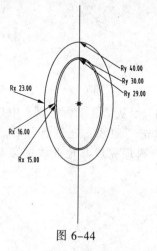

图 6-44

图 6-45

（5）选择图 6-46 所示的曲面，选择菜单栏中的"编辑"→"投影"命令，再选择图 6-46 所示的椭圆，单击中键结束投影操作。

（6）选择图 6-47 所示的曲面，单击修剪命令▣，再选择图 6-47 所示的曲线，保留箭头指向的曲面，单击中键结束操作。

图 6-46

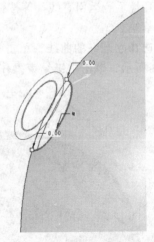

图 6-47

（7）选择图 6-48 所示的曲面，选择菜单栏中的"编辑"→"投影"命令，再选择图 6-48 所示的椭圆，单击中键结束投影操作。

（8）选择图 6-49 所示的曲面，单击修剪按钮 □，再选择图 6-49 所示的曲线，保留箭头指向的曲面，单击中键结束操作。

图 6-48

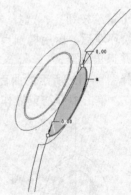

图 6-49

（9）先创建图 6-50 所示的曲线，单击基准曲线按钮 ～，从"菜单管理器"中单击"完成"，依次选择要连接的两个端点，单击"完成"，再单击"曲线：通过点"对话框中的"确定"按钮，完成基准曲线的创建，如图 6-51 所示。同理完成其他曲线的创建操作，如图 6-52 所示。

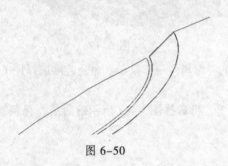

图 6-50

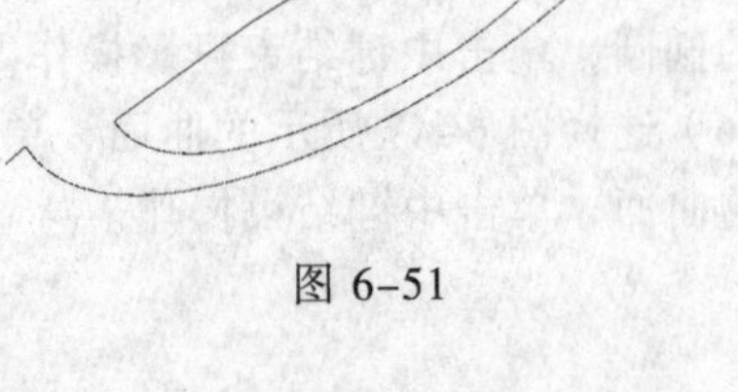

图 6-51

（10）单击边界混合按钮⌀，激活第一方向链收集器后，配合【Ctrl】键，选择两条长曲线定义曲面的第一方向；接着激活第二方向链收集器，选择 3 条短曲线定义曲面的第二方向。注意边界链与 RIGHT 基准面垂直约束，此时，曲面随即生成，如图 6-53 所示，单击中键结束操作。

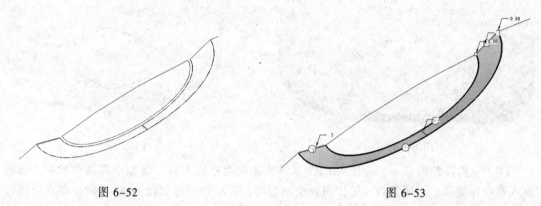

图 6-52   图 6-53

（11）选择图 6-54 所示的曲面，选择菜单栏中的"编辑"→"投影"命令，再选择图 6-54 所示的椭圆，单击中键结束投影操作。

（12）选择图 6-55 所示的曲面，单击修剪按钮▦，再选择图 6-55 所示的曲线，保留箭头指向的曲面，单击中键结束操作。

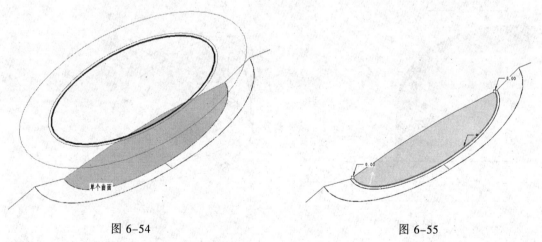

图 6-54   图 6-55

2. 制作电池仓和出风口曲面造型

（1）单击草绘按钮▨，选择 TOP 基准面正向为草绘平面，以 RIGHT 基准面底向为参照。进入草绘环境后，综合运用圆弧按钮⟋、边界偏移按钮▣、圆角按钮⌐等，绘制图形，尺寸如图 6-56 所示。单击✓按钮，完成并退出草绘。将其命名为"电池仓边界"。

（2）选择图 6-57 所示的曲面，选择菜单栏中的"编辑"→"投影"命令，再选择图 6-57 所示的"电池仓边界"，单击中键结束投影操作。

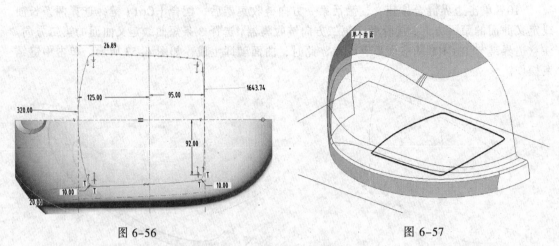

图 6-56　　　　　　　　　　　　　图 6-57

（3）单击草绘按钮，选择 RIGHT 基准面正向为草绘平面，以 TOP 基准面顶向为参照。进入草绘环境后，运用直线等按钮，绘制图形，形态和尺寸如图 6-58 所示。单击按钮，完成并退出草绘。

（4）选择刚画好的曲线，单击拉伸按钮，选择曲面、一边拉伸，尺寸设为 184，如图 6-59 所示，单击中键结束操作。为曲面命名为"辅助面 04"。

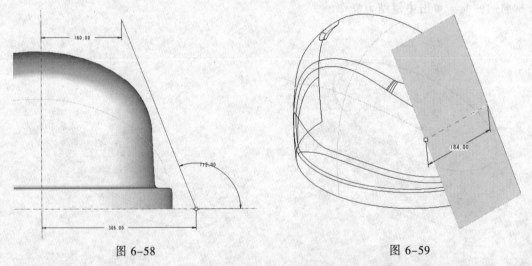

图 6-58　　　　　　　　　　　　　图 6-59

（5）单击草绘按钮，选"辅助面 04"正向为草绘平面，以 RIGHT 基准面左向为参照。进入草绘环境后，综合运用圆弧按钮、边界偏移按钮、圆角按钮等，绘制图形，尺寸如图 6-60、图 6-61 所示。单击按钮，完成并退出草绘。将其命名为"储粉仓边界"。

（6）单击草绘按钮，选择 RIGHT 基准面正向为草绘平面，以 TOP 基准面顶向为参照。进入草绘环境后，运用圆弧等按钮，绘制图形，形态和尺寸如图 6-62 所示。单击按钮，完成并退出草绘。

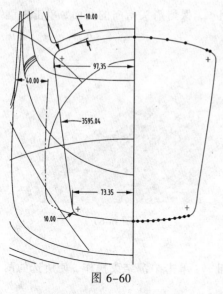

图 6-60

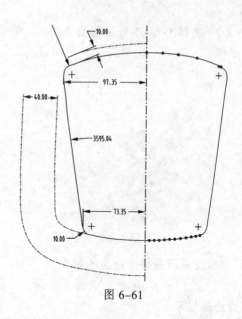

图 6-61

3. 制作开启电池仓的机关曲面造型

（1）选择菜单栏中的"插入"→"扫描"→"曲面"命令；在弹出的"菜单管理器"对话框中单击"选取轨迹"，再单击"曲线链"，选择刚完成的曲线，单击"选取全部"，如图 6-63 所示，单击中键确定，确认"开放终点"，单击"完成"，进入草绘环境后，单击圆弧按钮 ↘ 绘制截面图形，注意尺寸设置，如图 6-64、图 6-65 所示；单击 ✔ 按钮，完成并退出草绘，单击"确定"按钮完成新扫描的曲面，如图 6-66 所示。

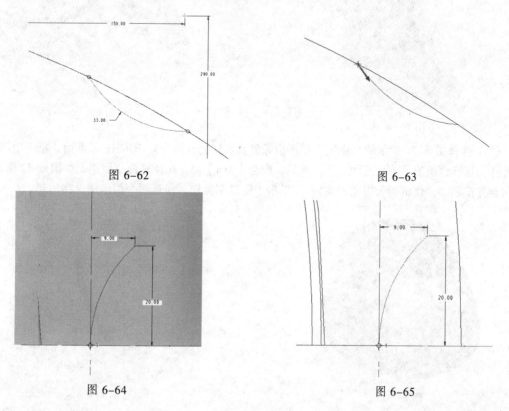

图 6-62

图 6-63

图 6-64

图 6-65

（2）选择图 6-67 所示的两个曲面，单击合并按钮 ↩，保留箭头指向的曲面，单击中键结束操作。

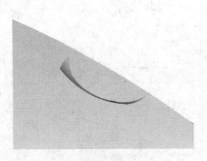
图 6-66

图 6-67

4．完成产品整体曲面的制作

（1）选择图 6-68 所示的两个曲面，单击合并按钮 ↩，单击中键结束操作，使所选的两个曲面连接起来。

（2）选择图 6-69 所示的曲面组，单击镜像复制按钮 ⊍，再选择 RIGHT 基准面，单击中键结束操作，这样面组的另一半就做完了。然后，配合【Ctrl】键，选择这两个面组，如图 6-70 所示，单击合并按钮 ↩，保留箭头指向的曲面，单击中键结束操作，使这两个面组结合在一起。

图 6-68

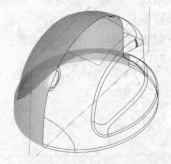
图 6-69

（3）选择图 6-71 所示的曲面组，单击镜像复制按钮 ⊍，再选择 RIGHT 基准面，单击中键结束操作，这样面组的另一半就做完了。然后，配合【Ctrl】键，选择这两个面组，如图 6-72 所示，单击合并按钮 ↩，保留箭头指向的曲面， 单击中键结束操作，使这两个面组结合在一起。

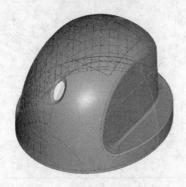
图 6-70

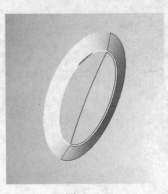
图 6-71

（4）选择图 6-73 所示的曲面，选择菜单栏中的"编辑"→"加厚"命令，箭头方向向内，厚度值设为4。单击中键结束操作。

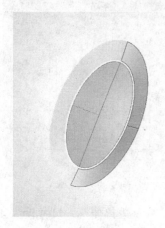

图 6-72

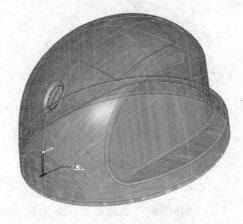

图 6-73

5．生成产品厚度并制作出风口

（1）选择图 6-74 所示的曲面，选择菜单栏中的"编辑"→"加厚"命令，箭头方向向外，厚度值设为：4。单击中键结束操作。

（2）选择图 6-75 所示的棱边，单击倒切角按钮，值为 3，单击中键结束操作。

（3）选择图 6-76 所示的"储粉仓边界"，单击拉伸按钮，选择实体、一边拉伸，尺寸设为 230，单击去除材料按钮和加厚草绘按钮，厚度值设为 1.05，单击中键结束操作。

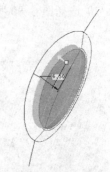

图 6-74

图 6-75

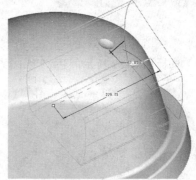

图 6-76

（4）选择图 6-77 所示的"电池仓边界"，单击拉伸按钮，选择实体、一边拉伸，尺寸设为 230，单击去除材料按钮和加厚草绘按钮，厚度值设为 1.05，如图 6-77 所示，单击中键结束操作。

（5）单击草绘按钮，选择 FRONT 基准面正向为草绘平面，以 RIGHT 基准面左向为参照。进入草绘环境后，运用矩形等按钮，绘制图形，形态和尺寸如图 6-78 所示。单击按钮，完成并退出草绘。

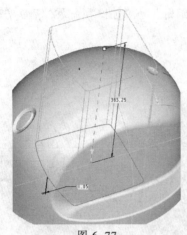

图 6-77

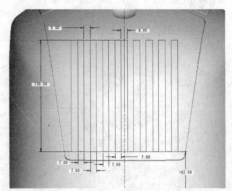

图 6-78

（6）选择刚刚完成的草绘，单击拉伸按钮 🗗，选择实体 🗂、一边拉伸 🖊，尺寸设为 400，单击去除材料按钮 ◿，如图 6-79 所示，单击中键结束操作。

（7）选择图 6-80 所示的边，单击倒圆角按钮 🖾，尺寸设为 4，单击中键结束。

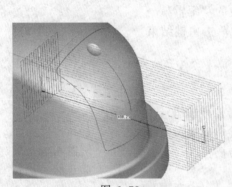

图 6-79

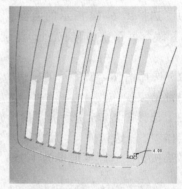

图 6-80

（8）选择图 6-81 所示的边，单击倒圆角按钮 🖾，尺寸设为 4，单击中键结束。

（9）选择图 6-82 所示的边，单击倒圆角按钮 🖾，尺寸设为 1，单击中键结束。

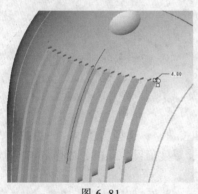

图 6-81

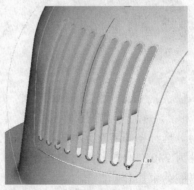

图 6-82

6. 制作充电端口造型

（1）单击草绘按钮 📐，选择 FRONT 基准面正向为草绘平面，以 RIGHT 基准面右向为参照。进入草绘环境后，运用圆按钮○等绘制图形，尺寸如图 6-83 所示。单击 ✓ 按钮，完成并退出草绘。

（2）选择刚刚完成的草绘，单击拉伸按钮 🗗，选择实体 ⬜、一边拉伸 🔄，尺寸设为 558，单击去除材料按钮 △，如图 6-84 所示，单击中键结束操作。

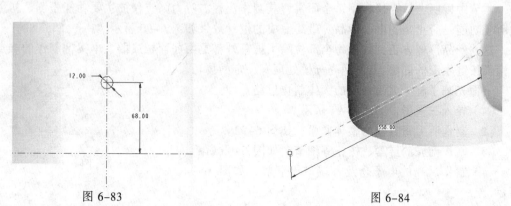

图 6-83   图 6-84

（3）选择图 6-85 所示的边，单击倒圆角按钮 🔍，尺寸设为 2，单击中键结束；选择图 6-86 所示的边，单击倒圆角按钮 🔍，尺寸设为 1，单击中键结束；选择图 6-87 所示的边，单击倒圆角按钮 🔍，尺寸设为 0.5，单击中键结束。

图 6-85   图 6-86   图 6-87

（4）选择图 6-88 所示的边，单击倒圆角按钮 🔍，尺寸设为 0.5，单击中键结束；选择图 6-89 所示的边，单击倒圆角按钮 🔍，尺寸设为 2，单击中键结束；单击保存文件按钮 🖫，将场景模型保存至 HBC.PRT 文件中，黑板擦模型基本制作完成。

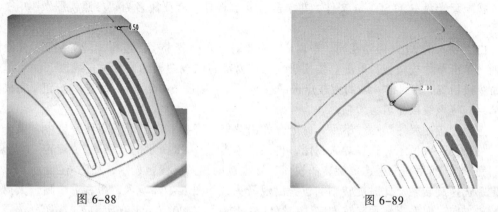

图 6-88   图 6-89

这样，电动黑板擦的数模基本创建完成。通过本案例主要学习了如何避开三角面、变半径倒圆角、曲面去除与修补、曲面扫描、加厚等命令。

6.2 听力筛查仪案例解析

本节中以听力筛查仪为例,全面讲解其制作流程。听力筛查仪的主要功能是测试初生儿的听觉功能是否正常的电子产品。最终完成的设计效果如图 6-90 所示。

这款产品形似方正,其实每个部位除了屏幕外都是由曲面构成的。本案例制作的难点在于上面按键模型的创建,上下两壳分模处理有一定的技巧。

下面先来了解听力筛查仪的大体制作思路:

(1)导入三视图,如图 6-91 所示。

(2)制作听力筛查仪的整体曲面,如图 6-92 所示。

(3)制作前壳的屏幕、按钮等细节,如图 6-93 所示。

(4)制作后壳的电子仓及各端口等细节,如图 6-94 所示。

图 6-90

图 6-91　　　　　　图 6-92　　　　　　图 6-93　　　　　　图 6-94

根据上面的思路安排,可以将其分成四大步骤来完成建模工作。

6.2.1 导入三视图

三视图进入软件环境后,需要编辑和处理,使之成为可用的参照视图。

(1)单击 □ 按钮新建文件,文件名为 TLSCY.PRT,使用 Pro / Engineer 提供的默认模板,单击"确定"按钮。

(2)导入参照视图。选择"插入"→"共享数据"→"自文件"命令,在弹出的对话框中寻找配套光盘中 TLSCY.ai 文件,并单击打开,将导入特征命名为"参照视图",如图 6-95 所示。

由于导入的 AI 文件处在同一平面内,需要对导入的各个视图进行旋转等编辑。先绘制旋转轴,单击草绘按钮 █,单击直线按钮 ╲,在要旋转的视图轴的位置画直线段,注意单击约束命令按钮 █,将线的一端约束在点选的参照点上,如图 6-96 所示。单击 ✔ 按钮,完成并退出草绘,将该线段命名为"轴"。

选择"应用程序"→"继承"命令,弹出菜单管理器;在"继承零件"栏中,单击"线框",如图 6-97 所示;选择导入视图,再依次单击图 6-98 所示的"移动""旋转""无复制"和"完成",然后完全框选要旋转的视图,被框选的视图会变粗显示,如图 6-99 所示;单击中键,选择旋转轴,此时旋转轴的位置出现箭头,如图 6-100 所示,用右手法则,大拇指表示箭头方向,四手指表示旋转方向,在信息栏处输入"-90"(见图 6-101),这样所选视图就旋转 90°，如图 6-102 所示。然后，选择"应用程序"→"标准"命令，就完成了视图的编辑操作。

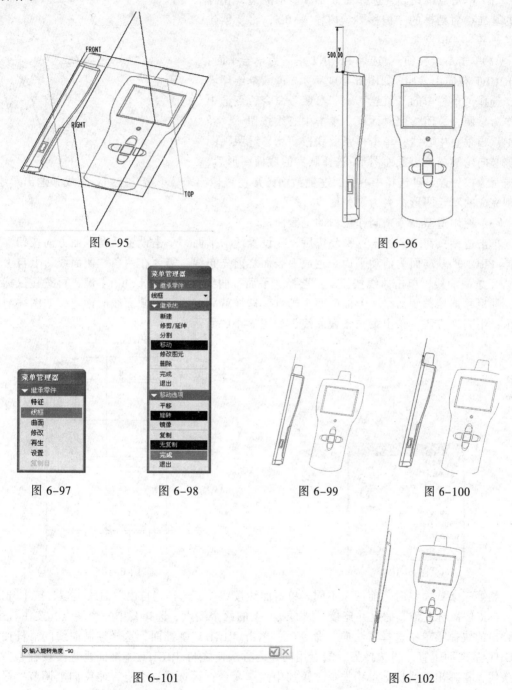

图 6-95

图 6-96

图 6-97　　　图 6-98　　　图 6-99　　　图 6-100

图 6-101　　　　　　　图 6-102

6.2.2　制作听力筛查仪的整体曲面

整体曲面是由前后上下左右各面合并而成，因此要先完成各个局部曲面后再合并。

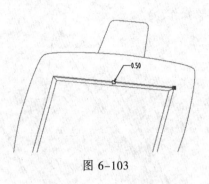

1. 制作前端曲面造型

（1）单击点按钮 ⁝⁝，选择图 6-103 所示的边，在弹出的基准点对话框的"偏移"项内输入 0.5，将新创建的点命名为"中点"。

（2）单击草绘按钮 ▦，选择 FRONT 正向为草绘平面，以 RIGHT 右向为参照，如图 6-104 所示。进入草绘环境后，选择菜单栏中的"草绘"→"参照"命令，点选中点作为参照，关闭参照对话框。单击中心线按钮 ⁝，经过中点画垂直中心线；单击样条曲线按钮 ∿，对照视图右侧竖向轮廓描绘出截面图形；选择画完的截面图形后，

图 6-103

单击镜像按钮 ⚎，再选择中心线，左侧截面图形便镜像出来，单击 ✓ 按钮，完成并退出草绘。将刚完成的草绘图形命名为"侧面线"。

（3）使用造型命令来制作模型的上表面。

单击造型按钮 ▱，进入造型环境后，先设置活动平面，单击设置活动平面方向按钮 ▨，选择 FRONT 基准面为活动平面。生成上表面之前先布线，需要在两条"侧面线"上自上而下画 4 条截面线，单击曲线按钮 ∿，选择"平面"曲线类型，按【Shift】键，再按住鼠标左键，捕捉并连接"侧面线"上面的两个端点，这样就完成第一根截面线的创建，如图 6-105 所示；用同样方法，绘出第二条截面线，如图 6-105 所示。

图 6-104

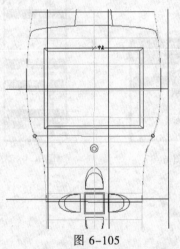

图 6-105

画第三条截面线时与前两条不同，单击曲线按钮 ∿，选择"自由"曲线类型，按【Shift】键，再按住鼠标左键，捕捉并连接"侧面线"上的两个端点，选择其中一个端点，按住右键，在弹出的快捷菜单中选择"法向"命令后，单击 RIGHT 基准面，这样控制曲线的滑杆便与 RIGHT 基准面垂直，再选择另一端点用同样的方法使之与 RIGHT 基准面垂直。接着，右击这条线，在弹出的快捷菜单中选择"添加中点"命令，再选择这个点，略微向上调节一段距离，这样就制作完第三条线，如图 6-106 所示。

再用画第一条线的方法，绘出第四条线，如图 6-107 所示。

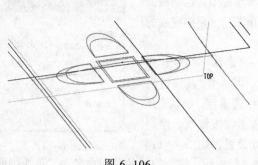

图 6-106

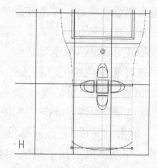

图 6-107

线布完后，即可生成曲面。单击曲面按钮 ，确认激活曲面命令选项栏的拾取外部曲线按钮 ，选择第一条线、第四条线及两条"侧面线"，注意这 4 条线要依次选取，选取完后，再单击激活曲面命令选项栏的拾取内部曲线按钮 ，选择第二条和第三条截面线，再按中键结束曲面创建，如图 6-108 所示。单击完成 按钮，退出造型命令。为完成的曲面命名为"上表面"。

（4）创建一个经过"中点"的基准面。单击平面按钮 ，选择 RIGHT 基准面，按【Shift】键，拖动新创建的基准面，使之经过"中点"，单击基准平面对话框中的"确定"按钮，将新基准面命名为"中心面"，如图 6-109 所示。

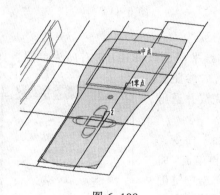

图 6-108

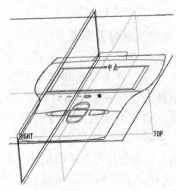

图 6-109

（5）创建一个经过图 6-110 所示的线段的基准面。单击平面按钮 ，选择 FRONT 基准面，按【Shift】键，拖动新创建的基准面，使之经过指定的线段，单击基准平面对话框中的"确定"按钮，将新基准面命名为"分型面"，如图 6-111 所示。

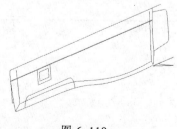

图 6-110

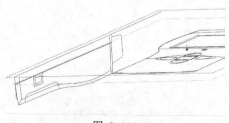

图 6-111

2．制作上端曲面造型

（1）单击草绘按钮 ，选择"分型面"正向为草绘平面，以 RIGHT 右向为参照，如图 6-112

所示。进入草绘环境后,单击样条曲线按钮 $\curvearrowright$,参照视图,绘制截面图形,如图 6-113 所示。单击 $\checkmark$ 按钮,完成并退出草绘。将刚完成的草绘图形命名为"顶端路径"。

(2)选择菜单栏中的"插入"→"扫描"→"曲面"命令,在弹出的"菜单管理器"对话框中单击"选取轨迹",再单击"曲线链",选择"顶端路径"曲线,单击"选取全部",单击中键确定,确认"开放终点",单击"完成",进入草绘环境后,单击弧线按钮 $\diagdown$,绘制截面图形。注意提取参照、添加相切约束和尺寸设置,如图 6-114

图 6-112

所示。单击 $\checkmark$ 按钮,完成并退出草绘,单击"确定"按钮。将新扫描的曲面命名为"顶端侧面"。

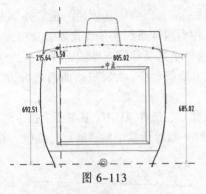

图 6-113

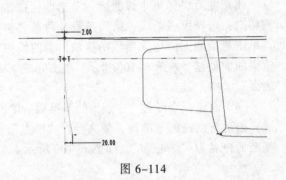

图 6-114

3. 制作下端曲面造型

(1)单击草绘按钮 ,选择"分型面"正向为草绘平面,以 RIGHT 右向为参照,如图 6-115 所示。进入草绘环境后,单击样条曲线按钮 $\curvearrowright$,参照视图,绘制截面图形,如图 6-116 所示。单击 $\checkmark$ 按钮,完成并退出草绘。将刚完成的草绘图形命名为"底端路径"。

(2)选择菜单栏中的"插入"→"扫描"→"曲面"命令,在弹出的"菜单管理器"对话框中,单击"选取轨迹",再单击"曲线链",选择"底端路径"曲线,单击"选取全部",单击中键确定,确认"开放终点",单击"完成",进入草绘环境后,单击弧线按钮 $\diagdown$,绘制截面图形。注意提取参照、添加相切约束和尺寸设置,如图 6-117 所示。单击 $\checkmark$ 按钮,完成并退出草绘,单击"确定"按钮。将新扫描的曲面命名为"底端侧面"。

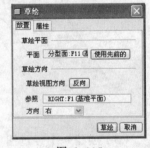

图 6-115

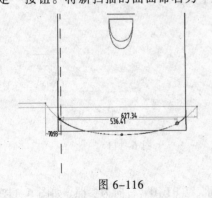

图 6-116

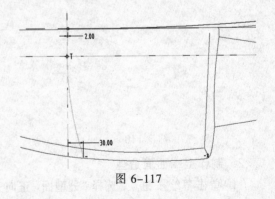

图 6-117

4．制作左右端曲面造型

（1）单击草绘按钮 ，选择"分型面"正向为草绘平面，以 RIGHT 底向为参照，如图 6-118 所示。进入草绘环境后，单击样条曲线按钮 ，参照视图，绘制截面图形，如图 6-119 所示。单击 按钮，完成并退出草绘。将刚完成的草绘图形命名为"左端路径"。

图 6-118

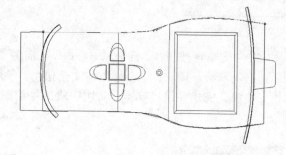

图 6-119

（2）选择菜单栏中的"插入"→"扫描"→"曲面"命令，在弹出的"菜单管理器"对话框中单击"选取轨迹"，再单击"曲线链"，选择"底端路径"曲线，单击"选取全部"，单击中键确定，确认"开放终点"，单击"完成"，进入草绘环境后，单击弧线按钮 ，绘制截面图形。注意提取参照、添加相切约束和尺寸设置，如图 6-120 所示。单击 按钮，完成并退出草绘，单击"确定"按钮，如图 6-121 所示。将新扫描的曲面命名为"左端侧面"。

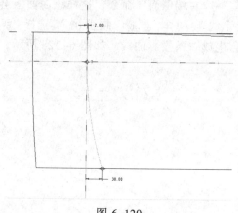

图 6-120

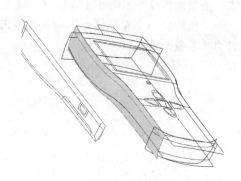

图 6-121

（3）选择"左端侧面"，单击镜像按钮 ，选择"中心面"，这样另一端的曲面就创建完成了，如图 6-122 所示，命名为"右端曲面"。

5．制作后端曲面造型

（1）单击草绘按钮 ，选择"中心面"正向为草绘平面，以 TOP 右向为参照，如图 6-123 所示。进入草绘环境后，单击样条曲线按钮 ，参照视图，绘制截面图形，如图 6-124 所示。单击 按钮，完成并退出草绘。将刚完成的草绘图形命名为"曲线01"。

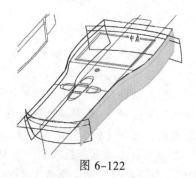

图 6-122

图 6-123

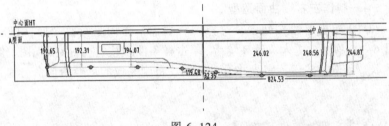

图 6-124

（2）单击草绘按钮，选择"中心面"正向为草绘平面，以 TOP 右向为参照，如图 6-125 所示。进入草绘环境后，单击样条曲线按钮，参照视图，绘制截面图形，如图 6-126 所示。单击✓按钮，完成并退出草绘。将刚完成的草绘图形命名为"曲线 02"。

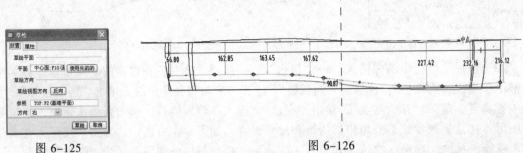

图 6-125

图 6-126

（3）选择"曲线 02"，选择"编辑"→"投影"→"右端侧面"命令，这样该曲面上会生成一条投影曲线，如图 6-127 所示，命名为"右投影线"。同样，选择"曲线 02"，选择"编辑"→"投影"→"左端侧面"命令，该曲面上也会生成一条投影曲线，如图 6-128 所示，命名为"左投影线"。

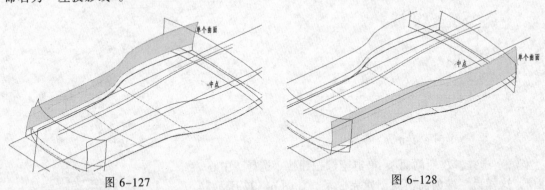

图 6-127

图 6-128

（4）展开模型树，单击"参照视图"，按住【Ctrl】键，再单击"轴"和"曲线 02"，单击右键选择"隐藏"命令，这样方便观察场景内容。

单击创建点按钮，选择 TOP 基准面，按住【Ctrl】键，选择"右投影线"，生成第一个新点；再选择 TOP 基准面，按住【Ctrl】键，选择"曲线 01"，生成第二个新点；选择 TOP 基准面，按住【Ctrl】键，选择"左投影线"，生成第三个新点，如图 6-129 所示。

（5）单击基准曲线按钮，从菜单管理器中选择"完成"，依次选择"右投影线""曲线 01""左投影线"的上部 3 个端点，单击"完成"，再单击"曲线：通过点"对话框中的"确定"按钮，将该线命名为"上截面线"，如图 6-130 所示。

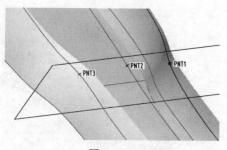

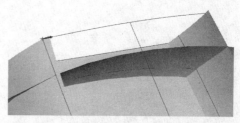

图 6-129   图 6-130

（6）单击基准曲线按钮～，从菜单管理器中选择"完成"，依次选择 PNT3、PNT2、PNT1 的三点，单击"完成"，再单击"曲线：通过点"对话框中的"确定"按钮，将该线命名为"中截面线"，如图 6-131 所示。

（7）单击基准曲线按钮～，从菜单管理器中选择"完成"，依次选择"右投影线""曲线01""左投影线"的下部 3 个端点，单击"完成"，再单击"曲线：通过点"对话框中的"确定"按钮，将该线命名为"下截面线"，如图 6-132 所示。

（8）单击边界混合按钮，激活第一方向链收集器后，选择"左投影线"，按住【Ctrl】键，再选择"右投影线"定义曲面的第一方向，接着激活第二方向链收集器，再选择"上截面线"，按住【Ctrl】键，再选择"中截面线""下截面线"定义曲面的第二方向，此时，曲面随即生成，如图 6-133 所示，将曲面命名为"下表面"。这样模型的底面便制作完成。

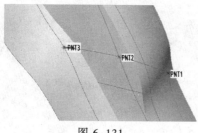

图 6-131   图 6-132

（9）为方便合并，需延伸某些面的边界。为方便合并，先延伸"上表面"的下端边界。选择"上表面"的下端边界，选择菜单栏中的"编辑"→"延伸"命令，尺寸设为 170，如图 6-134 所示。选择"顶端侧面"的边界，选择菜单栏中的"编辑"→"延伸"命令，尺寸设为 20，如图 6-135 所示。选择"下表面"的边界，选择菜单栏中的"编辑"→"延伸"命令，尺寸设为 100，如图 6-136 所示。

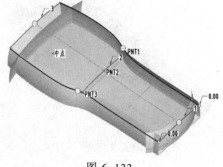

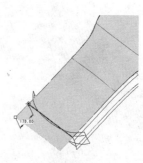

图 6-133   图 6-134

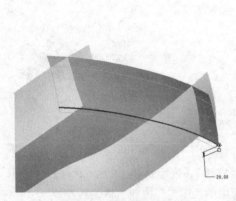

图 6-135

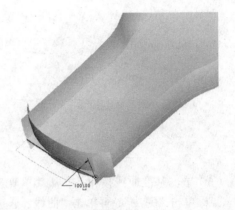

图 6-136

6．通过曲面合并完成产品整体曲面的制作

（1）选择"下表面"和"右端侧面"，单击合并按钮 ⬚，保留如图 6-137 所示箭头指向的曲面，单击中键结束操作。

（2）选择刚合并后的面组和"左端侧面"，单击合并按钮 ⬚，保留如图 6-138 所示箭头指向的曲面，单击中键结束操作。

（3）选择刚合并后的面组和"底端侧面"，单击合并按钮 ⬚，保留如图 6-139 所示箭头指向的曲面，单击中键结束操作。

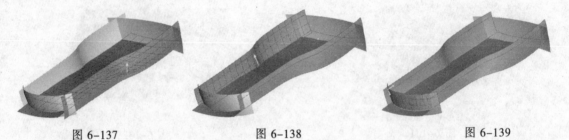

图 6-137　　　　　　　　　　图 6-138　　　　　　　　　　图 6-139

（4）选择刚合并后的面组和"顶端侧面"，单击合并按钮 ⬚，保留如图 6-140 所示箭头指向的曲面，单击中键结束操作。

（5）选择刚合并后的面组和"上表面"，单击合并按钮 ⬚，保留如图 6-141 所示箭头指向的曲面，单击中键结束操作。经过几次合并后，产品模型的主体曲面组就完成了。

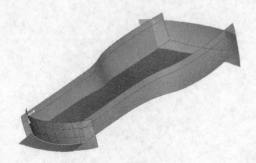

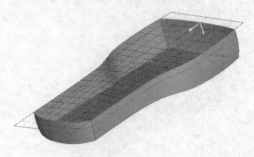

图 6-140　　　　　　　　　　　　　　　　　图 6-141

6.2.3 制作前壳的屏幕、按键等细节

产品的屏幕呈下沉的状态，按键制作相对复杂，两部分细节主要是由曲面合并的方法完成最终的创建。

1. 制作产品的屏幕造型

（1）选择模型的上表面，选择"编辑"→"偏移"命令，单击标准偏移特征按钮，偏移方向如图 6-142 中箭头方向所示，尺寸设为 10，单击中键结束操作。新偏移的曲面命名为"偏移曲面 01"。

（2）单击草绘按钮，选择"分型面"正向为草绘平面，以 RIGHT 右向为参照，如图 6-143 所示。进入草绘环境后，单击边界复制按钮，绘制截面图形，如图 6-144 所示。单击 ✔ 按钮，完成并退出草绘。将刚完成的草绘图形命名为"截面 01"。

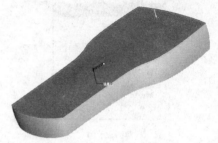

图 6-142

图 6-143

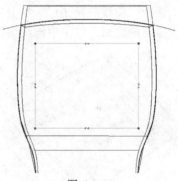

图 6-144

（3）选择"截面 01"，选择"编辑"→"投影"命令，选择模型的上表面，这样曲线就投落在选择的曲面上，如图 6-145 所示。将这条曲线命名为"屏幕外边界"。

（4）选择产品模型的主体曲面组，单击修剪按钮，再选择"屏幕外边界"，保留如图 6-146 所示箭头指向的曲面，单击中键结束操作。

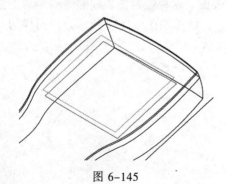

图 6-145

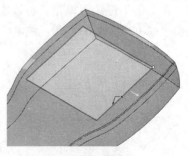

图 6-146

（5）单击草绘按钮 ，选择"分型面"正向为草绘平面，以 RIGHT 右向为参照，如图 6-147 所示。进入草绘环境后，单击边界复制按钮 ，绘制截面图形，如图 6-148 所示。单击 按钮，完成并退出草绘。将刚完成的草绘图形命名为"截面 02"。

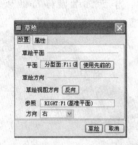

图 6-147

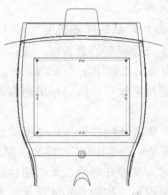

图 6-148

（6）选择"截面 02"，选择"编辑"→"投影"命令，选择"偏移曲面 01"，这样曲线就投落在选择的曲面上，如图 6-149 所示。将这条曲线命名为"屏幕内边界"。

（7）选择"偏移曲面 01"，单击修剪按钮 ，再选择"屏幕内边界"， 保留如图 6-150 所示箭头指向的曲面，单击中键结束操作。

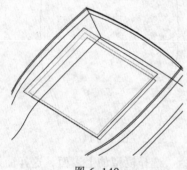

图 6-149

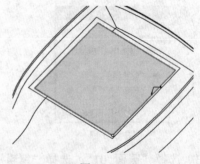

图 6-150

（8）单击基准曲线按钮 ，从菜单管理器中选择"完成"，选择"屏幕外边界"的角点和"屏幕内边界"的角点，单击"完成"， 双击"曲线：通过点"对话框内的"相切"，单击菜单管理器的"起始"，再单击"曲面"，选择模型的上表面，这样绘制的曲线起始端便与上表面相切。再单击中键结束操作，将该线命名为"线 01"，结果如图 6-151 所示。用同样的方法，画出"线 02""线 03"和"线 04"，如图 6-152 所示。

图 6-151

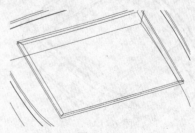

图 6-152

（9）单击边界混合按钮，激活第一方向链收集器后，选择"屏幕外边界"，按住【Ctrl】键，再选择"屏幕内边界"定义曲面的第一方向，接着激活第二方向链收集器，再选择"线01"，按住【Ctrl】键，再选择"线02""线03""线04"定义曲面的第二方向，此时，曲面随即生成，如图6-153所示，将曲面命名为"屏幕边界面"。

（10）选择产品主体曲面组和"屏幕边界面"，单击合并按钮，保留如图6-154所示箭头指向的曲面，单击中键结束操作。

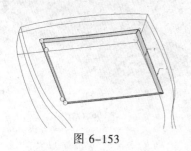

图 6-153

图 6-154

2. 制作产品的分模线

（1）单击草绘按钮，选择"中心面"正向为草绘平面，以TOP右向为参照。进入草绘环境后，单击边界复制按钮，绘制截面图形，如图6-155所示。单击✓按钮，完成并退出草绘。将刚完成的草绘图形命名为"分模线"。

（2）选择"分模线"，单击拉伸按钮，选择曲面、两边拉伸，尺寸设为954，如图6-156所示，单击中键结束操作。将该拉伸曲面特征命名为"分模面01"。

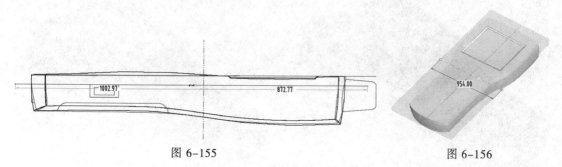

图 6-155

图 6-156

（3）选择"分模面01"，选择"编辑"→"偏移"命令，单击标准偏移特征按钮，偏移方向如图6-157中箭头方向所示，尺寸设为3，单击中键结束操作，新偏移的曲面命名为"分模面02"。

（4）选择产品主体曲面组，单击工具栏中的按钮，再单击按钮，这样就复制出新的曲面组，如图6-158所示，将其命名为"产品主体曲面组备份"。

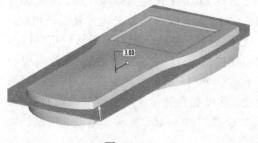

图 6-157

图 6-158

（5）选择产品主体曲面组和"分模面 02"，单击合并按钮 ，保留如图 6-159 所示箭头指向的曲面，单击中键结束操作。选择"产品主体曲面组备份"和"分模面 01"，单击合并按钮 ，保留如图 6-160 所示箭头指向的曲面，单击中键结束操作。

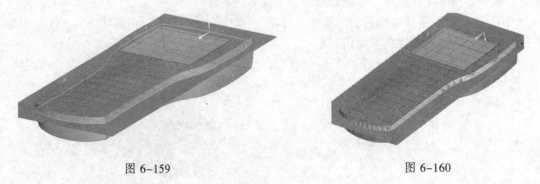

图 6-159   图 6-160

3．制作产品的按键

（1）选择产品上表面，选择"编辑"→"偏移"命令，单击标准偏移特征按钮 ，偏移方向如图 6-161 中箭头方向所示，尺寸设为 13，单击中键结束操作，新偏移的曲面命名为"偏移曲面 02"。

（2）选择产品的上表面，单击工具栏中的 按钮，再单击 按钮，这样就复制出新的曲面，如图 6-162 所示，将其命名为"产品上表面备份"。

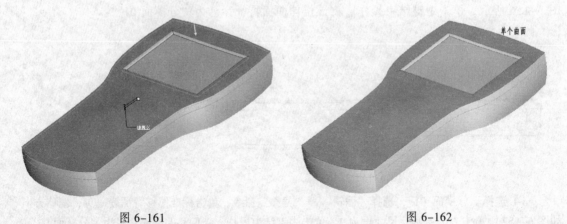

图 6-161   图 6-162

（3）单击创建点按钮 ，选择选择图 6-163 所示的两个角点，单击"基准点"对话框中的"确定"按钮。

（4）绘制图 6-164 所示的图形。单击草绘按钮 ，选择 FRONT 正向为草绘平面，以 RIGHT 右向为参照。进入草绘环境后，选择 PNT2、PNT4、PNT5 为参照点；单击边界复制按钮 ，绘制截面图形，通过复制绘出的图形上有类似"s"形的标识，有这个标识的图形包括中间的方形按钮和其上、左两端的直线段；之后，单击中心线按钮 ，经过 PNT2，画一条垂直中心线，再画一条水平线，使用约束命令将水平线置于 PNT4、PNT5 两个参照点连线的中点位置；单击椭圆按钮 ，绘制椭圆使之与已绘的直线段相交，并设置合适尺寸与参照的视图相吻合；使用镜像复制按钮 ，将画好的图形进行复制，尺寸设置如图 6-165 所示，单击 按钮，完成并退出草绘。将刚完成的草绘图形命名为"按钮截面 01"。

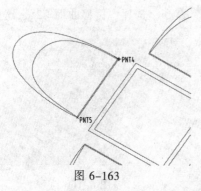

图 6-163

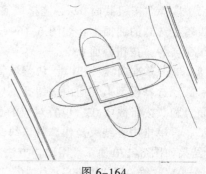

图 6-164

（5）选择"按钮截面 01"，单击拉伸按钮，选择曲面、两边拉伸，尺寸设为 63，单击去除材料按钮，选择模型的上表面为修剪面组，如图 6-166 所示，单击中键结束操作。将该拉伸曲面特征命名为"去除材料"。模型的上表面被该特征修剪后便形成了按钮孔的边界。

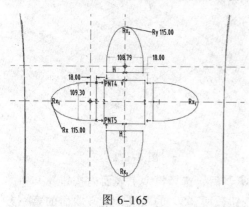

图 6-165

图 6-166

（6）绘制图 6-167 所示的图形。单击草绘按钮，选择 FRONT 正向为草绘平面，以 RIGHT 右向为参照。进入草绘环境后，选择 PNT2、PNT4、PNT5 为参照点；单击边界偏移按钮，绘制中间的方形按钮和其上、左两端的直线段；之后，单击中心线按钮，经过 PNT2，画一条垂直中心线，再画一条水平线，使用约束命令将水平线置于 PNT4、PNT5 两个参照点连线的中点位置；单击椭圆按钮，绘制椭圆使之与已绘的直线段相交，并设置合适尺寸与参照的视图相吻合；单击镜像复制按钮，将画好的图形进行复制，尺寸设置如图 6-168 所示，单击 ✔ 按钮，完成并退出草绘。将刚完成的草绘图形命名为"按钮截面 02"。

图 6-167

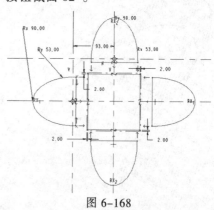

图 6-168

（7）选择"按钮截面02"，选择"编辑"→"投影"命令，选择"偏移曲面02"，这样曲线就投落在选择的曲面上，如图6-169所示，将这条曲线命名为"按钮截面03"。

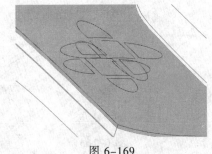

图 6-169

（8）单击基准曲线按钮～，从菜单管理器中选择"完成"，选择模型上表面内按钮孔其中的一条边界的角点和"按钮截面03"位置对应的角点，单击"完成"，再单击中键结束操作，将该线命名为"线05"，结果如图6-170所示。用同样方法，画出"线06""线07""线08""线09""线10""线11"和"线12"，如图6-171所示。

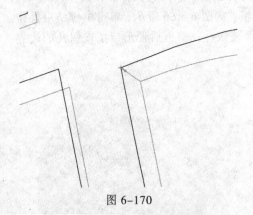

图 6-170

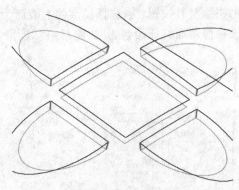

图 6-171

（9）单击边界混合按钮，激活第一方向链收集器后，选择模型上表面内按钮孔其中的一条边界，按住【Ctrl】键，再选择与之对应的"按钮截面03"的曲线，定义曲面的第一方向，接着激活第二方向链收集器，再选择"线05"，按住【Ctrl】键，再选择"线06"定义曲面的第二方向，此时，曲面随即生成，如图6-172所示。将曲面命名为"按钮边界面01"。用同样方法，制作出"按钮边界面02"，如图6-173所示；"按钮边界面03"，如图6-174所示；"按钮边界面04"，如图6-175所示。

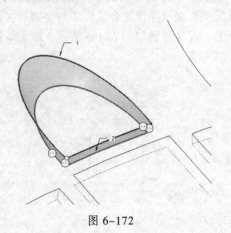

图 6-172

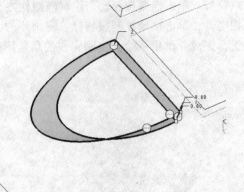

图 6-173

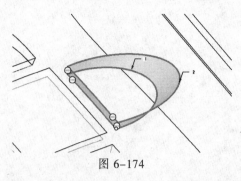

图 6-174

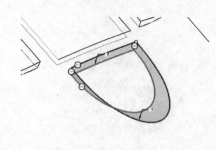

图 6-175

（10）选择有按钮孔的模型上表面组和"按钮边界面 01"，单击合并按钮 ，单击中键结束操作，如图 6-176 所示。选择刚合并后形成的面组和"按钮边界面 02"，单击合并按钮 ，单击中键结束操作，如图 6-177 所示。选择刚合并后形成的面组和"按钮边界面 03"，单击合并按钮 ，单击中键结束操作，如图 6-178 所示。选择刚合并后形成的面组和"按钮边界面 04"，单击合并按钮 ，单击中键结束操作，如图 6-179 所示。

图 6-176

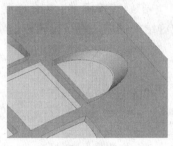
图 6-177

图 6-178

（11）选择"按钮截面 02"，单击拉伸按钮 ，选择曲面 、一侧拉伸 ，尺寸设为 120，如图 6-180 所示，单击中键结束操作。将该拉伸曲面特征命名为"按钮侧面"。

图 6-179

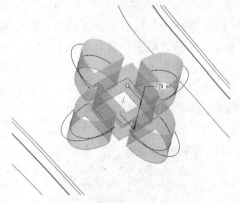

图 6-180

（12）选择"产品上表面备份"和"按钮侧面"，单击合并按钮 ，保留箭头指向的曲面，如图 6-181 所示，单击中键结束操作。

（13）选择模型上表面组内的方形孔边界，选择"编辑"→"延伸"命令，单击选项栏内的将曲面延伸到选择的参照面按钮 ，选择"分型面"，单击中键结束操作，这个按钮孔的内壁曲面就做完了，如图 6-182 所示。

图 6-181

图 6-182

4.制作产品指示灯和产品各部位圆角造型

（1）单击草绘按钮，选择中心面正向为草绘平面，以 TOP 右向为参照。进入草绘环境后，选择参照图内小圆上的两个端点为参照点；单击中心线按钮，经过 PNT2，画一条垂直中心线，使用约束命令将其置于两个参照点连线的中点位置；单击直线按钮，在垂直中心线的一侧绘出截面图形，如图 6-183 所示，单击✔按钮，完成并退出草绘。将刚完成的草绘图形命名为"旋转截面01"。

（2）选择"旋转截面 01"，单击旋转按钮，选择曲面、一侧旋转，旋转度数设为360，如图 6-184 所示，单击中键结束操作。将该旋转曲面特征命名为"灯孔侧面"。

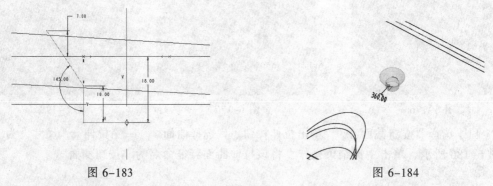

图 6-183

图 6-184

（3）选择产品模型上表面组和"灯孔侧面"，单击合并按钮，保留箭头指向的曲面，如图 6-185 所示，单击中键结束操作。

（4）选择图 6-186 所示的边，单击倒圆角按钮，右击倒角标识的小圆点，在弹出的快捷菜单中选择"添加半径"命令，共设置 3 个倒圆角半径尺寸，尺寸依次设为 20、30、60如图 6-186 所示，单击中键结束。

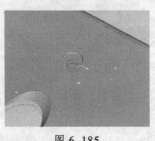

图 6-185

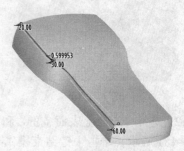

图 6-186

（5）选择图 6-187 所示的边，单击倒圆角按钮，右击倒角标识的小圆点，在弹出的快捷菜单中选择"添加半径"命令，共设置 3 个倒圆角半径尺寸，尺寸依次设为 20、30、60，如图 6-187 所示，单击中键结束。

（6）选择图 6-188 所示的边，单击倒圆角按钮，尺寸设为 15，单击中键结束。选择图 6-189 所示的边，单击倒圆角按钮，尺寸设为 15，单击中键结束。选择图 6-190 所示的边，单击倒圆角按钮，尺寸设为 15，单击中键结束。选择图 6-191 所示的边，单击倒圆角按钮，尺寸设为 15，单击中键结束。

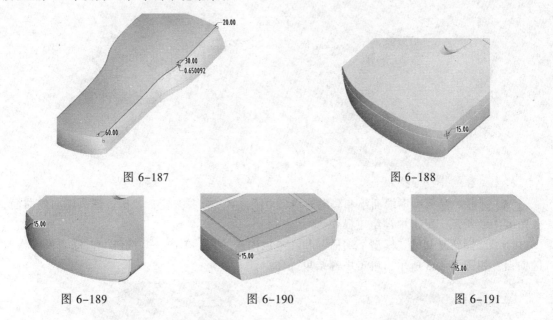

图 6-187   图 6-188

图 6-189   图 6-190   图 6-191

6.2.4 制作后壳的电子仓及各端口等细节

产品后壳的电子仓是通过分割产品主体造型来完成，而各端口等细节制作相对复杂，前期要做足准备工作后才能完成。

1. 制作电池仓造型

（1）绘制图 6-192 所示的图形。单击草绘按钮，选中心面正向为草绘平面，以 TOP 顶向为参照，进入草绘环境后，单击边界复制按钮，依据参照图，绘制截面图形，使用约束命令将绘出的图形间接点约束设为相切，如图 6-193 所示，单击✓按钮，完成并退出草绘。将刚完成的草绘图形命名为"电池线"。

（2）选择"电池线"，单击拉伸按钮，选择曲面、两边拉伸，尺寸设为 760，如图 6-194 所示，单击中键结束操作。将该拉伸曲面特征命名为"电池内面 01"。

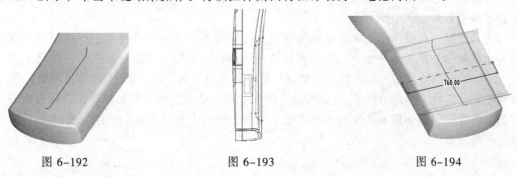

图 6-192   图 6-193   图 6-194

（3）选择图 6-195 所示的曲面，选择"编辑"→"偏移"命令，单击标准偏移特征按钮 ▣，偏移方向如图箭头方向所示，尺寸设为 1，单击中键结束操作，新偏移的曲面命名为"电池内面 02"。

（4）选择产品模型下端面组，单击工具栏中的 ▣ 按钮，再单击 ▣ 按钮，这样就复制出新的曲面，如图 6-196 所示，将其命名为"模型下端面"。

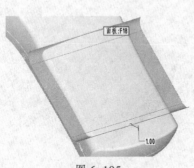

图 6-195

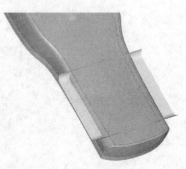

图 6-196

（5）选择产品模型下端面组和"电池内面 01"，单击合并按钮 ▣，保留箭头指向的曲面，如图 6-197 所示，单击中键结束操作。

（6）选择新复制的"模型下端面"和"电池内面 02"，单击合并按钮 ▣，保留箭头指向的曲面，如图 6-198 所示，单击中键结束操作。

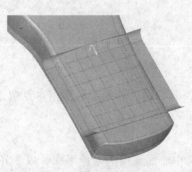

图 6-197

图 6-198

2．制作产品两侧 USB 端口造型

（1）单击草绘按钮 ▣，选择中心面正向为草绘平面，以 TOP 右向为参照。进入草绘环境后，单击边界复制按钮 ▣，依据参照图，绘制左、右、下 3 条直线段；单击直线按钮 ＼，连接左右直线段上端点，如图 6-199 所示，单击 ✓ 按钮，完成并退出草绘。将刚完成的草绘图形命名为"截面 03"。

（2）选择"截面 03"，单击拉伸按钮 ▣，选择曲面 ▣、一侧拉伸 ▣，尺寸设为 320，如图 6-200 所示，单击中键结束操作。将该拉伸曲面特征命名为"曲面 03"。

（3）单击草绘按钮 ▣，选择"分型面"正向为草绘平面，以 RIGHT 右向为参照。进入草绘环境后，选择"曲面 03"的上下两端边界为参照，单击边界复制按钮 ▣，绘制截面图形，多余的线段删除，如图 6-201 所示。单击 ✓ 按钮，完成并退出草绘。将刚完成的草绘图形命名为"截面 04"。

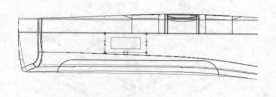

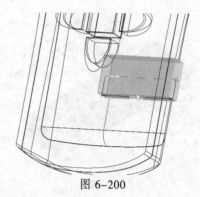

图 6-199　　　　　　　　　　　　　　　　图 6-200

（4）选择"截面 04"，单击拉伸按钮 ，选择曲面 、一侧拉伸 ，尺寸设为 80，如图 6-202 所示，单击中键结束操作。将该拉伸曲面特征命名为"曲面 04"。

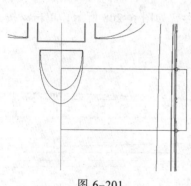

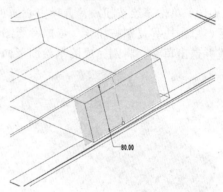

图 6-201　　　　　　　　　　　　　　　　图 6-202

（5）选择"曲面 03"和"曲面 04"，单击合并按钮 ，保留箭头指向的曲面，如图 6-203 所示，单击中键结束操作。

（6）选择刚合并的面组，单击镜像按钮 ，选择"中心面"，这样另一端的曲面组就创建完成，如图 6-204 所示。

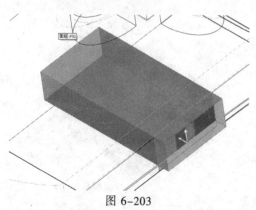

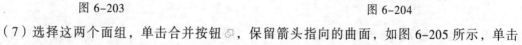

图 6-203　　　　　　　　　　　　　　　　图 6-204

（7）选择这两个面组，单击合并按钮 ，保留箭头指向的曲面，如图 6-205 所示，单击中键结束操作。

（8）选择图 6-206 所示的边，单击倒圆角按钮 ，尺寸设为 15，单击中键结束。

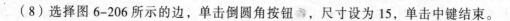

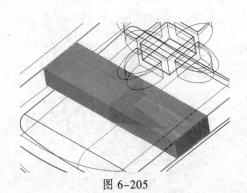

图 6-205　　　　　　　　　　　　　图 6-206

（9）选择模型下端面组和刚合并后的面组，单击合并按钮 ，保留箭头指向的曲面，如图 6-207 所示，单击中键结束操作。

（10）单击草绘按钮 ，选择中心面正向为草绘平面，以 TOP 右向为参照。进入草绘环境后，单击边界复制按钮 ，依据参照图，绘制截面图形，如图 6-208 所示，单击 按钮，完成并退出草绘。将刚完成的草绘图形命名为"截面 05"。

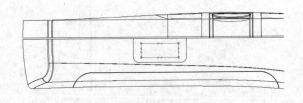

图 6-207　　　　　　　　　　　　　图 6-208

（11）选择"截面 05"，单击拉伸按钮 ，选择曲面 、一侧拉伸 ，尺寸设为 765，如图 6-209 所示，单击中键结束操作。将该拉伸曲面特征命名为"曲面 05"。

（12）选择模型下端面组和"曲面 05"，单击合并按钮 ，保留箭头指向的曲面，如图 6-210 所示，单击中键结束操作。

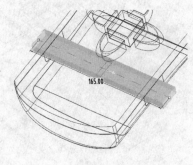

图 6-209　　　　　　　　　　　　　图 6-210

3．制作产品下侧充电端口造型

（1）绘制图 6-211 所示的图形。单击草绘按钮 ，选择 TOP 面正向为草绘平面，以 RIGHT 面右向为参照。进入草绘环境后，单击中心线按钮 ，经过中心面，画一条垂直中心线；单击边界偏移按钮 ，绘制截面图形，偏移距离设为 50；单击直线按钮 ，画直线段使图形封闭；用约束命令使中心线两侧图形对称，如图 6-212 所示，单击 ✔ 按钮，完成并退出草绘。将刚完成的草绘图形命名为"截面 06"。

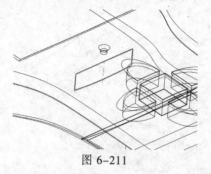

图 6-211

图 6-212

（2）选择"截面 06"，单击拉伸按钮 🔲，选择曲面 🔲、一侧拉伸 🔛，尺寸设为 1400，如图 6-213 所示，单击中键结束操作。将该拉伸曲面特征命名为"曲面 06"。

（3）绘制图 6-214 所示的图形。单击草绘按钮 🔧，选择分型面正向为草绘平面，以 RIGHT 面底向为参照。进入草绘环境后，单边界复制按钮 🔲，绘制截面图形，如图 6-215 所示，单击 ✔ 按钮，完成并退出草绘。将刚完成的草绘图形命名为"截面 07"。

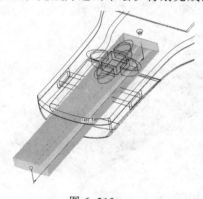

图 6-213

图 6-214

（4）选择"电池线"，单击拉伸按钮 🔲，选择曲面 🔲、两边拉伸 🔛，尺寸设为 180，如图 6-216 所示，单击中键结束操作。将该拉伸曲面特征命名为"曲面 07"。

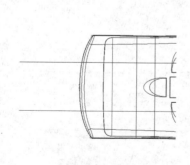

图 6-215

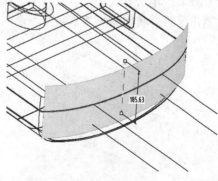

图 6-216

（5）选择"曲面 06"和"曲面 07"，单击合并按钮 🔲，保留箭头指向的曲面，如图 6-217

所示，单击中键结束操作。

（6）选择产品模型下端面组的底面，单击工具栏中的▣按钮，再单击▣按钮，这样就复制出新的曲面，如图 6-218 所示，将其命名为"底面"。

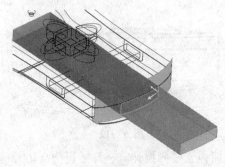

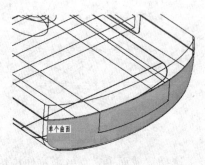

图 6-217　　　　　　　　　　　　　　　　图 6-218

（7）选择刚合并后形成的面组和"底面"，单击合并按钮◪，保留箭头指向的曲面，如图 6-219 所示，单击中键结束操作。

（8）选择产品模型下端面组和刚合并后形成的面组，单击合并按钮◪，保留箭头指向的曲面，如图 6-220 所示，单击中键结束操作。

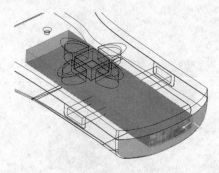

图 6-219　　　　　　　　　　　　　　　　图 6-220

（9）选择图 6-221 所示的边，单击倒圆角按钮◥，尺寸设为 20，单击中键结束。

（10）单击草绘按钮◲，选择 FRONT 面正向为草绘平面，以 RIGHT 面右向为参照。进入草绘环境后，单击直线按钮◥，画水平直线段，尺寸设置如图 6-222 所示，单击✔按钮，完成并退出草绘。将刚完成的草绘图形命名为"截面 08"。

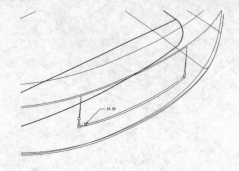

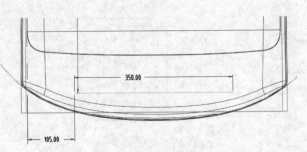

图 6-221　　　　　　　　　　　　　　　　图 6-222

（11）选择"截面 08"，单击拉伸按钮◲，选择曲面◲、一侧拉伸◢，尺寸设为 185，如

图 6-223 所示，单击中键结束操作。将该拉伸曲面特征命名为"曲面 08"。

（12）单击草绘按钮 ⬚，选择 TOP 面反向为草绘平面，以 FRONT 面底向为参照。进入草绘环境后，单击中心线按钮 ⋮，经过中心面，画一条垂直中心线；单击矩形按钮 □，画矩形，用约束命令使中心线两侧图形对称，尺寸设置如图 6-224 所示，单击 ✓ 按钮，完成并退出草绘。将刚完成的草绘图形命名为"截面 09"。

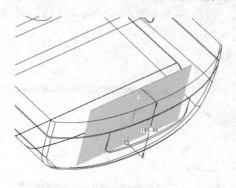

图 6-223

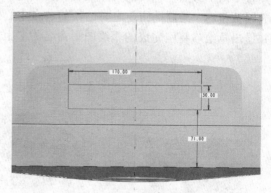

图 6-224

（13）选择"截面 09"，单击拉伸按钮 ⬚，选择曲面 ◨、一侧拉伸 ⬚，尺寸设为 1000，如图 6-225 所示，单击中键结束操作。将该拉伸曲面特征命名为"曲面 09"。

（14）选择"曲面 08"和"曲面 09"，单击合并按钮 ⬚，保留箭头指向的曲面，如图 6-226 所示，单击中键结束操作。

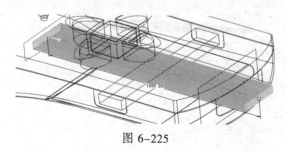

图 6-225

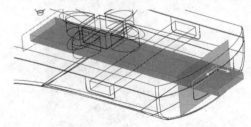

图 6-226

（15）选择产品模型下端面组和刚合并后形成的面组，单击合并按钮 ⬚，保留箭头指向的曲面，如图 6-227 所示，单击中键结束操作。

（16）单击平面按钮 ⬚，选择 TOP 基准面，拖动新创建的基准面，距离设为 920，单击基准平面对话框中的"确定"按钮，将新基准面命名为"参照面 01"，如图 6-228 所示。

图 6-227

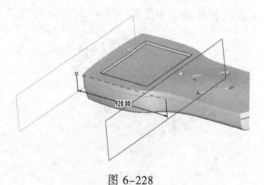

图 6-228

4．制作产品上侧数据线端口造型

（1）绘制图 6-229 所示的图形。单击草绘按钮，选择"参照面 01"正向为草绘平面，以 RIGHT 左向为参照。进入草绘环境后，选择图 6-230 所示的参照图内 4 个端点为参照点；单击中心线按钮，分别在横向两点和竖向两点之间画垂直和水平中心线，使用约束命令将其置于两个参照点连线的中点位置；再经过 4 个参照点画垂直和水平中心线，共 4 条；单击椭圆按钮，绘制椭圆使之与已绘的各自中心线相切，如图 6-231 所示，单击 ✔ 按钮，完成并退出草绘。将刚完成的草绘图形命名为"上截面"。

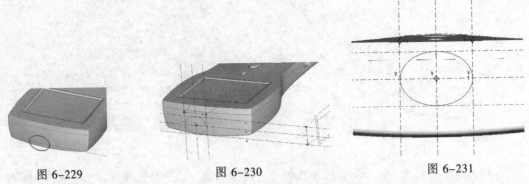

图 6-229   图 6-230   图 6-231

（2）绘制图 6-232 所示的图形。单击草绘按钮，选择"参照面 01"正向为草绘平面，以 RIGHT 左向为参照。进入草绘环境后，单击边界偏移按钮，绘制截面图形，偏移距离设为 15，如图 6-233 所示，单击 ✔ 按钮，完成并退出草绘。将刚完成的草绘图形命名为"截面 10"。

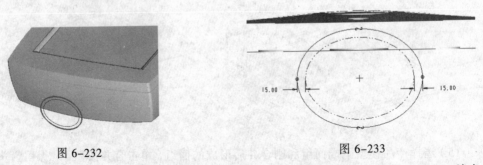

图 6-232   图 6-233

（3）单击平面按钮，选择 TOP 基准面，拖动新创建的基准面，距离设为 730，单击基准平面对话框中的"确定"按钮，将新基准面命名为"参照面 02"，如图 6-234 所示。

（4）选择"截面 10"，选择"编辑"→"投影"命令，选择"参照面 02"，这样该面上会生成投影曲线，如图 6-235 所示，命名为"下截面"。

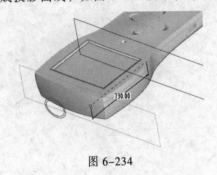

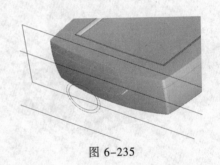

图 6-234   图 6-235

（5）单击边界混合按钮![icon]，激活第一方向链收集器后，选择"上截面"，按住【Ctrl】键，再选择"下截面"定义曲面的第一方向，此时，曲面随即生成，如图6-236所示，将曲面命名为"柱面"。

（6）单击草绘按钮![icon]，选择FRONT正向为草绘平面，以RIGHT右向为参照。进入草绘环境后，选择"参照面01"和"参照面02"为参照；单击直线按钮![icon]，画水平直线段，尺寸设置如图6-237所示，单击![icon]按钮，完成并退出草绘。将刚完成的草绘图形命名为"截面11"。

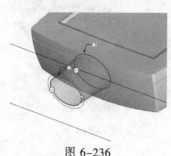

图 6-236

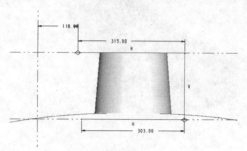

图 6-237

（7）选择"截面11"，单击拉伸按钮![icon]，选择曲面![icon]、一侧拉伸![icon]，尺寸设为210，如图6-238所示，单击中键结束操作。将该拉伸曲面特征命名为"曲面11"。

（8）选择"柱面"和"曲面11"，单击合并按钮![icon]，保留箭头指向的曲面，如图6-239所示，单击中键结束操作。

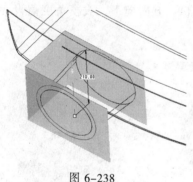

图 6-238

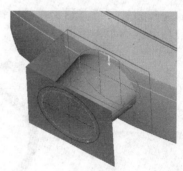

图 6-239

（9）选择图6-240所示的曲面组，选择"编辑"→"偏移"命令，单击标准偏移特征按钮![icon]，偏移方向如图6-240中箭头方向所示，尺寸设为2，单击中键结束操作，新偏移的曲面命名为"偏移曲面03"。

（10）选择"偏移曲面03"，单击工具栏中的![icon]按钮，再单击![icon]按钮，这样就复制出新的曲面，如图6-241所示，将其命名为"偏移曲面03备份"。

图 6-240

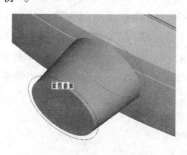

图 6-241

（11）选择模型上表面组和"偏移曲面03"，单击合并按钮 ⊡，保留箭头指向的曲面，如图6-242所示，单击中键结束操作。

（12）选择模型下表面组和"偏移曲面03备份"，单击合并按钮 ⊡，保留箭头指向的曲面，如图6-243所示，单击中键结束操作。

图 6-242

图 6-243

（13）选择图6-244所示的曲面，选择菜单栏中的"编辑"→"偏移"命令，在偏移属性栏中，将标准偏移特征 ⊡ 改为具有拔模特征 ⊡，展开"参照"面板，单击草绘栏中的"定义"，选择图6-244所示的曲面正向为草绘平面，以RIGHT基准面左向为参照。进入草绘环境后，选择上截面左端点为参照点；单击中心线按钮 ⁞，经过参照点画水平中心线；单击圆按钮 ○，选择水平中心线与中心面的交点为圆心，画圆，直径设为106，如图6-245所示，单击 ✔ 按钮，完成并退出草绘；拔模长度值设为11，方向向下，拔模角度值设为30，如图6-246所示，单击中键结束操作。

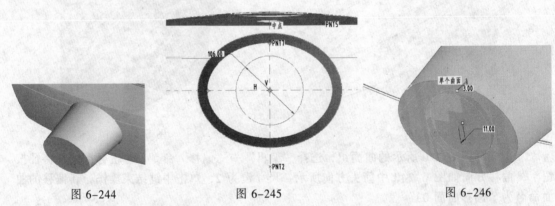

图 6-244   图 6-245   图 6-246

（14）选择图的曲面，选择菜单栏中的"编辑"→"偏移"命令，在偏移属性栏中，将标准偏移特征 ⊡ 改为具有拔模特征 ⊡，展开"参照"面板，单击草绘栏中的"定义"，选择图6-247所示的曲面正向为草绘平面，以RIGHT基准面左向为参照。进入草绘环境后，选择"截面12"右端点为参照点；单击中心线按钮 ⁞，经过参照点画水平中心线，经过中心面画垂直中心线；单击圆按钮 ○，选择两中心线的交点为圆心，画圆，半径设为42；单击直线按钮 ╲，画垂直线段，与圆相交并删除多余线段，形态及尺寸设置如图6-248所示，单击 ✔ 按钮，完成并退出草绘；拔模长度值设为11，方向向下，拔模角度值设为3，如图6-249所示，单击中键结束操作。

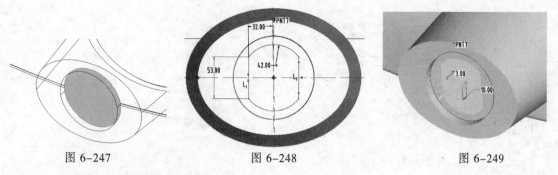

图 6-247   图 6-248   图 6-249

5. 制作各个转折处的圆角造型

（1）选择图 6-250 所示的边，单击倒圆角按钮 ，尺寸设为 3，单击中键结束。选择图 6-251 所示的边，单击倒圆角按钮 ，尺寸设为 5，单击中键结束。选择图 6-252 所示的边，单击倒圆角按钮 ，尺寸设为 2，单击中键结束。

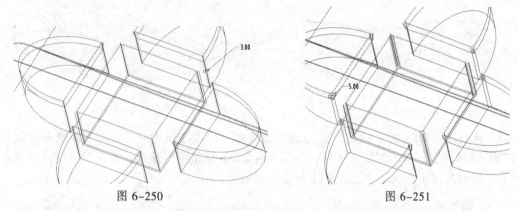

图 6-250   图 6-251

（2）选择图 6-253 所示的边，单击倒圆角按钮 ，尺寸设为 2，单击中键结束。选择图 6-254 所示的边，单击倒圆角按钮 ，尺寸设为 5，单击中键结束。选择图 6-255 所示的边，单击倒圆角按钮 ，尺寸设为 3，单击中键结束。

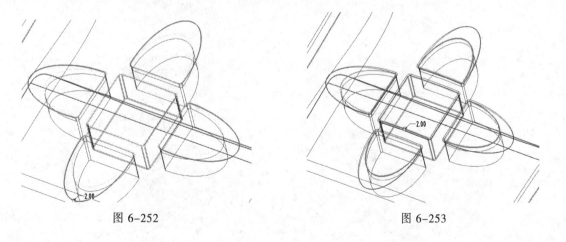

图 6-252   图 6-253

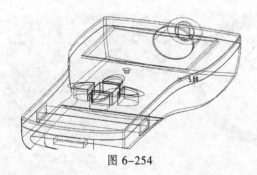

图 6-254

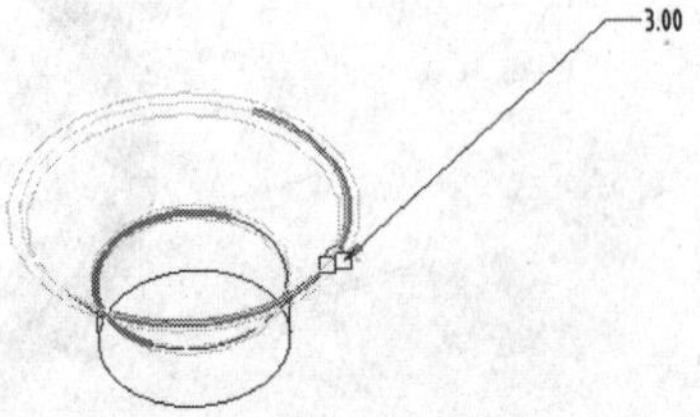

图 6-255

（3）选择图 6-256 所示的边，单击倒圆角按钮，尺寸设为 3，单击中键结束。选择图 6-257 所示的边，单击倒圆角按钮，尺寸设为 2，单击中键结束。选择图 6-258 所示的边，单击倒圆角按钮，尺寸设为 3，单击中键结束。

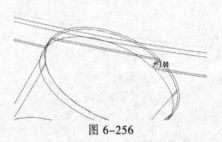

图 6-256

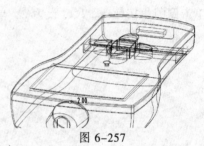

图 6-257

（4）选择图 6-259 所示的边，单击倒圆角按钮，尺寸设为 2，单击中键结束。选择图 6-260 所示的边，单击倒圆角按钮，尺寸设为 2，单击中键结束。选择图 6-261 所示的边，单击倒圆角按钮，尺寸设为 10，单击中键结束。

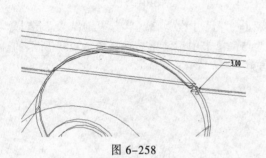

图 6-258

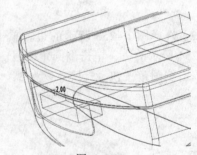

图 6-259

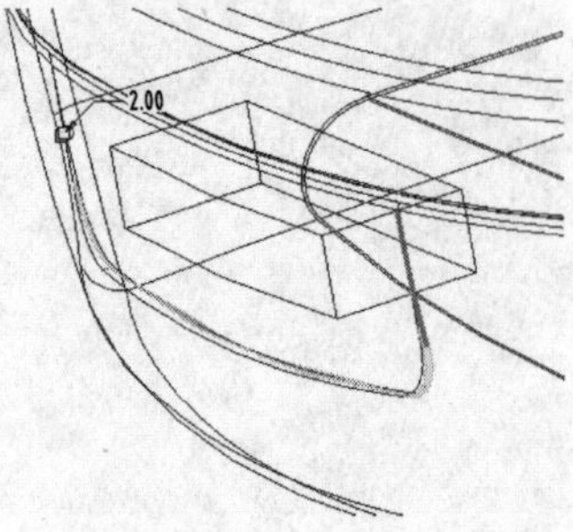

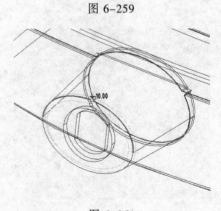

图 6-260

图 6-261

（5）选择图 6-262 所示的边，单击倒圆角按钮 ，尺寸设为 2，单击中键结束。选择图 6-263 所示的边，单击倒圆角按钮 ，尺寸设为 2，单击中键结束。单击保存文件按钮 ，将场景模型保存至 TLSCY.PRT 文件中，听力筛查仪模型基本制作完成。

图 6-262

图 6-263

这样，听力筛查仪的数模基本创建完成。通过本案例主要学习了自由曲面的创建和编辑、如何设置曲面拔模角度等一系列和下游结构设计息息相关的重要问题。

课后练习

1. 如果不根据三视图建模，会如何？
2. 曲面建模后不能加厚或者实体化，为什么？
3. 综合所学，制作一款鼠标模型。

第 **7** 章 产品建模高阶实训

前面讲解了有一定难度的数模创建思路，下面讲述曲面创建难度系数较高的案例制作流程。本章讲述便携式多媒体数字平台和玩具冲锋枪两款产品的建模思路与方法，并列出详细的制作步骤。这两款产品的外观模型均以复杂曲面构成为主，而且曲面走势与变化较多，在建模思路和命令的综合运用上均有一定的难度，反复练习本章讲述的这两款案例对高级曲面建模能力提升有很大的帮助。在制作两款产品外观模型所涉及的命令和建模逻辑都有较高的难度。在学习本章两款产品模型的制作方法时，注意总结参数化建模方法和变量化建模方法交织并用的优势，深入体会先整体后细节的数模构建思路，分析曲面之间相切连续和曲率连续对产品曲面质量的影响与评估。

7.1 便携式多媒体数字平台建模案例解析

本节中以便携式多媒体数字平台（以下称"平台"）为例，全面讲解其制作流程。"平台"有计算机主机功能也有投影功能。设计师的工作是设计产品的外观。最终完成的设计效果如图 7-1 所示。该产品外观基本上都是由曲面构成，其中产品的侧面、前脸、位于上表面两侧的渐消面以及镜头上端的曲面分割在制作上都有一定的难度。

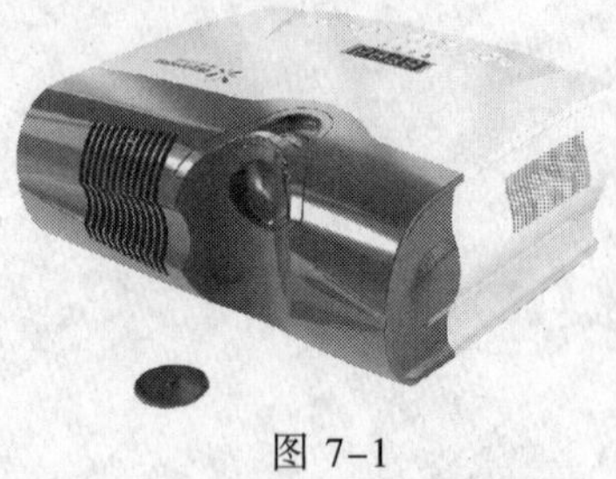

下面先了解"平台"的大体制作思路：

（1）导入三视图，如图 7-2 所示。

（2）制作"平台"的整体曲面，如图 7-3 所示。

（3）制作"平台"的前部造型，如图 7-4 所示。

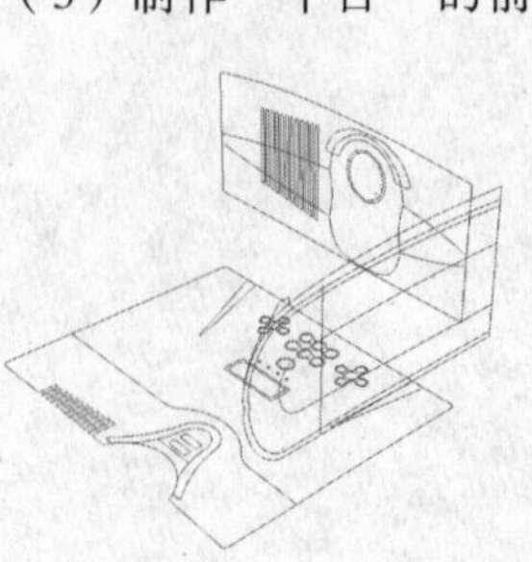

图 7-1

图 7-2   图 7-3 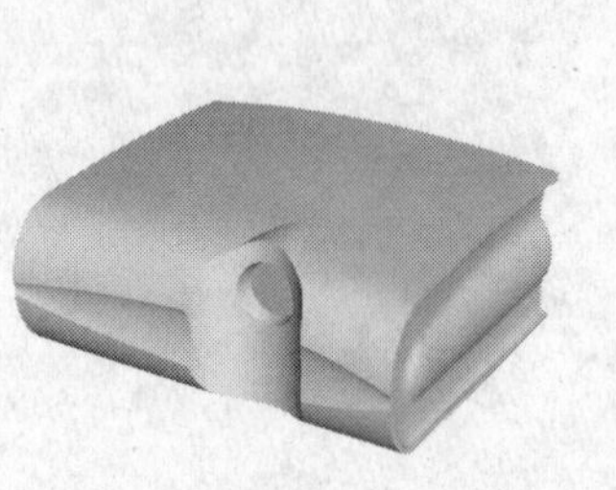   图 7-4

（4）制作调节镜头部位的曲面造型并分割"平台"，如图 7-5 所示。

（5）制作"平台"前脸散热孔和顶部按钮区等细节，如图 7-6 所示。

（6）完善"平台"剩下细节并制作两侧散热孔，如图 7-7 所示。

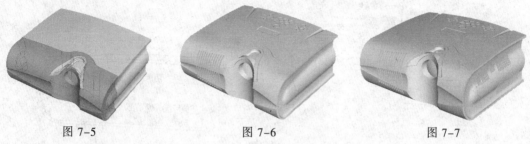

图 7-5 图 7-6 图 7-7

根据上面的思路，可将其分成 6 大步骤来完成建模工作。

7.1.1 导入三视图

三视图进入软件环境后，需要编辑和处理，使之成为可用的参照视图。

（1）单击 □ 按钮新建文件，文件名为 TYY_01.PRT，使用 Pro / Engineer 提供的默认模板，单击"确定"按钮。

（2）导入参照视图。选择"插入"→"共享数据"→"自文件"命令，在弹出的对话框中寻找配套光盘 tyy.ai 文件，并单击打开，将导入特征命名为"参照视图"，结果如图 7-8 所示。

由于导入的 AI 文件处在同一平面内，需要对导入的两个视图进行旋转编辑。选择"应用程序"→"继承"命令，弹出菜单管理器，如图 7-9 所示；从"继承零件"栏中，单击"线框"，选择导入视图，从弹出的图 7-10 所示的线框菜单管理器中依次单击"移动"→"旋转"→"无复制"→"完成"，然后完全框选要旋转的视图，被框选的视图会变粗显示，如图 7-11 所示；然后单击中键，选择旋转轴，此时旋转轴的位置出现箭头，如图 7-12 所示。用右手法则，大拇指表示箭头方向，四手指表示旋转方向，在如图 7-13 所示的信息栏处输入"-90"，单击中键结束，这样所选视图就旋转 90°，如图 7-14 所示。

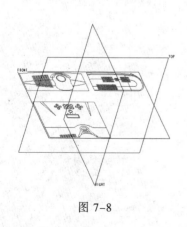

图 7-8

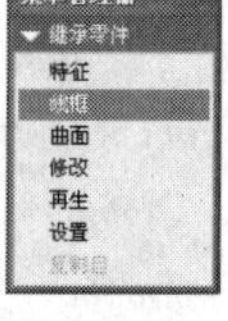

图 7-9

图 7-10

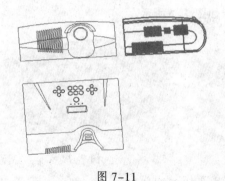

图 7-11

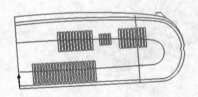

图 7-12

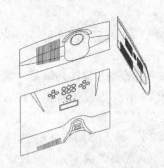

图 7-14

图 7-13

（3）再旋转另一个视图，依然从"继承零件"栏中单击"线框"，选择导入视图，在弹出的线框菜单管理器中依次单击"移动"→"旋转"→"无复制"→"完成"，然后完全框选要旋转的视图，被框选的视图会变粗显示，如图 7-15 所示；然后单击中键，选择旋转轴，此时旋转轴的位置出现箭头，如图 7-16 所示，用右手法则，大拇指表示箭头方向，四手指表示旋转方向，在如图 7-17 所示信息栏处输入"-90"，单击中键结束，这样所选视图就旋转90°，如图 7-18 所示。

图 7-15

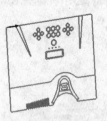

图 7-16

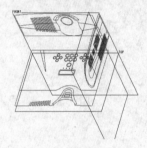

图 7-17

图 7-18

（4）为后面建模方便，需把参照视图进行移动编辑，从"继承零件"栏中单击"线框"，选择导入视图，从弹出的线框菜单管理器中依次单击"移动"→"平移"→"无复制"→"完成"，如图7-19所示，然后完全框选要移动的3个视图，被框选的视图会变粗显示，如图7-20所示；然后单击中键，选择一条边，此时所选边的位置出现箭头，如图7-21所示；在如图7-22所示信息栏处输入"-329.287"，单击中键结束，这样3个视图移动329.287的距离，如图7-23所示。

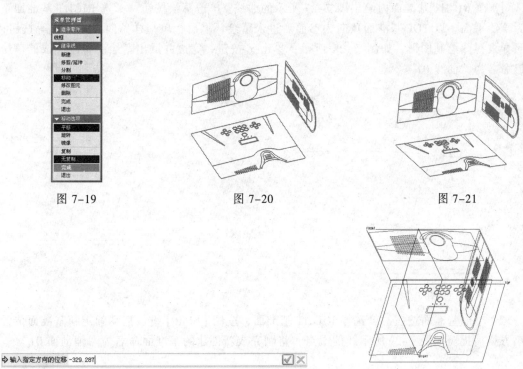

图 7-19　　　　　　　　　图 7-20　　　　　　　　　图 7-21

输入指定方向的位移 -329.287

图 7-22　　　　　　　　　　　　　　　　　　图 7-23

（5）为更方便观察场景的曲线和模型，需删除场景侧视图的某些线框。在"继承零件"栏中单击"线框"，选择导入视图，在弹出的线框菜单管理器中单击"删除"，如图7-24所示，将场景旋转至方便选择的要删除的线框的角度，选择要删除的线框（如果一次选不全，可配合【Ctrl】键加选直至完成选择），如图7-25所示；然后单击中键结束操作，如图7-26所示。

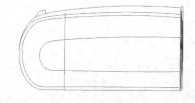

图 7-24　　　　　　　　图 7-25　　　　　　　　图 7-26

这样导入的视图编辑完毕，然后选择"应用程序"→"标准"命令，退出"继承"模式。

7.1.2 制作"平台"的整体曲面

"平台"的整体曲面包括上前下三端合而为一的曲面、侧面和后端面三部分组成，主要是通过边界混合命令来完成。

1. 制作上前下三端合而为一的曲面造型

（1）在 RIGHT 基准面内绘出图 7-27 所示的曲线。单击草绘按钮 ，选 RIGHT 基准面正向为草绘平面，以 TOP 基准面顶向为参照。进入草绘环境后，单击样条曲线按钮 等按钮，参照导入视图绘制图形，如图 7-28 所示，单击 ✔ 按钮，完成并退出草绘。将刚完成的草绘图形命名为"曲线 01"。

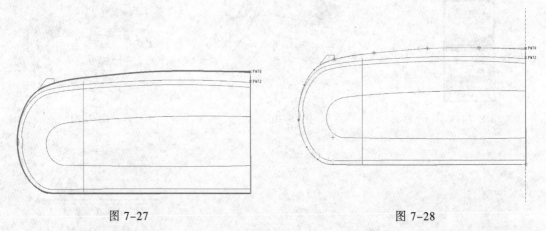

图 7-27   图 7-28

（2）单击基准面按钮 ，选择 RIGHT 基准面，按住【Shift】键，拖动确定新基准面位置的小方格捕捉至如图 7-29 所示线的端点，将刚完成新创建的基准面命名为"辅助面 01"。

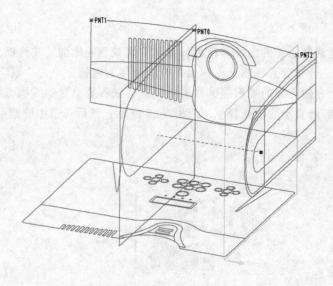

图 7-29

（3）在"辅助面 01"内绘出如图 7-30 所示的曲线。单击草绘按钮 ，选择"辅助面 01"

正向为草绘平面，以 TOP 基准面顶向为参照。进入草绘环境后，单击样条曲线∿等按钮，参照导入视图绘制图形，如图 7-31 所示，单击✔按钮，完成并退出草绘。将刚完成的草绘图形命名为"曲线 02"。

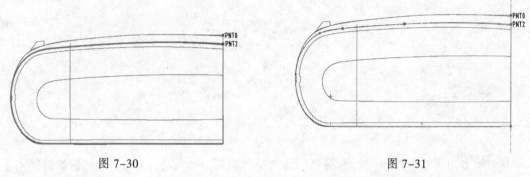

图 7-30   图 7-31

（4）单击基准面按钮▱，选择 RIGHT 基准面，按住【Shift】键，拖动确定新基准面位置的小方格捕捉至如图 7-32 所示线的端点，将刚完成新创建的基准面命名为"辅助面 02"。

（5）选择如图 7-33 所示的"曲线 02"，选择菜单栏中的"编辑"→"投影"命令，选择要投影的"辅助面 02"，单击中键结束操作。

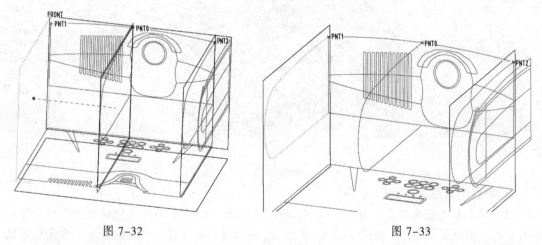

图 7-32   图 7-33

（6）在 FRONT 基准面内绘出如图 7-34 所示的曲线。单击草绘按钮▨，选择 FRONT 基准面正向为草绘平面，以 RIGHT 基准面右向为参照。进入草绘环境后，单击样条曲线∿等按钮，参照导入视图绘制图形，如图 7-35 所示，单击✔按钮，完成并退出草绘。将刚完成的草绘图形命名为"曲线 03"。

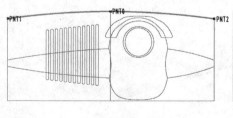 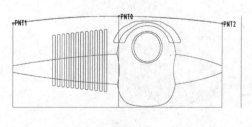

图 7-34   图 7-35

（7）在 FRONT 基准面内绘出图 7-36 所示的曲线。单击草绘按钮 ，选择 FRONT 基准面正向为草绘平面，以 RIGHT 基准面右向为参照。进入草绘环境后，单击样条曲线 等按钮，参照导入视图绘制图形，如图 7-37 所示，单击 ✔ 按钮，完成并退出草绘。将刚完成的草绘图形命名为"曲线 04"。

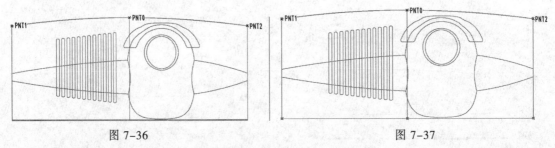

图 7-36   图 7-37

（8）单击边界混合按钮 ，激活第一方向链收集器后，配合【Ctrl】键，依次选择上下两条曲线定义曲面的第一方向；接着激活第二方向链收集器，依次选择左右 3 条曲线定义曲面的第二方向，如图 7-38 所示，单击中键结束操作，将曲面命名为"曲面 01"。

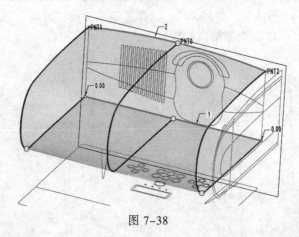

图 7-38

2．制作侧端曲面造型

（1）单击基准面按钮 ，选择如图 7-39 所示的线的结点，单击中键结束点创建操作。接着，单击基准面按钮 ，选择 FRONT 基准面，按住【Shift】键，拖动确定新基准面位置的小方格捕捉至如图 7-40 所示刚创建的点，将刚完成新创建的基准面命名为"辅助面 03"。

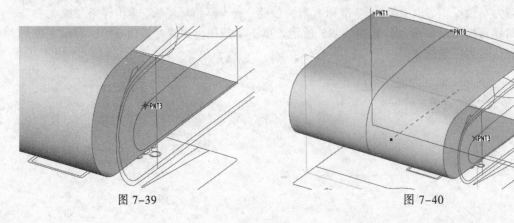

图 7-39   图 7-40

（2）在辅助面 03 内绘出如图 7-41 所示的曲线。单击草绘按钮 ⚙，选择"辅助面 03"正向为草绘平面，以 RIGHT 基准面右向为参照。进入草绘环境后，单击样条曲线 ∿ 等按钮，参照导入视图绘制图形，如图 7-42 所示，单击 ✔ 按钮，完成并退出草绘。将刚完成的草绘图形命名为"曲线 05"。

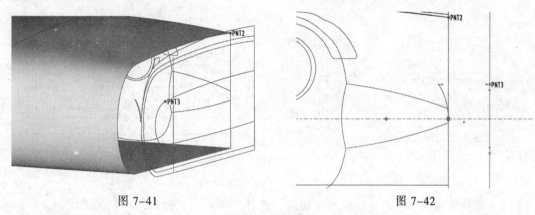

图 7-41　　　　　　　　　　　　　　　图 7-42

（3）选择"曲线 05"，单击旋转按钮 ⚙，选择曲面 ▱、旋转角度设为 180，如图 7-43 所示，单击中键结束操作。

（4）选择如图 7-44 所示的面边界，选择菜单栏中的"编辑"→"延伸"命令，延伸的长度设为 500，单击中键结束操作。同样，选择图 7-45 所示的面边界，选择菜单栏中的"编辑"→"延伸"命令，延伸的长度设为：35，单击中键结束操作。选择经过两次延伸的曲面，单击"修剪"按钮 ▱，选择 FRONT 基准面，保留箭头指向的曲面，然后单击中键结束操作，如图 7-46 所示。

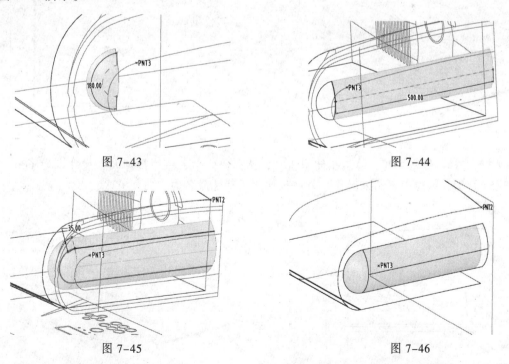

图 7-43　　　　　　　　　　　　　　　图 7-44

图 7-45　　　　　　　　　　　　　　　图 7-46

（5）在 RIGHT 基准面内绘出如图 7-47 所示的曲线。单击草绘按钮 ⚙，选择 RIGHT 基准面正向为草绘平面,以 TOP 基准面顶向为参照。进入草绘环境后,单击样条曲线∿等按钮,参照导入视图绘制图形,如图 7-48 所示,单击✓按钮,完成并退出草绘。将刚完成的草绘图形命名为"曲线 06"。

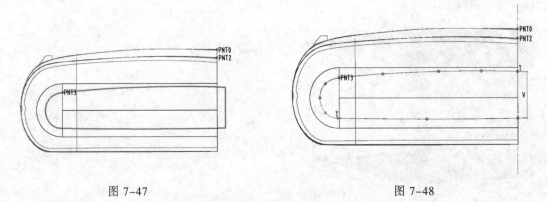

图 7-47   图 7-48

(6)选择"曲线 06",单击拉伸按钮⬚,选择曲面⬚、一边拉伸⬚,尺寸设为 650,单击去除材料按钮⬚,选择要修剪的曲面,删除箭头方向指向的曲面,如图 7-49 所示,单击中键结束操作。

(7)在 FRONT 基准面内绘出图 7-50 所示的曲线。单击草绘按钮⬚,选 FRONT 基准面正向为草绘平面,以 RIGHT 基准面右向为参照。进入草绘环境后,单击直线╲等按钮,参照导入视图绘制图形,如图 7-51 所示,单击✓按钮,完成并退出草绘。将刚完成的草绘图形命名为"曲线 07"。

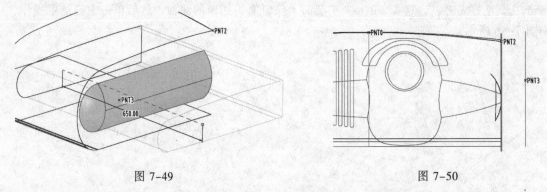

图 7-49   图 7-50

(8)选择"曲线 07",单击拉伸按钮⬚,选择曲面⬚、一边拉伸⬚,尺寸设为 600,如图 7-52 所示,单击中键结束操作。将该拉伸曲面特征命名为"曲面 02"。

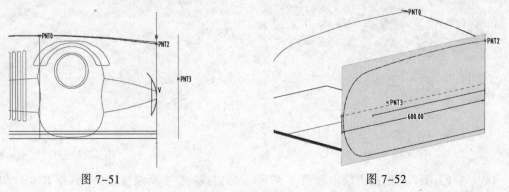

图 7-51   图 7-52

（9）在 RIGHT 基准面内绘出如图 7-53 所示的曲线。单击草绘按钮 ，选择 RIGHT 基准面正向为草绘平面，以 TOP 基准面顶向为参照。进入草绘环境后，单击样条曲线 等按钮，参照导入视图绘制图形，如图 7-54 所示，单击 ✔ 按钮，完成并退出草绘。将刚完成的草绘图形命名为"曲线 08"。

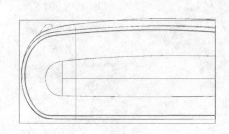

图 7-53

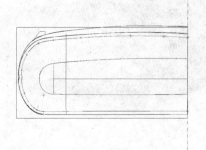

图 7-54

（10）选择"曲线 08"，单击拉伸按钮 ，选择曲面 、一边拉伸 ，尺寸设为 400，单击去除材料按钮 ，选择要修剪的"曲面 02"，删除箭头方向指向的曲面，如图 7-55 所示，单击中键结束操作。

（11）在造型环境内绘出如图 7-56 所示的 7 条曲线。单击造型按钮 ，进入造型环境后，单击设置活动平面方向按钮 ，选择 FRONT 基准面为活动平面；单击曲线按钮 ，选择"平面"曲线类型，按住【Shift】键，再按住鼠标左键，使创建曲线的两端分别捕捉在上下面的角点上，注意控制曲线端点的滑杆分别法向于 RIGHT 基准面和 TOP 基准面，如图 7-57 所示。

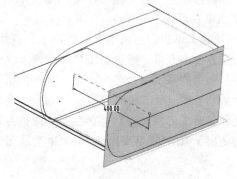

图 7-55

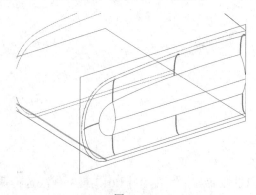

图 7-56

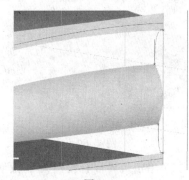

图 7-57

（12）单击创建内部平面按钮 ，选择 FRONT 基准面，新建基准面尺寸为 239，如图 7-58 所示，单击基准平面对话框中的"确定"按钮，将新基准面命名为"面 01"；单击设置活动平面方向按钮 ，选择刚创建的"面 01"为活动平面；单击曲线按钮 ，选择"平面"曲线类型，按住【Shift】键，再按住鼠标左键，使创建曲线的两端分别捕捉在上下面边界与"面01"的交点上，注意控制曲线端点的滑杆分别法向于 RIGHT 基准面和 TOP 基准面，如图 7-59所示。

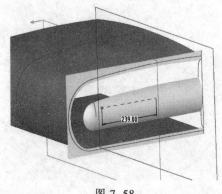

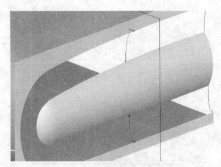

图 7-58　　　　　　　　　　　　　　　　　　图 7-59

（13）单击设置活动平面方向按钮▨，选择"辅助面 03"为活动平面；单击曲线按钮～，选择"平面"曲线类型，按住【Shift】键，再按住鼠标左键，使创建曲线的两端分别捕捉在上下面边界与"辅助面 03"的交点上，注意控制曲线端点的滑杆分别法向于 RIGHT 基准面和 TOP 基准面，如图 7-60 所示。

（14）单击创建内部平面按钮▨，选择 TOP 基准面，按住【Shift】键，拖动确定新基准面位置的小方格，捕捉至图 7-61 所示线的结点，单击基准平面对话框中的"确定"按钮，将新创建的基准面命名为"面 02"。单击设置活动平面方向按钮▨，选择刚创建的"面 02"为活动平面；单击曲线按钮～，选择"平面"曲线类型，按住【Shift】键，再按住鼠标左键，使创建曲线的两端分别捕捉在左右面边界与"面 02"的交点上，注意控制曲线端点的滑杆分别法向于 RIGHT 基准面和 FRONT 基准面，如图 7-62 所示。

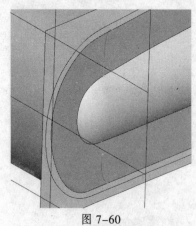

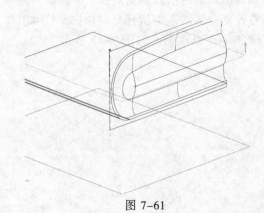

图 7-60　　　　　　　　　　　　　　　　　　图 7-61

（15）单击边界混合按钮▨，激活第一方向链收集器后，配合【Ctrl】键，依次选择两条曲线定义曲面的第一方向；接着激活第二方向链收集器，依次选择 7 条曲线定义曲面的第二方向，如图 7-63 所示，单击中键结束操作，将曲面命名为"曲面 03"。

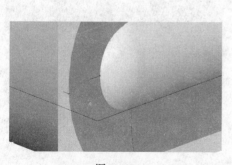

图 7-62　　　　　　　　　　　　　　　图 7-63

（16）选择如图 7-64 所示的 3 个曲面，单击合并按钮 🗗，使 3 个曲面连接在一起，单击中键结束操作。

（17）选择图 7-65 所示的边，单击倒圆角按钮 🗂，尺寸设为 40，单击中键结束。

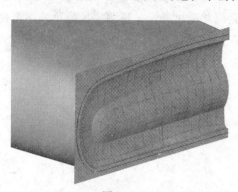

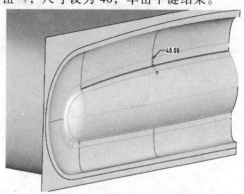

图 7-64　　　　　　　　　　　　　　　图 7-65

（18）选择图 7-66 所示的曲面组，单击镜像复制按钮 🗂，再选择 RIGHT 基准面，单击中键结束操作。然后配合【Ctrl】键，选择图 7-67 所示的两个面组，单击合并按钮 🗗，保留箭头指向的曲面，单击中键结束操作。

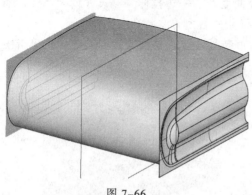

图 7-66　　　　　　　　　　　　　　　图 7-67

（19）选择图 7-68 所示的面边界，选择菜单栏中的"编辑"→"延伸"命令，延伸的长度设为 15，单击中键结束操作。

（20）选择图 7-69 所示的两个面组，单击合并按钮 🗗，保留箭头指向的曲面，单击中键结束操作。

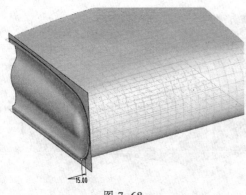

图 7-68

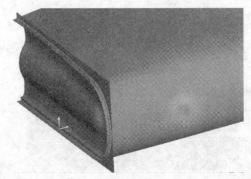

图 7-69

3．制作后端曲面造型

（1）在 TOP 基准面内绘出如图 7-70 所示的曲线。单击草绘按钮，选择 TOP 基准面正向为草绘平面，以 RIGHT 基准面右向为参照。进入草绘环境后，单击直线 ╲ 等按钮，参照导入视图绘制图形，如图 7-71 所示，单击 ✔ 按钮，完成并退出草绘。将刚完成的草绘图形命名为"曲线 09"。

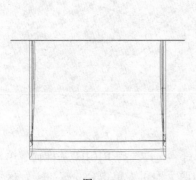

图 7-70

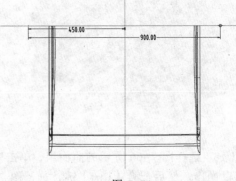

图 7-71

（2）选择"曲线 09"，单击拉伸按钮，选择曲面、一边拉伸，尺寸设为 560，如图 7-72 所示，单击中键结束操作。将该拉伸曲面特征命名为"曲面 04"。

（3）选择如图 7-73 所示的两个面组，单击合并按钮，保留箭头指向的曲面，单击中键结束操作。

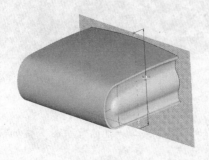

图 7-72

图 7-73

（4）单击保存文件按钮，将场景模型保存至 TYY_01.PRT 文件中。

7.1.3 制作"平台"的前端造型

"平台"的前端造型前要先创建一个新文件，然后将前面完成的文件通过复制曲面的方法导入新的文件中，然后继续后面的建模操作。这样做可以避免建模步骤冗长，便于文件管理，可提高建模效率。

1. 制作"平台"的前端镜头处凹陷曲面造型

（1）打开本章练习文件 tyy-xiankuang.PRT。选择"插入"→"共享数据"→"复制几何"命令，弹出"复制几何"操控板，单击 按钮，在弹出的对话框中寻找光盘内本章配套文件 TYY_01.PRT，单击"打开"按钮，在弹出的图 7-74 所示的"放置"对话框中单击"确定"按钮。然后在操控板内单击仅限发布几何按钮 ，打开 TYY_01.PRT 的活动窗口，如图 7-75 所示；单击操控板下面的"参照"，激活"曲面集"，将选择过滤指定为"面组"，在 TYY_01.PRT 的活动窗口内选择模型，如图 7-76 所示；单击中键结束操作，这样 TYY_01.PRT 内的模型就被复制到 tyy-xiankuang.PRT 文件中。

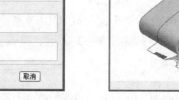

| 图 7-74 | 图 7-75 | 图 7-76 |

（2）单击基准面按钮 ，选择图 7-77 所示的线的结点，单击中键结束点创建操作，将新创建的基准点命名为"参照点 01"。接着，单击基准面按钮 ，选择 FRONT 基准面，新基准面位置尺寸设为 650，如图 7-78 所示。将新创建的基准面命名为"辅助面 01"。

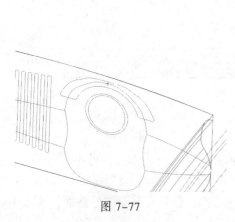

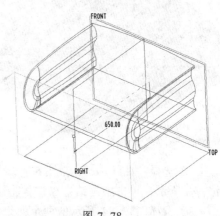

| 图 7-77 | 图 7-78 |

（3）单击草绘按钮 ，选择"辅助面 01"基准面正向为草绘平面，以 TOP 基准面顶向为参照。进入草绘环境后，选择"参照点 01"为参照，经参照点画中心线，再单击圆○等按

钮，绘制图形，尺寸如图 7-79 所示，单击 ✔ 按钮，完成并退出草绘。将刚完成的草绘图形命名为"曲线 01"。

（4）选择"曲线 01"，单击拉伸按钮 ⬚，选择曲面 ⬚、一边拉伸 ⬚，尺寸设为 470，如图 7-80 所示，单击中键结束操作。将该拉伸曲面特征命名为"曲面 01"。

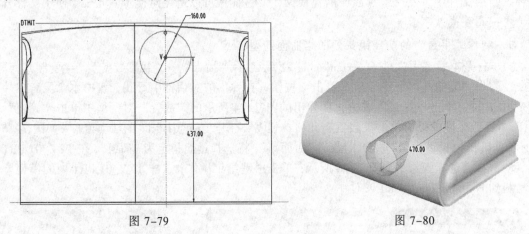

图 7-79   图 7-80

（5）选择图 7-81 所示的两个面组，单击合并按钮 ⬚，保留箭头指向的曲面，单击中键结束操作。

（6）单击草绘按钮 ⬚，选择 TOP 基准面正向为草绘平面，以 RIGHT 基准面右向为参照。进入草绘环境后，单击圆 ⬚ 等按钮，绘制图形，尺寸如图 7-82 所示，单击 ✔ 按钮，完成并退出草绘。将刚完成的草绘图形命名为"曲线 02"。

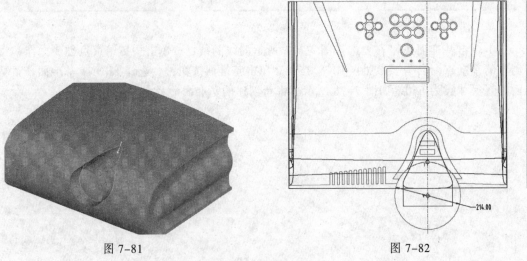

图 7-81   图 7-82

（7）选择"曲线 02"，单击拉伸按钮 ⬚，选择曲面 ⬚、一边拉伸 ⬚，尺寸设为 560，如图 7-83 所示，单击中键结束操作。将该拉伸曲面特征命名为"曲面 02"。

（8）选择图 7-84 所示的两个面组，单击合并按钮 ⬚，保留箭头指向的曲面，单击中键结束操作。

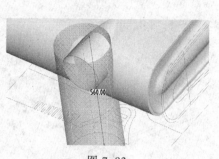

图 7-83

图 7-84

（9）单击草绘按钮，选择 FRONT 基准面正向为草绘平面，以 RIGHT 基准面右向为参照。进入草绘环境后，单击样条曲线等按钮，参照导入视图绘制图形，如图 7-85 所示，单击✓按钮，完成并退出草绘。将刚完成的草绘图形命名为"曲线 03"。

（10）选择 "曲线 03"，选择菜单栏中的"编辑"→"投影"命令，选择要投影的曲面，如图 7-86 所示，单击中键结束操作。

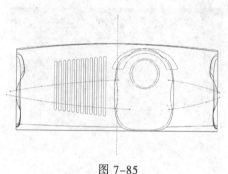

图 7-85

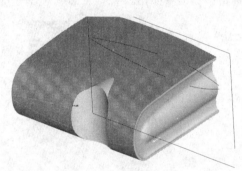

图 7-86

2. 制作"平台"的前端镜头两侧凹陷曲面造型

（1）在造型环境内绘出如图 7-87 所示的 4 条曲线。单击造型按钮，进入造型环境后，单击曲线按钮，选择"COS"曲线类型，按住【Shift】键，再按住鼠标左键，使创建曲线的两端分别捕捉在投影线的端点上，注意控制曲线端点的滑杆为自由，4 条曲线的画法相同，结果如图 7-88 所示。

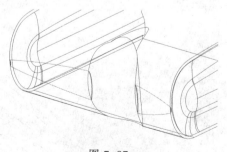

图 7-87

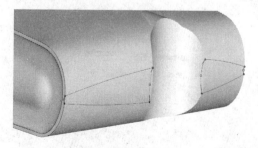

图 7-88

（2）单击边界混合按钮，激活第一方向链收集器后，配合【Ctrl】键，依次选择上下两条曲线定义曲面的第一方向；接着激活第二方向链收集器，依次选择左右两条曲线定义曲面的第二方向，如图 7-89 所示，单击中键结束操作，将曲面命名为"曲面03"。同理，创建出如图 7-90 所示的曲面，将其命名为"曲面04"。

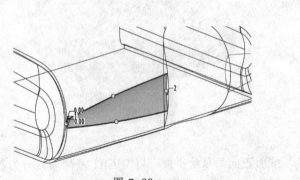

图 7-89

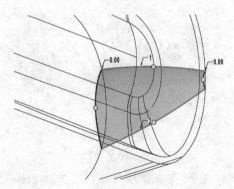

图 7-90

（3）选择如图 7-91 所示的两个面组，单击合并按钮 ⬓，保留箭头指向的曲面，单击中键结束操作。再选择如图 7-92 所示的两个面组，单击合并按钮 ⬓，保留箭头指向的曲面，单击中键结束操作。

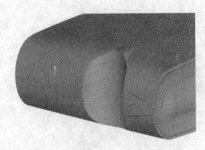

图 7-91

图 7-92

3．制作"平台"的镜头孔造型

（1）单击草绘按钮 ▨，选择 RIGHT 基准面正向为草绘平面，以 TOP 基准面顶向为参照。进入草绘环境后，单击直线 ↘ 等按钮，绘制图形，如图 7-93 所示，单击 ✓ 按钮，完成并退出草绘。将刚完成的草绘图形命名为"曲线04"。

（2）选择"曲线04"，单击拉伸按钮 ⬚，选择曲面 ▯、两侧拉伸 ⬚，尺寸设为 660，如图 7-94 所示，单击中键结束操作。将该拉伸曲面特征命名为"辅助面02"。

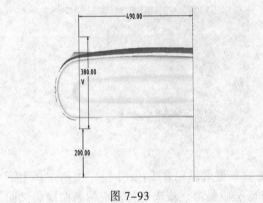

图 7-93

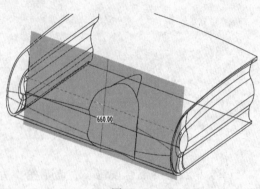

图 7-94

（3）在 FRONT 基准面画出图 7-95 所示的圆。单击草绘按钮 ，选择 FRONT 基准面正向为草绘平面，以 RIGHT 基准面右向为参照。进入草绘环境后，单击圆○等按钮绘制图形，尺寸如图 7-96 所示，单击 ✔ 按钮，完成并退出草绘。将刚完成的草绘图形命名为"曲线 05"。

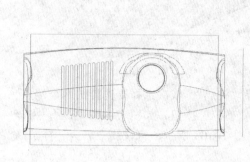

图 7-95

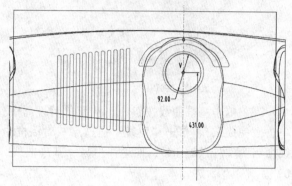

图 7-96

（4）选择 "曲线 05"，选择菜单栏中的"编辑"→"投影"命令，选择要投影的"辅助面 02"，如图 7-97 所示，单击中键结束操作。

（5）继续在 FRONT 基准面画出如图 7-98 所示的圆。单击草绘按钮 ，选择 FRONT 基准面正向为草绘平面，以 RIGHT 基准面右向为参照。进入草绘环境后，单击圆○等按钮，绘制图形，尺寸如图 7-99 所示，单击 ✔ 按钮，完成并退出草绘。将刚完成的草绘图形命名为"曲线 06"。

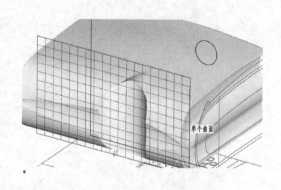

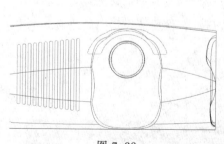

图 7-98

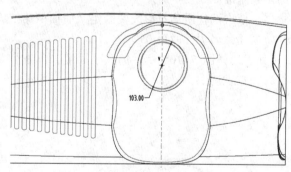

图 7-99

（6）选择 "曲线 06"，选择菜单栏中的"编辑"→"投影"命令，选择要投影的曲面，如图 7-100 所示，单击中键结束操作。

（7）选择经过两次延伸的曲面，单击"修剪" 按钮，选择 FRONT 基准面，保留箭头指向的曲面，如图 7-101 所示，然后单击中键结束操作。

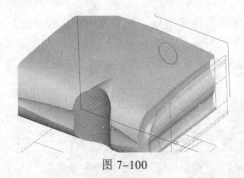

图 7-100　　　　　　　　　　　　　　　　图 7-101

（8）单击基准曲线按钮~，从菜单管理器中选择"完成"，依次选择要连接的两个端点，单击"完成"，再单击"曲线：通过点"对话框中的"确定"按钮，如图 7-102 所示，将该线命名为"样条线 01"；同理作出另一基准曲线，如图 7-103 所示，将该线命名为"样条线 02"。

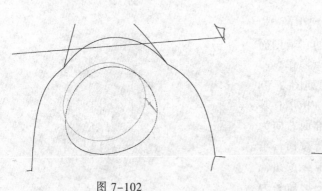

图 7-102　　　　　　　　　　　　　　　　图 7-103

（9）单击边界混合按钮，激活第一方向链收集器后，配合【Ctrl】键，依次选择刚创建的两条基准曲线"样条线 01"和"样条线 02"定义曲面的第一方向；接着激活第二方向链收集器，依次选择两条投影线曲线定义曲面的第二方向，如图 7-104 所示，单击中键结束操作，将曲面命名为"曲面 05"。

（10）选择图 7-105 所示的两个面组，单击合并按钮，保留箭头指向的曲面，单击中键结束操作。

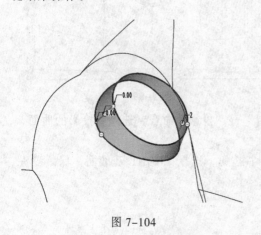

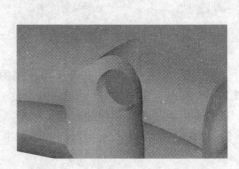

图 7-104　　　　　　　　　　　　　　　　图 7-105

7.1.4 制作镜头曲面并分割"平台"

1. 平台"的镜头顶部下沉曲面造型

（1）在 TOP 基准面画出图 7-106 所示的图形。单击草绘按钮，选择 TOP 基准面正向为草绘平面，以 RIGHT 基准面右向为参考。进入草绘环境后，单击中心线按钮、圆弧按钮、直线按钮 等按钮绘制图形，注意对称约束，尺寸如图 7-107 所示，单击 ✔ 按钮，完成并退出草绘。将刚完成的草绘图形命名为"曲线 07"。

图 7-106

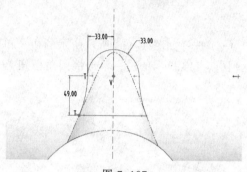

图 7-107

（2）选择"曲线 07"，单击拉伸按钮，选择曲面、一边拉伸，尺寸设为 570，如图 7-108 所示，单击中键结束操作。将该拉伸曲面特征命名为"曲面 06"。

（3）单击草绘按钮，选择 RIGHT 基准面正向为草绘平面，以 TOP 基准面顶向为参考。进入草绘环境后，单击边偏移 等按钮，绘制图形，尺寸如图 7-109 所示，单击 ✔ 按钮，完成并退出草绘。将刚完成的草绘图形命名为"曲线 08"。

（4）选择"曲线 07"，单击拉伸按钮，选择曲面、一边拉伸，尺寸设为 190，如图 7-110 所示，单击中键结束操作。将该拉伸曲面特征命名为"曲面 07"。

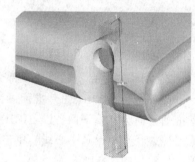

图 7-108

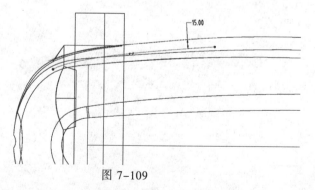

图 7-109

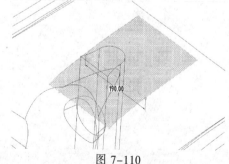

图 7-110

（5）选择如图 7-111 所示的两个面组，单击合并按钮，保留箭头指向的曲面，单击中键结束操作；再选择如图 7-112 所示的两个面组，单击合并按钮，保留箭头指向的曲面，单击中键结束操作。

图 7-111

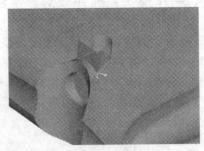

图 7-112

（6）选择如图 7-113 所示所示的边，单击倒圆角按钮 🖉，尺寸设为 9，单击中键结束。选择图 7-114 所示的边，单击倒圆角按钮 🖉，尺寸设为 4，单击中键结束。

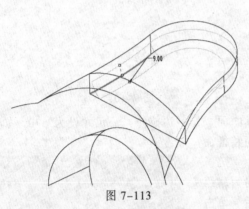

图 7-113

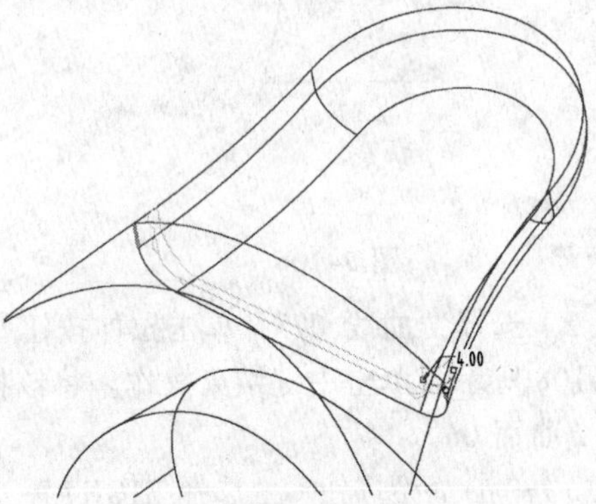

图 7-114

2. 制作"平台"的镜头顶部分割曲面

（1）继续在 FRONT 基准面画出如图 7-115 所示的图形。单击草绘按钮 ▨，选择 FRONT 基准面正向为草绘平面，以 RIGHT 基准面右向为参照。进入草绘环境后，选择"参照点 01"为参照，经参照点画中心线，单击圆弧 ⌒、直线 ╲、倒圆角 ∠ 等按钮绘制图形，注意对称约束，尺寸如图 7-116 所示，单击 ✔ 按钮，完成并退出草绘。将刚完成的草绘图形命名为"曲线 09"。

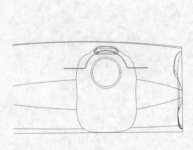

图 7-115

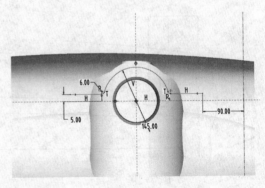

图 7-116

（2）选择"曲线 09"，单击拉伸按钮 ▣，选择曲面 ▭、一边拉伸 ▵，尺寸设为 700，如

图 7-117 所示，单击中键结束操作。将该拉伸曲面特征命名为"曲面08"。

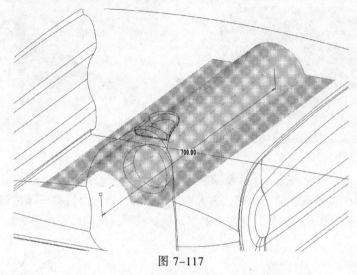

图 7-117

（3）在 TOP 基准面画出图 7-118 所示的图形。单击草绘按钮，选择 TOP 基准面正向为草绘平面，以 RIGHT 基准面右向为参照。进入草绘环境后，单击中心线、圆弧、直线 等按钮绘制图形，注意对称约束，尺寸如图 7-119 所示，单击✔按钮，完成并退出草绘。将刚完成的草绘图形命名为"曲线10"。

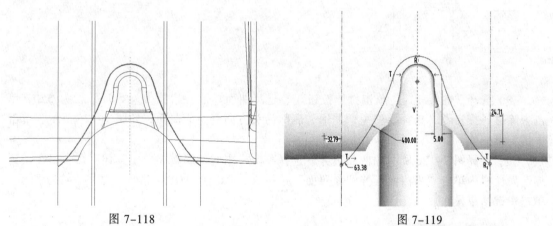

图 7-118   图 7-119

（4）选择"曲线 10"，单击拉伸按钮，选择曲面、一边拉伸，尺寸设为 650，如图 7-120 所示，单击中键结束操作。将该拉伸曲面特征命名为"曲面09"。

（5）选择如图 7-121 所示的两个面组，单击合并按钮，保留箭头指向的曲面，单击中键结束操作。

（6）选择如图 7-122 所示的曲面，选择菜单栏中的"编辑"→"偏移"命令按箭头方向偏移，值设为 14。

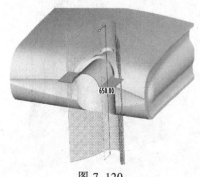

图 7-120

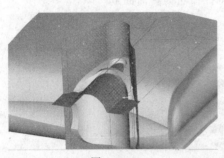

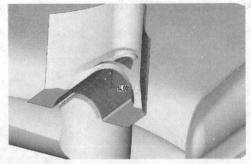

图 7-121　　　　　　　　　　　图 7-122

（7）在 TOP 基准面画出图 7-123 所示的图形。单击草绘按钮，选择 TOP 基准面正向为草绘平面，以 RIGHT 基准面右向为参照。进入草绘环境后，单击边偏移 等按钮，绘制图形，尺寸如图 7-124 所示，单击 ✔ 按钮，完成并退出草绘。将刚完成的草绘图形命名为"曲线 11"。

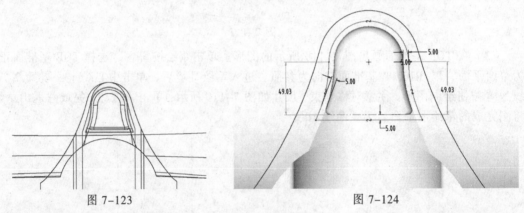

图 7-123　　　　　　　　　　　图 7-124

（8）选择"曲线 11"，单击拉伸按钮，选择曲面、一边拉伸，尺寸设为 550，单击去除材料按钮，选择要修剪的曲面，删除箭头方向指向的曲面，如图 7-125 所示，单击中键结束操作。

（9）选择图 7-126 所示的曲面边界，选择菜单栏中的"编辑"→"延伸"命令，在"延伸"属性栏内单击"将曲面延伸到参照面"按钮，再选择 TOP 基准面，如图 7-127 所示，单击中键结束操作。

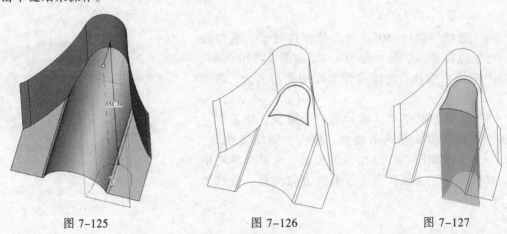

图 7-125　　　　　　　图 7-126　　　　　　　图 7-127

（10）选择如图 7-128 所示的两个面组，单击合并按钮 ⊡，保留箭头指向的曲面，单击中键结束操作。选择如图 7-129 所示的边，单击倒圆角按钮 ，尺寸设为5，单击中键结束。

图 7-128

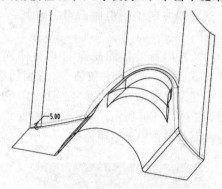

图 7-129

3．完成 "平台" 整体造型的分割

（1）在 TOP 基准面画出图 7-130 所示的图形。单击草绘按钮 ，选择 TOP 基准面正向为草绘平面，以 RIGHT 基准面右向为参照。进入草绘环境后，选择 "参照点 01" 为参照，经参照点画中心线，单击圆弧 、直线 等按钮，参照导入视图，绘制图形，如图 7-131 所示，单击 按钮，完成并退出草绘。将刚完成的草绘图形命名为 "曲线 12"。

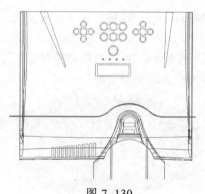

图 7-130

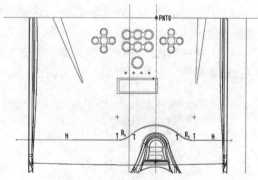

图 7-131

（2）选择 "曲线 12"，单击拉伸按钮 ，选择曲面 、一边拉伸 ，尺寸设为 700，如图 7-132 所示，单击中键结束操作。将该拉伸曲面特征命名为 "曲面 10"。

（3）选择如图 7-133 所示曲面，选择菜单栏中的 "编辑" → "偏移" 命令，按箭头方向偏移，值设为 1。

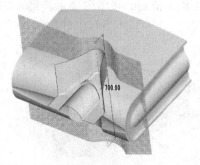

图 7-132

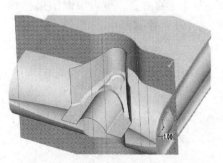

图 7-133

（4）选择如图 7-134 所示的面组，单击工具栏中的复制按钮 🖹，再单击粘贴按钮 🖹，单击中键结束操作，这样就复制了一份曲面组，将其命名为"整体面组备份"。

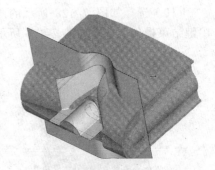

图 7-134

（5）选择新偏移的曲面与"整体面组备份"，如图 7-135 所示，单击合并按钮 ▱，保留箭头指向的曲面，单击中键结束操作。再选择"曲面 10"和剩下的整体曲面组，如图 7-136 所示。单击合并按钮 ▱，保留箭头指向的曲面，单击中键结束操作。

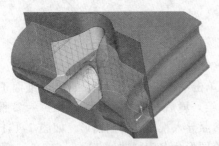

图 7-135

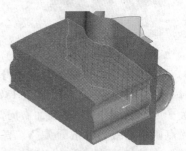

图 7-136

（6）选择如图 7-137 所示曲面，选择菜单栏中的"编辑"→"偏移"命令，按箭头方向偏移，值设为 1。

（7）选择如图 7-138 所示曲面，单击工具栏中的复制按钮 🖹，再单击粘贴按钮 🖹，单击中键结束操作，这样就复制了一份曲面组，将为其命名为"前端面组备份"。

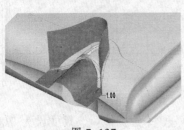

图 7-137

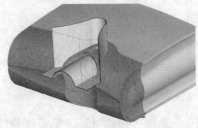

图 7-138

（8）选择新偏移的曲面与前端面组备份，如图 7-139 所示，单击合并按钮 ▱，保留箭头指向的曲面，单击中键结束操作。再选择如图 7-140 所示的两组曲面，单击合并按钮 ▱，保留箭头指向的曲面，单击中键结束操作。选择图 7-141 所示的边，单击倒圆角按钮 ◗，尺寸设为 6，单击中键结束。

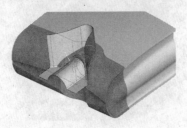

图 7-139

图 7-140

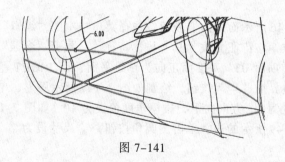

图 7-141

7.1.5　制作"平台"前端散热孔和顶部按钮区等细节

1．制作"平台"的前端散热孔

（1）单击草绘按钮 ，选择"辅助面 01"基准面正向为草绘平面，以 TOP 基准面顶向为参照。进入草绘环境后，单击边界复制 等按钮，绘制图形，如图 7-142 所示，单击 按钮，完成并退出草绘。将刚完成的草绘图形命名为"曲线 13"。

（2）选择"曲线 13"，单击拉伸按钮 ，选择曲面 、一边拉伸 ，尺寸设为 160，展开拉伸属性栏中的"选项"，选中"封闭端"复选框，如图 7-143 所示，单击中键结束操作。将该拉伸曲面特征命名为"曲面 11"。

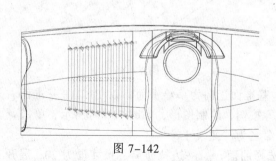

图 7-142

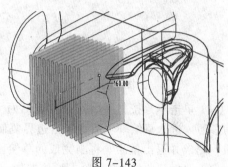

图 7-143

（3）选择如图 7-144 所示的两组曲面，单击合并按钮 ，保留箭头指向的曲面，单击中键结束操作。

2．制作"平台"的操作按键

（1）单击基准面按钮 ，选择 TOP 基准面，新基准面位置尺寸设为 535，如图 7-145 所示。将新创建的基准面命名为"辅助面 03"。

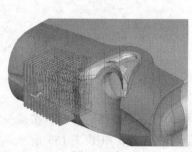

图 7-144

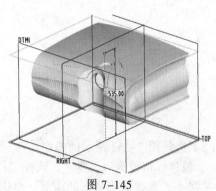

图 7-145

（2）选择如图 7-146 所示面组的上表面，选择菜单栏中的"编辑"→"偏移"命令，在偏移属性栏中，将标准偏移特征🔲改为具有拔模特征📐，展开"参照"面板，单击草绘栏中的"定义"， 选择"辅助面 03"基准面正向为草绘平面，以 RIGHT 基准面右向为参照。进入草绘环境后，单击边界拷贝🔲等按钮，绘制如图 7-147 所示图形，单击✔按钮，完成并退出草绘；拔模长度值设为 3，方向向下，拔模角度值设为 10，如图 7-148 所示，单击中键结束操作。再选择图 7-149 所示的边，单击倒圆角按钮🔾，尺寸设为 2，单击中键结束。

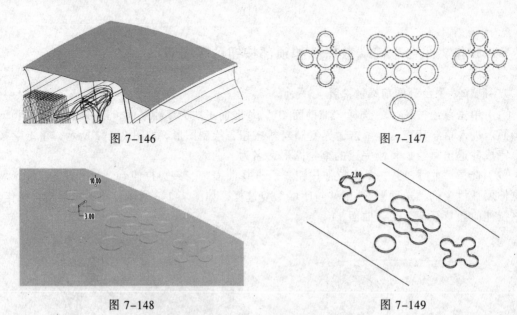

图 7-146   图 7-147

图 7-148   图 7-149

（3）单击草绘按钮，选择"辅助面 03"基准面正向为草绘平面，以 RIGHT 基准面右向为参照。进入草绘环境后，单击边界复制🔲等按钮，绘制图形，如图 7-150 所示，单击✔按钮，完成并退出草绘。将刚完成的草绘图形命名为"曲线 14"。

（4）选择"曲线 14"，单击拉伸按钮📄，选择曲面🔾、一边拉伸⏴，尺寸设为 20，展开拉伸属性栏内的"选项"，选中"封闭端"复选框，如图 7-151 所示，单击中键结束操作。将该拉伸曲面特征命名为"曲面 12"。

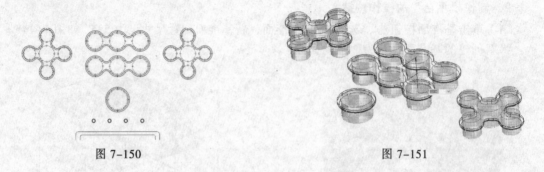

图 7-150   图 7-151

（5）选择图 7-152 所示的曲面，选择菜单栏中的"编辑"→"偏移"命令，按箭头方向（向上）偏移，值设为 4。接着，选择"曲面 12"和刚偏移的曲面，如图 7-153 所示，单击合并按钮🔾，保留箭头指向的曲面，单击中键结束操作。

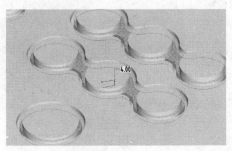

图 7-152

图 7-153

（6）选择图 7-154 所示的曲面组，选择菜单栏中的"编辑"→"偏移"命令，按箭头方向（向外）偏移，值设为 0.3。接着，选择整体面组和新偏移的曲面，如图 7-155 所示，单击合并按钮 ⃞，保留箭头指向的曲面，单击中键结束操作。

图 7-154

图 7-155

（7）选择图 7-156 所示面组的上表面，选择菜单栏中的"编辑"→"偏移"命令，在偏移属性栏中，将标准偏移特征 ⃞ 改为具有拔模特征 ⃞，展开"参照"面板，单击草绘栏中的"定义"，选择"辅助面 03"基准面正向为草绘平面，以 RIGHT 基准面右向为参照。进入草绘环境后，捕捉导入视图的结点作为参照，用中心线 ┆、圆 ○ 等按钮，参照导入视图绘制图形，如图 7-157 所示，单击 ✔ 按钮，完成并退出草绘；拔模长度值设为 4，方向向下，拔模角度值设为 1，如图 7-158 所示，单击中键结束操作。

图 7-156

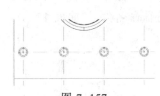

图 7-157

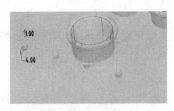

图 7-158

（8）选择图 7-159 所示面组的上表面，选择菜单栏中的"编辑"→"偏移"命令，在偏移属性栏内，将标准偏移特征 ⃞ 改为具有拔模特征 ⃞，展开"参照"面板，单击草绘栏内的"定义"，选择"辅助面 03"基准面正向为草绘平面，以 RIGHT 基准面右向为参照。进入草绘环境后，参照导入视图，单击边界复制 ⃞、倒圆角 ⌐ 等按钮，注意圆角半径相等约束，如图 7-160 所示，单击 ✔ 按钮，完成并退出草绘；拔模长度值设为 2，方向向下，拔模角度值设为 60，如图 7-161 所示，单击中键结束操作。

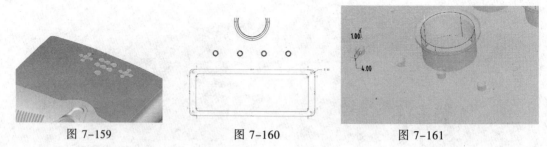

图 7-159   图 7-160   图 7-161

3. 制作"平台"的上表面美工槽

（1）单击草绘按钮，选择"辅助面 03"基准面正向为草绘平面，以 RIGHT 基准面右向为参照。进入草绘环境后，单击边界复制、中心线、直线等按钮，绘制图形，注意水平约束，尺寸如图 7-162 所示，单击✔按钮，完成并退出草绘。将刚完成的草绘图形命名为"曲线 15"。

（2）选择 "曲线 15"，选择菜单栏中的"编辑"→"投影"命令，选择要投影的曲面，如图 7-163 所示，单击中键结束操作。

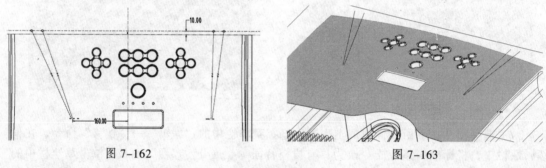

图 7-162   图 7-163

（3）单击可变剖面扫描按钮，依次点击两投影线，将扫描起始点（箭头处）向外拖动，使两条路径向外延长 16 个单位，如图 7-164 所示；接着在可变剖面扫描的属性栏内，单击并展开"参照"面板，将"剖面控制"由"垂直于轨迹"切换成"垂直于投影"，在"方向参照处"选择 right 基准面，然后单击属性栏内的草绘，进入草绘环境后，用圆〇等命令，绘制图形，尺寸如图 7-165 所示，注意圆要约束在两路径线的起始点上，单击✔，完成并退出草绘；再展开属性栏内的"选项"面板，勾选"封闭端点"，模型生成如图 7-166 所示，单击中键结束操作，为该曲面特征命名为："曲面 13"。

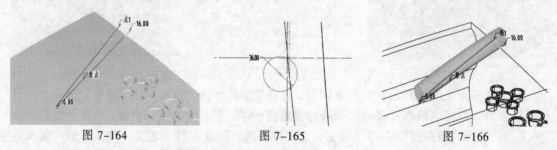

图 7-164   图 7-165   图 7-166

（4）选择图 7-167 所示的边，单击倒圆角按钮，值设为 13，单击中键结束。接着，选择整体面组和"曲面 13"，如图 7-168 所示，单击合并按钮，保留箭头指向的曲面，单击中键结束操作。

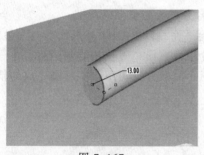

图 7-167

图 7-168

（5）单击可变剖面扫描按钮 ，依次点击两投影线，将扫描起始点（箭头处）向外拖动，使两条路径向外延长 16 个单位，如图 7-169 所示；接着按钮在可变剖面扫描的属性栏中，单击并展开"参照"面板，将"剖面控制"由"垂直于轨迹"切换成"垂直于投影"，在"方向参照处"选择 RIGHT 基准面，然后单击属性栏中的草绘按钮 ，进入草绘环境后，用圆 等按钮，绘制图形，尺寸如图 7-170 所示。注意圆要约束在两路径线的起始点上，单击 ，完成并退出草绘；再展开属性栏内的"选项"面板，勾选"封闭端点"，模型生成如图 7-171 所示，单击中键结束操作，将该曲面特征命名为"曲面 14"。

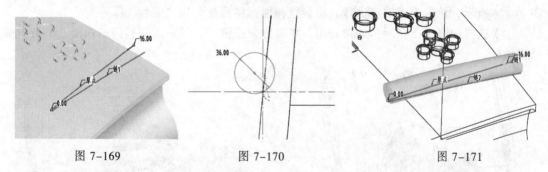

图 7-169   图 7-170   图 7-171

（6）选择图 7-172 所示的边，单击倒圆角按钮 ，值设为 13，单击中键结束。接着，选择整体面组和"曲面 13"，如图 7-173 所示，单击合并按钮 ，保留箭头指向的曲面，单击中键结束操作。

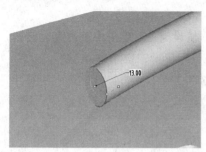

图 7-172

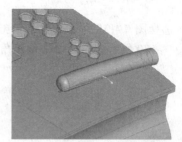

图 7-173

7.1.6 完善"平台"剩下细节并制作两侧散热孔

1. 制作"平台"的镜头控制滑轮处镂空曲面造型

（1）单击基准面按钮 ，选择图 7-174 所示的线段，在基准点对话框内"偏移"值设为

0.5，单击中键结束点创建操作，将新创建的基准点命名为"参照点 02"。

（2）单击草绘按钮 ，选择 TOP 基准面正向为草绘平面，以 RIGHT 基准面右向为参照。进入草绘环境后，拾取参照点 02 为参照，单击中心线 、矩形 等按钮绘制图形，注意对称约束和相等约束，尺寸如图 7-175 所示，单击 按钮，完成并退出草绘。将刚完成的草绘图形命名为"曲线 16"。

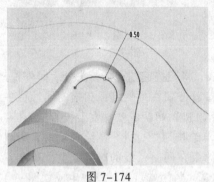

图 7-174

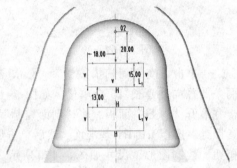

图 7-175

（3）选择"曲线 16"，单击拉伸按钮 ，选择曲面 、一边拉伸 ，尺寸设为 570，如图 7-176 所示，单击中键结束操作。将该拉伸曲面特征命名为"曲面 14"。

（4）选择如图 7-177 所示的两面组，单击合并按钮 ，保留箭头指向的曲面，单击中键结束操作。

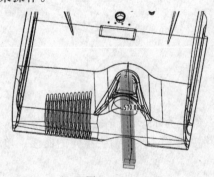

图 7-176

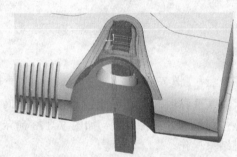

图 7-177

（5）选择图 7-178 所示的边，单击倒圆角按钮 ，值设为 2，单击中键结束。接着，再选择如图 7-179 所示的边，单击倒圆角按钮 ，值设为 1，单击中键结束。

图 7-178

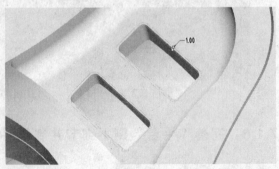

图 7-179

（6）单击基准面按钮▱，选择 RIGHT 基准面，按住【Shift】键，拖动确定新基准面位置的小方格捕捉至图 7-180 所示线的端点，将刚完成新创建的基准面命名为"辅助面 04"。

（7）单击草绘按钮▨，选择"辅助面 04"基准面正向为草绘平面，以 RIGHT 基准面右向为参照。进入草绘环境后，单击中心线┆、弧线╲等按钮，绘制图形，注意对称约束，尺寸如图 7-181 所示，单击✓按钮，完成并退出草绘。将刚完成的草绘图形命名为"曲线 17"。

图 7-180

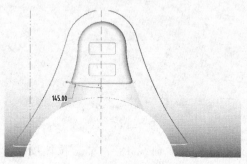

图 7-181

2．制作"平台"的镜头模型与两侧散热孔

（1）选择"曲线 17"，单击旋转按钮⬥，选择曲面▱、旋转角度设为 360，如图 7-182 所示，单击中键结束操作。然后选择图 7-183 所示的两面组，单击合并按钮◱，单击中键结束操作。

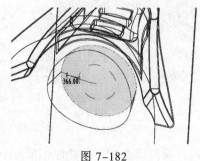

图 7-182

图 7-183

（2）单击基准面按钮▱，选择 RIGHT 基准面，新基准面位置尺寸设为 315，如图 7-184 所示。将新创建的基准面命名为"辅助面 05"。

（3）单击草绘按钮▨，选择"辅助面 05"基准面正向为草绘平面，以 TOP 基准面顶向为参照。进入草绘环境后，选择"草绘"→"数据来自文件"→"文件系统"命令，在弹出的对话框中找到 tyy.ai 文件，单击打开，在"导入警告"对话框中单击"选取"，在弹出的如图 7-185 所示的草绘窗口中，选取所需的截面图形，再单击中键，回到草绘环境后画一矩形，这样截面图形就被导入草绘中，在"缩放旋转"对话框内，比例值输入 1，调整好截面图形的位置后，单击中键，如图 7-186 所示，单击✓按钮，完成并退出草绘。将刚完成的草绘图形命名为"曲线 18"。

图 7-184

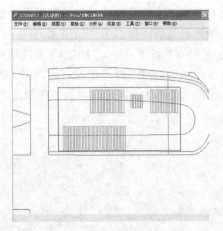

图 7-185   图 7-186

（4）选择"曲线 18"，单击拉伸按钮 ◢，选择曲面 ◻、一边拉伸 ◢，尺寸设为 50，如图 7-187 所示，单击中键结束操作。

（5）选择图 7-188 所示的曲面组，单击镜像复制按钮 ◥，再选择 RIGHT 基准面，单击中键结束操作。

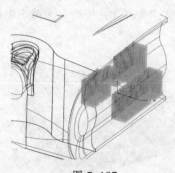 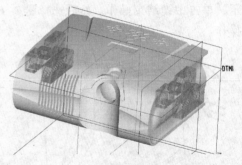

图 7-187   图 7-188

（6）选择图 7-189 所示的两个面组，单击合并按钮 ◻，保留箭头指向的曲面，单击中键结束操作；再选择图 7-190 所示的两个面组，单击合并按钮 ◻，保留箭头指向的曲面，单击中键结束操作；再选择图 7-191 所示的两个面组，单击合并按钮 ◻，保留箭头指向的曲面，单击中键结束操作.

图 7-189   图 7-190   图 7-191

（7）单击保存文件按钮 ▣，将场景模型保存至 tyy-xiankuang.prt 文件中。

通过本案例主要学习了如何使用偏移命令制作按钮及屏幕。当模型复杂时通常要分成两个或 3 个文件来建模。这样可以提高工作效率，以后读者会慢慢体会到这一点。

7.2 玩具冲锋枪建模案例解析

本节以玩具冲锋枪为例，全面讲解其制作流程。玩具冲锋枪的主要功能是用于作为真人 CS 游乐场所的模拟射击工具。设计师的工作是设计产品的外观。最终完成的设计效果如图 7-192 所示。这款玩具冲锋枪渐消面较多，形式多样，难度系数较高；枪管和手柄的曲面连接和前后手柄的下端曲面造型制作也有一定的难度，这款产品的建模不单是建模训练，更重要的是形成整体的建模思路。

图 7-192

下面先了解玩具冲锋枪的大体制作思路：

（1）制作枪管，如图 7-193 所示。

（2）制作前后手柄，如图 7-194 所示。

（3）细化枪体表面细节造型，如图 7-195 所示。

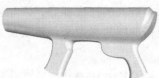

图 7-193   图 7-194   图 7-195

（4）制作前后手柄的底部曲面，如图 7-196 所示。

（5）制作前手柄的按钮及分割枪体，如图 7-197 所示。

（6）细化枪管前端造型，如图 7-198 所示。

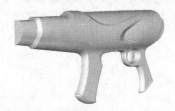

图 7-196   图 7-197   图 7-198

（7）完善枪体表面细节及感应灯，如图 7-199 所示。

（8）制作前瞄准器，如图 7-200 所示。

（9）制作枪体 LED 屏幕及后瞄准器，如图 7-201 所示。

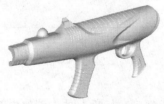
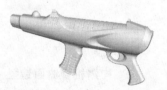

图 7-199   图 7-200   图 7-201

（10）制作枪体瞄准镜导轨，如图 7-202 所示。

（11）完成枪体各细节部位倒圆角，如图 7-203 所示。

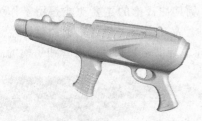

图 7-202　　　　　　　　　　　　　　图 7-203

根据上面的思路，可以将其分成十一个步骤来完成建模工作。

7.2.1　制作枪管

枪管模型是玩具冲锋枪曲面中最大的构成部分，因此需要从枪管开始入手。为了保证玩具冲锋枪建模能尽量准确，需要借助图片参照来创建模型。

1. 导入图片

（1）单击 □ 按钮新建文件，文件名为 CFQ.PRT，使用 Pro/E 提供的默认模板，单击"确定"按钮。

（2）导入参照图片。单击造型按钮 ⃞，进入造型环境后，先设置活动平面，单击设置活动平面方向按钮 ⃞，选择 RIGHT 基准面为活动平面。选择菜单栏中的"造型"→"跟踪草绘"命令，在弹出的"跟踪草绘"对话框中，单击"右"，再单击右侧的"+"，在弹出的对话框中选择光盘中提供的"右视图"，这样，图片就调入 RIGHT 基准面内，同时出现"跟踪草绘"对话框的属性栏，如图 7-204 所示。设置调入 RIGHT 基准面的右视图尺寸；为方便建模，需将图片置于 TOP 基准面的上方，FRONT 基准面穿过图片的红色按钮。这样就可以进行下一步的工作，然后单击 ✓ 按钮，完成并退出造型环境。

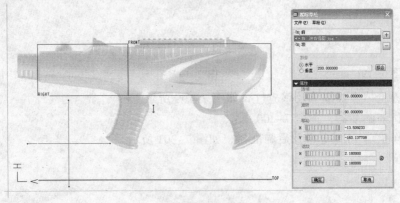

图 7-204

2. 构建枪管曲面造型

（1）单击造型按钮 ⃞，进入造型环境后，单击创建内部平面按钮 ⃞，选择 FRONT 基准面，新建基准面位置，如图 7-205 所示，单击基准平面对话框中的"确定"按钮，将新基准面命名为"前端面"。同样，再创建一个基准面，新建基准面的位置如图 7-206 所示，将其命名为"后端面"。

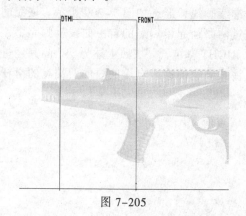

图 7-205

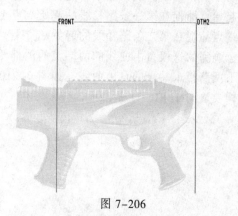

图 7-206

（2）构建枪筒的主体曲面前需要画出两条路径线和五条自由曲线作为截面线，首先画两路径线。先设置活动平面，单击设置活动平面方向按钮，选择 RIGHT 基准面为活动平面；单击曲线按钮，选择"平面"曲线类型，参照图片的轮廓，按住【Shift】键，再按住鼠标左键，使起始点捕捉在"前端面"上，之后向右方向画线，末端点捕捉在"后端面"上，这样第一条路径线就画完了，如图 7-207 所示。按照上述方法，画出第二条路径线，如图 7-208所示。

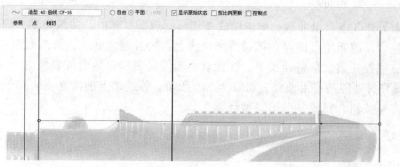

图 7-207

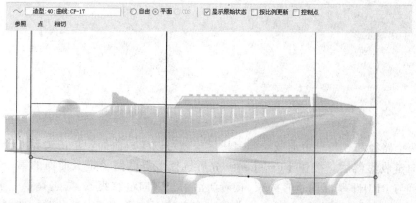

图 7-208

（3）画自由曲线，先设置活动平面，单击设置活动平面方向按钮 ▱，选择"前端面"为活动平面；单击曲线按钮 ～，选择"平面"曲线类型，按住【Shift】键，再按住鼠标左键，使起始点捕捉在第一条路径线的起始端点上，之后继续画线，形态如图 7-209 所示。该线的末端点捕捉在第二条路径线的起始端点上，这样经过两路径起始端点的自由曲线就画完了，注意画完的这段自由曲线的两端点的滑杆要法向于 RIGHT 基准面。按照上述方法，画完经过上下两路径末端点的自由曲线，如图 7-210 所示。注意画完的这段自由曲线的两端点的滑杆同样要法向于 RIGHT 基准面。

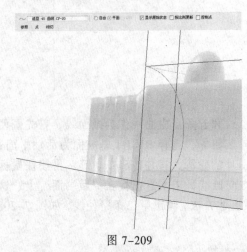

图 7-209

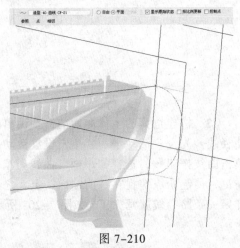

图 7-210

（4）再画另外 3 条自由曲线，单击曲线按钮 ～，选择"自由"曲线类型，按【Shift】键，再按住鼠标左键，使起始点捕捉在第一条路径线上，之后继续画线，形态如图 7-211 所示。该线的末端点捕捉在第二条路径线上，注意自由曲线的两端点的滑杆要法向于 RIGHT 基准面；同理，画完另外两条自由曲线，如图 7-212 所示，各线端点的滑杆要法向于 RIGHT 基准面。然后单击 ✔ 按钮，完成并退出造型环境。

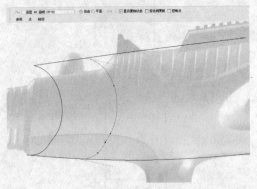

图 7-211

图 7-212

（5）两个路径和 5 条自由曲线绘制完毕后，就可以生成曲面。单击边界混合按钮 ⬚，激活第一方向链收集器后，按住【Ctrl】键，先后选择上下两路径定义曲面的第一方向，注意第一和二链与 RIGHT 基准面垂直约束，接着激活第二方向链收集器，先选择第一条自由曲线，按住【Ctrl】键，再选择另外 4 条自由曲线来定义曲面的第二方向，此时，曲面随即生成，如图 7-213 所示。单击中键结束操作，将曲面命名为"枪筒曲面"。

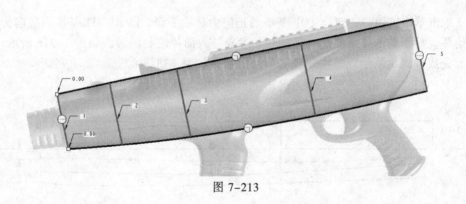

图 7-213

7.2.2 制作前后手柄

玩具冲锋枪的前后手柄是整个枪体建模的难点之一，而且要保证与枪管曲面光顺连接，需要根据先整体后细节的建模思路入手创建手柄模型。

1．创建玩具冲锋枪手柄整体曲面

（1）单击草绘按钮 ，选择 RIGHT 基准面正向为草绘平面，以 TOP 基准面顶向为参照。进入草绘环境后，单击样条曲线 等按钮，参照导入图片绘制图形，如图 7-214 所示。单击 按钮，完成并退出草绘。将刚完成的草绘图形命名为"曲线 01"。

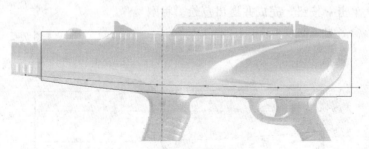

图 7-214

（2）选择"曲线 01"，单击拉伸按钮 ，选择曲面 、一边拉伸 ，尺寸设为 80，单击去除材料按钮 ，选择"枪筒曲面"，删除箭头方向指向的曲面，如图 7-215 所示，单击中键结束操作。将该拉伸曲面特征命名为"去除材料 01"。

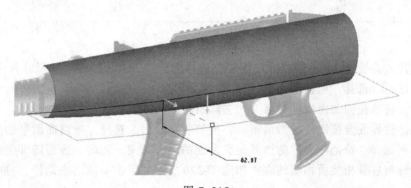

图 7-215

（3）单击草绘按钮，选择 TOP 基准面正向为草绘平面，以 RIGHT 基准面底向为参照。进入草绘环境后，单击样条曲线等按钮，参照导入图片绘制图形，如图 7-216 所示。单击 ✓ 按钮，完成并退出草绘。将刚完成的草绘图形命名为"曲线 02"。

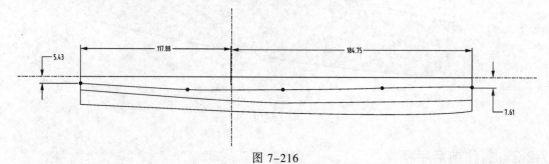

图 7-216

（4）选择"曲线 02"，单击拉伸按钮，选择曲面、一边拉伸，尺寸设为 145，如图 7-217 所示，单击中键结束操作。将该拉伸曲面特征命名为"枪把侧面"。

（5）单击草绘按钮，选择 RIGHT 基准面正向为草绘平面，以 TOP 基准面顶向为参照。进入草绘环境后，单击弧线等按钮，参照导入图片绘制图形，如图 7-218 所示。单击 ✓ 按钮，完成并退出草绘。将刚完成的草绘图形命名为"曲线 03"。

图 7-217

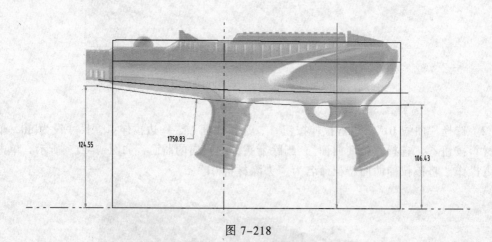

图 7-218

（6）选择"曲线 03"，单击拉伸按钮，选择曲面、一边拉伸，尺寸设为 80，单击去除材料按钮，选择"枪把侧面"，删除箭头方向指向的曲面，如图 7-219 所示，单击中键结束操作。将该拉伸曲面特征命名为"去除材料 02"。

（7）单击边界混合按钮，激活第一方向链收集器后，选择"枪筒曲面"的边界，按住【Ctrl】键，再选择"枪把侧面"的边界定义曲面的第一方向，此时，曲面随即生成，注意第一链和第二链与各自相接面相切约束；如图 7-220 所示，单击中键结束操作，将曲面命名为"连接面"。

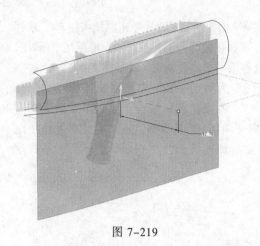

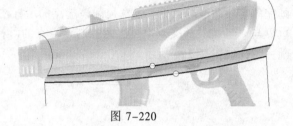

图 7-219

图 7-220

2. 制作玩具冲锋枪尾部渐消曲面造型

（1）单击草绘按钮，选择 RIGHT 基准面正向为草绘平面，以 TOP 基准面顶向为参照。进入草绘环境后，综合运用样条曲线和直线等按钮，参照导入图片绘制图形，如图 7-221 所示。单击✓按钮，完成并退出草绘。将刚完成的草绘图形命名为"曲线 04"。

（2）选择"曲线 01"，单击拉伸按钮，选择曲面一一边拉伸，尺寸设为 80，单击去除材料按钮，选择"枪筒曲面"，删除箭头方向指向的曲面，如图 7-222 所示，单击中键结束操作。将该拉伸曲面特征命名为"去除材料 03"。

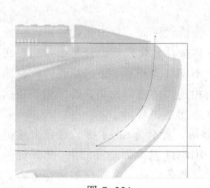

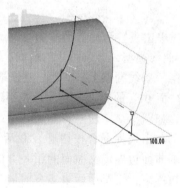

图 7-221

图 7-222

（3）单击造型按钮，进入造型环境后，单击创建内部平面按钮，选择 FRONT 基准面，新建基准面位置，如图 7-223 所示，单击基准平面对话框中的"确定"按钮，将新基准面命名为"面 01"。同样，再创建一基准面，新建基准面的位置如图 7-224 所示，将其命名为"面 02"。

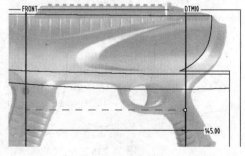

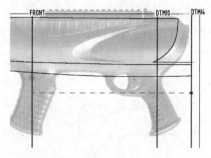

图 7-223

图 7-224

（4）单击设置活动平面方向按钮▨，选择 RIGHT 基准面为活动平面；单击曲线按钮〜，选择"平面"曲线类型，参照图片的轮廓，按住【Shift】键，再按住鼠标左键，使起始点捕捉在"面 01"上，之后向右方向画线，末端点捕捉在"面 02"上，这样第一条线就画完了，如图 7-225 所示。

（5）单击设置活动平面方向按钮▨，选择"面 02"为活动平面；单击曲线按钮〜，选择"平面"曲线类型，参照图片的轮廓，按住【Shift】键，再按住鼠标左键，使起始点捕捉在刚画完的第一条线端点上，注意控制该端点的滑杆法向于 RIGHT 基准面，另一端点捕捉在曲面边界与"面 02"的交点上，注意控制该端点的滑杆要与相连接的曲面相切。这样第二条线就画完了，如图 7-226 所示。

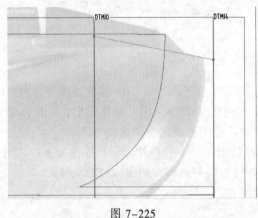

图 7-225

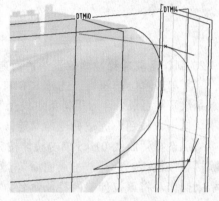

图 7-226

（6）单击设置活动平面方向按钮▨，选择"面 01"为活动平面。单击曲线按钮〜，选择"平面"曲线类型，参照图片的轮廓，按住【Shift】键，再按住鼠标左键，使起始点捕捉在刚画完的第一条线端点上，注意控制该端点的滑杆法向于 RIGHT 基准面；另一端点捕捉在曲面边界与"面 01"的交点上，注意控制该端点的滑杆要与相连接的曲面相切，这样第三条线就画完了，如图 7-227 所示。然后，单击✔按钮，完成并退出造型环境。

（7）单击边界混合按钮▨，激活第一方向链收集器后，配合【Ctrl】键，选择上端横向线和下端曲面边界定义曲面的第一方向，注意第一链与 RIGHT 基准面垂直约束，第二链与相接面相切约束；接着激活第二方向链收集器，再选择竖向两条曲线定义曲面的第二方向，此时，曲面随即生成，如图 7-228 所示。单击中键结束操作，将曲面命名为"局部曲面 01"。

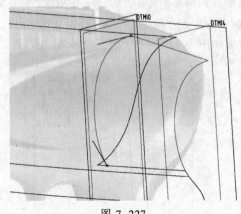

图 7-227

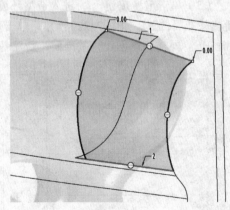

图 7-228

（8）单击草绘按钮，选择 RIGHT 基准面正向为草绘平面，以 TOP 基准面顶向为参照。进入草绘环境后，单击弧线等按钮，参照导入图片，绘制弧线，注意拾取参照点和参照线，如图 7-229 所示。单击✓按钮，完成并退出草绘。将刚完成的草绘图形命名为"曲线 05"。

（9）选择"曲线 05"，单击拉伸按钮，选择曲面、一边拉伸，尺寸设为 100，单击去除材料按钮，选择"局部曲面 01"，删除箭头方向指向的曲面，如图 7-230 所示，单击中键结束操作。将该拉伸曲面特征命名为"去除材料 04"。

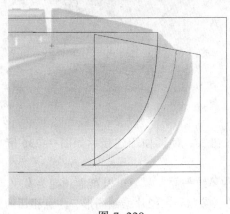 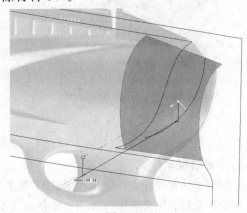

图 7-229　　　　　　　　　　　　　　　　图 7-230

（10）选择"枪筒曲面"和"局部曲面 01"，单击合并按钮，使两曲面连接，如图 7-231 所示，单击中键结束操作。

（11）单击基准曲线按钮，从菜单管理器中选择"完成"，依次选择要连接的两个端点，单击"完成"，再单击"曲线：通过点"对话框中的"确定"按钮，将该线命名为"样条线01"，如图 7-232 所示。

（12）单击边界混合按钮，激活第一方向链收集器后，配合【Ctrl】键，选择"样条线 01"和下端曲面边界定义曲面的第一方向，注意第一链与 RIGHT 基准面垂直约束，第二链与相接面相切约束；接着激活第二方向链收集器，再选择两曲面的边界定义曲面的第二方向，此时曲面随即生成，如图 7-233 所示。单击中键结束操作，将曲面命名为"局部曲面 02"。

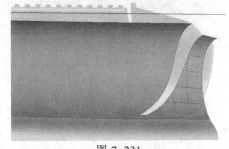

图 7-231

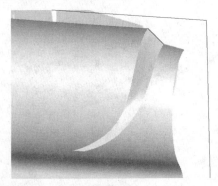 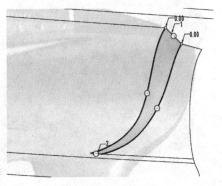

图 7-232　　　　　　　　　　　　　　　　图 7-233

3. 合并面组并构建玩具冲锋枪手柄轮廓造型

（1）选择枪筒面组和"局部曲面 02"，单击合并按钮 ⬡，使两曲面连接，如图 7-234 所示，单击中键结束操作。

（2）选择枪筒面组和"连接面"，单击合并按钮 ⬡，使两曲面连接，如图 7-235 所示，单击中键结束操作。

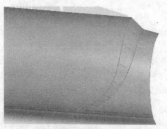

图 7-234

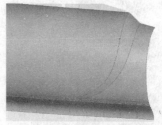

图 7-235

（3）选择枪筒面组和"枪把侧面"，单击合并按钮 ⬡，使两曲面连接，如图 7-236 所示，单击中键结束操作。

（4）单击草绘按钮 ⬚，选择 RIGHT 基准面正向为草绘平面，以 TOP 基准面顶向为参照。进入草绘环境后，综合运用圆弧 ⌒、样条曲线 ⌢ 等按钮，参照导入图片绘制图形，注意相切约束，如图 7-237 所示。单击 ✓ 按钮，完成并退出草绘。将刚完成的草绘图形命名为"曲线 06"。

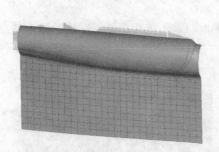

图 7-236

图 7-237

（5）选择"曲线 06"，单击拉伸按钮 ⬚，选择曲面 ⬚、一边拉伸 ⬚，尺寸设为 93.15，单击去除材料按钮 ⬚，选择刚合并后的面组，删除箭头方向指向的曲面，如图 7-238 所示，单击中键结束操作。将该拉伸曲面特征命名为"去除材料 05"，结果如图 7-239 所示。

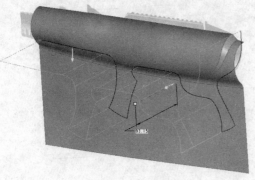

图 7-238

图 7-239

4．构建玩具冲锋枪手柄侧曲面造型

（1）单击草绘按钮，选择 RIGHT 基准面正向为草绘平面，以 TOP 基准面顶向为参照。进入草绘环境后，综合运用圆弧、样条曲线等按钮，参照导入图片绘制图形，注意相切约束，如图 7-240 所示。单击✔按钮，完成并退出草绘。将刚完成的草绘图形命名为"曲线 07"。

（2）绘制图 7-241 所示的 5 条自由曲线。单击造型按钮，进入造型环境后，单击曲线按钮～，选择"自由"曲线类型，按住【Shift】键，再按住鼠标左键，使起始点捕捉在曲面角点上，注意此端点的滑杆与曲面相切约束，该线的末端点捕捉在"曲线 07"的端点上，注意此端点的滑杆法向于 RIGHT 基准面，形态如图 7-242 所示。同理，画完另一条自由曲线，如图 7-243 所示。

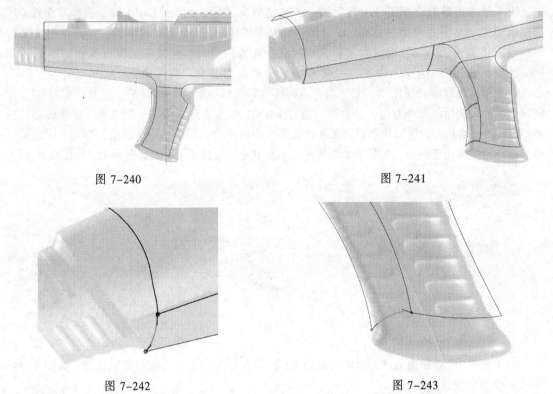

图 7-240

图 7-241

图 7-242

图 7-243

（3）同样，再依次画出另外 3 条曲线，注意这 3 条线的一端捕捉在曲面的结点上，另一端捕捉在相对应的"曲线 07"的结点上，各端点的约束同上，形态如图 7-244 所示，然后单击✔按钮，完成并退出造型环境。

（4）单击边界混合按钮，激活第一方向链收集器后，配合【Ctrl】键，选择"曲线 07"和曲面边界定义曲面的第一方向，注意第一链与 RIGHT 基准面垂直约束，第二链与相接面相切约束；接着激活第二方向链收集器，依次选择相邻的两自由曲线的边界定义曲面的第二方向。此时，曲面随即生成，如图 7-245 所示，单击中键结束操作，将曲面命名为"局部曲面03"。

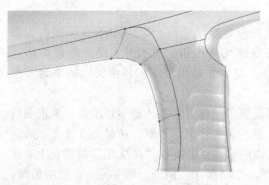

图 7-244　　　　　　　　　　　　　　图 7-245

（5）单击边界混合按钮 ⌁，激活第一方向链收集器后，配合【Ctrl】键，选择"曲线07"和曲面边界定义曲面的第一方向，注意第一链与RIGHT基准面垂直约束，第二链与相接面相切约束；接着激活第二方向链收集器，依次选择相邻的两自由曲线的边界定义曲面的第二方向。此时，曲面随即生成，如图7-246所示，将曲面命名为"局部曲面04"。

（6）单击边界混合按钮 ⌁，激活第一方向链收集器后，配合【Ctrl】键，选择"曲线07"和曲面边界定义曲面的第一方向，注意第一链与RIGHT基准面垂直约束，第二链与相接面相切约束；接着激活第二方向链收集器，依次选择相邻的两曲面的边界定义曲面的第二方向，注意第一和二链与相接面相切约束，如图7-247所示，单击中键结束操作，将曲面命名为"局部曲面05"。

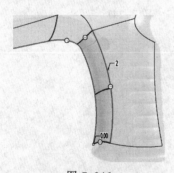
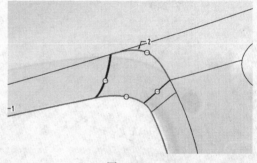

图 7-246　　　　　　　　　　　　　　图 7-247

（7）选择"局部曲面03"和"局部曲面05"，单击合并按钮 ⌁，使两曲面连接，如图7-248所示，单击中键结束操作。

（8）选择刚合并后的面组和"局部曲面04"，单击合并按钮 ⌁，使两曲面连接，如图7-249所示，单击中键结束操作。

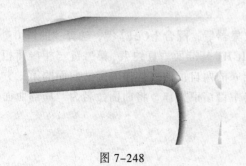
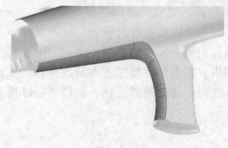

图 7-248　　　　　　　　　　　　　　图 7-249

（9）选择刚合并后的面组和另外面组后，单击合并按钮 ，使两组曲面连接，如图 7-250 所示，单击中键结束操作。

（10）单击草绘按钮 ，选择 RIGHT 基准面正向为草绘平面，以 TOP 基准面顶向为参照。进入草绘环境后，综合运用圆弧 、样条曲线 等按钮，参照导入图片绘制图形，注意相切约束，如图 7-251 所示。单击 按钮，完成并退出草绘。将刚完成的草绘图形命名为"曲线 08"。

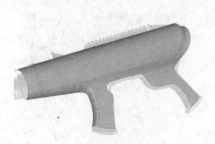

图 7-250

（11）绘制如图 7-252 所示的 10 条自由曲线。先画第一条自由线，单击造型按钮 ，进入造型环境后，单击曲线按钮 ，选择"自由"曲线类型，按住【Shift】键，再按住鼠标左键，使起始点捕捉在曲面角点上，注意此端点的滑杆与曲面相切约束，该线的末端点捕捉在"曲线 08"的端点上，注意此端点的滑杆法向于 RIGHT 基准面，形态如图 7-253 所示，同理，画完另外几条自由线，如图 7-254 所示。注意这几条线的一端捕捉在曲面的结点上，另一端捕捉在相对应的"曲线 08"的结点上，各端点的约束同上。

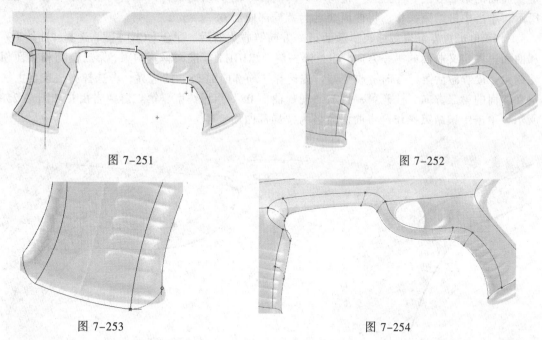

图 7-251

图 7-252

图 7-253

图 7-254

（12）单击边界混合按钮 ，激活第一方向链收集器后，配合【Ctrl】键，选择"曲线 08"和曲面边界定义曲面的第一方向，注意第一链与 RIGHT 基准面垂直约束，第二链与相接面相切约束；接着激活第二方向链收集器，依次选择相邻的 3 条自由线定义曲面的第二方向，如图 7-255 所示，单击中键结束操作，将曲面命名为"局部曲面 06"。

（13）单击边界混合按钮 ，激活第一方向链收集器后，配合【Ctrl】键，选择"曲线 08"和曲面边界定义曲面的第一方向，注意第一链与 RIGHT 基准面垂直约束，第二链与相接面相切约束；接着激活第二方向链收集器，依次选择上下 2 条自由线定义曲面的第二方向，如图 7-256 所示，单击中键结束操作，将曲面命名为"局部曲面 07"。

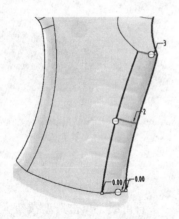

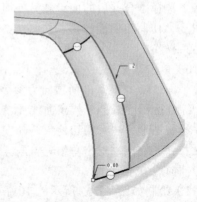

图 7-255 图 7-256

（14）单击边界混合按钮 ⊘，激活第一方向链收集器后，配合【Ctrl】键，选择"曲线 09"和曲面边界定义曲面的第一方向，注意第一链与 RIGHT 基准面垂直约束，第二链与相接面相切约束；接着激活第二方向链收集器，先选择"局部曲面 07"的边界，再选择另一条自由线定义曲面的第二方向，注意第一链与"局部曲面 07"相切约束，第二链为自由；如图 7-257所示，单击中键结束操作，将曲面命名为"局部曲面 08"。

（15）单击边界混合按钮 ⊘，激活第一方向链收集器后，配合【Ctrl】键，选择"曲线 09"和曲面边界定义曲面的第一方向，注意第一链与 RIGHT 基准面垂直约束，第二链与相接面相切约束；接着激活第二方向链收集器，先选择"局部曲面 08"的边界，再选择另一条自由线定义曲面的第二方向，注意第一链与"局部曲面 08"相切约束，第二链为自由；如图 7-258所示，单击中键结束操作，将曲面命名为"局部曲面 09"。

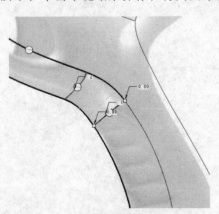

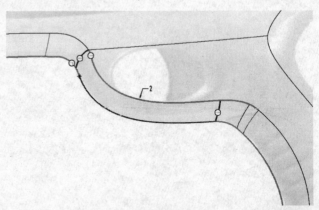

图 7-257 图 7-258

（16）单击边界混合按钮 ⊘，激活第一方向链收集器后，配合【Ctrl】键，选择"曲线 09"和曲面边界定义曲面的第一方向，注意第一链与 RIGHT 基准面垂直约束，第二链与相接面相切约束；接着激活第二方向链收集器，先选择"局部曲面 09"的边界，再选择另一条自由线定义曲面的第二方向，注意第一链与"局部曲面 09"相切约束，第二链为自由；如图 7-259所示，单击中键结束操作，将曲面命名为"局部曲面 10"。

（17）单击边界混合按钮 ⊘，激活第一方向链收集器后，配合【Ctrl】键，选择"曲线 08"和曲面边界定义曲面的第一方向，注意第一链与 RIGHT 基准面垂直约束，第二链与相接面相切约束；接着激活第二方向链收集器，依次选择相邻的两曲面的边界定义曲面的第二方向，注意与相接面的链设置为相切约束，另外一链保持自由约束，如图 7-260 所示，单击中键结束操作，将曲面命名为"局部曲面 10"。

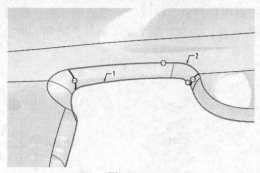

图 7-259

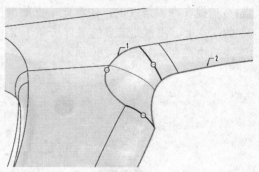

图 7-260

5. 合并玩具冲锋枪手柄各个侧曲面

（1）选择图 7-261 所示的两个曲面，单击合并按钮 ，使两曲面结合在一起，单击中键结束操作。

（2）选择图 7-262 所示的两个曲面，单击合并按钮 ，使两曲面结合在一起，单击中键结束操作。

（3）选择图 7-263 所示的两个曲面，单击合并按钮 ，使两曲面结合在一起，单击中键结束操作。

图 7-261 　　　　　　　　　　图 7-262 　　　　　　　　　　图 7-263

（4）选择图 7-264 所示的两个曲面，单击合并按钮 ，使两曲面结合在一起，单击中键结束操作。

（5）选择图 7-265 所示的两曲面，单击合并按钮 ，使两曲面结合在一起，单击中键结束操作。

图 7-264

图 7-265

6. 制作玩具冲锋枪尾部曲面

（1）单击草绘按钮 ，选择 RIGHT 基准面正向为草绘平面，以 TOP 基准面顶向为参照。进入草绘环境后，运用样条曲线 等按钮，参照导入图片绘制图形，注意捕捉参照点，如

图 7-266 所示。单击 ✓ 按钮，完成并退出草绘。将刚完成的草绘图形命名为"曲线 09"。

（2）绘制图 7-267 所示的 5 条自由曲线。画法如下：首先，单击造型按钮 ▢，进入造型环境后，单击曲线按钮 ～，选择"自由"曲线类型，按住【Shift】键，再按住鼠标左键，使起始点捕捉在曲面角点上，注意此端点的滑杆与曲面相切约束，该线的末端点捕捉在"曲线 09"的端点上。注意此端点的滑杆法向于 RIGHT 基准面，形态如图 7-268 所示。同理，画完另 3 条自由曲线，如图 7-269 所示。

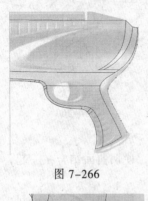

图 7-266

图 7-267

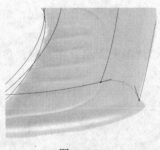

图 7-268

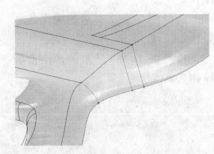

图 7-269

（3）画最后一条自由曲线时注意，捕捉在曲面边界上的端点的滑杆为自由，该线的末端点的滑杆仍法向于 RIGHT 基准面，形态如图 7-270 所示，然后单击 ✓ 按钮，完成并退出造型环境。

（4）单击边界混合按钮 ▨，激活第一方向链收集器后，配合【Ctrl】键，选择"曲线 09"和曲面边界定义曲面的第一方向，注意第一链与 RIGHT 基准面垂直约束，第二链与相接面相切约束；接着激活第二方向链收集器，依次选择相邻的两条自由线定义曲面的第二方向，如图 7-271 所示。单击中键结束操作，将曲面命名为"局部曲面 12"。

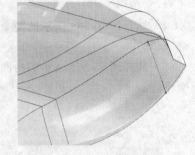

图 7-270

（5）单击边界混合按钮 ▨，激活第一方向链收集器后，配合【Ctrl】键，选择"曲线 09"和曲面边界定义曲面的第一方向，注意第一链与 RIGHT 基准面垂直约束，第二链与相接面相切约束；接着激活第二方向链收集器，先选择"局部曲面 12"的边界，再选择另一条自由线定义曲面的第二方向，注意第一链与"局部曲面 12"相切约束，第二链为自由；如图 7-272 所示，单击中键结束操作，将曲面命名为"局部曲面 13"。

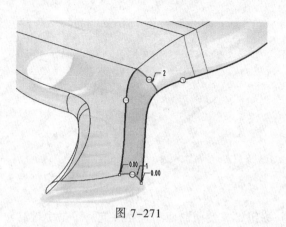

图 7-271

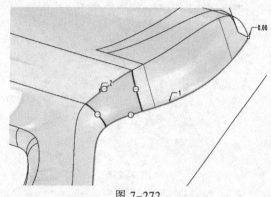

图 7-272

（6）单击边界混合按钮 ，激活第一方向链收集器后，配合【Ctrl】键，选择"曲线09"和曲面边界定义曲面的第一方向，注意第一链与RIGHT基准面垂直约束，第二链与相接面相切约束；接着激活第二方向链收集器，先选择"局部曲面13"的边界，再选择另一条自由线定义曲面的第二方向，注意第一链与"局部曲面13"相切约束，第二链为自由；如图7-273所示，单击中键结束操作，将曲面命名为"局部曲面14"。

（7）单击边界混合按钮 ，激活第一方向链收集器后，配合【Ctrl】键，选择"曲线09"和曲面边界定义曲面的第一方向，注意第一链与RIGHT基准面垂直约束，第二链为自由；接着激活第二方向链收集器，先选择"局部曲面14"的边界，再选择另一条自由线定义曲面的第二方向，注意第一链与"局部曲面14"相切约束，第二链为自由；如图7-274所示，单击中键结束操作，将曲面命名为"局部曲面15"。

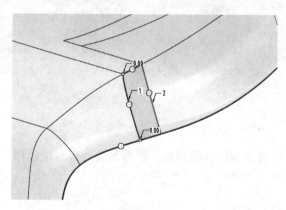

图 7-273

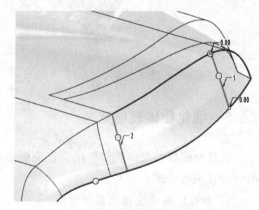

图 7-274

7. 合并场景内组成玩具冲锋枪的各个曲面

（1）选择图7-275所示的两曲面，单击合并按钮 ，使两曲面结合在一起，单击中键结束操作。

（2）选择图7-276所示的两个曲面，单击合并按钮 ，使两曲面结合在一起，单击中键结束操作。

（3）选择图7-277所示的两曲面，单击合并按钮 ，使两曲面结合在一起，单击中键结束操作。

图 7-275

| 图 7-276 | 图 7-277 |

（4）选择图 7-278 所示的两曲面，单击合并按钮 ⊡，使两曲面结合在一起，单击中键结束操作。

（5）选择图 7-279 所示的两个曲面，单击合并按钮 ⊡，使两曲面结合在一起，单击中键结束操作。

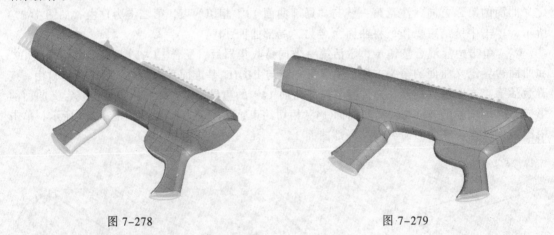

| 图 7-278 | 图 7-279 |

7.2.3 细化枪体表面造型

玩具冲锋枪的枪体表面细化工作主要是制作各个部位的渐消面。渐消面是处理造型设计的一种常用的手法。

1. 制作玩具冲锋枪前端渐消面

（1）单击草绘按钮 ⬚，选择 RIGHT 基准面正向为草绘平面，以 TOP 基准面顶向为参照。进入草绘环境后，综合运用样条曲线 ⌒ 和直线 ⟍ 等按钮，参照导入图片绘制图形，如图 7-280 所示。单击 ✔ 按钮，完成并退出草绘。将刚完成的草绘图形命名为"曲线 10"。

（2）选择"曲线 10"，单击拉伸按钮 ⬚，选择曲面 ⬚、一边拉伸 ⬚，尺寸设为 56.25，单击去除材料按钮 ⬚，选择合并后的面组，删除箭头方向指向的曲面，如图 7-281 所示，单击中键结束操作。将该拉伸曲面特征命名为"去除材料 06"。

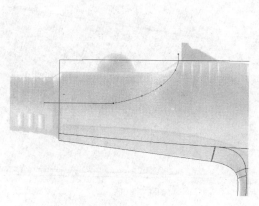

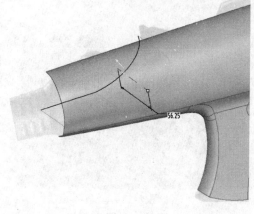

图 7-280 图 7-281

（3）单击草绘按钮📉，选择 RIGHT 基准面正向为草绘平面，以 TOP 基准面顶向为参照。进入草绘环境后，单击直线↘按钮绘制垂线，如图 7-282 所示。单击✔按钮，完成并退出草绘。将刚完成的草绘图形命名为"曲线 11"。

（4）选择"曲线 10"，单击拉伸按钮📇，选择曲面📄、一边拉伸📈，尺寸设为 50，如图 7-283 所示，单击中键结束操作。将该拉伸曲面特征命名为"辅助面 01"。

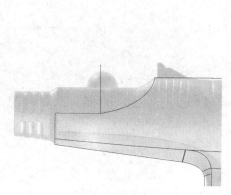

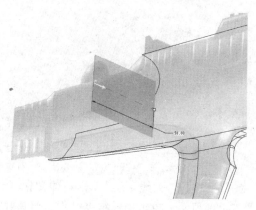

图 7-282 图 7-283

（5）单击造型按钮📄，进入造型环境后，单击设置活动平面方向按钮▦，选择"辅助面 01"为活动平面；单击曲线按钮〜，选择"平面"曲线类型，参照图片，按住【Shift】键，再按住鼠标左键，使起始点捕捉在"辅助面 01"竖向边界上，注意控制该端点的滑杆法向于 RIGHT 基准面；末端点捕捉在"辅助面 01"与下部面组边界的交点上，注意控制该端点的滑杆要与相连接的曲面相切，如图 7-284 所示。

（6）展开模型树，右击"自由线组 01"，取消"自由线组 01"的隐藏。单击边界混合按钮📐，激活第一方向链收集器后，配合【Ctrl】键，如图 7-285 所示，先选择横向两自由线定义曲面的第一方向，注意第一链与 RIGHT 基准面垂直约束，第二链与相接面相切约束；接着激活第二方向链收集器，依次选择两竖向自由线定义曲面的第二方向，两链约束为自由，单击中键结束操作，将曲面命名为"局部曲面 16"。

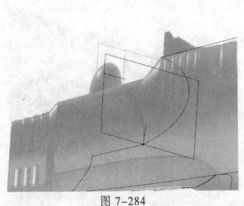

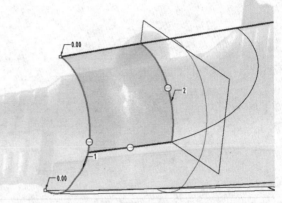

图 7-284　　　　　　　　　　　　图 7-285

（7）为方便做图，展开模型树，右击"自由线组 01"和"辅助面 01"，依次隐藏。选择"局部曲面 16"的边界，选择菜单栏中的"编辑"→"延伸"命令，尺寸设为 35，如图 7-286 所示。

（8）单击草绘按钮 ，选择 RIGHT 基准面正向为草绘平面，以 TOP 基准面顶向为参照。进入草绘环境后，单击直线 等按钮，绘制水平线，如图 7-287 所示。单击 按钮，完成并退出草绘。将刚完成的草绘图形命名为"曲线 12"。

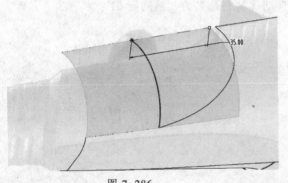

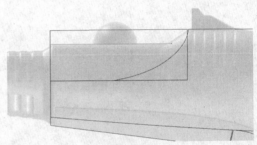

图 7-286　　　　　　　　　　　　图 7-287

（9）选择"曲线 12"，单击拉伸按钮 ，选择曲面 、一边拉伸 ，尺寸设为 63.88，如图 7-288 所示，单击中键结束操作。将该拉伸曲面特征命名为"局部曲面 17"。

（10）选择图 7-289 所示的两个曲面，单击合并按钮 ，使两曲面结合在一起，单击中键结束操作。

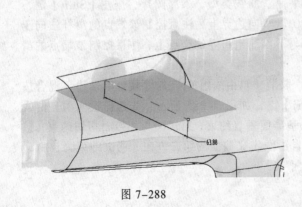

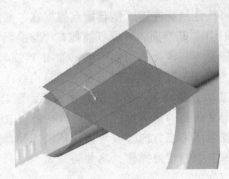

图 7-288　　　　　　　　　　　　图 7-289

（11）选择图 7-290 所示的边，单击倒圆角按钮 🔗，右击倒角标识的小圆点，在弹出的快捷菜单中选择"添加半径"命令，设置两个置于边界两端，倒圆角半径尺寸依次设为 8、12，如图 7-291 所示，单击中键结束。

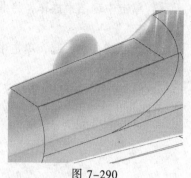

图 7-290

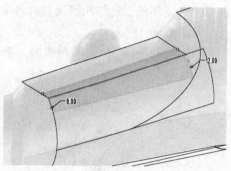

图 7-291

（12）单击草绘按钮 🖌，选择 RIGHT 基准面正向为草绘平面，以 TOP 基准面顶向为参照。进入草绘环境后，单击样条曲线 🔗 等按钮，参照导入图片绘制图形，如图 7-292 所示。单击 ✓ 按钮，完成并退出草绘。将刚完成的草绘图形命名为"曲线 13"。

（13）选择"曲线 13"，单击拉伸按钮 🗗，选择曲面 🗔、一边拉伸 ⊥，尺寸设为 90，单击去除材料按钮 🗗，选择刚合并后的面组，删除箭头方向指向的曲面，如图 7-293 所示，单击中键结束操作。将该拉伸曲面特征命名为"去除材料 07"。

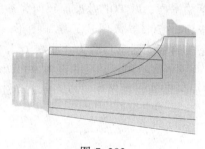

图 7-292

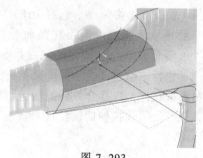

图 7-293

（14）选择图 7-294 所示的两个曲面，单击合并按钮 🗗，使两曲面结合在一起，单击中键结束操作。

（15）单击基准曲线按钮 〰，在菜单管理器中选择"完成"，依次选择要连接的两个端点，单击"完成"，再单击"曲线：通过点"对话框中的"确定"按钮，将该线命名为"样条线 02"，如图 7-295 所示。

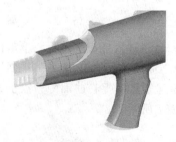

图 7-294

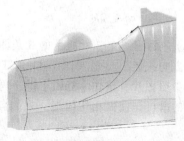

图 7-295

（16）单击边界混合按钮，激活第一方向链收集器后，配合【Ctrl】键，选择"样条线02"和曲面边界定义曲面的第一方向，注意第一链与 RIGHT 基准面垂直约束，第二链与相接面相切约束；接着激活第二方向链收集器，依次选择相邻的两曲面的边界定义曲面的第二方向，注意第一链和第二链与相接面自由约束，如图 7-296 所示。单击中键结束操作，将曲面命名为"局部曲面 18"。

（17）选择图 7-297 所示的两曲面，单击合并按钮，使两曲面结合在一起，单击中键结束操作。

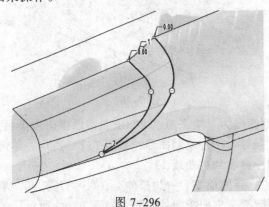
图 7-296

图 7-297

2. 制作玩具冲锋枪中上部渐消面

（1）单击草绘按钮，选择 RIGHT 基准面正向为草绘平面，以 TOP 基准面顶向为参照。进入草绘环境后，综合运用样条曲线和直线等按钮，参照导入图片，绘制图形，如图 7-298 所示。单击 ✔ 按钮，完成并退出草绘。将刚完成的草绘图形命名为"曲线 14"。

（2）选择"曲线 14"，单击拉伸，选择曲面按钮、一边拉伸，尺寸设为 90，单击去除材料按钮，选择合并后的面组，删除箭头方向指向的曲面，如图 7-299 所示，单击中键结束操作。将该拉伸曲面特征命名为"去除材料 08"。

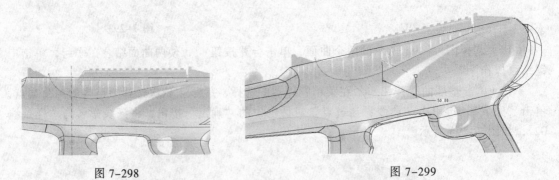
图 7-298 　　　　　　　　　　图 7-299

（3）先画出图 7-300 所示的 3 条曲线。单击造型按钮，进入造型环境后，单击设置活动平面方向按钮，选择 RIGHT 基准面为活动平面；单击曲线按钮，选择"平面"曲线类型，参照图片，按住【Shift】键，再按住鼠标左键，使起始点捕捉在曲面的角点上，注意此端点的滑杆与曲面相切约束，末端点为自由，如图 7-301 所示。

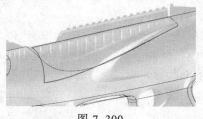

图 7-300

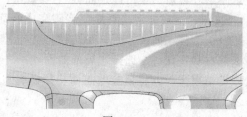

图 7-301

（4）再单击曲线按钮～，选择"自由"曲线类型，按住【Shift】键，再按住鼠标左键，使起始点捕捉在刚绘出的自由线的端点上，注意此端点的滑杆法向于 RIGHT 基准面；该线的末端点为自由，形态如图 7-302 所示。

（5）继续画第三条曲线，单击曲线按钮～，选择"自由"曲线类型，按【Shift】键，再按住鼠标左键，使起始点捕捉在刚绘出的第二条自由线的末端点上，注意此端点为自由；线的末端点捕捉在曲面的角点上，注意此端点的滑杆与曲面相切约束，形态如图 7-303 所示。

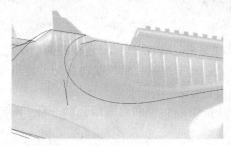

图 7-302

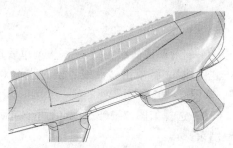

图 7-303

（6）单击边界混合按钮，激活第一方向链收集器后，配合【Ctrl】键，根据如图 7-304 所示，先选择横向上下两自由线定义曲面的第一方向，注意上链与 RIGHT 基准面垂直约束，下链为自由；接着激活第二方向链收集器，依次先选择两竖向自由线定义曲面的第二方向，与曲面相接的链设置为相切约束，另链约束为自由，单击中键结束操作，将曲面命名为"局部曲面 19"。

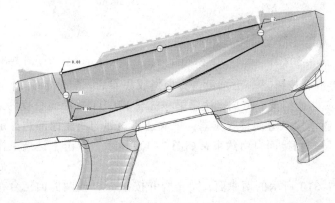

图 7-304

（7）单击草绘按钮，选择 RIGHT 基准面正向为草绘平面，以 TOP 基准面顶向为参照。

进入草绘环境后，单击样条曲线等按钮，参照导入图片，绘制图形，如图 7-305 所示。单击按钮，完成并退出草绘。将刚完成的草绘图形命名为“曲线 15”。

（8）选择“曲线 15”，单击拉伸按钮，选择曲面、一边拉伸，尺寸设为 50，单击去除材料按钮，选择“局部曲面 19”，删除箭头方向指向的曲面，如图 7-306 所示，单击中键结束操作。将该拉伸曲面特征命名为“去除材料 09”。

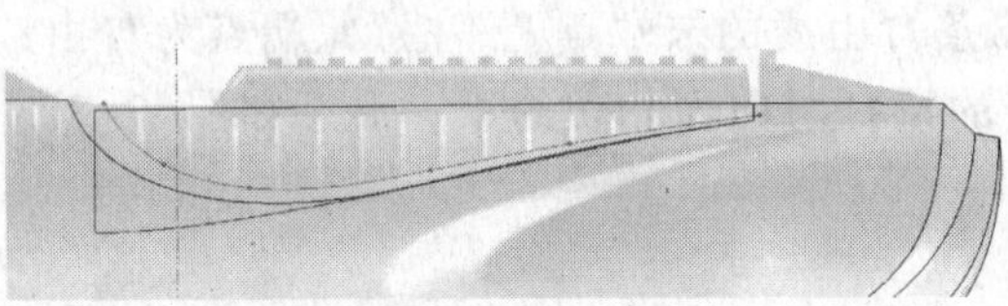

图 7-305

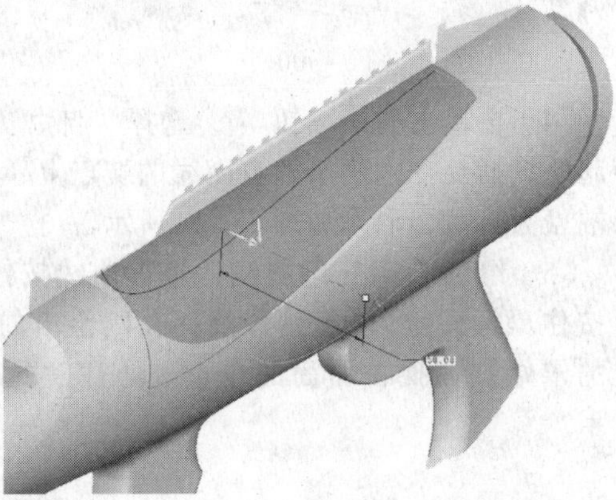

图 7-306

（9）单击基准曲线按钮，从菜单管理器中选择“完成”，依次选择要连接的两个端点，单击“完成”，再单击“曲线：通过点”对话框中的“确定”按钮，将该线命名为“样条线 03”，如图 7-307 所示。

（10）选择如图 7-308 所示的两个曲面，单击合并按钮，使两曲面结合在一起，单击中键结束操作。

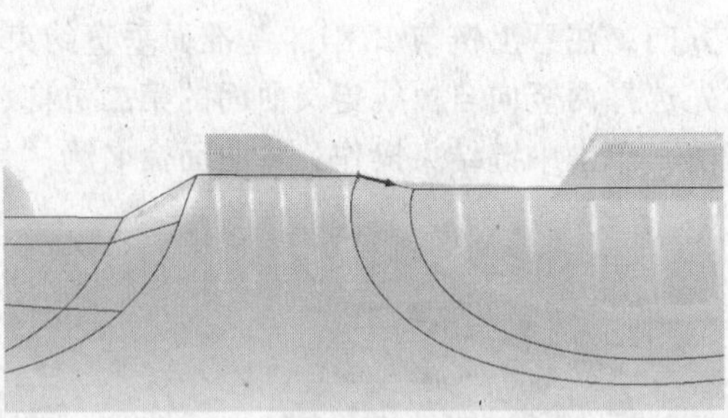

图 7-307

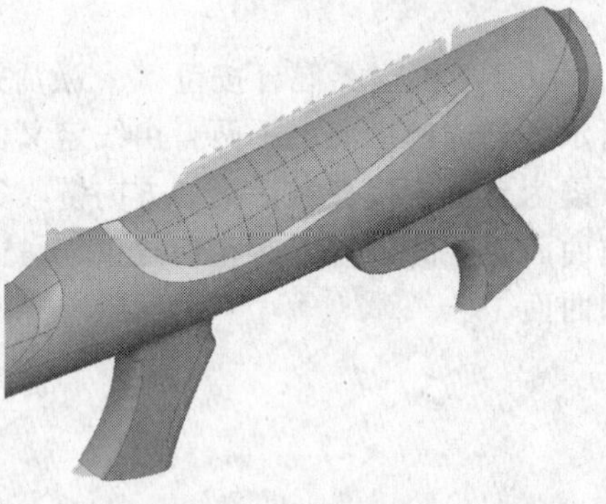

图 7-308

（11）单击边界混合按钮，激活第一方向链收集器后，配合【Ctrl】键，选择“样条线 03”和曲面边界定义曲面的第一方向，注意第一链与 RIGHT 基准面垂直约束，第二链与相接面相切约束；接着激活第二方向链收集器，依次选择相邻的两曲面的边界定义曲面的第二方向，注意第一和二链与相接面自由约束，如图 7-309 所示，单击中键结束操作，将曲面命名为“局部曲面 20”。

（12）选择图 7-310 所示的两曲面，单击合并按钮，使两曲面结合在一起，单击中键结束操作。

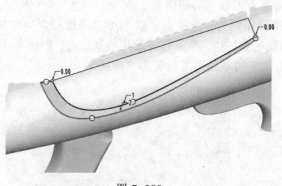

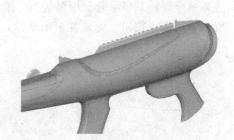

图 7-309 图 7-310

3. 制作玩具冲锋枪侧面渐消面

（1）单击草绘按钮，选择 RIGHT 基准面正向为草绘平面，以 TOP 基准面顶向为参照。进入草绘环境后，综合运用弧线、样条曲线、直线等按钮，参照导入图片绘制图形，如图 7-311 所示。单击 ✓ 按钮，完成并退出草绘。将刚完成的草绘图形命名为"曲线 16"。

（2）选择"曲线 15"，单击拉伸按钮，选择曲面、一边拉伸，尺寸设为 50，单击去除材料按钮，选择合并后的面组，删除箭头方向指向的曲面，如图 7-312 所示，单击中键结束操作。将该拉伸曲面特征命名为"去除材料 10"。

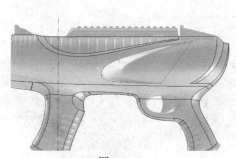

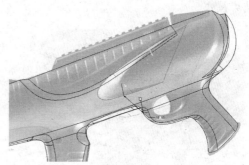

图 7-311 图 7-312

（3）单击造型按钮，进入造型环境后，单击曲线按钮，选择"自由"曲线类型，绘出自由线，注意线的两端点的滑杆均法向于 RIGHT 基准面，位置参照图 7-313，形态如图 7-314 所示。

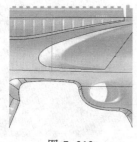

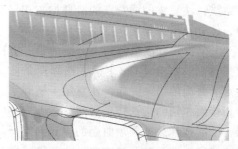

图 7-313 图 7-314

（4）单击边界混合按钮，激活第一方向链收集器后，配合【Ctrl】键，选择刚画的自由线和曲面边界定义曲面的第一方向，第一链为约束为自由，第二链与相接面相切约束，如图 7-315 所示，单击中键结束操作，将曲面命名为"局部曲面 21"。

（5）单击草绘按钮，选择 RIGHT 基准面正向为草绘平面，以 TOP 基准面顶向为参照。进入草绘环境后，综合运用弧线、样条曲线等按钮，参照导入图片绘制图形，如图 7-316 所示。单击 ✓ 按钮，完成并退出草绘。将刚完成的草绘图形命名为"曲线 17"。

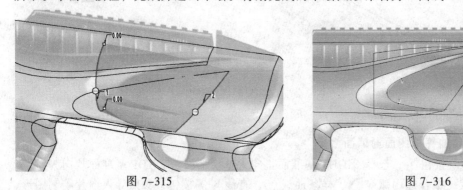

图 7-315   图 7-316

（6）选择"曲线 17"，单击拉伸按钮，选择曲面、一边拉伸，尺寸设为 50，单击去除材料按钮，选择"局部曲面 21"，删除箭头方向指向的曲面，如图 7-317 所示，单击中键结束操作。将该拉伸曲面特征命名为"去除材料 11"。

（7）选择图 7-318 所示的两个曲面，单击合并按钮，使两曲面结合在一起，单击中键结束操作。

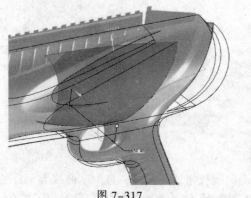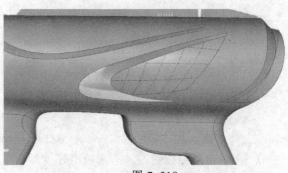

图 7-317   图 7-318

（8）单击造型按钮，进入造型环境后，单击曲线按钮，选择"自由"曲线类型，绘出自由线，注意线的两端点的滑杆均与相接面相切，位置及形态如图 7-319 所示。

（9）单击边界混合按钮，激活第一方向链收集器后，配合【Ctrl】键，选择两条曲面边界定义曲面的第一方向，注意第一链和第二链与相接面相切约束；接着激活第二方向链收集器，依次选择另外两个曲面的边界和刚画的两自由线定义曲面的第二方向，注意第一链和最后链与相接面相切约束，如图 7-320 所示。
单击中键结束操作，将曲面命名为"局部曲面 22"。

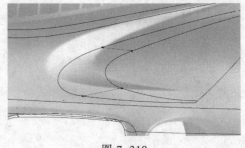

图 7-319

（10）选择图 7-321 所示的两个曲面，单击合并按钮 ⬚，使两曲面结合在一起，单击中键结束操作。

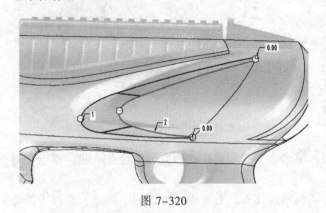

图 7-320　　　　　　　　　　　　　　　图 7-321

4．制作玩具冲锋枪扳机孔曲面造型

（1）单击草绘按钮 ⬚，选择 RIGHT 基准面正向为草绘平面，以 TOP 基准面顶向为参照。进入草绘环境后，运用椭圆 ⬚ 等按钮，参照导入图片，绘制图形，如图 7-322 所示。单击 ✔ 按钮，完成并退出草绘。将刚完成的草绘图形命名为"曲线 18"。

（2）选择刚绘制的大椭圆，选择菜单栏中的"编辑"→"投影"命令，选择要投影的曲面，如图 7-323 所示，单击中键结束操作，这样大椭圆便投落在曲面上。然后，继续选择这个投影曲面，单击"修剪"命令，选在大椭圆投影线，保留箭头指向的外部曲面，然后单击中键结束操作，如图 7-324 所示。

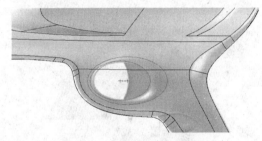

图 7-322

图 7-323

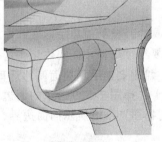

图 7-324

（3）单击造型按钮 ⬚，进入造型环境后，单击曲线按钮 ～，选择"自由"曲线类型，经过小椭圆和曲面上椭圆线的结点绘出两条自由线，注意两条线经过小椭圆的端点的滑杆法向于 RIGHT 基准面，两条线的另外端点均自由，位置及形态如图 7-325 所示。

（4）单击边界混合按钮 ⬚，激活第一方向链收集器后，配合【Ctrl】键，依次选择刚绘的两条自由线定义曲面的第一方向，注意第一链和第二链与相接面相切约束；接着激活第二方向链收集器，依次选择小椭圆和曲面上椭圆线的第二方向，两链为自由，如图 7-326 所示。单击中键结束操作，将曲面命名为"局部曲面 23"。

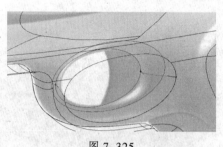

图 7-325

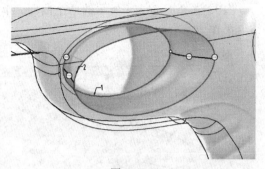

图 7-326

（5）选择图 7-327 所示的两个曲面，单击合并按钮 🔲，使两曲面结合在一起，单击中键结束操作。

（6）选择图 7-328 所示的边，单击倒圆角按钮 🔷，右击倒角标识的小圆点，在弹出的快捷菜单中选择"添加半径"命令，设置两个置于边界两端，倒圆角半径尺寸依次设为 1 和 5，单击中键结束。

图 7-327

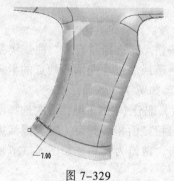

图 7-328

7.2.4　制作前后手柄的底部曲面

　　玩具冲锋枪的前后手柄底部曲面也是整个枪体建模的难点之一，此处由边界混合生成的曲面需要经过修补才能实体化，这一点需要注意。

　　1. 将现有的手柄曲面偏移后再合并形成同一面组

　　（1）选择图 7-329 所示的面边界，选择菜单栏中的"编辑"→"延伸"命令，尺寸设为 7；再选择图 7-330 所示的面边界，选择菜单栏中的"编辑"→"延伸"命令，尺寸设为 7。

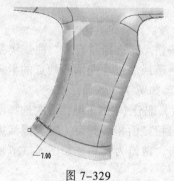

图 7-329

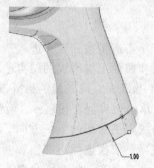

图 7-330

（2）选择图 7-331 所示的曲面，选择菜单栏中的"编辑"→"偏移"命令，尺寸设为 1；再选择图 7-332 所示的曲面，选择菜单栏中的"编辑"→"偏移"命令，尺寸设为 1。

图 7-331

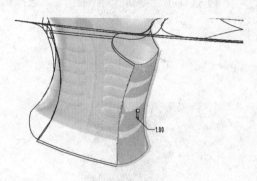

图 7-332

（3）选择图 7-333 所示的两个曲面，单击合并按钮 ，使两曲面结合在一起，单击中键结束操作。

（4）选择图 7-334 所示的曲面，选择菜单栏中的"编辑"→"偏移"命令，尺寸设为 1。

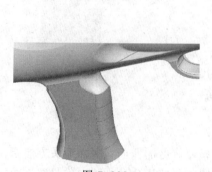

图 7-333

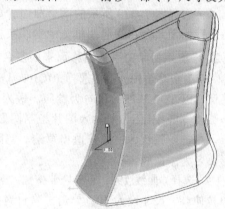

图 7-334

（5）选择图 7-335 所示的两个曲面，单击合并按钮 ，使两曲面结合在一起，单击中键结束操作。

（6）选择图 7-336 所示的曲面，选择菜单栏中的"编辑"→"偏移"命令，尺寸设为 1。

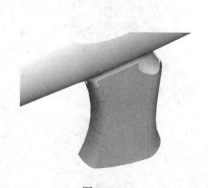

图 7-335

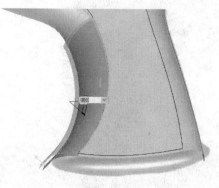

图 7-336

（7）选择图 7-337 所示的两个曲面，单击合并按钮 ，使两曲面结合在一起，单击中键结束操作。

（8）选择图 7-338 所示的曲面，选择菜单栏中的"编辑"→"偏移"命令，尺寸设为 1。

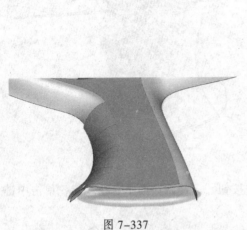

图 7-337

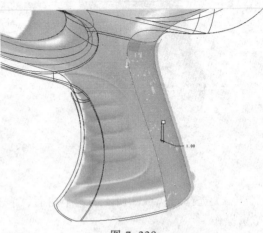

图 7-338

（9）选择图 7-339 所示的两个曲面，单击合并按钮 ，使两曲面结合在一起，单击中键结束操作。

2. 修剪手柄和由手柄偏移而来的多余曲面

（1）单击草绘按钮 ，选择 RIGHT 基准面正向为草绘平面，以 TOP 基准面顶向为参照。进入草绘环境后，单击弧线 等按钮，参照导入图片绘制图形，如图 7-340 所示。单击 ✓ 按钮，完成并退出草绘。将刚完成的草绘图形命名为"曲线 19"。

图 7-339

（2）选择"曲线 19"，单击拉伸按钮 ，选择曲面 、一边拉伸 ，尺寸设为 40，单击去除材料按钮 ，选择要修剪的曲面，删除箭头方向指向的曲面，如图 7-341 所示，单击中键结束操作。将该拉伸曲面特征命名为"去除材料 12"。

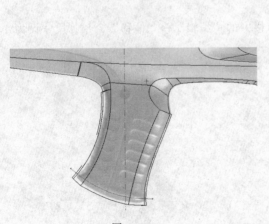

图 7-340

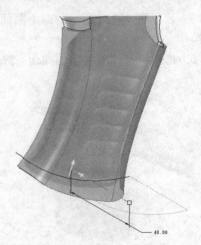

图 7-341

（3）单击草绘按钮 ，选择 RIGHT 基准面正向为草绘平面，以 TOP 基准面顶向为参照。进入草绘环境后，单击弧线 等按钮，参照导入图片绘制图形，如图 7-342 所示。单击 按钮，完成并退出草绘。将刚完成的草绘图形命名为"曲线 20"。

（4）选择"曲线 20"，单击拉伸按钮 ，选择曲面 、一边拉伸 ，尺寸设为 40，单击去除材料按钮 ，选择要修剪的曲面，删除箭头方向指向的曲面，如图 7-343 所示，单击中键结束操作。将该拉伸曲面特征命名为"去除材料 13"。

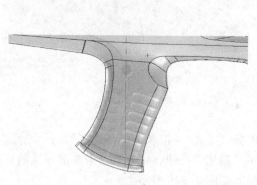

图 7-342

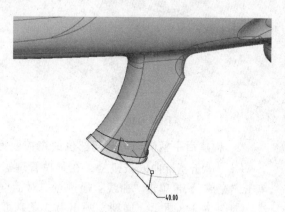

图 7-343

（5）单击草绘按钮 ，选择 RIGHT 基准面正向为草绘平面，以 TOP 基准面顶向为参照。进入草绘环境后，单击弧线 等按钮，参照导入图片绘制图形，如图 7-344 所示。单击 按钮，完成并退出草绘。将刚完成的草绘图形命名为"曲线 21"。

（6）选择"曲线 21"，单击拉伸按钮 ，选择曲面 、一边拉伸 ，尺寸设为 40，单击去除材料按钮 ，选择要修剪的曲面，删除箭头方向指向的曲面，如图 7-345 所示，单击中键结束操作。将该拉伸曲面特征命名为"去除材料 14"。

图 7-344

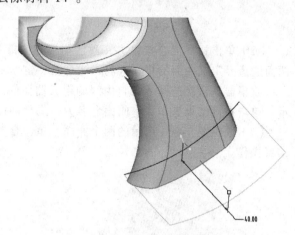

图 7-345

（7）单击草绘按钮 ，选择 RIGHT 基准面正向为草绘平面，以 TOP 基准面顶向为参照。进入草绘环境后，单击弧线 等按钮，参照导入图片，绘制图形，如图 7-346 所示。单击 按钮，完成并退出草绘。将刚完成的草绘图形命名为"曲线 22"。

（8）选择"曲线 22"，单击拉伸按钮 ，选择曲面 、一边拉伸 ，尺寸设为 40，单击去除材料按钮◿，选择要修剪的曲面，删除箭头方向指向的曲面，如图 7-347 所示，单击中键结束操作。将该拉伸曲面特征命名为"去除材料 15"。

图 7-346

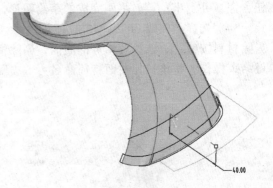

图 7-347

3. 构建后手柄侧面与凸起部位的衔接曲面

（1）单击基准曲线按钮～，在菜单管理器中选择"完成"，依次选择要连接的两个端点，单击"完成"，再单击"曲线：通过点"对话框中的"确定"按钮，完成第一条基准曲线的创建，如图 7-348 所示。同理，画出另 3 条基准曲线，如图 7-349 所示。

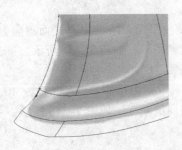

图 7-348

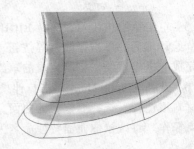

图 7-349

（2）单击边界混合按钮◿，激活第一方向链收集器后，配合【Ctrl】键，依次选择上下两面的边界定义曲面的第一方向，注意第一链（上链）与相接面相切约束；接着激活第二方向链收集器，依次选择 4 条自由线的定义曲面的第二方向，4 条线均为自由，如图 7-350 所示。单击中键结束操作，将曲面命名为"局部曲面 24"。

（3）选择图 7-351 所示的两个曲面，单击合并按钮◿，使两曲面结合在一起，单击中键结束操作。

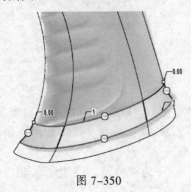

图 7-350

图 7-351

4. 构建后手柄底部曲面

（1）单击造型按钮◻，进入造型环境后，单击设置活动平面方向按钮▦，选择 RIGHT 基准面为活动平面；单击曲线按钮～，选择"平面"曲线类型，参照图片，按住【Shift】键，再按住鼠标左键，使起始点和末端点捕捉在曲面的角点上，注意两线端点的滑杆与曲面角点自由相交，位置及形态如图 7–352 所示。

（2）继续单击曲线按钮～，选择"自由"曲线类型，绘自由线，线的起始点捕捉在曲面的边界上，端点滑杆为自由，线的末端点捕捉 RIGHT 基准面上，并且端点的滑杆法向于 RIGHT 基准面。两条线做法相同，位置及形态如图 7–353 所示。

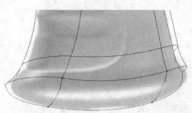

图 7–352 　　　　　　　　　　　　　　　图 7–353

（3）单击边界混合按钮⌒，激活第一方向链收集器后，配合【Ctrl】键，依次选择两条长线定义曲面的第一方向，注意第二链垂直约束；接着激活第二方向链收集器，依次选择两条自由线的定义曲面的第二方向，两线均为自由，如图 7–354 所示。单击中键结束操作，将曲面命名为"局部曲面 25"。

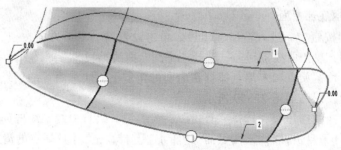

图 7–354

5. 构建前手柄侧面与凸起部位的衔接曲面

（1）单击基准曲线按钮～，在菜单管理器中选择"完成"，依次选择要连接的两个端点，单击"完成"，再单击"曲线：通过点"对话框中的"确定"按钮，完成第一条基准曲线的创建，如图 7–355 所示。同理，画出另 3 条基准曲线，如图 7–356 所示。

（2）单击边界混合按钮⌒，激活第一方向链收集器后，配合【Ctrl】键，依次选择上下两面的边界定义曲面的第一方向，注意第一链（上链）与相接面相切约束；接着激活第二方向链收集器，依次选择 4 条自由线的定义曲面的第二方向，4 线均为自由，如图 7–357 所示，单击中键结束操作，将曲面命名为"局部曲面 26"。

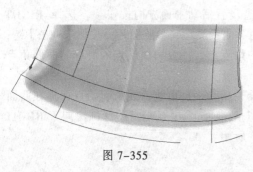

| 图 7-355 | 图 7-356 |

（3）选择图 7-358 所示的两个曲面，单击合并按钮 ，使两曲面结合在一起，单击中键结束操作。

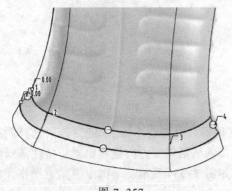

| 图 7-357 | 图 7-358 |

6．构建前手柄底部曲面

（1）单击造型按钮 ，进入造型环境后，单击设置活动平面方向按钮 ，选择 RIGHT 基准面为活动平面；单击曲线按钮 ，选择"平面"曲线类型，参照图片，按住【Shift】键，再按住鼠标左键，使起始点和末端点捕捉在曲面的角点上，注意两线的端点的滑杆与曲面角点自由相交，位置及形态如图 7-359 所示。

（2）继续单击曲线按钮 ，选择"自由"曲线类型，绘自由线，线的起始点捕捉在曲面的边界上，端点滑杆为自由，线的末端点捕捉 RIGHT 基准面上，并且端点的滑杆法向于 RIGHT 基准面。两条线做法相同，位置及形态如图 7-360 所示。

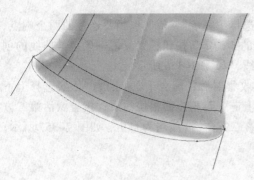

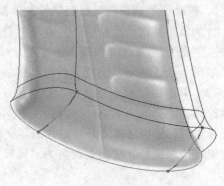

| 图 7-359 | 图 7-360 |

（3）单击边界混合按钮 ，激活第一方向链收集器后，配合【Ctrl】键，依次选择两条长线定义曲面的第一方向，注意第二链垂直约束；接着激活第二方向链收集器，依次选择两条自由线的定义曲面的第二方向，两线均为自由，如图 7-361 所示。单击中键结束操作，将曲面命名为"局部曲面 27"。

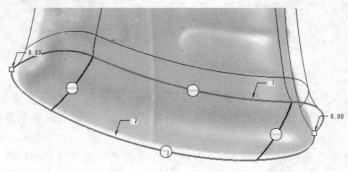

图 7-361

7. 修补前后手柄底部曲面造型

（1）单击草绘按钮 ，选择 TOP 基准面正向为草绘平面，以 RIGHT 顶向为参照。进入草绘环境后，单击弧线 等按钮，参照导入图片，绘制图形，如图 7-362 所示。单击 ✓ 按钮，完成并退出草绘。将刚完成的草绘图形命名为"曲线 23"。

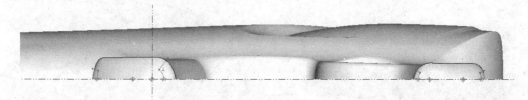

图 7-362

（2）选择图 7-363 所示曲面，选择菜单栏中的"编辑"→"投影"命令，选择要投影的曲面，单击中键结束操作，这样所选曲线便投落在曲面上。然后继续选择这个投影曲面，单击"修剪"命令，选择投影线，保留箭头指向的外部曲面，然后单击中键结束操作，如图 7-364 所示。同理，依次完成对另一端曲面的修剪操作，如图 7-365 所示。

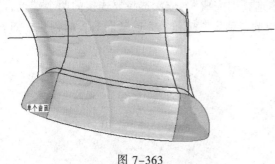

图 7-363

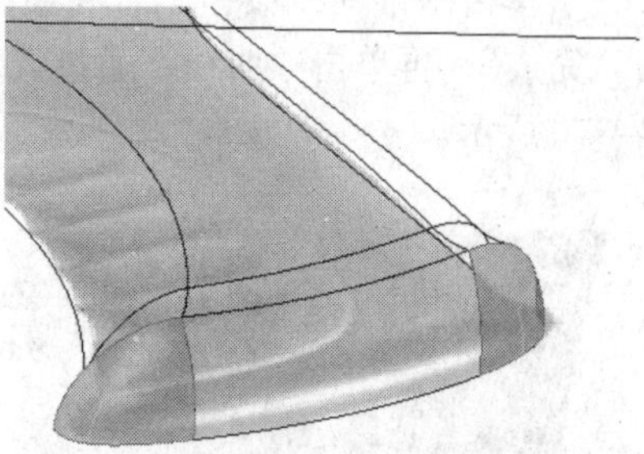

图 7-364

（3）选择图 7-366 所示的两个曲面，单击合并按钮 ，使两曲面结合在一起，单击中键结束操作。

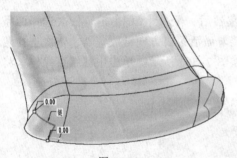

图 7-365   图 7-366

（4）单击基准曲线按钮～，在菜单管理器中选择"完成"，依次选择要连接的两个端点，单击"完成"，再单击"曲线：通过点"对话框中的"确定"按钮，完成基准曲线的创建，如图 7-367 所示。

（5）单击边界混合按钮，激活第一方向链收集器后，配合【Ctrl】键，依次选择上下两边界定义曲面的第一方向，注意第一链（下链）垂直约束，第二链（上链）相切约束；接着激活第二方向链收集器，依次选择左右两曲面边界定义曲面的第二方向，注意右链与曲面边界相切约束，左链为自由，如图 7-368 所示。单击中键结束操作，将曲面命名为"局部曲面 28"。

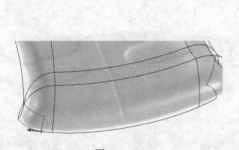

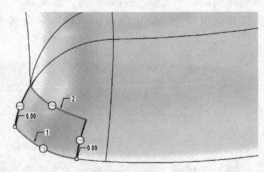

图 7-367   图 7-368

（6）选择图 7-369 所示的两个曲面，单击合并按钮，使两曲面结合在一起，单击中键结束操作。

（7）单击基准曲线按钮～，在菜单管理器中选择"完成"，依次选择要连接的两个端点，单击"完成"，再单击"曲线：通过点"对话框中的"确定"按钮，完成基准曲线的创建，如图 7-370 所示。

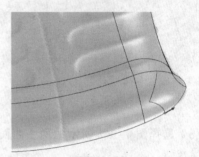

图 7-369   图 7-370

（8）单击边界混合按钮，激活第一方向链收集器后，配合【Ctrl】键，依次选择左右两条边界定义曲面的第一方向，注意第一链（右链）垂直约束，第二链（左链）相切约束；接着激活第二方向链收集器，依次选择上下两曲面边界定义曲面的第二方向，上链均为自由，下链相切约束，如图 7-371 所示，单击中键结束操作，将曲面命名为"局部曲面 29"。

（9）选择图 7-372 所示的两个曲面，单击合并按钮 ⬚，使两曲面结合在一起，单击中键结束操作。

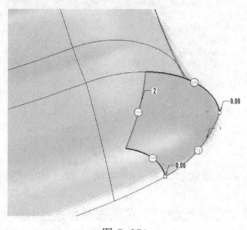

图 7-371

图 7-372

（10）选择图 7-373 所示曲面，单击"修剪"命令，选择投影线，保留箭头指向的外部曲面，然后单击中键结束操作，这样所选曲面被修剪完成。同理，依次完成对另一端曲面的修剪操作，如图 7-374 所示。

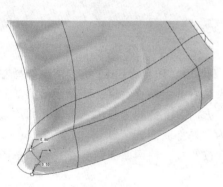

图 7-373

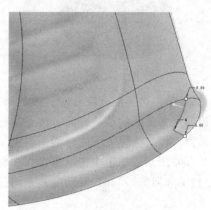

图 7-374

（11）选择图 7-375 所示的两个曲面，单击合并按钮 ⬚，使两曲面结合在一起，单击中键结束操作。

（12）单击基准曲线按钮 ～，在菜单管理器中选择"完成"，依次选择要连接的两个端点，单击"完成"，再单击"曲线：通过点"对话框中的"确定"按钮，完成基准曲线的创建，如图 7-376 所示。

（13）单击边界混合按钮 ⬚，激活第一方向链收集器后，配合【Ctrl】键，依次选择左右两条边界定义曲面的

图 7-375

第一方向，注意左链为自由，右链为相切约束；接着激活第二方向链收集器，依次选择上下两曲面边界定义曲面的第二方向，上链均为自由，下链相切约束，如图 7-377 所示，单击中键结束操作，将曲面命名为"局部曲面 30"。

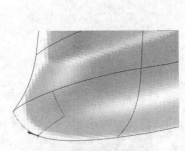

图 7-376

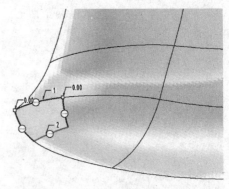

图 7-377

（14）选择图 7-378 所示的两个曲面，单击合并按钮 ，使两曲面结合在一起，单击中键结束操作。

（15）单击基准曲线按钮 ，在菜单管理器中选择"完成"，依次选择要连接的两个端点，单击"完成"，再单击"曲线：通过点"对话框的"确定"按钮，完成基准曲线的创建，如图 7-379 所示。

图 7-378

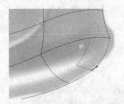

图 7-379

（16）单击边界混合按钮 ，激活第一方向链收集器后，配合【Ctrl】键，依次选择左右两条边界定义曲面的第一方向，注意左链为相切约束，右链为垂直约束；接着激活第二方向链收集器，依次选择上下两曲面边界定义曲面的第二方向，上链均为自由，下链相切约束，如图 7-380 所示，单击中键结束操作，将曲面命名为"局部曲面 31"。

（17）选择图 7-381 所示的两个曲面，单击合并按钮 ，使两曲面结合在一起，单击中键结束操作。

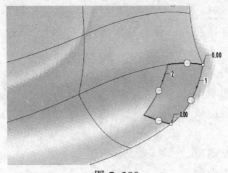

图 7-380

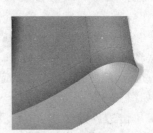

图 7-381

7.2.5 制作前手柄的按钮及分割枪体

从这一节基本进入玩具冲锋枪的细节制作阶段，完成按钮和枪体分割的操作。

1. 分割手柄模型

（1）单击草绘按钮，选择 RIGHT 基准面正向为草绘平面，以 TOP 基准面顶向为参照。进入草绘环境后综合运用弧线、样条曲线等按钮，参照导入图片，绘制图形，注意相切约束，如图 7-382 所示。单击✓按钮，完成并退出草绘。将刚完成的草绘图形命名为"曲线 24"。

（2）选择"曲线 24"，单击拉伸按钮，选择曲面、一边拉伸，尺寸设为 20，如图 7-383 所示，单击中键结束操作。将该拉伸曲面特征命名为"局部曲面 32"。

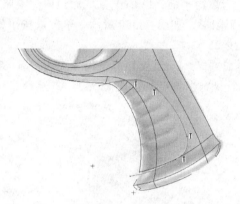

图 7-382

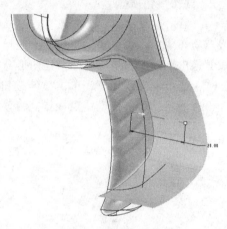

图 7-383

（3）选择"局部曲面 32"，选择菜单栏中的"编辑"→"偏移"按箭头方向偏移值为 0.1，如图 7-384 所示，单击中键结束操作。将新偏移的曲面命名为"局部曲面 33"。

（4）选择枪体曲面组，单击工具栏中的复制按钮，然后再单击粘贴按钮，单击中键结束操作，这样枪体整曲面组就复制了一份，将其命名为"枪体曲面组备份 01"，如图 7-385 所示。

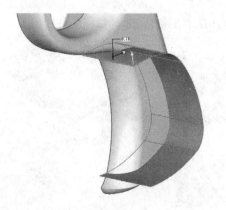

图 7-384

图 7-385

（5）先选择"枪体曲面组备份 01"和"局部曲面 32"的两曲面组，单击合并按钮◎，保留箭头指向的曲面，如图 7-386 所示，单击中键结束操作。再选择余下的枪体曲面组和"局部曲面 33"的两曲面组，单击合并按钮◎，保留箭头指向的曲面，如图 7-387 所示，单击中键结束操作。这样枪柄的造型就被分割为两部分，如图 7-388 所示。

图 7-386

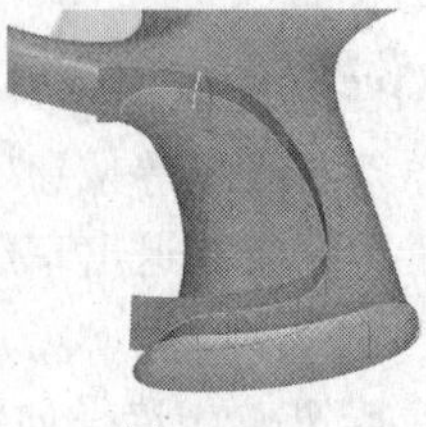

图 7-387

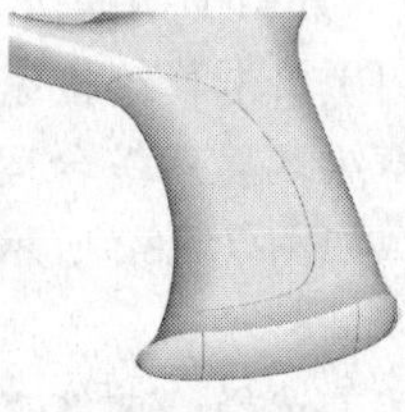

图 7-388

2. 制作按钮模型

（1）单击草绘按钮，选择 RIGHT 基准面正向为草绘平面，以 TOP 基准面顶向为参照。进入草绘环境后，单击圆○按钮，参照导入图片绘制图形，如图 7-389 所示。单击✔按钮，完成并退出草绘。将刚完成的草绘图形命名为"曲线 25"。

（2）选择"曲线 25"，单击拉伸按钮◻，选择曲面◻、一边拉伸◻，尺寸设为 20，如图 7-390 所示，单击中键结束操作。将该拉伸曲面特征命名为"局部曲面 34"。

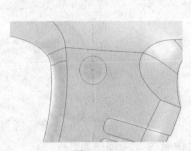

图 7-389

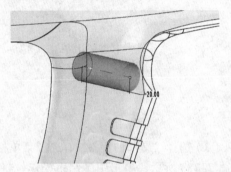

图 7-390

（3）选择"局部曲面 34"，选择菜单栏中的"编辑"→"偏移"命令，按箭头方向偏移，值设为 0.05，将新偏移的曲面命名为"局部曲面 35"，如图 7-391 所示。

（4）选择枪体曲面组，单击工具栏中的复制按钮，然后再单击粘贴按钮，单击中键结束操作，这样枪体曲面组就复制了一份，将其命名为"枪体曲面组备份 02"，如图 7-392 所示。

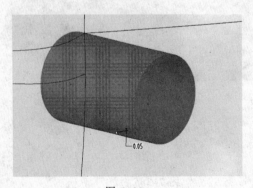

图 7-391

图 7-392

（5）先选择"枪体曲面组备份 02"和"局部曲面 35"的两曲面组，单击合并按钮◻，保留箭头指向的曲面，如图 7-393 所示，单击中键结束操作。再选择余下的枪体曲面组和"局部曲面 34"（偏距面）的两个曲面组，单击合并按钮◻，保留箭头指向的曲面，如图 7-394 所示，单击中键结束操作。

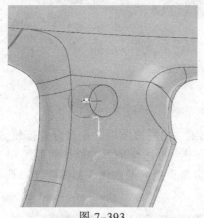 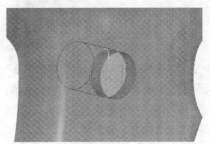

图 7-393　　　　　　　　　　　　　　　图 7-394

3. 分割前手柄模型

（1）单击草绘按钮▨，选择 RIGHT 基准面正向为草绘平面，以 TOP 基准面顶向为参照。进入草绘环境后，综合运用直线╲和样条曲线╮等按钮，参照导入图片，绘制图形，如图 7-395 所示。单击✔按钮，完成并退出草绘。将刚完成的草绘图形命名为"曲线 26"。

（2）选择"曲线 26"，单击拉伸按钮▢，选择曲面◻、一边拉伸▨，尺寸设为 30，如图 7-396 所示，单击中键结束操作。将该拉伸曲面特征命名为"局部曲面 36"。

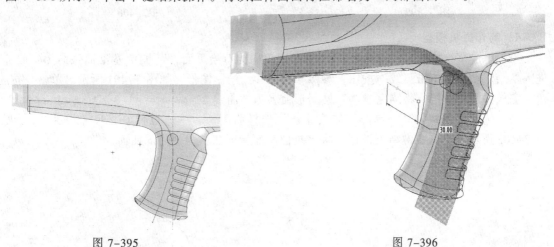

图 7-395　　　　　　　　　　　　　　　图 7-396

（3）选择"局部曲面 36"，选择菜单栏中的"编辑"→"偏移"命令，按箭头方向偏移，值设为 0.1，将新偏移的曲面命名为"局部曲面 37"，如图 7-397 所示。

（4）选择枪体曲面组，单击工具栏中的复制按钮▤，然后再单击粘贴按钮▤，单击中键结束操作，这样枪体整曲面组就复制了一份，将其命名为"枪体曲面组备份 03"，如图 7-398 所示。

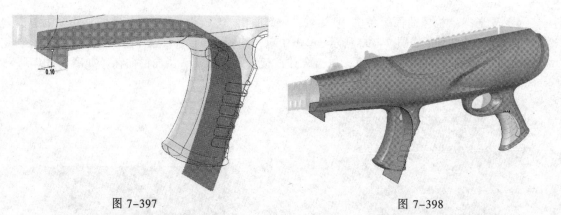

图 7-397 图 7-398

（5）先选择"枪体曲面组备份 03"和"局部曲面 37"的两曲面组，单击合并按钮 ⟳，保留箭头指向的曲面，如图 7-399 所示，单击中键结束操作。再选择余下的枪体曲面组和"局部曲面 36"(偏距面)的两曲面组，单击合并按钮 ⟳，保留箭头指向的曲面，如图 7-400 所示，单击中键结束操作。

图 7-399 图 7-400

4．制作扳机模型

（1）单击草绘按钮 ，选择 RIGHT 基准面正向为草绘平面，以 TOP 基准面顶向为参照。进入草绘环境后，单击弧线 按钮，参照导入图片，绘制图形，如图 7-401 所示。单击 按钮，完成并退出草绘。将刚完成的草绘图形命名为"曲线 27"。

（2）选择"曲线 27"，单击拉伸按钮 ，选择曲面 、一边拉伸 ，尺寸设为 8，如图 7-402 所示，单击中键结束操作。将该拉伸曲面特征命名为"局部曲面 38"。

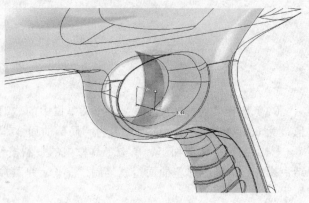

图 7-401 图 7-402

（3）单击草绘按钮，选择 TOP 基准面正向为草绘平面，以 RIGHT 基准面底向为参照。进入草绘环境后，单击直线按钮，参照导入图片，绘制图形，如图 7-403 所示。单击 ✔ 按钮，完成并退出草绘。为刚完成的草绘图形命名为："曲线 28"。

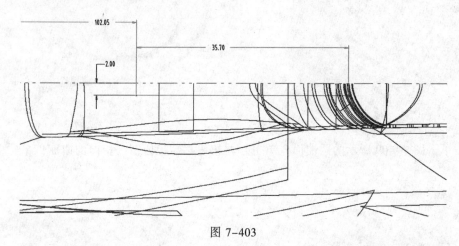

图 7-403

（4）选择"曲线 28"，单击拉伸按钮，选择曲面、一边拉伸，尺寸设为 120，如图 7-404 所示，单击中键结束操作。将该拉伸曲面特征命名为"局部曲面 39"。

（5）单击图 7-405 所示的两个曲面，单击合并按钮，保留箭头指向的曲面，单击中键结束操作。然后再选择如图 7-406 所示所示的边，单击倒圆角按钮，尺寸设为 1.75，单击中键结束。

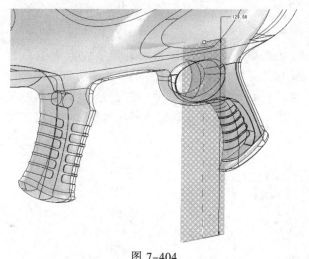

图 7-404

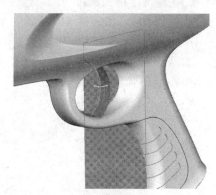

图 7-405

（6）单击草绘按钮，选择 RIGHT 基准面正向为草绘平面，以 TOP 基准面顶向为参照。进入草绘环境后，单击椭圆按钮，参照导入图片，绘制图形，如图 7-407 所示。单击 ✔ 按钮，完成并退出草绘。将刚完成的草绘图形命名为"曲线 29"。

（7）选择"曲线 29"，单击拉伸按钮，选择曲面、一边拉伸，尺寸设为 20，如图 7-408 所示，单击中键结束操作。将该拉伸曲面特征命名为"局部曲面 40"。

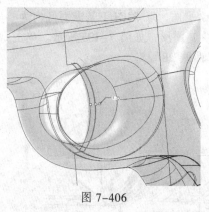

图 7-406

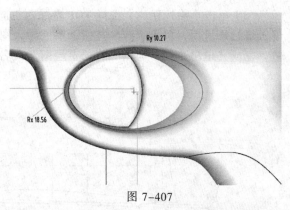

图 7-407

（8）单击图 7-409 所示的两曲面，单击合并按钮 ，保留箭头指向的曲面，单击中键结束操作。

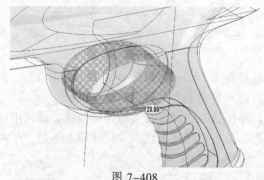

图 7-408

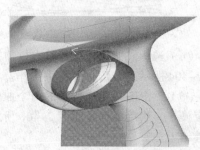

图 7-409

5. 修补玩具冲锋枪尾部曲面

（1）单击基准曲面按钮 ，选择 FRONT 基准面，设置新基准面的距离为 120。将其命名为"临时面 01"，如图 7-410 所示。单击草绘按钮 ，选择"临时面 01"反向为草绘平面，以 RIGHT 基准面左向为参照。进入草绘环境后，运用综合复制图元 、直线 、弧线 等按钮，参照导入图片，绘制图形，如图 7-411 所示。单击 按钮，完成并退出草绘。将刚完成的草绘图形命名为"曲线 30"。

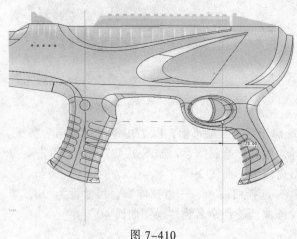

图 7-410

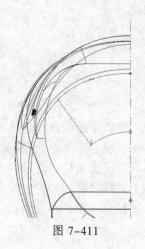

图 7-411

（2）选择"曲线 30"，单击拉伸按钮 ，选择曲面 、一边拉伸 ，尺寸设为 94.17，如图 7-412 所示，单击中键结束操作。将该拉伸曲面特征命名为"局部曲面 41"。

（3）单击基准曲线按钮 ，在菜单管理器中单击"完成"，依次选择要连接的两个端点，单击"完成"，再单击"曲线：通过点"对话框中的"确定"按钮，如图 7-413 所示。

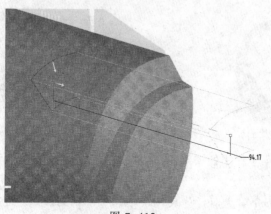

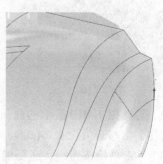

| 图 7-412 | 图 7-413 |

（4）单击边界混合按钮 ，激活第一方向链收集器后，配合【Ctrl】键，依次左右两边界定义曲面的第一方向，注意第一链与 RIGHT 基准面垂直约束，第二链与相接面相切约束；接着激活第二方向链收集器，依次选择上下两边界定义曲面的第二方向，注意下链设置为相切约束，上链保持自由约束，如图 7-414 所示，单击中键结束操作，将曲面命名为"局部曲面 42"。

（5）选择如图 7-415 所示的两个曲面，单击合并按钮 ，使两曲面结合在一起，单击中键结束操作。

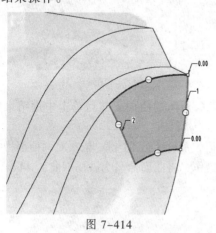

| 图 7-414 | 图 7-415 |

7.2.6　细化枪管前端造型

玩具冲锋枪的枪管制作相对简单，此处注意曲面创建完后要能保证镜像后可以曲面光顺连接。

1．制作枪管模型

（1）选择如图 7-416 所示曲面，选择菜单栏中的"编辑"→"偏移"命令，在偏移属性栏

中将标准偏移特征 🔲 改为具有拔模特征 🔳，展开"参照"面板，单击草绘栏中的"定义"，选择 FRONT 基准面正向为草绘平面，以 RIGHT 基准面右向为参照。进入草绘环境后，单击复制图元 🔲 等按钮，参照导入视图绘制图形，如图 7-417 所示，单击 ✔ 按钮，完成并退出草绘；拔模长度值设为 4.8，方向向下，拔模角度值设为 37，如图 7-418 所示，单击中键结束操作。

图 7-416

图 7-417

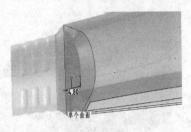

图 7-418

（2）选择图 7-419 所示的曲面组，选择菜单栏中的"编辑"→"偏移"命令，按箭头方向（向外）偏移，值设为 24.5。

（3）单击草绘按钮 🔳，选新偏移的平面为草绘平面，以 RIGHT 基准面右向为参照。进入草绘环境后，运用综合直线 ╲、样条曲线 ﹀ 等按钮，绘制图形，尺寸如图 7-420 所示。单击 ✔ 按钮，完成并退出草绘。将刚完成的草绘图形命名为"曲线 32"。

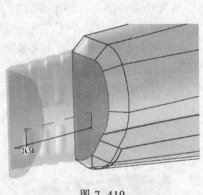

图 7-419

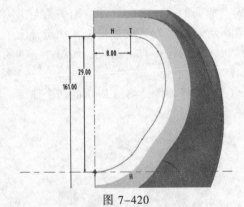

图 7-420

（4）选择"修剪"命令，选择"曲线 32"，保留箭头指向的曲面，然后单击中键结束操作，如图 7-421 所示。

（5）单击边界混合按钮 🔳，激活第一方向链收集器后，配合【Ctrl】键，依次对两曲面边界定义曲面的第一方向，如图 7-422 所示，单击中键结束操作，将曲面命名为"局部曲面 44"。

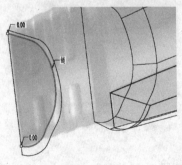

图 7-421

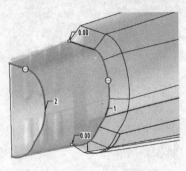

图 7-422

2. 制作装饰圆形凹槽

（1）选择图 7-423 所示曲面，选择菜单栏中的"编辑"→"偏移"命令，在偏移属性栏内，将标准偏移特征🔲改为具有拔模特征🔳，展开"参照"面板，单击草绘栏中的"定义"，选择 RIGHT 基准面正向为草绘平面，进入草绘环境后，单击中心线⋮、圆○等按钮，参照导入视图，绘制图形，尺寸如图 7-424 所示，单击✔按钮，完成并退出草绘；拔模长度值设为 0.7，方向向下，拔模角度值设为 5，如图 7-425 所示，单击中键结束操作。

图 7- 423

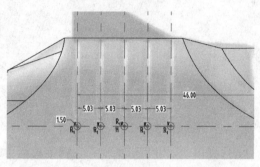

图 7-424

（2）选择图 7-426 所示的边，单击倒圆角按钮🔩，尺寸设为 0.5，单击中键结束。

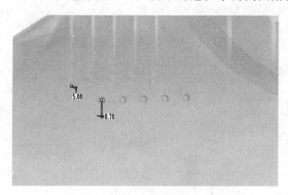

图 7-425

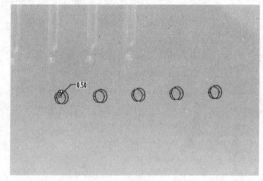

图 7-426

7.2.7 完善枪体表面细节及感应灯

玩具冲锋枪表面条形凹槽很多，看似复杂，但是制作起来相对简单，主要使用偏移命令来完成。

1. 制作枪管条形凹槽曲面

（1）选择图 7-427 所示曲面，选择菜单栏中的"编辑"→"偏移"命令，在偏移属性栏内，将标准偏移特征🔲改为具有拔模特征🔳，展开"参照"面板，单击草绘栏中的"定义"，选择 RIGHT 基准面正向为草绘平面，进入草绘环境后，单击直线﹨等按钮，参照导入视图，绘制图形，注意相等约束和平行约束，尺寸如图 7-428 所示，单击✔按钮，完成并退出草绘；拔模长度值设为 0.4，方向向下，拔模角度值设为 20，如图 7-429 所示，单击中键结束操作。

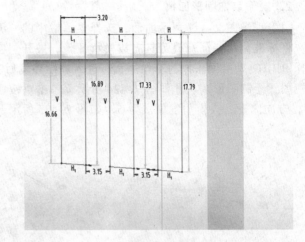

图 7-427　　　　　　　　　图 7-428

（2）选择图 7-430 所示曲面，选择菜单栏中的"编辑"→"偏移"命令，在偏移属性栏内，将标准偏移特征 改为具有拔模特征 ，展开"参照"面板，单击草绘栏中的"定义"，选择 RIGHT 基准面正向为草绘平面，进入草绘环境后，单直线 等按钮，参照导入视图，绘制图形，注意相等约束和平行约束，尺寸如图 7-431 所示，单击 按钮，完成并退出草绘；拔模长度值设为 0.4，方向向内，拔模角度值设为 20，如图 7-432 所示，单击中键结束操作。

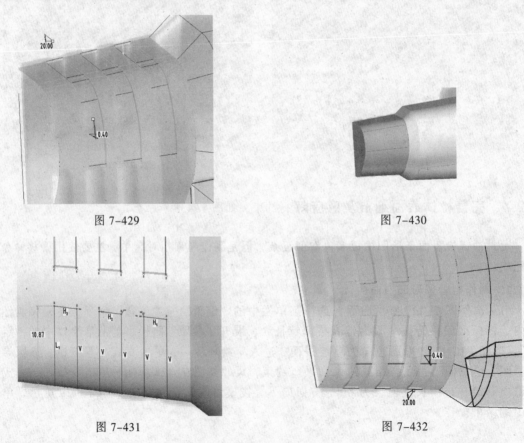

图 7-429　　　　　　　　　图 7-430

图 7-431　　　　　　　　　图 7-432

（3）选择图 7-433 所示的边，单击倒圆角按钮 ⬮，尺寸设为 0.9，单击中键结束。再选择图 7-434 所示所示的边，单击倒圆角按钮 ⬮，尺寸设为 0.5，单击中键结束。

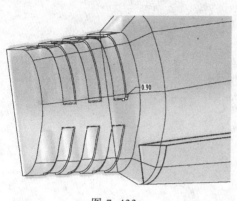

图 7-433

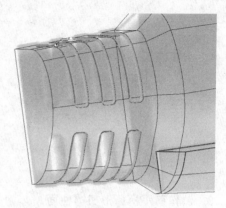

图 7-434

（4）选择图 7-435 所示的两曲面组，单击合并按钮 ⬮，保留箭头指向的曲面，单击中键结束操作。再选择图 7-436 所示的两曲面组，单击合并按钮 ⬮，单击中键结束操作。

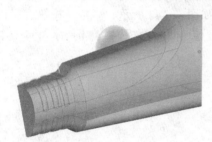

图 7-435

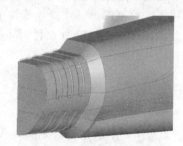

图 7-436

2．制作后手柄条形凹槽曲面

（1）选择图 7-437 所示曲面，选择菜单栏中的"编辑"→"偏移"命令，在偏移属性栏中，将标准偏移特征 ⬮ 改为具有拔模特征 ⬮，展开"参照"面板，单击草绘栏内的"定义"，选择 RIGHT 基准面正向为草绘平面，进入草绘环境后，应用复制图元 ⬮、直线 ＼ 等等，参照导入视图，绘制图形，注意相等约束和平行约束，如图 7-438 所示，单击 ✔ 按钮，完成并退出草绘；拔模长度值设为 0.4，方向向内，拔模角度值设为 20，如图 7-439 所示，单击中键结束操作。

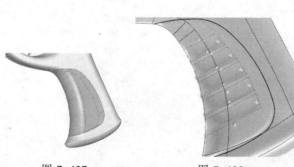

图 7-437

图 7-438

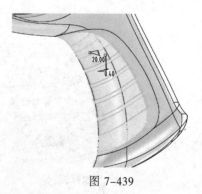

图 7-439

（2）选择图 7-440 所示的边，单击倒圆角按钮 🔍，尺寸设为 1.5，单击中键结束。再选择图 7-441 所示的边，单击倒圆角按钮 🔍，尺寸设为 0.6，单击中键结束。

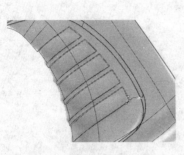

图 7-440

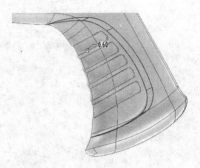

图 7-441

3. 制作前手柄条形凹槽曲面

（1）选择图 7-442 所示曲面，选择菜单栏中的"编辑"→"偏移"命令，在偏移属性栏内，将标准偏移特征 回 改为具有拔模特征 回，展开"参照"面板，单击草绘栏内的"定义"，选择 RIGHT 基准面正向为草绘平面，进入草绘环境后，运用复制图元 回、直线 ╲ 等按钮，参照导入视图，绘制图形，注意相等约束和平行约束，如图 7-443 所示，单击 ✔ 按钮，完成并退出草绘；拔模长度值设为 0.4，方向向内，拔模角度值为 20，如图 7-444 所示，单击中键结束操作。

图 7-442

图 7-443

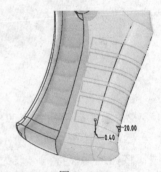

图 7-444

（2）选择图 7-445 所示的边，单击倒圆角按钮 🔍，尺寸设为 2，单击中键结束。再选择图 7-446 所示的边，单击倒圆角按钮 🔍，尺寸设为 0.6，单击中键结束。

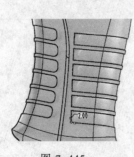

图 7-445

图 7-446

（3）选择图 7-447 所示的曲面，选择菜单栏内的"编辑"，然后从下拉菜单中选择"偏移"，在偏移属性栏内，将标准偏移特征 改为具有拔模特征 ，展开"参照"面板，单击草绘栏内的"定义"， 选择 RIGHT 基准面正向为草绘平面，进入草绘环境后，运用复制图元 、直线 等按钮，参照导入视图，绘制图形，注意相等约束和平行约束，如图 7-448 所示，单击 按钮，完成并退出草绘；拔模长度值设为 0.4，方向向内，拔模角度值为 20，如图 7-449 所示，单击中键结束操作。

图 7-447

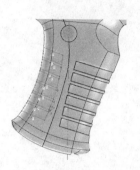

图 7-448

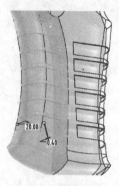

图 7-449

（4）选择图 7-450 所示的边，单击倒圆角按钮 ，尺寸设为 2，单击中键结束。再选择图 7-451 所示的边，单击倒圆角按钮 ，尺寸设为 0.6，单击中键结束。

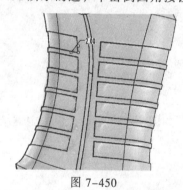

图 7-450

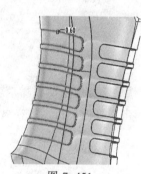

图 7-451

4. 制作玩具冲锋枪尾端贴卡区域凹槽曲面

（1）选择图 7-452 所示曲面，选择菜单栏中的"编辑"→"偏移"命令，在偏移属性栏内，将标准偏移特征 改为具有拔模特征 ，展开"参照"面板，单击草绘栏内的"定义"，选择"临时面 01"基准面正向为草绘平面，进入草绘环境后，单击圆按钮 、直线 等按钮，尺寸标注如图 7-453 所示，单击 按钮，完成并退出草绘；拔模长度值设为 50，方向向内，拔模角度值为 0.2，如图 7-454 所示，单击中键结束操作。

（2）选择图 7-455 所示曲面，选择菜单栏中的"编辑"→"偏移"命令，在偏移属性栏内，将标准偏移特征 改为具有拔模特征 ，展开"参照"面板，单击草绘栏中的"定义"，选择"临时面 01"基准面正向为草绘平面，进入草绘环境后，单击圆按钮 、直线 等按钮，尺寸标注如图 7-456 所示，单击 按钮，完成并退出草绘；拔模长度值设为 50，方向向内，拔模角度值为 0.2，如图 7-457 所示，单击中键结束操作。

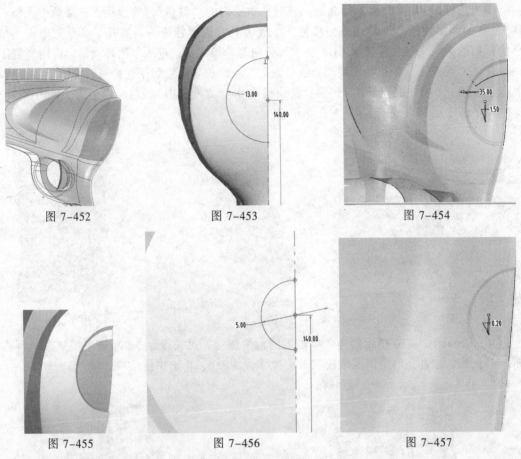

图 7-452　　　　　　　　图 7-453　　　　　　　　图 7-454

图 7-455　　　　　　　　图 7-456　　　　　　　　图 7-457

5. 制作玩具冲锋枪前端瞄准器部位条形凹槽曲面

（1）单击基准面按钮 ×ₓ，在各边界线的上创建中点，如图 7-458 所示，单击中键结束点创建操作。

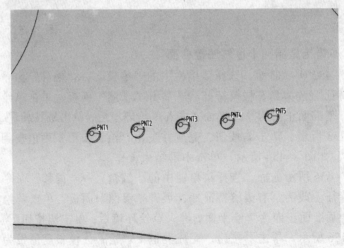

图 7-458

（2）选择图 7-459 所示曲面，选择菜单栏中的"编辑"→"偏移"命令，在偏移属性栏内，将标准偏移特征 图 改为具有拔模特征 图，展开"参照"面板，单击草绘栏内的"定义"，选择 RIGHT 基准面正向为草绘平面，进入草绘环境后，单击矩形 □ 等按钮，尺寸标注如图 7-460 所示，单击 ✔ 按钮，完成并退出草绘；拔模长度值设为 10，方向向内，拔模角度值设为 0.7，如图 7-461 所示，单击中键结束操作。

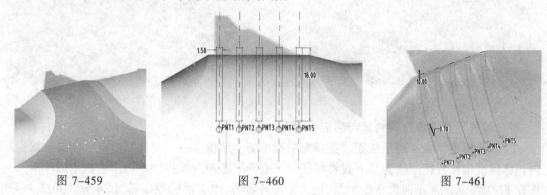

图 7-459   图 7-460   图 7-461

（3）选择如图 7-462 所示的边，单击倒圆角按钮 ，尺寸设为 0.6，单击中键结束。再选择如图 7-463 所示的边，单击倒圆角按钮 ，尺寸设为 0.6，单击中键结束。

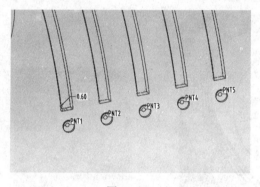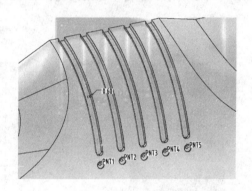

图 7-462   图 7-463

6．制作玩具冲锋枪中端部位条形凹槽曲面

（1）选择图 7-464 所示曲面，选择菜单栏中的"编辑"→"偏移"命令，在偏移属性栏内，将标准偏移特征 图 改为具有拔模特征 图，展开"参照"面板，单击草绘栏内的"定义"，选择 RIGHT 基准面正向为草绘平面，进入草绘环境后，单击矩形 □ 等按钮，尺寸标注如图 7-465 所示，单击 ✔ 按钮，完成并退出草绘；拔模长度值设为 10，方向向内，拔模角度值设为 0.7，如图 7-466 所示，单击中键结束操作。

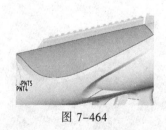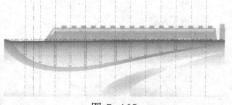

图 7-464   图 7-465   图 7-466

（2）选择如图 7-467 所示的边，单击倒圆角按钮 ，尺寸设为 0.6，单击中键结束。再

选择图 7-468 所示的边，单击倒圆角按钮 ，尺寸设为 0.6，单击中键结束。

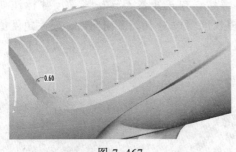

图 7-467

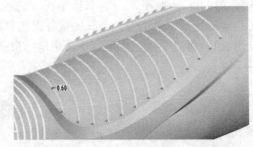

图 7-468

7. 制作玩具冲锋枪的枪筒与感应点模型

（1）选择图 7-469 所示曲面，选择菜单栏中的"编辑"→"偏移"命令，在偏移属性栏内，将标准偏移特征 改为具有拔模特征 ，展开"参照"面板，单击草绘栏中的"定义"，选择 FRONT 基准面正向为草绘平面，进入草绘环境后，单击圆 等按钮，尺寸标注如图 7-470 所示，单击 按钮，完成并退出草绘；拔模长度值设为 50，方向向内，拔模角度值设为 0，如图 7-471 所示，单击中键结束操作。

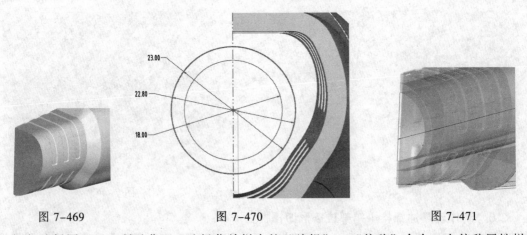

图 7-469   图 7-470   图 7-471

（2）选择图 7-472 所示曲面，选择菜单栏中的"编辑"→"偏移"命令，在偏移属性栏内，将标准偏移特征 改为具有拔模特征 ，展开"参照"面板，单击草绘栏中的"定义"，选择 TOP 基准面正向为草绘平面，进入草绘环境后，单击圆 等按钮，尺寸标注如图 7-473 所示，单击 按钮，完成并退出草绘；拔模长度值设为 1，方向向上，拔模角度值设为 3，如图 7-474 所示，单击中键结束操作。

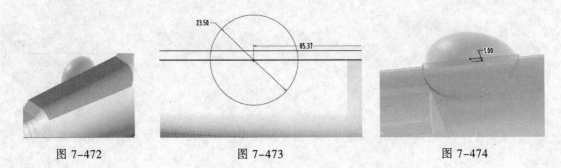

图 7-472   图 7-473   图 7-474

（3）单击基准面按钮 ╳╳，在各边界线上创建中点，如图 7-475 所示，单击中键结束点创建操作。

（4）选择图 7-476 所示曲面，选择菜单栏中的"编辑"→"偏移"命令，在偏移属性栏内，将标准偏移特征 ▣ 改为具有拔模特征 ▣，展开"参照"面板，单击草绘栏中的"定义"，选择 TOP 基准面正向为草绘平面，进入草绘环境后，单击圆 ○ 等按钮，尺寸标注如图 7-477 所示，单击 ✓ 按钮，完成并退出草绘；拔模长度值设为 0.5，方向向下，拔模角度值设为 2，如图 7-478 所示，单击中键结束操作。

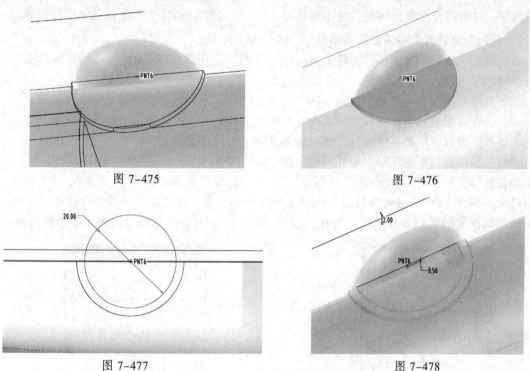

图 7-475　　　　　　　　　　　　　　　图 7-476

图 7-477　　　　　　　　　　　　　　　图 7-478

（5）单击草绘按钮 ▨，选择 RIGHT 基准面正向为草绘平面，以 TOP 基准面顶向为参照。进入草绘环境后，单击中心线 ┆、圆 ○、直线 ╲ 等按钮，参照导入图片，绘制图形，如图 7-479 所示。单击 ✓ 按钮，完成并退出草绘。将刚完成的草绘图形命名为"曲线 33"。

（6）选择"曲线 33"，单击旋转按钮 ⬧，选择曲面 ▭，旋转角度设为 180，如图 7-480 所示，单击中键结束操作。

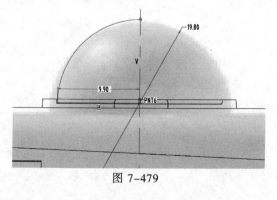

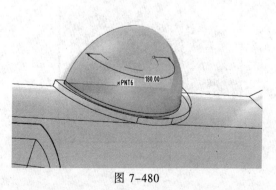

图 7-479　　　　　　　　　　　　　　　图 7-480

（7）单击保存文件按钮📁，将场景模型保存至 CFQ.PRT 文件中。

7.2.8　制作前瞄准器

制作前瞄准器造型前要先创建一个新文件，然后将前面完成的文件通过复制曲面的方法导入新的文件中，然后继续后面建模操作。这样做可以避免建模步骤冗长，便于文件管理，可提高建模效率。另外，读者可以创建新文件复制 CFQ.PRT 文件内的曲面模型来学习制作后面的内容，也可打开配套光盘提供的本章练习文件 CFQ.02-01.PRT 学习下面几节中的内容。

1. 复制曲面并完成相关的圆角操作

（1）单击 🗋 按钮新建文件，文件名为 CFQ02.PRT，使用默认 Pro/E 提供的默认模板，单击："确定"按钮。

（2）选择"插入"→"共享数据"→"复制几何"命令，弹出"复制几何"操控板，单击🖳按钮，在弹出的对话框中寻找光盘内本章配套文件 CFQ.PRT，单击"打开"按钮，在弹出的"放置"面板中单击"确定"按钮，如图 7-481 所示。

然后在操控板内单击仅限发布几何按钮🖳，打开 CFQ.PRT 的活动窗口，如图 7-482 所示；单击操控板下面的"参照"，激活"曲面集"，将选择过滤指定为"面组"，在 CFQ.PRT 的活动窗口中，配合【Ctrl】键选择模型，如图 7-483 所示；单击中键结束操作，这样 CFQ.PRT 内的模型就被复制到 CFQ02.PRT 文件中，如图 7-484 所示，并在继承模式内删除多余的曲面。

图 7-481

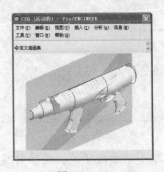

图 7-482

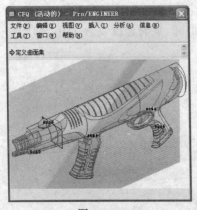

图 7-483

图 7-484

（3）选择图 7-485 所示的边，单击倒圆角按钮 🔘，尺寸设为 0.24，单击中键结束。

（4）导入参照图片。单击造型按钮 🔳，进入造型环境后，先设置活动平面，单击设置活动平面方向按钮 ⌨，选择 RIGHT 基准面为活动平面。选择菜单栏中的"造型"→"跟踪草绘"命令，在弹出的"跟踪草绘"对话框中，单击"右"，再单击右侧的"+"， 在弹出的对话框中，选择光盘中提供的"右视图"，这样，图片就调入 RIGHT 基准面内，如图 7-486 所示；再展开"跟踪草绘"对话框中的属性栏，根据场景已有的模型，调整导入图片的尺寸，完毕后，单击 ✓ 按钮退出造型环境。将其命名为"参照图片"。

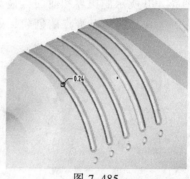

图 7-485

（5）选择图 7-487 所示的边，单击倒圆角按钮 🔘，尺寸设为 0.24，单击中键结束。

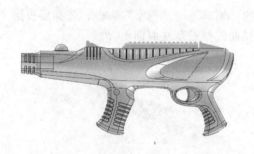

图 7-486

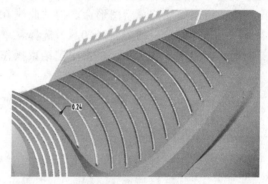

图 7-487

2. 制作前端瞄准器基本曲面

（1）单击草绘按钮 🔲，选择 FRONT 基准面正向为草绘平面，以 RIGHT 基准面右向为参照。进入草绘环境后，单击直线 ╲ 等按钮，绘制图形，如图 7-488 所示。单击 ✓ 按钮，完成并退出草绘。将刚完成的草绘图形命名为"曲线 01"。

（2）选择"曲线 01"，单击拉伸按钮 🔲，选择曲面 🔲、一边拉伸 🔳，尺寸设为 60，如图 7-489 所示，单击中键结束操作。将该拉伸曲面特征命名为"局部曲面 01"。

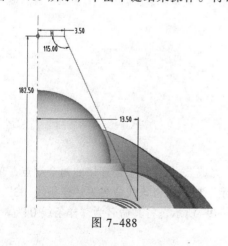

图 7-488

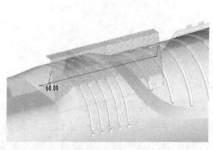

图 7-489

（3）创建两个基准点。方法如下：单击创建基准点按钮 ✕✕，配合【Ctrl】键，依次点选图 7-490 所示的边界和曲面，最后单击"确定"按钮，关闭对话框，完成基准点的创建。同理，完成另一个基准点的创建，如图 7-491 所示。

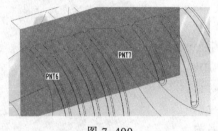

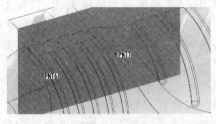

图 7-490

图 7-491

（4）单击草绘按钮 ✕，选择 RIGHT 基准面正向为草绘平面，以 TOP 基准面顶向为参照。进入草绘环境后，单击直线 ╲ 等按钮，绘制图形，如图 7-492 所示。单击 ✓ 按钮，完成并退出草绘。将刚完成的草绘图形命名为"曲线 02"。

（5）选择刚绘制的"曲线 02"，选择菜单栏中的"编辑"→"投影"命令，选择要投影的曲面，如图 7-493 所示，单击中键结束操作，这样曲线便投落在曲面上。

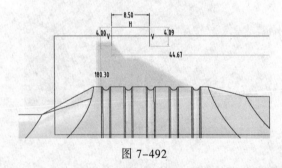

图 7-492

图 7-493

（6）将"局部曲面 01"隐藏。单击基准曲线按钮 ～，在菜单管理器中选择"完成"，依次选择要连接的两个端点，单击"完成"，再单击"曲线：通过点"对话框中的"确定"按钮，将该线命名为"样条线 01"，如图 7-494 所示。同理，完成另一曲线的制作，如图 7-495 所示，将其命名为"样条线 02"。

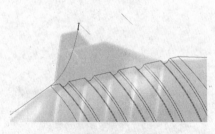

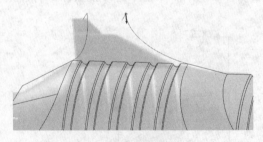

图 7-494

图 7-495

（7）单击基准曲线按钮 ～，在菜单管理器中选择"完成"，依次选择要连接的两个端点，单击"完成"，再单击"曲线：通过点"对话框中的"确定"按钮，将该线命名为"样条线 03"，如图 7-496 所示。同理，完成另一曲线的制作，如图 7-497 所示，将其命名为"样条线 04"。

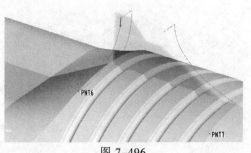

图 7-496

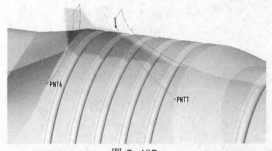

图 7-497

（8）单击边界混合按钮 ，激活第一方向链收集器后，配合【Ctrl】键，选择"样条线02"和"样条线 04"边界定义曲面的第一方向，注意第一链与 RIGHT 基准面垂直约束；接着激活第二方向链收集器，配合【Ctrl】键，依次选择另外两曲线定义曲面的第二方向，注意与相接面连接的曲线链设置为相切约束，如图 7-498 所示，单击中键结束操作，将曲面命名为"局部曲面02"。

（9）选择图 7-499 所示的边界，单击工具栏中的复制按钮 ，然后再单击粘贴按钮 ，单击中键结束操作，这样选择的边界就复制成独立的曲线。选择刚复制出的曲线，单击修剪按钮 ，再点击要修剪曲线的点，保留箭头方向的曲线，如图 7-500 所示，单击中键结束。

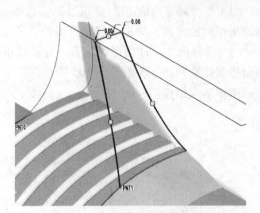

图 7-498

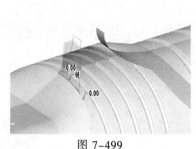

图 7-499

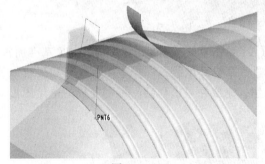

图 7-500

（10）单击边界混合按钮 ，激活第一方向链收集器后，配合【Ctrl】键，选择"样条线01"和"样条线 03"边界定义曲面的第一方向，注意第一链与 RIGHT 基准面垂直约束；接着激活第二方向链收集器，配合【Ctrl】键，依次选择另外两曲线定义曲面的第二方向，注意与相接面连接的曲线链设置为相切约束，如图 7-501 所示，单击中键结束操作，将曲面命名为"局部曲面03"。

（11）选择图 7-502 所示的边界，选择菜单栏中的"编辑"→"延伸"命令，尺寸设为1.38，单击中键结束操作。这样曲面经过延伸后，方便后面的合并操作。

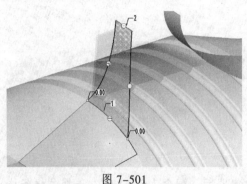

图 7-501

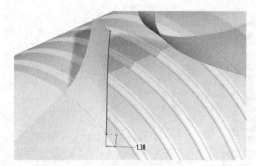

图 7-502

3. 合并前端瞄准器基本曲面

（1）将"局部曲面 01"显示出来。选择图 7-503 所示的两个曲面，单击合并按钮 ⬚，保留箭头指向的曲面，单击中键结束操作。

（2）选择图 7-504 所示的边界，选择菜单栏中的"编辑"→"延伸"命令，尺寸设为 10，单击中键结束操作。选择图 7-505 所示的两个曲面，单击合并按钮 ⬚，保留箭头指向的曲面，单击中键结束操作。

图 7-503

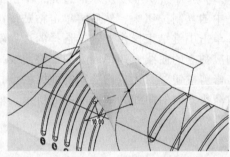

图 7-504

（3）单击草绘按钮 ✎，选择 FRONT 基准面正向为草绘平面，以 RIGHT 基准面右向为参照。进入草绘环境后，综合运用直线 ╲ 和弧线 ╮ 等按钮，绘制图形，如图 7-506 所示，单击 ✔ 按钮，完成并退出草绘。将刚完成的草绘图形命名为"曲线 03"。

图 7-505

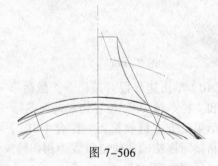

图 7-506

（4）选择"曲线 03"，单击拉伸按钮 ⬚，选择曲面 ⬚、一边拉伸 ⬚，尺寸设为 90，如图 7-507 所示，单击中键结束操作。将该拉伸曲面特征命名为"局部曲面 04"。选择图 7-508 所示的两个曲面，单击合并按钮 ⬚，保留箭头指向的曲面，单击中键结束操作。

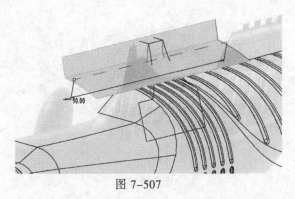

图 7-507

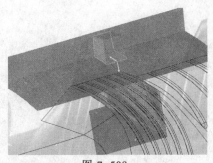

图 7-508

（5）单击草绘按钮，选择 RIGHT 基准面正向为草绘平面，以 TOP 基准面顶向为参照。进入草绘环境后，单击直线等按钮绘制图形，如图 7-509 所示，单击✔按钮，完成并退出草绘。将刚完成的草绘图形命名为"曲线 04"。

（6）选择"曲线 04"，单击拉伸按钮，选择曲面、一边拉伸，尺寸设为 30，单击去除材料按钮，选择刚合并后的面组，删除箭头方向指向的曲面，如图 7-510 所示，单击中键结束操作。

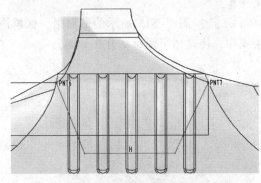

图 7-509

（7）选择图 7-511 所示的边界，选择菜单栏中的"编辑"→"延伸"命令，单击延伸属性栏中的"将曲面延伸到参照平面"按钮，然后点选 TOP 基准平面，这样曲面边界就延伸到点选的 TOP 基准面上，单击中键结束操作。

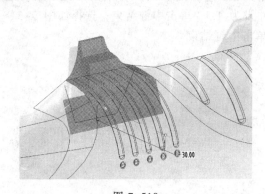

图 7-510

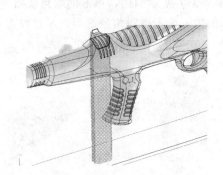

图 7-511

（8）单击草绘按钮，选择 RIGHT 基准面正向为草绘平面，以 TOP 基准面顶向为参照。进入草绘环境后，单击直线等按钮，绘制图形，如图 7-512 所示，单击✔按钮，完成并退出草绘。将刚完成的草绘图形命名为"曲线 05"。

（9）选择"曲线 05"，单击拉伸按钮，选择曲面、一边拉伸，尺寸设为 30，如图 7-513 所示，单击中键结束操作，将曲面命名为"局部曲面 05"。

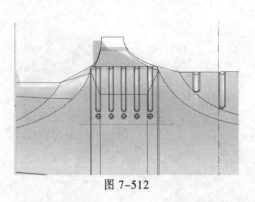

图 7-512

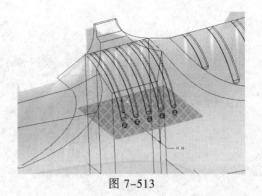

图 7-513

（10）选择图 7-514 所示的两曲面，单击合并按钮 ⌐，保留箭头指向的曲面，单击中键结束操作。

（11）选择图 7-515 所示的曲面组，保留箭头指向的曲面，单击合并按钮 ⌐，单击中键结束操作，使这两个面组结合在一起。

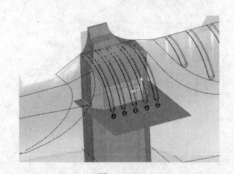

图 7-514

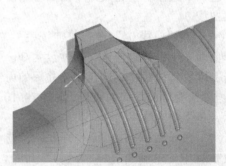

图 7-515

（12）选择图 7-516 所示的边，单击倒圆角按钮 ，尺寸设为 2，单击中键结束；选择图 7-517 所示的边，单击倒圆角按钮 ，尺寸设为 1.5，单击中键结束；选择如图 7-518 所示的边，单击倒圆角按钮 ，尺寸设为 0.5，单击中键结束。

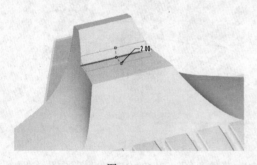

图 7-516

图 7-517

（13）选择图 7-519 所示的边，单击倒圆角按钮 ，尺寸设为 0.4，单击中键结束；选择图 7-520 所示的边，单击倒圆角按钮 ，尺寸设为 0.2，单击中键结束；选择图 7-521 所示的边，单击倒圆角按钮 ，尺寸设为 0.3，单击中键结束。

图 7-518

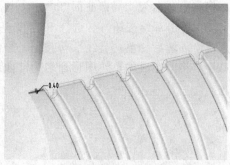

图 7-519

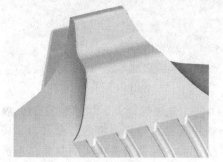

图 7-520

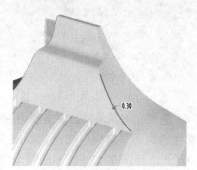

图 7-521

7.2.9 制作枪体 LED 屏幕及后瞄准器

玩具冲锋枪的 LED 屏幕与后瞄准器的制作难度相对较低，但是相对烦琐，与前瞄准器的构建思路基本一致。

1. 制作玩具冲锋枪的 LED 屏幕

（1）单击草绘按钮 ，选择 RIGHT 基准面正向为草绘平面，以 TOP 基准面顶向为参照。进入草绘环境后，单击矩形 □ 等按钮，绘制图形，如图 7-522 所示，单击 ✔ 按钮，完成并退出草绘。将刚完成的草绘图形命名为"曲线 06"。

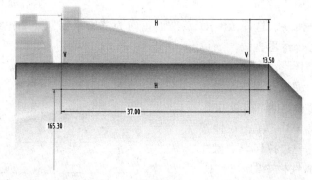

图 7-522

（2）选择"曲线 06"，单击拉伸按钮 ，选择曲面 、一边拉伸 ，尺寸设为 15，展开拉伸属性栏中的"选项"按钮，选中"封闭端"复选框，如图 7-523 所示，单击中键结束操作，将曲面命名为"局部曲面06"。

（3）单击草绘按钮 ⬚，选择 RIGHT 基准面正向为草绘平面，以 TOP 基准面顶向为参照。进入草绘环境后，单击直线 ＼ 等按钮，绘制图形，如图 7-524 所示，单击 ✔ 按钮，完成并退出草绘。将刚完成的草绘图形命名为"曲线07"。

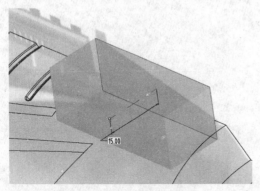

图 7-523

图 7-524

（4）选择"曲线07"，单击拉伸按钮 ⬚，选择曲面 ⬚、一边拉伸 ⬚，尺寸设为 21，展开拉伸属性栏中的"选项"按钮，如图 7-525 所示，单击中键结束操作，将曲面命名为"局部曲面07"。选择图 7-526 所示的两个曲面，单击合并按钮 ⬚，保留箭头指向的曲面，单击中键结束操作。

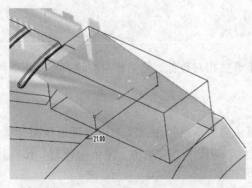

图 7-525

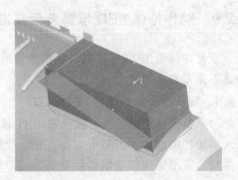

图 7-526

（5）单击草绘按钮 ⬚，选择 RIGHT 基准面正向为草绘平面，以 TOP 基准面顶向为参照。进入草绘环境后，综合运用直线 ＼、偏移图元 ⬚ 等按钮绘制图形，如图 7-527 所示，单击 ✔ 按钮，完成并退出草绘。将刚完成的草绘图形命名为"曲线08"。

（6）选择"曲线08"，单击拉伸按钮 ⬚，选择曲面 ⬚、一边拉伸 ⬚，尺寸设为 14，展开拉伸属性栏中的"选项"按钮，如图 7-528 所示，单击中键结束操作，将曲面命名为"局部曲面08"。选择图 7-529 所示的两曲面，单击合并

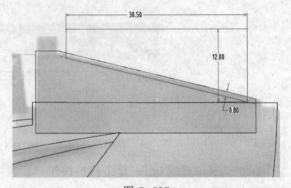

图 7-527

按钮，保留箭头指向的曲面，单击中键结束操作。

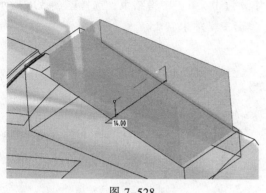

图 7-528

图 7-529

2．制作玩具冲锋枪的后瞄准器

（1）单击草绘按钮，选择图 7-530 所示的平面正向为草绘平面，以 RIGHT 基准面右向为参照。进入草绘环境后，单击直线等按钮，绘制图形，如图 7-531 所示，单击按钮，完成并退出草绘。将刚完成的草绘图形命名为"曲线 09"。

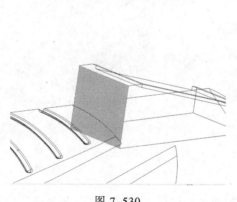

图 7-530

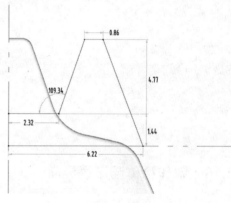

图 7-531

（2）选择"曲线 09"，单击拉伸按钮，选择曲面、一边拉伸，拉伸的长度通过按住【Shift】键并拖动小方格捕捉拐角点来确定，展开拉伸属性栏中的"选项"按钮，如图 7-532所示，单击中键结束操作。选择图 7-533 所示的两曲面组，单击合并按钮，保留箭头指向的曲面，单击中键结束操作。

图 7-532

图 7-533

（3）选择图 7-534 所示的边，单击倒圆角按钮 ，尺寸设为 4，单击中键结束；选择图 7-535 所示的边，单击倒圆角按钮 ，尺寸设为 1，单击中键结束；选择图 7-536 所示所示的边，单击倒圆角按钮 ，尺寸设为 0.3，单击中键结束。

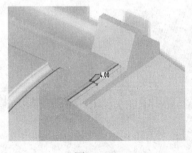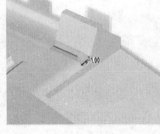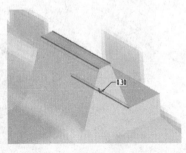

| 图 7-534 | 图 7-535 | 图 7-536 |

（4）选择图 7-537 所示的边，单击倒圆角按钮 ，尺寸设为 1，单击中键结束；选择图 7-538 所示的边，单击倒圆角按钮 ，尺寸设为 0.5，单击中键结束；选择图 7-539 所示的边，单击倒圆角按钮 ，尺寸设为 0.2，单击中键结束。

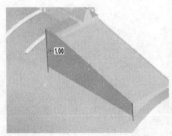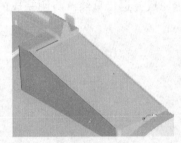

| 图 7-537 | 图 7-538 | 图 7-539 |

7.2.10　制作枪体瞄准镜导轨

玩具冲锋枪的瞄准镜导轨模型构建较为简单，侧面的装饰细节由阵列命令来完成。

1. 制作瞄准镜导轨整体曲面

（1）单击草绘按钮 ，选择 RIGHT 基准面正向为草绘平面，以 TOP 基准面顶向为参照。进入草绘环境后，单击直线 等按钮绘制图形，如图 7-540 所示，单击 按钮，完成并退出草绘。将刚完成的草绘图形命名为"曲线 10"。

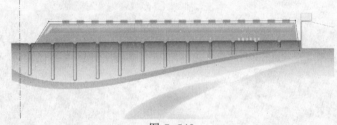

图 7-540

（2）选择"曲线 10"，单击拉伸按钮 ，选择曲面 、一边拉伸 ，尺寸设为 20，展开拉伸属性栏中的"选项"按钮，如图 7-541 所示，单击中键结束操作，将曲面命名为"局部曲面 09"。

（3）选择图 7-542 所示曲面，选择菜单栏中的"编辑"→"偏移"命令，在偏移属性栏内，将标准偏移特征 改为具有拔模特征 ，展开"参照"面板，单击草绘栏中的"定义"，选择 RIGHT 基准面正向为草绘平面，进入草绘环境后，单击直线 等按钮，尺寸标注如图 7-543 所示，单击 按钮，完成并退出草绘；拔模长度值为 0.5，方向向下，拔模角度值为 60，如图 7-544 所示，单击中键结束操作。

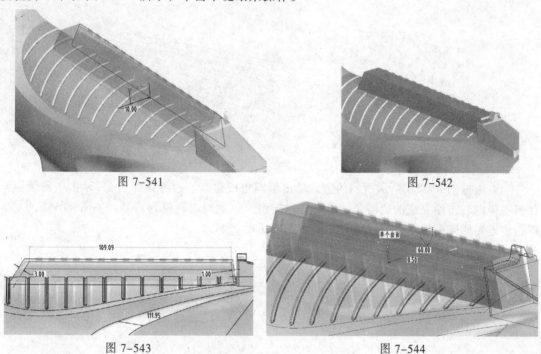

图 7-541

图 7-542

图 7-543

图 7-544

2. 制作瞄准镜导轨整体侧面细节模型

（1）选择图 7-545 所示曲面，选择菜单栏中的"编辑"→"偏移"命令，在偏移属性栏内，将标准偏移特征 改为具有拔模特征 ，展开"参照"面板，单击草绘栏中的"定义"，选择 RIGHT 基准面正向为草绘平面，进入草绘环境后，单击矩形口等按钮，尺寸标注如图 7-546 所示，单击 按钮，完成并退出草绘；拔模长度值设为 0.2，方向向下，拔模角度值设为 30，如图 7-547 所示。单击中键结束操作。

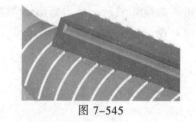

图 7-545

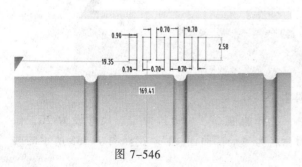

图 7-546

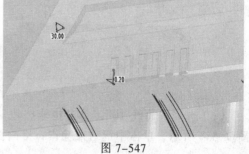

图 7-547

（2）选择图 7-548 所示的边，单击倒圆角按钮 ，尺寸设为 0.3，单击中键结束。

（3）单击阵列按钮 ，在阵列选项栏中选择"方向"，如图 7-549 所示。一条横向边界，数量输入 4，间距 20.3，单击中键完成阵列操作。

图 7-548   图 7-549

（4）选择图 7-550 所示所示的边，单击倒圆角按钮 ，尺寸设为 0.1，单击中键结束。在模型树内右击刚完成的倒圆角，单击阵列按钮 ，此时出现阵列符号，如图 7-551 所示，单击中键完成阵列操作，完成结果如图 7-552 所示。

图 7-550   图 7-551   图 7-552

（5）单击草绘按钮 ，选择 RIGHT 基准面正向为草绘平面，以 TOP 基准面顶向为参照。进入草绘环境后，单击矩形 等按钮，绘制图形，如图 7-553 所示，单击 按钮，完成并退出草绘。将刚完成的草绘图形命名为"曲线 11"。

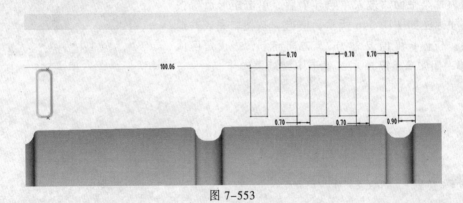

图 7-553

（6）选择"曲线 10"，单击拉伸按钮 ，选择曲面 、一边拉伸 ，尺寸设为 20，如图 7-554 所示，单击中键结束操作，将曲面命名为"局部曲面 10"。选择图 7-555 所示的两曲面组，单击合并按钮 ，保留箭头指向的曲面，单击中键结束操作。

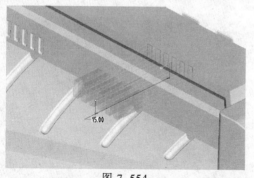

图 7-554

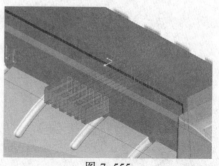

图 7-555

（7）选择图 7-556 所示的边，单击倒圆角按钮 ，尺寸设为 0.2，单击中键结束；选择图 7-557 所示的边，单击倒圆角按钮 ，尺寸设为 0.1，单击中键结束。

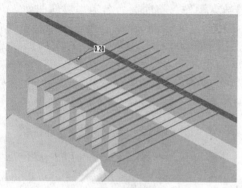

图 7-556

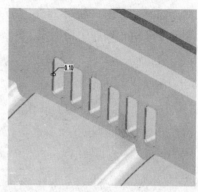

图 7-557

（8）单击草绘按钮 ，选 TOP 基准面正向为草绘平面，以 RIGHT 基准面底向为参照。进入草绘环境后，单击弧线 等按钮绘制图形，如图 7-558 所示，单击 按钮，完成并退出草绘。将刚完成的草绘图形命名为"曲线 12"。

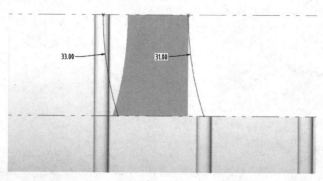

图 7-558

（9）选择刚绘制的"曲线 12"其中一条线，选择菜单栏中的"编辑"→"投影"命令，选择要投影的曲面，如图 7-559 所示，单击中键结束操作。再选择刚绘制的"曲线 12"另一条线，选择菜单栏中的"编辑"→"投影"命令，选择要投影的曲面，如图 7-560 所示，单击中键结束操作，这样曲线便投落在曲面上。

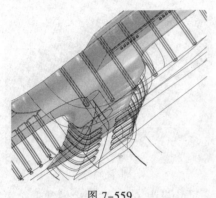

图 7-559

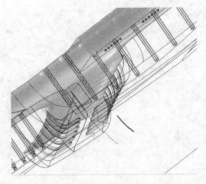

图 7-560

（10）单击边界混合按钮 ，激活第一方向链收集器后，配合【Ctrl】键，选择两条投影线定义曲面的第一方向，如图 7-561 所示，单击中键结束操作，将曲面命名为"局部曲面 11"。选择图 7-562 所示的两个曲面组，单击合并按钮 ，保留箭头指向的曲面，单击中键结束操作。

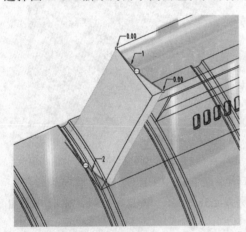

图 7-561

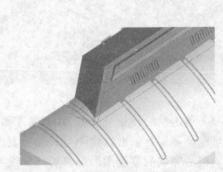

图 7-562

（11）选择图 7-563 所示的边，单击倒圆角按钮 ，尺寸设为 1，单击中键结束；选择图 7-564 所示的边，单击倒圆角按钮 ，尺寸设为 0.5，单击中键结束。

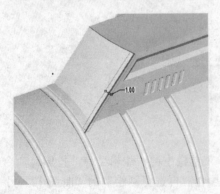

图 7-563

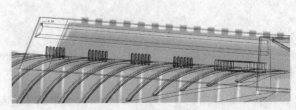

图 7-564

（12）选择图 7-565 所示的边，单击倒圆角按钮 ，尺寸设为 0.5，单击中键结束；选择图 7-566 所示的边，单击倒圆角按钮 ，尺寸设为 0.5，单击中键结束。

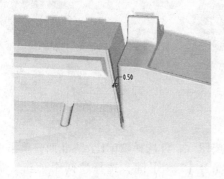

图 7-565

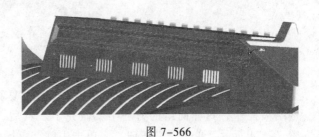

图 7-566

7.2.11　完成枪体镜像操作和圆角处理

倒圆角虽然操作简单，但也要讲究技巧，先做哪一条边再做哪一条边对产品的外观质量有直接影响。

1. 镜像并合并玩具冲锋枪的主体模型

（1）选择图 7-567 所示的曲面组，单击镜像复制按钮 ，再选择 RIGHT 基准面，单击中键结束操作，这样面组的另一半就做完了。然后，配合【Ctrl】键，选择这两个面组，如图 7-568 所示，单击合并按钮 ，保留箭头指向的曲面，单击中键结束操作，使这两个面组结合在一起。

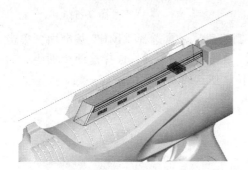

图 7-567

图 7-568

（2）选择图 7-569 所示的边，单击倒圆角按钮 ，尺寸设为 0.2，单击中键结束。

（3）选择图 7-570 所示的曲面组，单击镜像复制按钮 ，再选择 RIGHT 基准面，单击中键结束操作，这样面组的另一半就做完了。然后，配合【Ctrl】键，选择这两个面组，如图 7-571 所示，单击合并按钮 ，保留箭头指向的曲面，单击中键结束操作，使这两个面组结合在一起。

（4）选择图 7-572 所示的两曲面组，单击合并

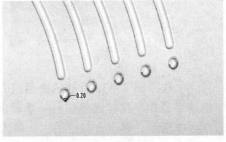

图 7-569

按钮 ，保留箭头指向的曲面，单击中键结束操作。

图 7-570

图 7-571

图 7-572

（5）选择图 7-573 所示的曲面组，单击镜像复制按钮 ，再选择 RIGHT 基准面，单击中键结束操作，这样面组的另一半就做完了。然后，配合【Ctrl】键，选择这两个面组，如图 7-574 所示，单击合并按钮 ，单击中键结束操作，使这两个面组结合在一起。

（6）选择图 7-575 所示的两曲面组，单击合并按钮 ，保留箭头指向的曲面，单击中键结束操作。

图 7-573

图 7-574

图 7-575

（7）选择图 7-576 所示的曲面组，单击镜像复制按钮 ，再选择 RIGHT 基准面，单击中键结束操作，这样面组的另一半就做完了。然后，配合【Ctrl】键，选择这两个面组，如图 7-577 所示，单击合并按钮 ，单击中键结束操作，使这两个面组结合在一起。

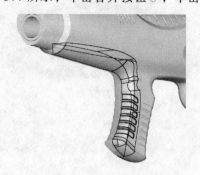

图 7-576

图 7-577

（8）选择图 7-578 所示的曲面组，单击镜像复制按钮 ，再选择 RIGHT 基准面，单击中键结束操作，这样面组的另一半就做完了。然后，配合【Ctrl】键，选择这两个面组，如图 7-579 所示，单击合并按钮 ，单击中键结束操作，使这两个面组结合在一起。

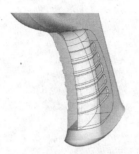
图 7-578

图 7-579

（9）选择图 7-580 所示的曲面组，单击镜像复制按钮，再选择 RIGHT 基准面，单击中键结束操作，这样面组的另一半就做完了。然后，配合【Ctrl】键，选择这两个面组，如图 7-581 所示，单击合并按钮，单击中键结束操作，使这两个面组结合在一起。

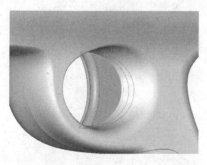
图 7-580

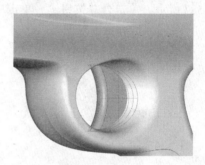
图 7-581

（10）选择图 7-582 所示的曲面，选择菜单栏中的"编辑"→"偏移"命令，箭头方向向内，偏移值设为 0.3，单击中键结束操作。将新偏移的曲面命名为"局部曲面 12"。

（11）选择图 7-583 所示的两个曲面组，单击合并按钮，保留箭头指向的曲面，单击中键结束操作。

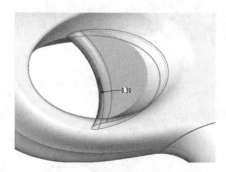
图 7-582

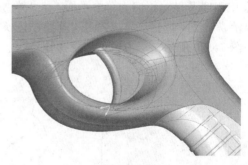
图 7-583

（12）选择图 7-584 所示的曲面组，单击镜像复制按钮，再选择 RIGHT 基准面，单击中键结束操作，这样面组的另一半就做完了。然后，配合【Ctrl】键，选择这两个面组，如图 7-585 所示，单击合并按钮，单击中键结束操作，使这两个面组结合在一起。

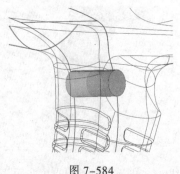

图 7-584

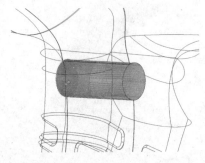

图 7-585

（13）选择图 7-586 所示的曲面组，单击镜像复制按钮，再选择 RIGHT 基准面，单击中键结束操作，这样面组的另一半就做完了。然后，配合【Ctrl】键，选择这两个面组，如图 7-587 所示，单击合并按钮，单击中键结束操作，使这两个面组结合在一起。

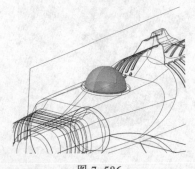

图 7-586

图 7-587

2. 制作按钮表面的细节

（1）选择图 7-588 所示曲面，选择菜单栏中的"编辑"→"偏移"命令，在偏移属性栏内，将标准偏移特征改为具有拔模特征，展开"参照"面板，单击草绘栏中的"定义"，选 RIGHT 基准面正向为草绘平面，进入草绘环境后，单击圆〇等按钮，尺寸标注如图 7-589 所示，单击✓按钮，完成并退出草绘；拔模长度值设为 0，方向向下，拔模角度值设为 0.4，如图 7-590 所示，单击中键结束操作。

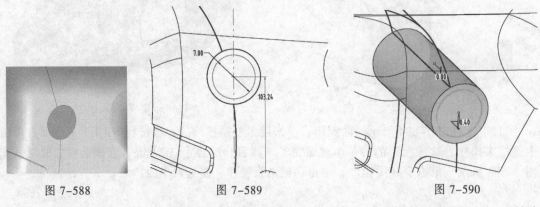

图 7-588　　　　　　　图 7-589　　　　　　　图 7-590

（2）创建两个基准点。单击创建基准点按钮，配合【Ctrl】键依次点选图 7-591 所示的边界的中点位置，最后单击"确定"按钮，关闭对话框，完成基准点的创建。

（3）单击草绘按钮 ，选择 FRONT 基准面正向为草绘平面，以 RIGHT 基准面右向为参照。进入草绘环境后，单击直线 等按钮绘制图形，尺寸如图 7-592 所示，单击 按钮，完成并退出草绘。将刚完成的草绘图形命名为"曲线 13"。

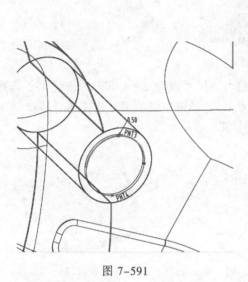

图 7-591

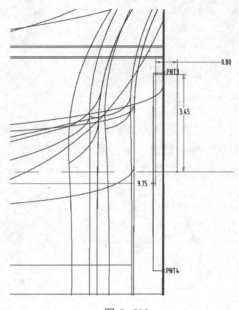

图 7-592

（4）选择"曲线 13"，单击旋转按钮 ，选择曲面 ，旋转角度设为 360，如图 7-593 所示，单击中键结束操作。

3．完成形体转折处的圆角处理

（1）选择图 7-594 所示的边，单击倒圆角按钮 ，尺寸设为 0.4，单击中键结束；选择图 7-595所示的边，单击倒圆角按钮 ，尺寸设为 0.4，单击中键结束；选择图 7-596 所示的边，单击倒圆角按钮 ，尺寸设为 1，单击中键结束。

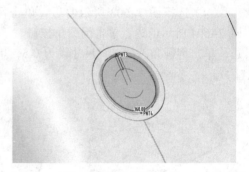

图 7-593

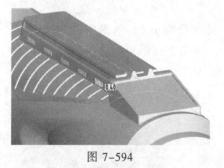

图 7-594

图 7-595

图 7-596

（2）选择图 7-597 所示的边，单击倒圆角按钮 ，尺寸设为 0.3，单击中键结束；选择图 7-598 所示的边，单击倒圆角按钮 ，尺寸设为 0.1，单击中键结束；选择图 7-599 所示的边，单击倒圆角按钮 ，尺寸设为 0.3，单击中键结束。

图 7-597

图 7-598

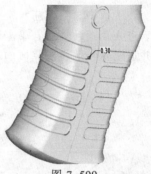
图 7-599

（3）选择图 7-600 所示的边，单击倒圆角按钮，尺寸设为 0.3，单击中键结束；选择图 7-601 所示的边，单击倒圆角按钮，尺寸设为 0.3，单击中键结束；选择图 7-602 所示的边，单击倒圆角按钮，尺寸设为 1，单击中键结束。

图 7-600

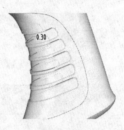
图 7-601

图 7-602

（4）选择图 7-603 所示的边，单击倒圆角按钮，尺寸设为 1，单击中键结束；选择图 7-604 所示的边，单击倒圆角按钮，尺寸设为 1，单击中键结束；选择图 7-605 所示的边，单击倒圆角按钮，尺寸设为 0.5，单击中键结束。

图 7-603

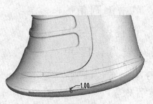
图 7-604

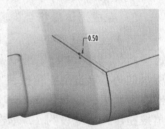
图 7-605

（5）选择图 7-606 所示的边，单击倒圆角按钮，尺寸设为 0.4，单击中键结束；选择图 7-607 所示的边，单击倒圆角按钮，尺寸设为 0.1，单击中键结束；选择图 7-608 所示的边，单击倒圆角按钮，尺寸设为 0.1，单击中键结束。

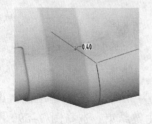
图 7-606

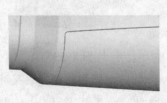
图 7-607

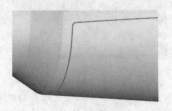
图 7-608

（6）选择图 7-609 所示的边，单击倒圆角按钮，尺寸设为 0.1，单击中键结束；选择图 7-610 所示的边，单击倒圆角按钮，尺寸设为 0.1，单击中键结束；选择图 7-611 所示的边，单击倒圆角按钮，尺寸设为 0.1，单击中键结束。

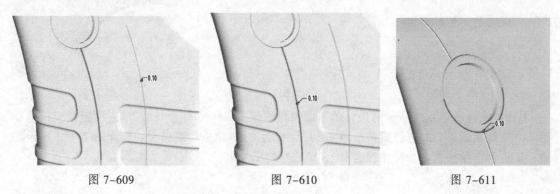

图 7-609　　　　　　　　图 7-610　　　　　　　　图 7-611

（7）选择图 7-612 所示的边，单击倒圆角按钮，尺寸设为 0.1，单击中键结束；选择图 7-613 所示的边，单击倒圆角按钮，尺寸设为 0.1，单击中键结束；选择图 7-614 所示的边，单击倒圆角按钮，尺寸设为 0.1，单击中键结束。

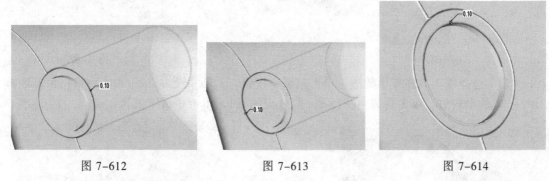

图 7-612　　　　　　　　图 7-613　　　　　　　　图 7-614

（8）选择图 7-615 所示的边，单击倒圆角按钮，尺寸设为 0.3，单击中键结束；选择图 7-616 所示的边，单击倒圆角按钮，尺寸设为 0.1，单击中键结束；选择图 7-617 所示的边，单击倒圆角按钮，尺寸设为 0.1，单击中键结束。

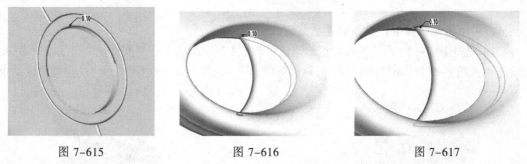

图 7-615　　　　　　　　图 7-616　　　　　　　　图 7-617

（9）选择图 7-618 所示的边，单击倒圆角按钮，尺寸设为 0.5，单击中键结束；选择图 7-619 所示的边，单击倒圆角按钮，尺寸设为 0.5，单击中键结束；选择图 7-620 所示的边，单击倒圆角按钮，尺寸设为 0.2，单击中键结束。

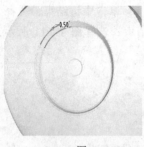

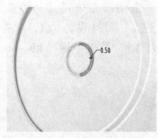

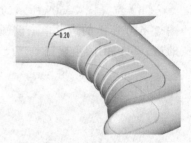

图 7-618   图 7-619   图 7-620

（10）选择图 7-621 所示的边，单击倒圆角按钮 ，尺寸设为 0.1，单击中键结束；选择图 7-622 所示的边，单击倒圆角按钮 ，尺寸设为 0.4，单击中键结束；选择图 7-623 所示的边，单击倒圆角按钮 ，尺寸设为 0.2，单击中键结束。

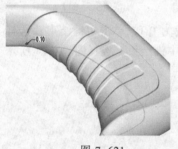

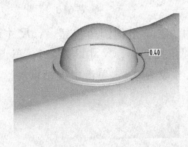

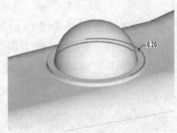

图 7-621   图 7-622   图 7-623

（11）选择图 7-624 所示的边，单击倒圆角按钮 ，尺寸设为 0.2，单击中键结束；选择图 7-625 所示的边，单击倒圆角按钮 ，尺寸设为 0.1，单击中键结束。

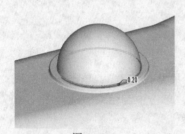

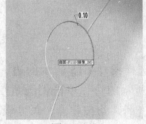

图 7-624   图 7-625

4．实体化曲面模型，检测曲面质量

（1）选择图 7-626 所示的曲面组，选择菜单栏中的"编辑"→"实体化"命令，单击中键结束。选择图 7-627 所示的曲面组，选择菜单栏中的"编辑"→"实体化"命令，单击中键结束。

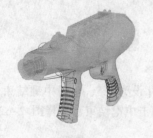

图 7-626   图 7-627

（2）选择图 7-628 所示的曲面组，选择菜单栏中的"编辑"→"实体化"命令，单击中键结束。选择图 7-629 所示的曲面组，选择菜单栏中的"编辑"→"实体化"命令，单击中键结束。

图 7-628　　　　　　　　　　　　　　　图 7-629

（3）选择图 7-630 所示的曲面组，选择菜单栏中的"编辑"→"实体化"命令，单击中键结束。选择图 7-631 所示的曲面组，选择菜单栏中的"编辑"→"实体化"命令，单击中键结束。

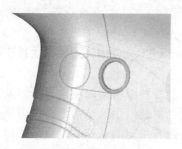 

图 7-630　　　　　　　　　　　　　　　图 7-631

5．制作瞄准镜导轨的细节模型

（1）单击草绘按钮，选择 RIGHT 基准面正向为草绘平面，以 TOP 基准面顶向为参照。进入草绘环境后，运用矩形□和线倒圆角等按钮绘制图形，如图 7-632 所示，单击✔按钮，完成并退出草绘。将刚完成的草绘图形命名为"曲线 14"。

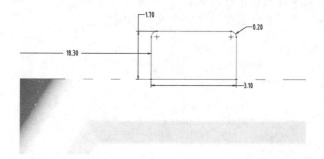

图 7-632

（2）选择"曲线 14"，单击拉伸按钮，选择实体□、一边拉伸，尺寸设为 20，如图 7-633 所示，单击中键结束操作。选择刚拉伸的实体，单击阵列按钮，在阵列属性栏中，选择"方向"来定义阵列成员，选择图 7-634 所示的边界定义阵列方向，阵列数目输入 16，阵列间距输入 6.8，单击中键结束操作。

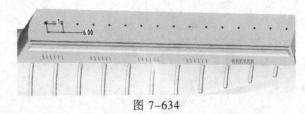

| 图 7-633 | 图 7-634 |

（3）选择图 7-635 所示的边，单击倒圆角按钮 ，尺寸设为 0.3，单击中键结束；选择图 7-636 所示的边，单击倒圆角按钮 ，尺寸设为 0.2，单击中键结束。

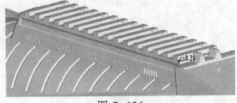

| 图 7-635 | 图 7-636 |

（4）单击保存文件按钮 ，将场景模型保存至 CFQ02.PRT 文件中。这样，玩具冲锋枪基本制作完成。

通过本案例主要学习了如何使用偏移命令制作细节及各种渐消面的制作方法。渐消面是曲面建模非常重要的一个知识点，渐消面是产品造型设计贯通的手法。而渐消面建模有一定难度，希望读者通过学习玩具冲锋枪建模案例，对渐消面有一定的认识，攻克渐消面建模难关。

课后练习

1. 试着归纳两曲面不能合并的原因。
2. 试着归纳渐消面有几种制作方法。
3. 本章中的两个案例为什么要分成两个文件来制作？